C000129050

ISBN 978-0-332-24430-3
PIBN 11014457

ANALYSE

APPLIQUÉE

A LA GÉOMÉTRIE

DES TROIS DIMENSIONS.

PARIS. — IMPRIMERIE DE MALLET-BACHELIER,
rue du Jardinet, n° 12.

ANALYSE

APPLIQUÉE

A LA GÉOMÉTRIE

DES TROIS DIMENSIONS,

COMPRENANT

LES SURFACES DU SECOND DEGRÉ, AVEC LA THÉORIE GÉNÉRALE DES SURFACES COURBES ET DES LIGNES A DOUBLE COURBURE;

Charles François Antoine

PAR C.-F.-A. LEROY,

Ancien Professeur à l'École Polytechnique et à l'École Normale supérieure.
Chevalier de la Légion d'honneur.

———◦◦◦———

QUATRIÈME ÉDITION,

REVUE ET CORRIGÉE.

———◦◦◦———

PARIS,

MALLET-BACHELIER, GENDRE ET SUCCESSEUR DE BACHELIER,

Imprimeur-Libraire

DU BUREAU DES LONGITUDES, DE L'ÉCOLE IMPÉRIALE POLYTECHNIQUE,

Quai des Augustins, 55.

—

1854

AVERTISSEMENT.

Il est assez reconnu que, pour étudier la Géométrie avec succès, on doit joindre aux considérations synthétiques les ressources que présente l'Analyse pour découvrir, entre les diverses grandeurs, des relations que souvent on n'aurait pas soupçonnées, et dont les méthodes graphiques font ensuite d'utiles applications aux arts. On peut sans doute revêtir ces théorèmes d'une forme plus sensible, en les démontrant de nouveau à l'aide de constructions géométriques ; et celles-ci d'ailleurs, employées comme un moyen de recherche, ainsi que le fait la Géométrie descriptive, manifestent souvent par elles-mêmes des propriétés qu'on n'aurait pu démêler parmi les formules compliquées de l'Analyse ; mais si l'on veut réunir ces divers avantages, il faut savoir employer tour à tour les deux méthodes, de manière qu'elles se prêtent un mutuel appui ; et c'est aussi comme complément du Cours de Géométrie descriptive que j'ai cherché à présenter ici l'application de l'Analyse à la Géométrie des trois dimensions. Dans ce dessein, je me suis attaché à faire ressortir, parmi les propriétés des lignes et des surfaces courbes, celles qui servent de bases aux opérations graphiques, ou qui peuvent offrir des moyens de les simplifier. Ainsi, après avoir ramené l'équation générale du second degré aux deux formes les

plus simples, par la considération des plans diamétraux et de leurs cordes conjuguées, dont l'emploi,
si avantageux dans plusieurs circonstances, est dû
à M. J. Binet, je discute successivement les cinq
genres de surfaces de cet ordre; mais j'insiste prin-
cipalement sur les divers modes de génération par la
ligne droite qu'admettent plusieurs de ces surfaces,
qui, par là, deviennent d'un usage fréquent dans la
Coupe des pierres et dans la Charpente. Les sections
circulaires, qu'il est aussi quelquefois nécessaire
d'employer, me fournissent l'occasion de redresser
une erreur assez généralement répandue sur la direction précise des plans qui les donnent; et, dans la
discussion immédiate d'une équation numérique du
second degré, j'ai assigné des caractères simples et
exclusifs pour chaque genre particulier de surfaces;
puis, en imitant la marche de M. Cauchy dans ses
Exercices, j'ai rattaché à la théorie des cordes principales les conditions qui expriment que la surface
est de révolution.

Le chapitre des plans tangents m'offre l'occasion
de rectifier les idées souvent fausses que les élèves
se forment du contact d'une surface avec un plan;
et d'ailleurs c'est le moment d'établir avec précision
la différence essentielle qui existe entre les surfaces
gauches et les surfaces développables, quoique les
unes et les autres soient *réglées,* c'est-à-dire engendrées par la ligne droite. Dans les deux chapitres
qui suivent, je donne les équations générales de ces
deux classes de surfaces, ainsi que celles des cônes,

des cylindres, etc.; et j'ai soin d'y ajouter de fréquents exemples, en choisissant particulièrement
les surfaces gauches, développables ou de révolution, dont on fait usage dans le Cours de Géométrie descriptive. Je m'occupe ensuite de la courbure
des sections faites dans une surface, et de ses lignes
de courbure; car ce sont là des données dont l'emploi est encore nécessaire dans plusieurs parties de
ce Cours; puis, en faisant connaître les beaux résultats que Monge a obtenus pour les lignes de
courbure de l'ellipsoïde, j'ai complété la théorie
présentée par cet auteur, en démontrant que la constante arbitraire qu'il nomme β devait nécessairement recevoir, pour chaque point de l'ellipsoïde,
deux valeurs de signes contraires, tandis que l'autre
constante γ devait toujours être de signe opposé à β,
pourvu que la projection fût faite sur le plan qui
contient l'axe *maximum* et l'axe moyen. Il est d'autant moins permis d'établir *gratuitement* ces relations entre β et γ, qu'elles ne sont plus vraies quand
on applique la même équation à la projection des
lignes de courbure sur le plan qui contient l'axe
maximum et l'axe *minimum*, ce qui s'effectue sans
rien changer aux calculs, mais en modifiant seulement la grandeur relative des trois demi-axes désignés par a, b, c. C'est cette marche que j'emploie
pour obtenir la seconde projection des lignes de
courbure; et par là je trouve l'occasion d'utiliser un
facteur de l'équation différentielle, que Monge né-
gligeait, avec raison, dans le premier cas, mais qui,

pour la projection actuelle, fournit *directement* la solution singulière composée des quatre cordes supplémentaires, enveloppes de toutes les ellipses sur lesquelles se projettent les lignes de courbure. Enfin, je donne, pour les lignes courbes quelconques, la manière d'obtenir les tangentes, les plans normaux ou osculateurs, et les rayons de courbure de ces lignes, en faisant remarquer la différence essentielle qui existe entre ces rayons et ceux des véritables développées.

Dans cette édition, j'ai éclairci et développé beaucoup de détails, amélioré plusieurs théories, telles que la détermination du centre dans l'hyperboloïde gauche, la recherche des sections circulaires, et la discussion des équations numériques du second degré ; dans cette dernière partie, j'ai fait voir que l'emploi de la règle de Descartes suffisait pour classer toutes les surfaces douées d'un centre, même quand les coordonnées sont *obliques ;* et pour les autres surfaces, j'ai simplifié les règles qui font discerner leur forme particulière, en ajoutant d'ailleurs des exemples numériques de tous les cas. Quant au chapitre de la courbure des surfaces, je l'ai refondu entièrement, pour y insérer la méthode de Poisson ; et j'y ai discuté avec soin les questions relatives aux *ombilics,* en m'appuyant sur des calculs nouveaux.

TABLE DES MATIÈRES.

CHAPITRE V.

Du centre dans les surfaces.

CHAPITRE VI.

Des plans diamétraux.

CHAPITRE VII.

Discussion des surfaces douées d'un centre.

CHAPITRE VIII.

Discussion des surfaces dépourvues de centre.

CHAPITRE IX.

Théorèmes sur la similitude des courbes et des surfaces quel-
conques; sur les sections parallèles dans les surfaces du
second degré, etc.

CHAPITRE X.

Des sections circulaires dans les surfaces du second degré.

CHAPITRE XI.

Des plans diamétraux conjugués obliques.

CHAPITRE XII.

Discussion d'une équation numérique du second degré.

CHAPITRE XIII.

Des plans tangents aux surfaces courbes.

CHAPITRE XVI.

Des lignes courbes et de leurs diverses courbures.

CHAPITRE XVII.

De la courbure des surfaces.

CHAPITRE XVIII.

TRIGONOMÉTRIE SPHÉRIQUE.

§ Ier. — *Notions préliminaires.*

§ II. — *Formules générales.*

ANALYSE

APPLIQUÉE

A LA GÉOMÉTRIE

DES TROIS DIMENSIONS.

CHAPITRE PREMIER.

NOTIONS PRÉLIMINAIRES.

---

1. Pour appliquer l'Analyse à la Géométrie considérée dans les trois dimensions de l'espace, il faut, comme sur un plan, chercher d'abord le moyen d'exprimer par des équations la position des points et des lignes. Or, si l'on imagine trois plans fixes et connus de situation, tels d'ailleurs qu'ils se coupent tous en un même point O, et deux à deux suivant des droites distinctes OX, OY, OZ, Fig. 1. que l'on nomme *axes des coordonnées;* puis, que d'un point quelconque M de l'espace, on abaisse sur ces plans fixes et *parallèlement aux axes*, les droites MA, MB, MC, ces trois distances seront dites *les coordonnées* du point M; et comme elles changeront en général de grandeur pour les divers points de l'espace, nous les désignerons respectivement par les variables x, y, z. Cela posé, je dis qu'un point M est déterminé de position quand on connaît les valeurs de ses trois coordonnées, c'est-à-dire quand on sait que, pour ce point, on a les équations

$$x = a, \quad y = b, \quad z = c.$$

En effet, si l'on porte sur OX une distance OD égale à a, et que, par l'extrémité D, on mène parallèlement à YZ un plan indéfini BDC, ce plan contiendra évidemment tous les points de l'espace pour lesquels la coordonnée x est égale à a, et par conséquent il renfermera le point M en question. De même, en portant sur OY et OZ les distances OE $= b$ et OF $= c$; puis, menant par les extrémités E et F, deux plans indéfinis AEC et AFB, respectivement parallèles à XZ et XY, on verrait que le point cherché doit être contenu aussi dans ces deux nouveaux plans. Par conséquent, ceux-ci détermineront par leur intersection avec CDB, un point unique pour la position de M, et ce point ne sera autre chose que le sommet du parallélipipède oblique construit sur les trois arêtes OD, OE, OF, égales aux coordonnées MA, MB, MC.

2. Toutefois, pour compléter la détermination du point M, il faut, dans les équations $x = a$, $y = b$, $z = c$, tenir compte des *signes* des quantités a, b, c, afin de porter ces distances sur *les parties positives* OX, OY, OZ des axes coordonnés, ou sur leur prolongement OX', OY', OZ', ainsi qu'on l'explique dans la Géométrie plane; autrement il y aurait huit solutions, puisque les trois plans fixes qu'on doit regarder comme prolongés indéfiniment forment, en s'entrecoupant, huit angles trièdres dans chacun desquels le point M pourrait être placé à des distances absolues a, b, c. Sans insister ici sur les combinaisons de signes qui répondent à ces divers angles, mais

que le lecteur doit se rendre très-familières, nous dirons seulement que, quand le point M sera situé

dans l'angle   OXYZ, on aura $x = +a$, $y = +b$, $z = +c$;

dans l'angle   OX′YZ, …… $x = -a$, $y = +b$, $z = +c$;

dans l'angle   OXY′Z, …… $x = +a$, $y = -b$, $z = +c$;

dans l'angle OX′Y′Z, …… $x = -a$, $y = -b$, $z = +c$;

puis, pour les angles trièdres situés *au-dessous* du plan XY, on aura

dans l'angle   OXYZ′, …… $x = +a$, $y = +b$, $z = -c$;

dans l'angle OX′YZ′, …… $x = -a$, $y = +b$, $z = -c$;

dans l'angle OXY′Z′, …… $x = +a$, $y = -b$, $z = -c$;

dans l'angle OX′Y′Z′, …… $x = -a$, $y = -b$, $z = -c$.

3. Les pieds A, B, C des trois coordonnées du point M sont ce qu'on appelle *les projections* de ce point, *faites parallèlement aux droites* OX, OY, OZ; et elles deviendraient les projections *orthogonales*, si les plans coordonnés étaient choisis de manière que chacun d'eux fût perpendiculaire aux deux autres, disposition que l'on adopte ordinairement. Dans tous les cas, il est utile de remarquer :

1°. Qu'*un point de l'espace a toujours deux coordonnées communes avec chacune de ses projections* : ainsi, M et C ont évidemment le même x, MA = CE, et le même y, MB = CD; M et B ont les coordonnées communes $x = $ MA = BF, et $z = $ MC = BD; enfin M et A ont le même y, MB = AF, et le même z, MC = AE.

2°. Que *deux projections d'un même point ont toujours une coordonnée commune* : ainsi, les projections B et C ont le même x, BF = CE; B et A ont le même z, BD = AE; A et C ont le même y, AF = CD.

4. D'après cela, il est aisé de voir que les trois équations $x = a$, $y = b$, $z = c$, qui déterminent le point M, équivalent à la connaissance de deux de ses projections, données qui servent, dans la Géométrie descriptive, à fixer la position de ce point. En effet, pour définir analytiquement la projection C sur le plan XY, il faudrait donner deux équations telles que $x = a$ et $y = b$: pour définir la projection B, on devrait donner $x = a'$ et $z = c$; mais ces quatre équations se réduisent à trois, parce que, d'après la deuxième remarque du numéro précédent, on doit toujours avoir la condition $a' = a$. Cette dépendance entre les projections d'un même point sur deux plans, se retrouve dans la Géométrie descriptive; puisque l'on sait qu'après le rabattement des plans, les deux projections orthogonales doivent toujours être situées sur une même perpendiculaire à la ligne de terre.

5. En outre, quand une fois les deux projections C et B sont fixées par les équations $x = a$ et $y = b$, $x = a$ et $z = c$, la troisième projection A s'ensuit nécessairement; car, devant avoir (n° 3) le même y que la projection C, et le même z que la projection B, elle se trouvera définie par les équations $y = b$ et $z = c$. Si d'ailleurs on voulait déduire graphiquement le point A des deux projections C et B, il suffirait évidemment de tracer sur les plans fixes, et parallèlement aux axes, les droites CE et BF, EA et FA.

Fig. 2. 6. Puisqu'un point est déterminé par ses trois coordonnées, si l'on donne numériquement celles des points M' et M″, il doit être possible de calculer la distance de ces deux points; et c'est ce que nous allons faire, en supposant que les axes sont rectangulaires. (*Voyez*, pour le cas des axes obliques, le n° 78.) Menons donc les coor données $M'C' = z'$, $C'D' = y'$, $OD' = x'$ relatives à M′, et les coordonnées $M''C'' = z''$, $C''D'' = y''$, $OD'' = x''$, qui se rapportent à M″; puis joignons ces deux points et tirons la droite M″P parallèle à C″C′. Le triangle M′M″P sera évidemment rectangle en P, et donnera

$$M'M'' = \sqrt{\overline{M''P}^2 + (z' - z'')^2};$$

mais, si l'on mène C″Q parallèle à OX, le triangle C″QC′ sera aussi rectangle en Q, et fournira l'équation

$$\overline{M''P}^2 = \overline{C''C'}^2 = (x' - x'')^2 + (y' - y'')^2;$$

d'où l'on conclura, pour la distance cherchée,

$$M'M'' = \sqrt{(x' - x'')^2 + (y' - y'')^2 + (z' - z'')^2}.$$

S'il s'agissait d'avoir la distance du point M′ à l'origine O, il suffirait d'exprimer que M″ coïncide avec ce dernier point, en posant $x'' = 0$, $y'' = 0$, $z'' = 0$; et il en résulterait

$$OM' = \sqrt{x'^2 + y'^2 + z'^2}.$$

Dans ces deux formules, on devra toujours prendre le radical positivement, puisqu'il ne peut être question que de la distance absolue des deux points proposés.

7. Avant de nous occuper des lignes, il est à propos de généraliser nos idées sur la signification géométrique des équations à une ou à plusieurs variables, lorsqu'on embrasse les trois dimensions de l'espace. D'abord, une équation telle que $x = a$, convient, même en laissant les axes obliques, à tous les points qui se trouvent à une distance a du plan YZ, cette distance étant comptée parallèlement à OX; et d'ailleurs elle ne convient évidem-

ment qu'à ces seuls points : par conséquent, l'équation
$x = a$ représente, dans les trois dimensions, *un plan indéfini parallèle à* YZ. De même, $y^2 + py + q = 0$, qui
donnera deux valeurs constantes $y = a \pm b$, a pour lieu
géométrique deux plans parallèles à XZ ; et, en général,
*toute équation à une seule variable représente un ou
plusieurs plans parallèles aux deux axes dont les coordonnées n'entrent pas dans cette équation.*

Il résulte de là que $z = 0$ est l'équation caractéristique
du plan XY indéfiniment prolongé ; de même $y = 0$
représente le plan XZ, et $x = 0$ représente le plan YZ.

FIG. 3.   8. Une équation à deux variables, $f(x,y) = 0$, appartient sur le plan XY à une suite de points qui, généralement, forment une courbe CC′C″ ; mais si, par les divers
points de cette ligne, on mène des parallèles à l'axe OZ,
on obtiendra *une surface cylindrique*, dans le sens général de ce mot. Or, un point quelconque N de cette surface, quel qu'en soit le z, aura toujours le même x et le
même y que sa projection C (n° 3) ; par conséquent, les
coordonnées de tous les points de ce cylindre satisferont
à la relation $f(x,y) = 0$, *qui ne contient pas la variable* z ; tandis que tout point L, pris hors de cette surface, ayant une projection G qui ne tombera pas sur la
courbe CC′C″, ne pourra vérifier par ses coordonnées
$x = $ OH, $y = $ GH, l'équation proposée. De là, on doit
conclure que l'équation $f(x,y) = 0$ *représente une surface cylindrique parallèle à l'axe* OZ, et dont *la trace
sur le plan XY est donnée aussi par la même équation*,
quand on se borne à considérer deux dimensions de l'espace. Une conséquence analogue s'applique aux équations $f'(x,z) = 0$ ou $f''(y,z) = 0$, dont chacune, prise
isolément, appartient à *un cylindre* parallèle à OY ou

à OX, c'est-à-dire *parallèle à l'axe des coordonnées qui n'entrent pas dans l'équation.*

9. Observons, en passant, que si l'on voulait définir analytiquement la courbe CC′C″ seule, il faudrait employer les équations simultanées $f(x, y) = o$ et $z = o$; parce qu'alors il n'y aurait plus, sur tout le cylindre, que les points de sa base qui vérifieraient à la fois les deux relations citées.

10. Sans répéter des raisonnements analogues, on peut conclure, comme un cas particulier du précédent, que, quand l'équation à deux variables est du premier degré, c'est-à-dire de la forme $y = ax + b$, elle appartient non-seulement *à une droite* PQ (*fig.* 3) dont on sait déterminer la position sur le plan XY, mais encore *à tous les points du plan* PQRS *mené par cette droite parallèlement à l'axe* OZ; en effet, ce plan n'est autre chose qu'un cylindre dont la base serait rectiligne. De même, une équation du premier degré, telle que

$$mx + nz = p \quad \text{ou} \quad my + nz = q,$$

représentera un plan parallèle à OY ou à OX.

11. Enfin, quand l'équation proposée renferme trois variables, comme $F(x, y, z) = o$, il y en a nécessairement deux auxquelles on peut donner des valeurs arbitraires; si donc nous posons seulement $z = c$, l'équation $F(x, y, c) = o$ contiendra encore deux variables, et représentera (n° 8) une surface cylindrique parallèle à OZ; mais comme on ne doit prendre ici que les points de cette surface qui satisfont à la condition $z = c$, il s'ensuit que, par cette première hypothèse, on obtiendra *une courbe*, savoir : la section faite dans ce cylindre par le plan $z = c$, parallèle à XY. Si l'on pose ensuite $z = c'$,

on trouvera tous les points de la courbe tracée par le plan $z = c'$ dans le nouveau cylindre $F(x, y, c') = 0$; et, en continuant ainsi, on obtiendra une infinité de courbes diverses situées dans des plans parallèles à XY, et aussi rapprochées que l'on voudra les unes des autres; par conséquent, le lieu géométrique d'une équation à trois variables $F(x, y, z) = 0$ est *une surface* dont la nature dépendra de la forme de la fonction F. D'ailleurs, on ne saurait prétendre que ce lieu est un solide, puisqu'alors chaque plan sécant devrait donner pour section *une aire,* tandis qu'il ne produit, en coupant la *surface* cylindrique $F(x, y, c) = 0$, qu'*une courbe* à une ou plusieurs branches, identique avec la base de ce cylindre.

12. De cette discussion il résulte que *toute équation* ISOLÉE, *soit qu'elle renferme une, deux ou trois variables, représente une surface,* laquelle devient néanmoins totalement imaginaire quand aucun système de valeurs réelles ne satisfait à l'équation proposée; ou bien, si l'on ne peut y satisfaire qu'en partageant cette équation en deux ou trois autres, la surface se réduit à un nombre limité de *lignes réelles,* ou de *points réels,* parce qu'alors on tombe sur le système de plusieurs *équations simultanées.* Il n'y a pas lieu de considérer ici des équations qui renfermeraient plus de trois variables proprement dites, puisque chaque point de l'espace est suffisamment déterminé par ses trois coordonnées : cependant, si l'on regardait les variables au delà de trois, non plus comme des coordonnées, mais comme des *paramètres* qui influeraient sur la forme et la position de chaque surface individuelle, on tomberait sur *des solides* et sur la théorie des *surfaces enveloppes,* dont nous parlerons plus loin (nᵒˢ 277 et 337).

13. Maintenant, si l'on fait concourir *deux équations simultanées* F (x, y, z) = o et F' (x, y, z) = o, c'est-à-dire dans lesquelles les variables seront censées recevoir à la fois les mêmes valeurs, ce qui n'en laisse plus qu'une seule d'arbitraire, z par exemple, ce système représentera *une ligne* droite ou courbe, puisqu'il ne pourra convenir qu'aux points situés en même temps sur les deux surfaces, c'est-à-dire à leur commune section. Réciproquement, le seul moyen que nous ayons pour définir une courbe dans l'espace, étant d'assigner deux surfaces connues dont elle soit l'intersection, nous ne pourrons représenter analytiquement cette ligne que par deux équations simultanées. C'est à cela que revient, en effet, *la méthode des projections,* que nous allons faire connaître, et dont l'avantage consiste en ce que, parmi le nombre indéfini de surfaces différentes qui peuvent passer par une courbe donnée, cette méthode emploie de préférence *deux cylindres dont chacun est parallèle à l'un des axes coordonnés,* et dont les équations se trouvent conséquemment plus simples, puisque, d'après le n° 8, elles ne renfermeront chacune que deux variables.

14. Commençons par les lignes droites ; et, pour mieux Fig. 4. fixer les idées, supposons les axes rectangulaires, et regardons OZ comme vertical. Alors, imaginons que de tous les points de la droite MM″ dans l'espace, on mène des perpendiculaires au plan XY (si les axes étaient obliques, il faudrait dire *des parallèles à* OZ) ; elles rencontreront ce plan en des points C, C′, C″,... dont l'ensemble formera ce qu'on appelle la projection de MM″ sur ce plan ; et cette projection sera toujours *rectiligne*, puisque les perpendiculaires seront évidemment situées toutes dans un même plan parallèle à OZ, lequel se nomme *le plan* *projetant* de MM″. Si l'on projette de même cette droite sur les deux autres plans fixes par des perpendiculaires (ou en général par des lignes *parallèles à l'axe* qui est hors du plan que l'on considère), on obtiendra les trois projections AA″, BB″, CC″, dont deux suffisent pour déterminer la droite MM″. En effet, supposons que l'on nous donne AA″ et BB″; en concevant par la première un plan parallèle à l'axe OX, et par la seconde un plan parallèle à OY, ces deux plans, dont la situation n'a plus rien d'arbitraire, devront évidemment renfermer chacun la droite MM″, et ils en fixeront la position dans l'espace par leur intersection.

Fɪɢ. 4.   **15.** Cela posé, la projection BB″ sera déterminée sur le plan XZ dès que l'on donnera son équation, qui se trouvera, sur ce plan, de la forme

$$(1) \qquad\qquad x = az + p,$$

dans laquelle on sait que p désigne l'ordonnée OG du point de rencontre avec OX, et que $a = \tang\, GIZ$. L'autre projection AA″ sera définie sur le plan YZ par une équation telle que

$$(2) \qquad\qquad y = bz + q,$$

où $q = $ OH et $b = \tang\,$ HKZ. Par conséquent, l'ensemble des équations (1) et (2) déterminera complétement la droite MM″ dans l'espace; et quoiqu'elles soient ici considérées comme appartenant aux projections seules de cette ligne, on doit, d'après ce qui a été dit n° 10, les regarder plus généralement comme *les équations des deux plans projetants* MBGR, MAHR, perpendiculaires l'un à XZ, l'autre à YZ, et qui, par leur intersection, fixent la position de MM″ dans l'espace. Ceci confirme et éclaircit ce que nous avons annoncé n° 13.

16. Il est important d'observer que, quand même les axes seraient obliques, les projections BB″ et AA″, pourvu qu'elles soient faites parallèlement aux axes, ainsi que nous l'avons prescrit (n° 14), auraient toujours des équations de la forme (1) et (2); seulement les coefficients angulaires a et b changeraient de signification, et représenteraient alors des rapports de sinus, comme on l'a vu dans la Géométrie plane.

17. Remarquons, d'ailleurs, que dans les équations simultanées (1) et (2), les variables x, y, z se rapportent aux points correspondants des projections BB″ et AA″; c'est-à-dire qu'en posant, par exemple, $z = OF$, on doit trouver $x = FB$ et $y = FA$. D'où l'on voit, 1° que ces variables représentent aussi les coordonnées MC, MA, MB de chaque point M situé sur la droite dans l'espace : ainsi ces équations peuvent être dites celles de la ligne MM″ elle-même; 2° que les valeurs $x = FB$, $y = FA$ sont encore égales aux coordonnées CE, CD, du point C de la projection CC″; et par conséquent *l'équation de cette troisième projection se déduira toujours des deux premières*, en éliminant z entre (1) et (2), ce qui donnera

$$(3) \qquad \frac{x-p}{a} = \frac{y-q}{b} \quad \text{ou} \quad y = \frac{b}{a}x + \frac{aq-bp}{a},$$

pour l'équation de la ligne CC″ ou du *plan projetant vertical* MCR.

18. On voit aussi par là qu'il serait aisé de déduire graphiquement la troisième projection des deux autres; car, si l'on prend sur AA″ et BB″ deux systèmes de points correspondants à un même z, tels que A et B, A′ et B′, il suffira de tracer *sur les plans fixes*, des parallèles aux divers axes, pour en conclure la position des points C et C', qui détermineront la droite CC'.

Cette construction devient plus simple quand on l'applique à deux des *traces* R et S de la droite MM″, tracees qu'il est aisé de retrouver sur les projections AA″ et BB″, par les premiers principes de la Géométrie descriptive.

Fᴵɢ. 5. **19.** Lorsqu'il s'agit d'une courbe MM′M″..., on imagine aussi par tous les points de cette ligne des perpendiculaires au plan XY (ou, si les axes sont obliques, des parallèles à OZ); ces droites, dont l'ensemble formera *une surface cylindrique*, rencontreront le plan XY suivant une ligne CC′C″..., qui, en général, sera courbe, et que l'on nomme la *projection* de MM′M″ sur ce plan. Si l'on conçoit de même, par la ligne MM′M″, *deux cylindres projetants*, parallèles l'un à OY, l'autre à OX, on obtiendra les autres projections BB′B″, AA′A″..., et la courbe dans l'espace sera évidemment déterminée, dès que l'on donnera deux de ces trois projections, puisque alors elle devra se trouver à l'intersection de deux cylindres connus.

20. Or les deux projections BB′B″ et AA′A″, par exemple, seront définies par des équations de la forme

$$f(x, z) = 0, \quad f'(y, z) = 0,$$

ou bien

$$(4) \quad x = \varphi(z), \qquad\qquad (5) \quad y = \varphi(z),$$

lesquelles, dans leur signification complète, représentent (n° 8) *les deux cylindres projetants* qui ont pour bases les courbes BB″ et AA″ : donc la ligne MM″ sera déterminée par le système des équations simultanées (4) et (5); et d'après les remarques du n° 17, l'équation de la troisième projection CC′C″ se déduira de celles-là, en y éliminant la variable z.

21. La construction graphique de cette troisième projection, qui en général ne sera pas rectiligne, exigerait
que l'on répétât les constructions indiquées n° 18 pour
une droite, sur divers points des courbes BB″ et AA″,
assez nombreux et assez rapprochés pour pouvoir unir les
résultats par un trait continu.

Ces principes une fois posés, nous allons résoudre divers
problèmes relatifs aux lignes droites, et qui d'ailleurs seront des moyens de solution pour d'autres questions plus
élevées.

CHAPITRE II.

PROBLÈMES SUR LES LIGNES DROITES.

Fig. 4. **22.** Lorsque les équations d'une droite

(1) $x = az + p,$ (2) $y = bz + q,$

sont données, c'est-à-dire que les constantes a, b, p, q sont connues, il est facile d'obtenir les *traces* de cette ligne. Si l'on veut, en effet, trouver la trace R sur le plan XY, on se rappellera (n° 7) que l'équation $z = 0$ caractérise tous les points de ce plan; par conséquent, cette condition introduite dans les équations (1) et (2) fournira $x = p$ et $y = q$ pour les coordonnées de R. On obtiendrait les deux autres traces en posant successivement $y = 0$ et $x = 0$.

23. On peut, au contraire, se proposer de déterminer les constantes générales a, b, p, q, par certaines conditions auxquelles on assujettira la droite. Exigeons, par exemple, que *cette ligne passe par deux points connus* M′ et M″ (*fig. 2*), dont les coordonnées seront désignées par x', y', z' et x'', y'', z''. Alors il faudra que les équations générales (1) et (2) soient vérifiées par la substitution de ces deux systèmes de coordonnées à la place de x, y, z, ce qui fournira les conditions

(3) $x' = az' + p,$ (4) $y' = bz' + q,$
(5) $x'' = az'' + p,$ (6) $y'' = bz'' + q,$

d'où l'on pourrait tirer les valeurs des quatre constantes,

pour les substituer ensuite dans (1) et (2) : mais on arrive d'une manière plus élégante à un résultat équivalent, en éliminant par des soustractions, comme dans la Géométrie plane, les inconnues a et p entre les équations (1), (3), (5), et les inconnues b et q entre (2), (4), (6). De cette manière on obtient pour les équations de la droite $\mathbf{M'M''}$,

$$x - x' = \frac{x' - x''}{z' - z''}(z - z'), \quad y - y' = \frac{y' - y''}{z' - z''}(z - z').$$

24. Si la droite cherchée devait passer seulement par le point $(x' \, y' \, z')$, on n'aurait à joindre aux équations générales (1) et (2) que les conditions (3) et (4), ce qui, en éliminant p et q, donnerait pour les *équations d'une droite assujettie à passer par un point*,

$$x - x' = a(z - z'), \quad y - y' = b(z - z'),$$

dans lesquelles les constantes a et b resteraient indéterminées, comme on devait s'y attendre. Mais si, de plus, on veut que la ligne cherchée soit *parallèle à une droite connue* représentée par

$$(\mathbf{D'}) \qquad x = a'z + p', \quad y = b'z + q',$$

il faudra évidemment que les plans projetants de ces deux droites, et par suite leurs projections, soient *respectivement* parallèles ; ce qui fournira les nouvelles conditions $a = a'$, $b = b'$; et la droite demandée sera enfin représentée par

$$(\mathbf{D}) \qquad x - x' = a'(z - z'), \quad y - y' = b'(z - z').$$

Si l'origine O est le point donné par lequel on veut conduire une parallèle à la droite $(\mathbf{D'})$, les équations $(\mathbf{D})$ se réduiront évidemment à la forme très-simple

$$x = a'z, \quad y = b'z.$$

25. *Trouver le point de rencontre de deux droites connues* déterminées par les équations

(1) $x = az + p,$ (2) $y = bz + q$ pour la première;

(3) $x = a'z + p',$ (4) $y = b'z + q'$ pour la seconde.

Observons d'abord que les variables x et y prennent en général des valeurs très-différentes dans les systèmes (1) et (2), (3) et (4), pour une même hypothèse $z = z'$: cependant, si les deux droites se coupent, les coordonnées du point commun devront vérifier à la fois les deux systèmes; et par conséquent ces coordonnées s'obtiendront en regardant x, y, z non plus comme des variables, mais *comme des inconnues qui ont les mêmes valeurs dans ces quatre équations.* Il ne s'agit donc que de les résoudre sous ce point de vue; toutefois, puisque leur nombre surpasse celui des inconnues, il devra y avoir *une équation de condition* sans laquelle le problème sera impossible, parce qu'en effet deux droites dans l'espace ne se rencontrent pas toujours. Cette équation s'obtient, comme on sait, en *éliminant* les trois inconnues : or, en soustrayant (1) de (3) et (2) de (4), on a

$$o = z(a' - a) + p' - p, \quad o = z(b' - b) + q' - q;$$

puis, en éliminant z entre ces dernières, ou bien en exprimant que les deux valeurs qu'elles fournissent pour z s'accordent entre elles, on arrive à la condition

(5) $$\frac{p' - p}{a' - a} = \frac{q' - q}{b' - b}.$$

Si donc cette équation n'est pas vérifiée *identiquement* par les constantes des équations proposées, les deux droites en question ne se couperont pas; et lorsqu'elle sera satisfaite, les coordonnées du point de section s'obtiendront en substituant la valeur commune

$$z = \frac{p' - p}{a - a'} = \frac{q' - q}{b - b'},$$

dans (1) et (2), ou dans (3) et (4), indifféremment.

26. Quand on a $a = a'$ et $b = b'$, la condition (5) se trouve satisfaite, et cependant les droites ne se rencontrent pas, puisqu'elles sont parallèles; mais on doit évidemment sous-entendre, avec la relation (5), que la valeur précédente de z n'est pas *infinie;* ou bien il faut dire que la condition (5), prise isolément, exprime que *les deux droites sont dans un même plan* et peuvent se couper, sans décider à quelle distance aura lieu leur rencontre.

N. B. Observons ici que toutes les questions dont il est parlé dans les n°s 22, 23, 24, 25, se traitent de la même manière et conduisent aux mêmes formules *quand les axes sont obliques;* seulement, la signification géométrique des coefficients angulaires a, b, a', b' est altérée, comme nous l'avons dit n° 16.

27. *Trouver les angles que forme avec les axes rectangulaires* OX, OY, OZ, *une droite donnée*

FIG. 6.

$$x = az + p, \quad y = bz + q;$$

et comme cette ligne peut ne pas rencontrer les axes, il faut entendre par là les angles que forment ceux-ci avec une droite OD menée par l'origine, parallèlement à la droite primitive.

Les équations de OD seront (n° 24) $x = az$, $y = bz$. Si l'on prend sur cette droite une longueur arbitraire $OM' = r$, et que l'on désigne par x', y', z' les coordonnées de son extrémité M', on aura, pour déterminer leurs va-

2

leurs, les trois équations

$$x' = az', \quad y' = bz', \quad x'^2 + y'^2 + z'^2 = r^2,$$

dont les deux premières expriment que le point M′ est sur la droite OD, et la dernière est la formule trouvée n° 6. On en déduit aisément

$$z' = \frac{r}{\sqrt{a^2 + b^2 + 1}}, \quad y' = \frac{br}{\sqrt{a^2 + b^2 + 1}}, \quad x' = \frac{ar}{\sqrt{a^2 + b^2 + 1}}.$$

Cela posé, en achevant le parallélipipède déterminé par les trois coordonnées du point M′, et en posant les angles cherchés M′OX = α, M′OY = 6, M′OZ = γ, on trouvera, par les triangles rectangles M′QO, M′SO, M′TO, les relations

$$(6)\ \cos\alpha = \frac{OQ}{OM'} = \frac{x'}{r}, \quad \cos 6 = \frac{OS}{OM'} = \frac{y'}{r}, \quad \cos\gamma = \frac{OT}{OM'} = \frac{z'}{r};$$

et en y substituant les valeurs des coordonnées trouvées ci-dessus, il viendra

$$(7)\ \begin{cases} \cos\alpha = \dfrac{a}{\sqrt{a^2 + b^2 + 1}}, \quad \cos 6 = \dfrac{b}{\sqrt{a^2 + b^2 + 1}}, \\[2mm] \cos\gamma = \dfrac{1}{\sqrt{a^2 + b^3 + 1}}. \end{cases}$$

28. Observons ici, 1° que ces cosinus renferment un radical qui est susceptible de recevoir le double signe ±; mais on devra toujours l'affecter du même signe dans les trois cosinus à la fois, et cela ne fournira que *deux* systèmes de valeurs qui répondront aux *deux angles supplémentaires* formés par la portion OD, et par son prolongement OE, *avec les demi-axes positifs*; car c'est de cette manière que l'on doit toujours mesurer les angles d'une droite avec les axes coordonnés;

2°. Que *ce radical, pris positivement*, se rapportera toujours aux trois angles que forme avec les axes *la portion* OD *qui se trouve au-dessus du plan* XY, ou qui fait un angle aigu avec OZ, puisque alors, dans les formules (7), cos γ ayant une valeur *positive*, il sera certain que l'angle γ est aigu. Toutefois cela n'empêchera pas les deux autres angles α et β d'être obtus ou aigus, suivant les signes qu'auront les numérateurs *a* et *b* dans ces formules (7).

29. Le parallélipipède employé ci-dessus montre que *les coordonnées* $x' = $ OQ, $y' = $ OS, $z' = $ OT, *d'un point quelconque* M', *sont les projections* sur les axes *du rayon vecteur* OM' $= r$; et les équations (6) donnent les valeurs de ces coordonnées sous la forme FIG. 6.

$$x' = r\cos\alpha, \quad y' = r\cos 6, \quad z' = r\cos\gamma.$$

De même, si une droite finie M'M'' a pour coordonnées de ses extrémités x', y', z' et x'', y'', z'', et qu'on mène par ces deux points six plans parallèles aux plans coordonnés, on formera un parallélipipède rectangle dont les arêtes seront évidemment $x' - x''$, $y' - y''$, $z' - z''$; de sorte que *les angles* α, 6, γ, *formés par la diagonale* M'M'' $= \Delta$, avec ces arêtes ou *avec les axes*, seront déterminés par les relations suivantes, qui sont fréquemment employées : FIG. 2.

$$\cos\alpha = \frac{x' - x''}{\Delta}, \quad \cos 6 = \frac{y' - y''}{\Delta}, \quad \cos\gamma = \frac{z' - z''}{\Delta},$$

dans lesquelles d'ailleurs on sait (n° 6) que

$$\Delta = \sqrt{(x' - x'')^2 + (y' - y'')^2 + (z' - z'')^2}.$$

30. Lorsque l'on connaît à priori les angles α, 6, γ,

2.

que forme une droite quelconque avec les axes , il est facile d'en conclure les coefficients a et b qui entreraient dans
les équations de ses projections; car, des formules (7)
du n° 27 , on déduit par la division, $\dfrac{\cos \alpha}{\cos \gamma} = a$, $\dfrac{\cos 6}{\cos \gamma} = b$;
de sorte que, quand une droite devra passer par un point
donné (x'', y'', z'') , et faire avec les axes des angles α, 6, γ,
ses équations pourront s'écrire sous la forme très-
symétrique

$$\frac{x - x''}{\cos \alpha} = \frac{y - y''}{\cos 6} = \frac{z - z''}{\cos \gamma}.$$

31. En ajoutant les formules (7) du n° 27, après les
avoir élevées au carré, on obtient cette relation fort
remarquable :

(8) $\cos^2\alpha + \cos^2 6 + \cos^2 \gamma = 1$,

laquelle pouvait se déduire des équations (6), en observant que, dans le parallélipipède de la *fig.* 6, on a évidemment

$$\overline{OQ}^2 + \overline{OS}^2 + \overline{OT}^2 = \overline{OM}^2.$$

Cela prouve que les trois angles formés par une même
droite avec les axes ne peuvent jamais être pris tous arbitrairement. Quand on s'est donné α et 6, par exemple , le
troisième est déterminé par

$$\cos \gamma = \pm \sqrt{1 - \cos^2 \alpha - \cos^2 6},$$

et n'est plus susceptible que de *deux valeurs supplémentaires* l'une de l'autre; encore faut-il que les deux premiers angles satisfassent à la relation $\cos^2 \alpha + \cos^2 6 < 1$,
laquelle comprend les deux conditions

$$\alpha + 6 > 90° \quad \text{et} \quad \alpha - 6 < 90°.$$

On peut se rendre raison de ces diverses circonstances, au moyen de deux cônes droits qui auraient pour axes OX et OY, et dont les génératrices formeraient avec ces axes des angles égaux à α et 6; car la droite en question devrait être à la fois sur ces deux surfaces coniques, lesquelles ne peuvent se couper que suivant deux génératrices placées symétriquement, l'une au-dessus et l'autre au-dessous du plan XY.

32. *Trouver l'angle que forment entre elles deux droites* représentées par

$$x = az + p \quad \text{et} \quad y = bz + q,$$
$$x = a'z + p' \quad \text{et} \quad y = b'z + q';$$

mais comme ces lignes peuvent ne pas se rencontrer, il faut entendre par là *l'angle compris entre deux droites menées par un même point, et parallèlement aux lignes primitives.* Soient donc OD et OD' ces deux parallèles ; leurs équations seront (n° 24)   Fıc. 6.

(D) $$\qquad x = az, \quad y = bz,$$
(D') $$\qquad x = a'z, \quad y = b'z;$$

alors, si l'on prend sur ces droites deux points M', M'', à une distance quelconque de l'origine, par exemple, telle que $ON' = 1$ et $OM'' = 1$, et que l'on joigne ces deux points, le triangle obliquangle OM'M'' donnera, par un théorème connu,

$$\overline{M'M''}^2 = \overline{OM'}^2 + \overline{OM''}^2 - 2\,OM'.OM''.\cos(M'OM'').$$

Mais si l'on désigne par x', y', z' et x'', y'', z'', les coordonnées des deux points M' et M'', cette équation deviendra

$$(x' - x'')^2 + (y' - y'')^2 + (z' - z'')^2 = 1 + 1 - 2\cos(D, D'),$$

et, en développant les carrés, elle se réduira à

(9) $$\cos(D, D') = x' x'' + y' y'' + z' z'',$$

puisqu'on a évidemment (n°. 6) les relations

$$x'^2 + y'^2 + z'^2 = 1, \quad x''^2 + y''^2 + z''^2 = 1.$$

Si d'ailleurs on y joint les suivantes :

$$x' = az', \qquad\qquad x'' = a' z'',$$

$$y' = bz', \qquad\qquad y'' = b' z'',$$

qui expriment que les points M' et M'' sont sur les droites (D) et (D'), on pourra calculer aisément les coordonnées de ces points, et l'on trouvera

$$z' = \frac{1}{\sqrt{a^2 + b^2 + 1}}, \; y' = \frac{b}{\sqrt{a^2 + b^2 + 1}}, \; x' = \frac{a}{\sqrt{a^2 + b^2 + 1}},$$

$$z'' = \frac{1}{\sqrt{a'^2 + b'^2 + 1}}, \; y'' = \frac{b'}{\sqrt{a'^2 + b'^2 + 1}}, \; x'' = \frac{a'}{\sqrt{a'^2 + b'^2 + 1}};$$

de sorte qu'en substituant dans l'équation (9), on aura, pour déterminer l'angle des deux droites, la formule suivante :

(10) $$\cos(D, D') = \frac{aa' + bb' + 1}{\sqrt{a^2 + b^2 + 1}\,\sqrt{a'^2 + b'^2 + 1}}.$$

Si l'on voulait calculer le sinus de cet angle, on emploierait la relation générale $\sin = \sqrt{1 - \cos^2}$, qui conduirait ici à l'expression

$$\sin(D, D') = \frac{\sqrt{(a - a')^2 + (b - b')^2 + (ab' - a'b)^2}}{\sqrt{a^2 + b^2 + 1}\,\sqrt{a'^2 + b'^2 + 1}},$$

et, par suite, on en déduirait la tangente.

33. La formule que nous venons d'obtenir pour cos (D, D') renferme deux radicaux susceptibles chacun du signe ±, ce qui fournit, si l'on veut, quatre valeurs égales deux à deux, et qui répondent aux quatre angles formés par les droites indéfinies DOE, D'OE' : mais il importe de remarquer que toutes les fois qu'on affectera les deux radicaux du *même signe*, c'est-à-dire quand on prendra le dénominateur total *positivement*, la valeur du cosinus conviendra nécessairement à l'angle DOD' formé par *les deux portions qui font chacune un angle aigu avec* OZ, ou à son opposé par le sommet EOE'. En effet, pour ces deux angles, les points M' et M'' qui servent à construire le triangle sur lequel repose le calcul, doivent avoir leurs ordonnées z' et z'', *toutes deux positives* ou *toutes deux négatives*; donc, en remontant aux valeurs trouvées ci-dessus pour z' et z'', il est certain que les deux radicaux doivent alors être affectés du même signe. Observons néanmoins que cet angle DOD' pourra encore être aigu ou obtus, suivant le signe du numérateur $aa' + bb' + 1$.

Fig. 6.

Quant à la valeur de sin (D, D'), il faut toujours la prendre positivement, parce que, sous cette forme, elle convient aux quatre angles supplémentaires deux à deux, et que, d'ailleurs, il est impossible de distinguer des angles négatifs dans les trois dimensions de l'espace.

34. On peut aussi exprimer l'angle que font entre elles les deux droites OD et OD', en fonction des angles que forme chacune d'elles avec les axes coordonnés. Soient en effet DOX $= \alpha$, DOY $= 6$, DOZ $= \gamma$, et α', $6'$, γ' les angles analogues pour la droite OD'; nous parviendrons, comme au n° 32, à la relation

Fig. 6.

$$\cos (D, D') = x' x'' + y' y'' + z' z'';$$

mais, d'après la remarque faite au n° 29, et attendu qu'ici on a $OM' = 1 = OM''$, les valeurs des coordonnées seront

$$x' = OM'.\cos\alpha = \cos\alpha, \quad y' = \cos 6, \quad z' = \cos\gamma,$$

$$x'' = OM''.\cos\alpha' = \cos\alpha', \quad y'' = \cos 6', \quad z'' = \cos\gamma',$$

lesquelles, substituées dans l'équation précédente, fourniront pour l'expression demandée,

(11) $\cos(D, D') = \cos\alpha\cos\alpha' + \cos 6\cos 6' + \cos\gamma\cos\gamma'$;

ou bien, en employant la notation suivante, qui rappelle aux yeux la situation de chaque angle,

(12)
$$\begin{cases} \cos(D, D') = \cos(D, x)\cos(D', x) \\ \qquad + \cos(D, y)\cos(D', y) \\ \qquad + \cos(D, z)\cos(D', z). \end{cases}$$

35. Il est aisé de déduire de ce qui précède, *la condition pour que les droites soient perpendiculaires* l'une à l'autre; il faut alors et il suffit que $\cos(D, D') = 0$; ce qui, d'après les formules (10) et (11), entraîne l'une ou l'autre des relations suivantes :

(13) $$aa' + bb' + 1 = 0,$$

(14) $$\cos\alpha\cos\alpha' + \cos 6\cos 6' + \cos\gamma\cos\gamma' = 0,$$

lesquelles conviennent aux droites primitivement données n° 32, aussi bien qu'aux droites OD et OD' qui se coupent. Quant à ces dernières, on doit remarquer que la condition (13) laisse encore la seconde droite en partie indéterminée, lors même que la première est complétement fixée par les valeurs de a et de b, puisqu'on n'a ici qu'une équation entre les deux coefficients a', b' : et il en devait être ainsi, parce que, dans l'espace, il existe une infinité

de droites menées par le même point O perpendiculairement sur la droite OD.

Si l'on voulait exprimer aussi par la formule (10) que
les droites sont parallèles, il faudrait poser $\cos(D, D') = 1$,
ce qui conduirait à l'équation

$$(a - a')^2 + (b - b')^2 + (ab' - a'b)^2 = 0,$$

laquelle ne peut être satisfaite qu'en posant $a = a'$ et
$b = b'$; de sorte que l'on serait ramené aux conditions
trouvées n° 24.

CHAPITRE III.

DES PLANS ET DE LEURS COMBINAISONS ENTRE EUX OU
AVEC LES DROITES.

---

36. Pour parvenir à l'équation du *plan*, nous regarderons cette surface comme le *lieu des diverses positions que prend une droite mobile assujettie à glisser sur une droite fixe, en restant parallèle à une direction donnée;* et cette méthode aura l'avantage de nous tracer d'avance la marche à suivre pour exprimer analytiquement la génération des surfaces courbes.

Soient donc

(1) $\quad x = az + p,$ $\qquad$ (2) $\quad y = bz + q,$

les équations de la droite fixe que l'on nomme la *directrice;* représentons la ligne à laquelle la *génératrice mobile* doit rester constamment parallèle, par $x = a'z$, $y = b'z$; alors les équations de cette génératrice auront la forme

(3) $\quad x = a'z + p',$ $\qquad$ (4) $\quad y = b'z + q';$

et ici a', b' seront des constantes données et invariables, tandis que p' et q' varieront avec chaque position de la génératrice, mais non pas d'une manière tout à fait arbitraire; car il faut encore exprimer que *la droite mobile a, dans toutes ses positions, un point de commun avec la directrice fixe,* c'est-à-dire que les équations (1), (2), (3), (4) doivent être vérifiées par un même système de valeurs de x, y, z. Or, puisque le nombre de ces équations surpasse d'une unité celui des inconnues, cela ne pourra arriver qu'autant qu'il existera entre les coefficients une certaine relation qui s'obtient en éliminant les trois inconnues x, y, z, comme nous l'avons vu n° **25**, et qui est

$$(5) \qquad \frac{p'-p}{a'-a} = \frac{q'-q}{b'-b}.$$

C'est donc là une condition qu'il faut essentiellement joindre aux équations (3) et (4) pour que celles-ci représentent complétement la génératrice. Cela posé, en attribuant successivement à p' diverses valeurs arbitraires, $p' = 1, 2, 7, \ldots$, et tirant de la relation (5) les valeurs correspondantes de q', pour substituer les unes et les autres dans (3) et (4), on obtiendrait *successivement* les équations déterminées de telle ou telle position particulière de la génératrice. Mais si, au lieu de fixer ainsi les valeurs de p' et q', on élimine ces deux constantes entre les équations (3), (4), (5), *l'équation finale en (x, y, z) conviendra alors à toutes les positions de la génératrice*, puisqu'elle ne renfermera plus de traces des quantités p' et q', dont les valeurs particulières pouvaient seules distinguer une génératrice d'une autre : par conséquent, le résultat de cette élimination sera l'équation de la *surface plane*, lieu de toutes ces génératrices. Or, en substituant dans (5) les valeurs de p' et q' tirées de (3) et (4), on trouve

$$\frac{x - a'z - p}{a'-a} = \frac{y - b'z - q}{b'-b},$$

ou bien

$$(6) \quad \begin{cases} x(b-b') + y(a'-a) + z(ab'-ba') \\ \qquad + p(b'-b) + q(a-a') = 0, \end{cases}$$

résultat qui prouve que l'*équation d'un plan est toujours du premier degré,* et renferme *généralement* les trois variables, c'est-à-dire qu'elle est de la forme

$$A x + B y + C x + D = 0.$$

37. Réciproquement, *toute équation du premier degré*, telle que

$$(7) \qquad A x + B y + C z + D = 0,$$

appartient à une surface plane. Pour le démontrer, cherchons d'abord *la trace* de la surface (7) quelle qu'elle soit, sur un des plans coordonnés, XZ par exemple ; et comme $y = 0$ exprime (n° 7) la propriété caractéristique de ce plan, en combinant cette relation avec l'équation (7), nous voyons que cette trace est *une droite* PR

Fig. 7. représentée par

$$(8) \qquad y = 0 \qquad \text{et} \qquad (9) \quad A x + C z + D = 0.$$

Cela posé, imitons la marche suivie au n° 11, et coupons la surface inconnue (7) par divers plans parallèles à XY, tels que $z = \alpha$, $z = \alpha'$, ... : les sections seront représentées par les équations simultanées

$$(10) \quad z = \alpha \qquad \text{et} \qquad (11) \quad A x + B y + (C \alpha + D) = 0,$$
$$z = \alpha' \qquad \text{et} \qquad A x + B y + (C \alpha' + D) = 0,$$
$$\dots\dots\dots\dots\dots\dots\dots\dots\dots\dots\dots\dots\dots\dots$$

résultats dont la forme prouve (n°⁵ 15, 17) que ces diverses sections sont *des droites,* toutes *parallèles entre elles* (n° 24). Mais, en outre, il arrive ici que *chacune a un point commun avec la trace* PR ; car si, d'après la règle donnée au n° 25, on combine ensemble les équations (8), (9), (10) et (11) pour en éliminer d'abord y

et z, on parvient aux deux équations

$$A x + C \alpha + D = 0, \quad A x + (C \alpha + D) = 0,$$

lesquelles s'accordent bien à donner pour x la même valeur. Or, comme il en serait évidemment de même en remplaçant α par α', α'',..., j'en conclus que la surface (7) est *le lieu d'une infinité de droites parallèles, qui s'appuient toutes sur une autre droite fixe* PR; d'où il suit que cette surface est *un plan* (n° 36).

Remarquons ici que ce mode de démonstration resterait applicable à l'équation (7), quand bien même un ou deux des coefficients A, B, C seraient nuls, pourvu qu'alors on choisît convenablement la trace qui sert de directrice fixe, et la direction des plans sécants; mais d'ailleurs, nous savons déjà (n°ˢ 10 et 7) qu'une équation du premier degré, de la forme particulière

$$B y + C z + D = 0, \quad \text{ou} \quad C z + D = 0,$$

représente *un plan* qui se trouve parallèle à *un* ou à *deux* des axes coordonnés : ainsi la réciproque annoncée est vraie dans tous les cas.

38. Il est très-important d'observer aussi que les calculs et les raisonnements employés n°ˢ 36 et 37 restent les mêmes, et sans aucune modification, *dans le cas des axes obliques;* par conséquent, l'équation du plan rapporté à de tels axes est toujours du premier degré, et la réciproque a également lieu. Il suit de là que toutes les formules et les conséquences auxquelles nous parviendrons dans les n°ˢ 39, 40, 41, 42, 43, 44, 45, 54 et 60, seront également vraies pour des axes coordonnés obliques.

39. Lorsque l'équation d'un plan est donnée, c'est-à-

dire quand tous les coefficients A, B, C, D de l'équation

(7) $Ax + By + Cz = D$

sont connus, on obtient *les traces* de ce plan en combinant son équation tour à tour avec une des suivantes,
$x = 0$, $y = 0$, $z = 0$, qui caractérisent (n° 7) chacun
des trois plans coordonnés. Ainsi la trace PQ sur le plan
XY sera donnée par les deux équations simultanées

FIG. 7.

$$z = 0 \quad \text{et} \quad Ax + By + D = 0;$$

la trace PR sur le plan XZ, par

$$y = 0 \quad \text{et} \quad Ax + Cz + D = 0;$$

et enfin celle qui se trouve sur YZ, savoir QR, par

$$x = 0 \quad \text{et} \quad By + Cz + D = 0.$$

40. Pour avoir le point où le plan coupe l'axe OX, on
posera à la fois les conditions $y = 0$ et $z = 0$, qui caractérisent évidemment cet axe; et en substituant dans (7),
on obtiendra, pour les coordonnées de ce point P,

$$y = 0, \quad z = 0, \quad x = -\frac{D}{A} = OP;$$

on trouverait de même pour les points Q et R,

$$x = 0, \quad z = 0, \quad y = -\frac{D}{B} = OQ,$$

$$x = 0, \quad y = 0, \quad z = -\frac{D}{C} = OR.$$

Si l'on pose ces trois distances $OP = p$, $OQ = q$,
$OR = r$, et qu'on les introduise dans l'équation (7) à la
place de A, B, C, l'équation du plan prendra cette forme

très-symétrique :

$$\frac{x}{p} + \frac{y}{q} + \frac{z}{r} = 1.$$

41. Observons encore ici, 1° que si le plan proposé devait être parallèle à un des axes, OX par exemple, il faudrait que la valeur trouvée ci-dessus pour la distance OP devînt infinie, ce qui entraînerait la condition A = 0 ; par conséquent, l'équation (7) se réduirait, pour un tel plan, à

$$By + Cz + D = 0.$$

2°. Que si le plan était parallèle à la fois aux deux axes OX et OY, ou bien parallèle au plan XY, les valeurs précédentes de OP et de OQ devraient être toutes deux infinies, d'où A = 0 et B = 0 : donc l'équation (7) se réduirait, pour un tel plan, à

$$Cz + D = 0, \quad \text{ou} \quad z = h.$$

Ces deux résultats avaient déjà été obtenus dans les n⁰ˢ 7 et 10 ; mais comme il importe beaucoup de familiariser le lecteur avec ces formes particulières de l'équation d'un plan, nous avons voulu les retrouver ici, afin qu'on se rappelât bien que, *quand un plan est parallèle à* un *ou* deux *des axes coordonnés, son équation ne renferme plus* la variable *ou* les variables *qui se rapportent à ces axes.*

42. Lorsqu'au lieu de donner immédiatement l'équation d'un plan, on assigne certaines conditions auxquelles cette surface doit satisfaire, il faut alors calculer les coefficients qui entrent dans l'équation générale, par quelqu'un des moyens que nous allons exposer en parcourant les diverses conditions que peut remplir un plan.

D'abord, si l'on veut que *le plan passe par trois points*

dont les coordonnées sont connues, et désignées par x', y', z'; x'', y'', z''; x''', y''', z''', l'équation générale

(1) $$\mathrm{A}x + \mathrm{B}y + \mathrm{C}z + \mathrm{D} = 0$$

devra être vérifiée en substituant aux variables les coordonnées de chaque point, ce qui donnera les relations

(2) $$\mathrm{A}x' + \mathrm{B}y' + \mathrm{C}z' + \mathrm{D} = 0,$$

(3) $$\mathrm{A}x'' + \mathrm{B}y'' + \mathrm{C}z'' + \mathrm{D} = 0,$$

(4) $$\mathrm{A}x''' + \mathrm{B}y''' + \mathrm{C}z''' + \mathrm{D} = 0,$$

dans lesquelles il n'y a réellement que trois inconnues, qui sont les rapports $\dfrac{\mathrm{A}}{\mathrm{D}}, \dfrac{\mathrm{B}}{\mathrm{D}}, \dfrac{\mathrm{C}}{\mathrm{D}}$; on pourra donc les calculer aisément, et les substituer dans (1), qui ne renferme que ces mêmes rapports. Voici le résultat, en prenant l'arbitraire D pour le dénominateur commun :

$$\mathrm{D} = x'y''z''' - x'z''y''' + z'x''y''' - y'x''z''' + y'z''x''' - z'y''x''',$$
$$\mathrm{A} = -y''z''' + z''y''' - z'y''' + y'z''' - y'z'' + z'y'',$$
$$\mathrm{B} = -x'z''' + x'z'' - z'x'' + x''z''' - z''x''' + z'x''',$$
$$\mathrm{C} = -x'y'' + x'y''' - x''y''' + y'x'' - y'x''' + y''x'''.$$

43. Remarquons que si l'on assignait seulement un point par lequel dût passer le plan, on n'aurait alors que la condition (2), qui pourrait du moins servir à éliminer de (1) la constante D ; et l'équation du plan prendrait la forme suivante, très-fréquemment employée,

$$\mathrm{A}(x - x') + \mathrm{B}(y - y') + \mathrm{C}(z - z') = 0,$$

dans laquelle il ne resterait véritablement que *deux* inconnues.

44. *Conditions pour qu'une droite soit située dans un plan.* Représentons les équations de ces lieux géométriques par

(1) $\qquad A x + B y + C z + D = 0,$

(2) $\qquad x = a z + p$ et (3) $y = b z + q.$

Si la droite est tout entière dans le plan, il faut que, *pour un quelconque de ses points,* et,par conséquent en laissant z indéterminé, les valeurs de x et y tirées de (2) et (3) satisfassent à l'équation du plan; or, en substituant dans (1), il vient

$$(A a + B b + C) z + A p + B q + D = 0;$$

et puisque cette équation doit se vérifier pour toute valeur de z, il faut que l'on ait à la fois

(4) $A a + B b + C = 0,$ (5) $A p + B q + D = 0;$

telles sont les conditions demandées. Par suite, il serait facile d'obtenir *l'équation d'un plan assujetti à passer par la droite* (2) et (3), *et par un point donné* (x', y', z'); car on aurait à joindre aux conditions (4) et (5) la relation

$$A x' + B y' + C z' + D = 0,$$

ce qui suffirait pour calculer les valeurs de trois des coefficients A, B, C, D en fonction du quatrième, qui disparaîtrait ensuite, comme se trouvant facteur commun.

45. *Relation entre un plan et une droite qui sont parallèles entre eux.* Conservons les notations précédentes, et exprimons que *le point de rencontre* du plan avec la droite *est à une distance infinie.* Pour ce point commun, les variables doivent avoir les mêmes valeurs dans les équations (1), (2), (3); substituons donc comme ci-dessus, et il viendra

$$z = - \frac{A p + B q + D}{A a + B b + C};$$

par conséquent, la relation demandée est

$$(6) \qquad Aa + Bb + C = o,$$

qui coïncide avec la première des conditions trouvées au numéro précédent. D'après cela, on pourra *mener par une droite donnée un plan parallèle à une autre droite;* car on devra joindre aux relations (4) et (5) la condition (6), dans laquelle on remplacera a et b par les constantes a' et b' de la seconde droite.

46. *Relations entre un plan et une droite qui sont perpendiculaires entre eux.* Sous le point de vue géométrique, ces relations consistent en ce que les traces PQ, PR, QR du plan donné sont respectivement perpendiculaires aux projections correspondantes CC′, BB′, AA′ de la droite en question, pourvu toutefois qu'il s'agisse de *projections orthogonales;* car le théorème n'est pas vrai quand les axes sont obliques. En effet, le plan qui projette la droite suivant CC′ est, par sa définition, perpendiculaire à XY : il l'est aussi au plan PQR , puisqu'il passe par la droite dans l'espace : donc ce plan projetant est perpendiculaire sur l'intersection PQ des deux autres; d'où il suit que *cette trace* PQ *coupe à angle droit la ligne* CC′ qui est dans le plan projetant. On en dirait autant des traces et des projections sur les autres plans coordonnés ; mais j'ajoute que la réciproque a lieu : *si deux des projections,* BB′ *et* AA′ *par exemple, sont perpendiculaires aux traces* PR *et* QR , *la droite dans l'espace est perpendiculaire au plan.* Remarquons en effet que les plans projetants qui passent par BB′ et AA′, sont nécessairement perpendiculaires l'un à PR , l'autre à QR , et, par suite, ils le sont au plan PQR qui contient ces lignes; donc l'intersection de ces deux plans projetants, qui

Fɪɢ. 7.

n'est autre chose que la droite dans l'espace, se trouvera aussi perpendiculaire au plan PQR.

Toutefois, pour que cette réciproque soit certaine, quand on se borne à exiger la perpendicularité entre *deux seules* projections et les traces correspondantes, il faut que les deux plans projetants que l'on emploie soient distincts l'un de l'autre, sans quoi les deux projections dont on se sert laisseraient la droite indéterminée. Ainsi, par exemple, quand les deux traces PR et QR seront parallèles à OZ, les projections BB′ et AA′ pourront être perpendiculaires sur OZ, sans que la droite dans l'espace se trouve perpendiculaire au plan donné, parce qu'alors les deux plans projetants sont évidemment confondus et ne suffisent plus pour définir la droite; mais, dans ce cas, il n'y aura qu'à vérifier si la troisième projection CC′ est aussi perpendiculaire sur la trace PQ.

47. Exprimons maintenant ces conditions par l'analyse, en représentant le plan et la droite donnés par

$$(1) \qquad Ax + By + Cz = D,$$

$$(2) \quad x = az + p, \qquad (3) \quad y = bz + q.$$

La trace de ce plan sur XZ est représentée par

$$y = 0 \quad \text{et} \quad Ax + Cz + D = 0, \quad \text{ou} \quad x = -\frac{C}{A}z - \frac{D}{A};$$

elle doit être perpendiculaire à la projection correspondante, $x = az + p$: donc on doit avoir la relation

$$(7) \qquad a = \frac{A}{C}.$$

La trace sur YZ est donnée par

$$x = 0 \quad \text{et} \quad By + Cz + D = 0, \quad \text{ou} \quad y = -\frac{C}{B}z - \frac{D}{B};$$

3.

et pour qu'elle soit perpendiculaire à la projection $y = bz + q$, il faut que l'on ait

$$(8) \qquad\qquad b = \frac{B}{C}.$$

Ainsi les conditions (7) et (8) sont *nécessaires* et *suffi-santes* pour exprimer que la droite est perpendiculaire au plan.

48. Toutefois la dernière conséquence souffre une exception dans le cas particulier cité au n° **46**, pour lequel on a $C = o$; car les formules (7) et (8) donneraient alors $a = \infty$ et $b = \infty$, ce qui réduirait les équations (2) et (3) de la droite à une seule, $z = h$, laquelle est insuffisante pour définir cette ligne. Dans ce cas, il faudra employer la troisième projection, qui sera de la forme

$$y = \frac{b}{a} x + k,$$

et poser

$$\frac{b}{a} = \frac{B}{A},$$

afin d'exprimer que cette projection est aussi perpendiculaire à la trace du plan proposé sur **XY**. Ainsi les conditions *complètes* de la perpendicularité entre la droite et le plan, seraient

$$(7) \qquad a = \frac{A}{C}, \qquad (8) \qquad b = \frac{B}{C}, \qquad (9) \qquad \frac{b}{a} = \frac{B}{A};$$

mais, à moins qu'on n'ait à opérer directement sur un exemple numérique pour lequel $C = o$, il suffira, dans les calculs généraux, d'employer les relations (7) et (8), parce qu'elles comprendront implicitement la relation (9).

48 *bis*. Pour obtenir les relations (7) et (8), nous

nous sommes appuyés sur un théorème de Géométrie
(n° 46) qu'il est important de rendre familier aux élèves.
Mais on pouvait arriver à ces relations par des considérations purement analytiques, en exprimant que *la droite*
(L) représentée par (2) et (3) *est perpendiculaire à toutes
les droites situées dans le plan* (1), ou simplement *parallèles à ce plan*. Or une de ces dernières droites sera définie
par

$$(\text{L}') \qquad x = a'z + p' \quad \text{et} \quad x = b'z + q',$$

avec la condition

$$(10) \qquad \text{A}a' + \text{B}b' + \text{C} = 0,$$

laquelle laisse entièrement arbitraire une des deux constantes a' et b', ce qui fait que les équations (L′) représentent toutes les droites *parallèles au plan* (1). Cela posé,
on exprimera que la droite (L) est perpendiculaire à
toutes les droites (L′), en écrivant (n° 35) la condition

$$(11) \qquad aa' + bb' + 1 = 0;$$

et alors, pour que les deux équations (10) et (11) se vérifient en laissant a' et b' indéterminées, il faut qu'elles
soient identiques, c'est-à-dire que l'on ait

$$(12) \qquad \frac{\text{A}}{a} = \frac{\text{B}}{b} = \text{C},$$

relations qui reviennent aux conditions (7), (8), (9) des
numéros précédents.

49. *Trouver la distance d'un point donné* (x', y', z')
à un plan représenté par

$$(1) \qquad \text{A}x + \text{B}y + \text{C}z + \text{D} = 0.$$

Si du point donné nous menons une droite indéfinie

perpendiculaire au plan, elle aura (n° 47) pour équations

$$(2) \qquad x - x' = \frac{A}{C}(z - z'),$$

$$(3) \qquad y - y' = \frac{B}{C}(z - z');$$

et les coordonnées du pied de la droite sur le plan s'obtiendront en regardant les variables x, y, z comme ayant *les mêmes valeurs* dans les équations (1), (2), (3). Mais, quand on en aura tiré les valeurs de ces coordonnées, il faudra les substituer dans la formule qui donne la distance de deux points,

$$\delta = \sqrt{(x - x')^2 + (y - y')^2 + (z - z')^2} :$$

par conséquent, il est plus avantageux de préparer les équations ci-dessus de manière qu'elles renferment les binômes $x - x'$, $y - y'$, $z - z'$. C'est pourquoi nous écrirons l'équation (1) sous la forme

$$(4) \qquad A(x - x') + B(y - y') + C(z - z') + D' = 0,$$

en posant, pour abréger,

$$D' = Ax' + By' + Cz' + D;$$

et alors, en substituant dans (4) les valeurs de $x - x'$, $y - y'$, déduites de (2) et (3), on trouvera

$$z - z' = \frac{- D'C}{A^2 + B^2 + C^2},$$

$$y - y' = \frac{- D'B}{A^2 + B^2 + C^2},$$

$$x - x' = \frac{- D'A}{A^2 + B^2 + C^2};$$

et par suite, la distance demandée sera

$$\delta = \frac{A x' + B y' + C z' + D}{\pm \sqrt{A^2 + B^2 + C^2}}.$$

Le radical qui entre dans cette expression comporte deux signes, dont il ne faudra jamais garder que celui qui rendra la fraction totale *positive;* attendu que toutes les fois qu'il s'agit de distances qui ne sont pas comptées parallèlement à une ligne fixe, il ne peut être question que de leurs valeurs absolues.

50. Lorsque le point donné est à l'origine des axes, il faut poser dans le résultat précédent $x'=0, y'=0, z'=0$; et l'on trouve ainsi, pour *la distance d'un plan à l'origine des coordonnées,*

$$\delta' = \frac{D}{\pm \sqrt{A^2 + B^2 + C^2}},$$

formule où il faudra encore affecter le radical du même signe que D.

51. *Calculer la plus courte distance d'un point* (x', y', z') *à une droite représentée par*

(1) $x = az + p,$ (2) $y = bz + q.$

Pour y parvenir, on pourrait mener par le point donné un plan perpendiculaire à la droite, et dont l'équation serait, d'après les relations trouvées n°s 43 et 47,

(3) $a(x - x') + b(y - y') + z - z' = 0;$

puis, en combinant les équations (1), (2), (3), on en tirerait les valeurs des coordonnées x, y, z, du point où le plan coupe la droite. Or, la ligne qui joindra ce dernier point avec celui qui a pour coordonnées x', y', z', mesure évidemment la distance demandée; donc, en substituant dans la formule générale

$$\delta'' = \sqrt{(x-x')^2 + (y-y')^2 + (z-z')^2},$$

on obtiendra cette distance, qui, après diverses réductions, pourra s'écrire ainsi :

$$\delta'' = \sqrt{(x'-p)^2 + (y'-q)^2 + z'^2 - \frac{H^2}{a^2+b^2+1}},$$

où l'on a posé, pour abréger,

$$H = a(x'-p) + b(y'-q) + z'.$$

Fig. 7. **52.** Mais on arrive à ce résultat d'une manière plus simple et plus élégante, en imaginant le triangle M'MT formé par la droite donnée MT, la perpendiculaire M'M abaissée du point en question M', et la ligne qui joint M' avec la trace T de la droite sur le plan XY, trace qui a pour coordonnées $z = o$, $x = p$, $y = q$. En effet, ce triangle rectangle donne

$$MM' = \sqrt{\overline{TM'}^2 - \overline{TM}^2} :$$

or on a évidemment

$$\overline{TM'}^2 = (x'-p^2) + (y'-q)^2 + z'^2$$

et

$$TM = TM' \cos(MTM')$$
$$= TM'(\cos\alpha\cos\alpha' + \cos 6\cos 6' + \cos\gamma\cos\gamma'),$$

en appelant α, 6, γ les angles de TM avec les axes, et α', $6'$, γ' ceux de TM' (n° 34). D'ailleurs on sait (n° 29) que

$$\cos\alpha' = \frac{x'-p}{TM'}, \quad \cos 6' = \frac{y'-q}{TM'}, \quad \cos\gamma' = \frac{z'}{TM'};$$

donc il vient

$$TM = (x'-p)\cos\alpha + (y'-q)\cos 6 + z'\cos\gamma;$$

et en substituant dans la valeur de MM′, on obtiendra la distance demandée sous la forme

$$MM' = \sqrt{(x'-p)^2 + (y'-q)^2 + z'^2 - [(x'-p)\cos\alpha + (y'-q)\cos\delta + z'\cos\gamma]^2},$$

laquelle coïncidera avec l'expression trouvée pour ∂'', si l'on veut bien y mettre les valeurs connues

$$\cos\alpha = \frac{a}{\sqrt{a^2 + b^2 + 1}},$$

$$\cos\delta = \frac{b}{\sqrt{a^2 + b^2 + 1}},$$

$$\cos\gamma = \frac{1}{\sqrt{a^2 + b^2 + 1}}.$$

53. *Trouver l'angle d'une droite et d'un plan*, représentés par les équations

(D) $x = az + p, \quad y = bz + q,$

(P) $Ax + By + Cz + D = 0.$

Cette inclinaison serait une quantité indéterminée, si l'on ne convenait pas d'entendre par là *l'angle compris entre la droite* (D) *et sa projection* orthogonale *sur le plan* P; et ce choix est fondé sur ce que cet angle est le plus petit de tous ceux que forme la droite (D) avec les diverses lignes tracées par son pied dans le plan, ainsi qu'on le démontre aisément par la Géométrie. Il résulte de cette définition que, si d'un point de la droite (D) on abaisse sur le plan une *normale* (N), l'angle de ces deux dernières droites sera le *complément* de celui que l'on cherche. Or, quel que soit le point d'où l'on mène la normale, ses équations auront la forme

(N) $x = a'z + p', \quad y = b'z + q',$

avec les relations $a' = \dfrac{A}{C}$, $b' = \dfrac{B}{C}$: et comme, d'après le n° **32**, on a, pour déterminer l'angle des deux droites (D) et (N), la formule

$$\cos (D, N) = \frac{aa' + bb' + 1}{\sqrt{a^2 + b^2 + 1}\,\sqrt{a'^2 + b'^2 + 1}},$$

on en conclura, par la substitution des valeurs précédentes de a' et b', le sinus de l'angle du plan avec la droite, savoir :

$$\sin (D, P) = \frac{Aa + Bb + C}{\sqrt{A^2 + B^2 + C^2}\,\sqrt{a^2 + b^2 + 1}}.$$

54. Maintenant comparons les plans entre eux, et cherchons d'abord *les conditions qui expriment que deux plans sont parallèles*. Soient

(P) $Ax + By + Cz + D = 0,$

(P′) $A'x + B'y + C'z + D' = 0,$

les équations de ces plans. Il faudra et il suffira que leurs traces sur chacun des plans coordonnés se trouvent respectivement parallèles; si donc on pose dans les équations (P) et (P′), successivement $x = 0$, $y = 0$, $z = 0$, on trouvera les conditions

$$\frac{C}{B} = \frac{C'}{B'}, \quad \frac{C}{A} = \frac{C'}{A'}, \quad \frac{A}{B} = \frac{A'}{B'},$$

lesquelles se réduisent à ces deux-ci :

(10) $$\frac{A}{A'} = \frac{B}{B'} = \frac{C}{C'};$$

c'est-à-dire que *les coefficients des termes variables* seuls *doivent être respectivement proportionnels* dans les deux équations; et même on pourra toujours rendre *ces trois coefficients* respectivement *égaux*, en divisant le terme constant D′ par le facteur commun qui distinguera A′, B′, C′ de A, B, C.

55. *Trouver l'angle de deux plans* donnés par les FIG. 8.
équations ci-dessus (P) et (P'). Si l'on conçoit la *fig.* 8
exécutée sur un plan de projection perpendiculaire aux
deux plans proposés, ceux-ci y seront représentés par
leurs traces AP, AP'; et l'angle PAP' mesurera évidemment l'inclinaison de ces plans. Mais si on leur mène deux
normales par le point A, on reconnaîtra aisément que
l'angle NAN'= PAP'; d'ailleurs, comme ces droites prolongées indéfiniment forment, aussi bien que les plans,
quatre angles supplémentaires deux à deux, on peut dire
généralement que ces deux normales comprennent entre
elles les mêmes angles que les plans en question ; et cela
sera vrai encore de deux autres droites parallèles à AN,
AN', et tracées par tel point de l'espace que l'on voudra.
Cela posé, en menant par l'origine deux perpendiculaires aux plans (P) et (P'), elles auront pour équations

(N) $x = az$, $y = bz$ avec les conditions $a = \dfrac{A}{C}$, $b = \dfrac{B}{C}$,

(N') $x = a'z$, $y = b'z$. . . . . $a'= \dfrac{A'}{C'}$, $b'= \dfrac{B'}{C'}$,

et les angles de ces deux normales seront déterminés
(n° 32) par la formule

$$\cos (N, N') = \frac{aa' + bb' + 1}{\pm \sqrt{a^2 + b^2 + 1}\ \sqrt{a'^2 + b'^2 + 1}} ;$$

donc, en substituant ici les valeurs de a, a', b, b', on
aura pour les angles des deux plans,

$$\cos (P, P') = \frac{AA' + BB' + CC'}{\pm \sqrt{A^2 + B^2 + C^2}\ \sqrt{A'^2 + B'^2 + C'^2}},$$

formule où le double signe qui affecte le second membre
répond aux angles aigus et obtus que comprennent les
deux plans indéfinis.

56. Pour *calculer les angles que fait un plan* (P) *avec les plans coordonnés*, il suffit d'exprimer, dans la formule précédente, que le second plan (P′), qui était quelconque, vient à coïncider avec un de ceux-ci. Or, pour que le plan (P′) devienne le plan XY, il faut évidemment poser dans son équation A′ = o, B′ = o et D′ = o; donc alors on a pour l'angle du plan (P) avec le plan XY,

$$\cos(P, xy) = \frac{C}{\pm\sqrt{A^2 + B^2 + C^2}} = \cos(N, z):$$

on trouverait d'une manière semblable

$$\cos(P, xz) = \frac{B}{\pm\sqrt{A^2 + B^2 + C^2}} = \cos(N, y),$$

$$\cos(P, yz) = \frac{A}{\pm\sqrt{A^2 + B^2 + C^2}} = \cos(N, x).$$

Ces trois angles du plan (P) avec les plans coordonnés sont évidemment les mêmes que ceux de la normale (N) avec les trois axes; aussi, en faisant la somme de leurs carrés, on trouve, comme au n° 31, la relation

$$\cos^2(P, xy) + \cos^2(P, xz) + \cos^2(P, yz) = 1.$$

57. Les angles d'un plan (P) avec les plans coordonnés laissent toujours une ambiguïté qui ne peut disparaître qu'en substituant au plan, supposé d'abord transporté parallèlement à lui-même jusqu'à l'origine des axes, *une normale* menée par ce point et *prolongée vers une seule des faces* du plan. Les angles de cette normale avec les *axes positifs* sont alors complétement déterminés, puisque, dans les formules du n° 56, il faudra prendre *le radical de même signe que le coefficient* C, lorsque la normale en question formera *un angle aigu* avec OZ, et *de signe contraire,* quand elle fera cet angle *obtus.* Quant à la manière de définir *la face* du plan sur laquelle on veut élever cette normale, c'est dans chaque problème en particulier qu'il en faut chercher les moyens : par exemple, dans les questions de Mécanique, où il existe des forces qui tendent à faire tourner leur rayon vecteur autour de l'origine, on peut convenir que la normale sera élevée de telle sorte que le spectateur placé sur cette droite, et les pieds sur le plan, voie le mouvement de rotation s'effectuer toujours *de sa gauche vers sa droite*. On pourrait adopter l'hypothèse contraire ; mais la première offre l'avantage que, quand la normale ainsi définie formera des angles aigus avec les demi-axes positifs disposés suivant l'usage habituel, la projection du rayon vecteur sur les plans coordonnés se mouvra dans l'ordre alphabétique des lettres, savoir : de OX vers OY, de OY vers OZ, et de OZ vers OX.

De même, pour mesurer sans ambiguïté l'angle de deux plans (P) et (P′), il faudra prendre *l'angle compris entre deux normales* dirigées par rapport à chacun de ces plans, comme nous venons de l'indiquer pour un seul.

58. L'équation du plan prend une forme remarquable, et utile à employer quelquefois, lorsqu'on y introduit la perpendiculaire δ abaissée de l'origine sur ce plan, et les angles γ, μ, ν, que fait cette *normale finie* avec les demi-axes positifs OX, OY, OZ. Pour abréger la discussion, admettons que, dans l'équation

(P) $\qquad A x + B y + C z + D = 0,$

on ait eu soin, avant tout, de rendre *négatif* dans le premier membre le terme D ; alors la perpendiculaire abaissée de l'origine (n° 50) devra être écrite ainsi :

$$\delta = \frac{D}{-\sqrt{A^2 + B^2 + C^2}},$$

et les angles λ, μ, ν. seront donnés (n° 56) par les formules

$$\cos \lambda = \frac{A}{+\sqrt{A^2 + B^2 + C^2}}, \quad \cos \mu = \frac{B}{+\sqrt{A^2 + B^2 + C^2}},$$

$$\cos \nu = \frac{C}{+\sqrt{A^2 + B^2 + C^2}};$$

car, d'après la préparation effectuée sur le terme D, je dis qu'on doit prendre ici tous les radicaux *positivement*. En effet, le plan proposé coupe les axes coordonnés à des distances

$$x' = \frac{-D}{A}, \quad y' = \frac{-D}{B}, \quad z' = \frac{-D}{C},$$

lesquelles auront évidemment *les mêmes signes* que A, B, C : or, quand la distance x' sera positive, il est facile d'apercevoir que l'angle λ de *la normale finie δ* se trouvera aigu, et qu'ainsi $\cos \lambda$ devra être positif; mais puisque alors $A > 0$, il faut donc, dans l'expression de ce cosinus, prendre le radical avec le signe $+$. Si, au contraire, la distance x' était négative, l'angle λ serait nécessairement obtus ; et comme dans ce cas on aurait $A < 0$, il faudrait encore prendre le radical positivement. La même discussion s'appliquant aux autres angles, il en résulte que les cosinus doivent être écrits comme nous l'avons fait ci-dessus; et alors on en conclut

$$A = \frac{-D}{\delta} \cos \lambda, \quad B = \frac{-D}{\delta} \cos \mu, \quad C = \frac{-D}{\delta} \cos \nu,$$

d'où, en substituant dans l'équation (P), il vient pour l'équation du plan,

$$x \cos \lambda + y \cos \mu + z \cos \nu = + \delta.$$

Sous cette forme, le second membre δ sera toujours une quantité essentiellement positive, et les cosinus seuls pourront avoir des signes divers, suivant la position du plan, ou plutôt de la normale *ð* relativement aux demi-axes des coordonnées positives.

69. *Condition pour que deux plans soient perpendiculaires entre eux.* Dans ce cas, il faut et il suffit que la valeur trouvée n° 55, pour le cosinus de l'angle des deux plans, devienne nulle : donc on aura la relation

$$AA' + BB' + CC' = o.$$

60. *Déterminer l'intersection de deux plans représentés par les équations*

(P) $$A x + B y + C z + D = o,$$

(P') $$A' x + B' y + C' z + D' = o.$$

On pourrait, d'après les réflexions faites au n° 13, se contenter de dire que la droite demandée est suffisamment déterminée par le système des équations (P) et (P') prises *simultanément*, c'est-à-dire en y regardant x, y, z comme recevant à la fois les mêmes valeurs. En effet, sous ce point de vue, il ne reste plus qu'une de ces variables qui puisse être prise arbitrairement ; de sorte que si l'on pose tour à tour $z = 1, 2, 3, ..., 9, ...$ et que l'on calcule d'après les équations (P) et (P'), les valeurs correspondantes de x et de y, on déterminera autant de points que l'on voudra de l'intersection des deux plans. Mais si l'on désire de connaître les projections de cette droite, on se rappellera (n° 3 et 17) que les variables x et z, par exemple, représentent à la fois les coordonnées d'un point de l'intersection dans l'espace, et celles de la projection sur le plan XZ : donc l'équation de cette projection s'obtiendra en éliminant y entre (P) et (P'). Le même raisonnement montre qu'il suffira d'éliminer x pour avoir la projection sur YZ ; de sorte que, sans développer ici les calculs, on arrivera évidemment à deux équations de la forme

$$(1) \qquad x = az + p, \qquad (2) \qquad y = bz + q.$$

Si ces dernières sont plus commodes pour se représenter la position de l'intersection, c'est qu'elles appartiennent (n° 15) à deux plans passant par cette droite, et qui ont cela de particulier, qu'ils se trouvent perpendiculaires l'un à XZ, l'autre à YZ ; mais il n'en faut pas moins rester convaincu que les équations (P) et (P′) sous leur forme actuelle, et prises simultanément, déterminent déjà la droite demandée aussi complétement que (1) et (2).

61. Par des raisons toutes semblables, on sentira que la courbe intersection de deux surfaces, représentées par

$$F(x,y,z) = o, \qquad F'(x,y,z) = o,$$

est aussi complétement déterminée par le système de ces deux équations, prises *simultanément,* que par les équations de ses projections

$$x = \varphi(z), \qquad y = \psi(z),$$

déduites des précédentes, en éliminant tour à tour y et x ; et d'ailleurs ces dernières représentent aussi *deux surfaces,* savoir des cylindres parallèles à OY et à OX (n° 8).

Nous terminerons ce chapitre par un problème qui nous fournira l'occasion d'appliquer plusieurs des formules obtenues jusqu'ici.

62. *Trouver la grandeur et la position de la plus courte distance de deux droites,* que l'on suppose n'être pas dans un même plan et avoir pour équations

(L) $$x = az + p, \qquad y = bz + q,$$

(L') $$x = a'z + p', \qquad y = b'z + q'.$$

Pour résoudre la première partie de ce problème, concevons par la droite (L) un plan (P) parallèle à (L'), ce qui est toujours possible, puisqu'il suffirait de faire passer ce plan par la première ligne et par une droite menée d'un point de celle-ci parallèlement à la seconde (mais, pour exprimer analytiquement ces conditions, nous emploierons tout à l'heure un moyen plus simple). Imaginons aussi par la droite (L') un plan (P') parallèle à (L) : ces deux plans seront nécessairement parallèles entre eux, et leur distance mesurera évidemment *la grandeur* de la plus courte distance des deux droites proposées. (*Voyez* la *Géométrie descriptive*, n° 47.)

Or le plan (P) aura une équation qui, pour simplifier les calculs, pourra s'écrire

(P) $$Ax + By + z + D = 0;$$

mais, puisqu'il est parallèle à la droite (L') et qu'il contient la droite (L), on aura (n°s 44 et 45) les conditions

(1) $$Aa' + Bb' + 1 = 0,$$

(2) $$Aa + Bb + 1 = 0,$$

(3) $$Ap + Bq + D = 0,$$

dont les deux premières donnent

$$A = \frac{b - b'}{ab' - a'b}, \qquad B = \frac{a' - a}{ab' - a'b},$$

et la troisième déterminera D en y substituant ces valeurs. De même, le plan (P') aura pour équation

(P') $$A'x + B'y + z + D' = 0,$$

4.

avec les conditions

(4) $A'a + B'b + 1 = 0,$

(5) $A'a' + B'b' + 1 = 0,$

(6) $A'p' + B'q' + D' = 0;$

et sans résoudre les équations (4) et (5), on doit voir, en les comparant avec (2) et (1), qu'elles conduiront à $A' = A$, $B' = B$, comme on devait s'y attendre, puisque les plans (P) et (P') sont nécessairement parallèles entre eux. Quant à la valeur de D', elle se tirera de (6).

Cela posé, abaissons de l'origine deux perpendiculaires δ et δ' sur ces plans parallèles; elles seront exprimées (n° 50) par

$$\delta = \frac{D}{\sqrt{A^2 + B^2 + 1}}, \quad \delta' = \frac{D'}{\sqrt{A^2 + B^2 + 1}};$$

et leur différence $\delta' - \delta$ ou $\delta - \delta'$ mesurera l'intervalle des deux plans, ou bien la plus courte distance δ'' des droites proposées; donc, en substituant ici les valeurs de D et D', tirées de (3) et (6), puis celles de A et B, il viendra

(7)
$$\begin{cases} \delta'' = \dfrac{A(p - p') + B(q - q')}{\sqrt{A^2 + B^2 + 1}} \\[2mm] \quad = \dfrac{(p - p')(b - b') - (q - q')(a - a')}{\sqrt{(a - a')^2 + (b - b')^2 + (ab' - a'b)^2}}. \end{cases}$$

63. Il est essentiel d'observer que, pour obtenir la véritable grandeur de δ'' dans tous les cas, il faut d'abord garder les numérateurs D et D' avec les signes qui les affecteront, puis prendre *toujours* leur différence *analytique*. En effet, comme les deux plans (P) et (P') coupent l'axe OZ à des distances $z = -D$, $z' = -D'$, si les termes D et D' sont de même signe, ces plans parallèles se trouve-

ront d'un même côté par rapport à l'origine des axes; et, dans ce cas, leur distance est bien égale à la différence des grandeurs *absolues* des perpendiculaires ∂' et ∂, c'est-à-dire qu'elle sera donnée par

$$\frac{\pm(D'-D)}{\sqrt{A^2+B^2+1}}.$$

Au contraire, lorsque D et D' sont de signes opposés, l'origine des coordonnées est située entre les deux plans, et alors la véritable distance ∂'' se trouve la somme des valeurs *absolues* des perpendiculaires ∂, ∂'; mais cette somme équivaut encore à la différence analytique

$$\frac{\pm(D'-D)}{\sqrt{A^2+B^2+1}}.$$

Donc, dans tous les cas, la règle énoncée ci-dessus est juste; et seulement dans la valeur définitive de ∂'', il faudra rendre le résultat *positif*, en donnant au radical le même signe qu'aura le numérateur.

64. On peut, dans la formule (7), introduire l'angle θ que font entre elles les deux droites proposées, et les angles α, 6, γ, α', $6'$, γ', qu'elles forment avec les axes. En effet, d'après la dernière formule du n° 32, la valeur de ∂'' peut être écrite ainsi :

$$\partial'' = \frac{(p-p')(b-b')-(q-q')(a-a')}{\sin\theta \cdot \sqrt{a^2+b^2+1}\sqrt{a'^2+b'^2+1}};$$

et si l'on y substitue les valeurs trouvées n° 30,

$$a = \frac{\cos\alpha}{\cos\gamma}, \quad b = \frac{\cos 6}{\cos\gamma}, \quad a' = \frac{\cos\alpha'}{\cos\gamma'}, \quad b' = \frac{\cos 6'}{\cos\gamma'},$$

on obtiendra

$$(8)\quad \partial'' = \frac{(p-p')(\cos 6\cos\gamma'-\cos 6'\cos\gamma)+(q-q')(\cos\gamma\cos\alpha'-\cos\gamma'\cos\alpha)}{\sin\theta}.$$

4.

65. Quant à la seconde partie du problème, laquelle consiste à trouver la position de la ligne (L″) sur laquelle se mesure la plus courte distance des droites proposées, il suffit de remarquer que cette ligne (L″), devant être (G. D., n° 49) perpendiculaire en même temps à (L) et à (L′), sera donnée par l'intersection de deux plans (P″) et (P‴) menés, l'un par (L), l'autre par (L′), et tous les deux perpendiculaires à (P). Or, ces nouveaux plans seront déterminés par les équations

$$(P'') \quad \begin{cases} A''x + B''y + z + D'' = 0, \\ A''A + B''B \qquad + 1 = 0, \\ A''a + B''b \qquad + 1 = 0, \\ A''p + B''q \qquad + D'' = 0, \end{cases}$$

$$(P''') \quad \begin{cases} A'''x + B'''y + z + D''' = 0, \\ A'''A + B'''B \qquad + 1 = 0, \\ A'''a' + B^{\blacksquare}b' \qquad + 1 = 0, \\ A'''p' + B^{\blacksquare}q' \qquad + D''' = 0. \end{cases}$$

Donc la droite cherchée (L″) se trouvera représentée analytiquement par le système des équations (P″) et (P‴), prises simultanément, lesquelles deviennent, après le calcul des coefficients,

$$(x-p)[a-a'+b(ab'-a'b)] + (y-q)[b-b'+a(a'b-ab')]$$
$$= z[a(a-a') + b(b-b')],$$

$$(x-p')[a'-a+b'(a'b-ab')] + (y-q')[b'-b+a'(ab'-a'b)]$$
$$= z[a'(a'-a) + b'(b'-b)].$$

66. Remarquons, en terminant, que si les deux droites (L) et (L′) se coupaient, le numérateur de la formule (7) deviendrait nul, d'après la condition (5) du n° 25, et alors on trouverait $\delta'' = 0$, ce à quoi l'on devait s'attendre; mais si ces droites étaient parallèles, on aurait $\delta'' = \dfrac{0}{0}$, quoique leur distance soit partout constante. Ce dernier résultat tient à ce que les plans (P) et (P′) deviennent alors indéterminés, comme on peut s'en convaincre en remontant aux conditions qui avaient servi à les définir ; ou bien, en remarquant que les équations (1) et (2) du n° 62 se réduisent à une seule. Cependant, pour appliquer à ce cas la même marche, il suffirait d'exprimer que les plans (P) et (P′) sont menés *perpendiculaires au plan qui contiendrait les deux lignes parallèles;* mais il sera bien plus court de chercher la perpendiculaire abaissée d'un point de (L′) sur (L). Prenons, en effet, pour ce point la trace qui est donnée par $z = 0$, $x = p'$, $y = q'$, et la formule du n° 51 fournira, pour la distance des deux droites parallèles,

$$\delta''^2 = (p'-p)^2 + (q'-q)^2 - \frac{[a(p'-p) + b(q'-q)]^2}{1 + a^2 + b^2},$$

ou bien

$$\delta''^2 = (p'-p)^2 + (q'-q)^2 - [(p'-p)\cos\alpha + (q'-q)\cos 6]^2;$$

résultat qui est facile à vérifier, ou à obtenir directement, au moyen d'un triangle rectangle dont l'hypoténuse serait la distance des traces des deux droites proposées.

CHAPITRE IV.

TRANSFORMATION DES COORDONNÉES, ET THÉORÈMES SUR LES PROJECTIONS DES DROITES ET DES SURFACES PLANES.

FIG. 9. 67. Lorsqu'une *droite finie* AB et une droite indéfinie OX se trouvent, ou non, dans un même plan, et que, des extrémités de la première, on abaisse sur l'autre des perpendiculaires AA′ et BB′ qui, en général, ne seront point parallèles, la partie interceptée A′B′ se nomme *la projection* de AB; et ces deux droites ont entre elles une relation remarquable. En effet, si par le point B on conçoit un plan MBB′ perpendiculaire à OX, et que l'on mène jusqu'à ce plan la ligne AC parallèle à OX, le triangle ACB sera rectangle en C, et l'angle BAC $= \alpha$ sera ce qu'on appelle l'angle de AB avec OX. Or ce triangle donne

$$AC = AB \cdot \cos \alpha,$$

ou bien

$$A′B′ = AB \cdot \cos \alpha.$$

Ainsi *la projection d'une droite sur une autre est égale à la droite primitive multipliée par le cosinus de l'angle* AIGU *qu'elles font entre elles.*

68. Le même théorème subsiste pour *une surface plane projetée sur un plan* quelconque; mais commençons par IG. 10 considérer un triangle ACB dont un des côtés BC est parallèle au plan sur lequel on veut projeter la figure : alors on pourra évidemment supposer que ce plan de projection

passe par le côté BC lui-même, et représenter par A'BC, la projection du triangle primitif. Cela posé, menons par la ligne AA' un plan sécant perpendiculaire à BC; il coupera les deux triangles suivant des droites AH et A'H qui en seront les *hauteurs*, et qui comprendront entre elles un angle α égal à celui que forment les plans de ces triangles. Or on a évidemment

$$ABC : A'BC :: AH : A'H :: 1 : \cos \alpha;$$

d'où l'on conclut

$$A'BC = ABC \times \cos \alpha.$$

Si le triangle ABC n'a aucun de ses côtés parallèles au plan de projection, concevez ce plan mené par l'angle inférieur B, et soit A'BC' la projection de ABC. En prolongeant les lignes jusqu'à la rencontre du plan, vous formerez deux triangles ADB et CDB, pour lesquels le théorème vient d'être démontré; ainsi vous aurez

Fig. 11.

$$A'DB = ADB \times \cos \alpha, \quad C'DB = CDB \times \cos \alpha;$$

donc, en soustrayant membre à membre, il viendra encore

$$A'C'B = ACB \times \cos \alpha.$$

69. Maintenant, soient P un polygone *plan*, et P' sa projection sur un plan fixe. Si l'on décompose le premier en triangles T_1, T_2, T_3, ..., dont les projections soient T'_1, T'_2, T'_3, ..., le polygone P sera la somme des uns, et P' la somme des autres; mais on aura, pour chacun de ces triangles,

$$T'_1 = T_1 \cos \alpha, \quad T'_2 = T_2 \cos \alpha, \ldots;$$

donc, en ajoutant membre à membre, il viendra

$$P' = P \cos \alpha,$$

formule qui démontre que *la projection d'une aire plane sur un plan quelconque, est égale à l'aire primitive multipliée par le cosinus de l'angle* AIGU *que forment entre eux les deux plans.*

70. Il est d'ailleurs facile d'étendre, *par la méthode des limites,* la même proposition au cas d'une *aire plane* S terminée par *une ligne courbe* ou *mixte;* car, en y inscrivant un polygone P, et désignant par S′ et P′ les projections de ces deux surfaces sur le plan fixe, on voit bien qu'à mesure qu'on multipliera les côtés du polygone, les deux quantités constantes S′ et S. cos α seront les *limites* des deux quantités variables P′ et P. cos α; or, ces dernières étant toujours égales entre elles d'après la formule précédente, on en conclut que leurs limites sont aussi égales, c'est-à-dire que S′ = S. cos α.

Ainsi un cercle dont le rayon égale a, étant projeté sur un plan, donnera une ellipse dont l'aire sera E = πa^2. cos α; mais il est évident que les deux demi-axes de cette ellipse seront a et $b = a \cos \alpha$; donc l'aire deviendra E = πab : résultat conforme à ce que l'on sait d'ailleurs.

71. Si l'on projette la *surface plane* P sur trois plans rectangulaires, avec lesquels elle forme des angles désignés par α, ε, γ, on aura, pour les trois projections P′, P″, P‴ de cette surface,

$$P' = P \cos \alpha, \quad P'' = P \cos \varepsilon, \quad P''' = P \cos \gamma;$$

puis, en faisant la somme des carrés, et en se rappelant (n° 56) que $\cos^2 \alpha + \cos^2 \varepsilon + \cos^2 \gamma = 1$, il viendra cette relation très-remarquable,

$$P'^2 + P''^2 + P'''^2 = P^2.$$

71 *bis.* De même, si une droite *finie* l forme, avec les

axes rectangulaires OX, OY, OZ, des angles désignés par α, $\mathcal{6}$, γ, et si les projections de l sur ces axes ont pour longueurs l, l'', l''', on aura, d'après le n° 67,

$$l' = l \cos \alpha, \quad l'' = l \cos \mathcal{6}, \quad l''' = l \cos \gamma;$$

puis, en faisant la somme des carrés et ayant égard à la relation (8) du n° 31, il restera

$$l'^2 + l''^2 + l'''^2 = l^2,$$

c'est-à-dire que *le carré de la droite primitive* est égal à *la somme des carrés de ses projections sur trois axes rectangulaires.*

72. Occupons-nous maintenant de la transformation des coordonnées rectilignes, et supposons qu'il s'agisse de *passer d'un système d'axes rectangulaires* OX, OY, OZ, *à un système d'axes obliques* OX', OY', OZ', qui ont *la même origine* que les premiers. Si d'un point quelconque M de l'espace, nous menons les droites MP, MP', respectivement parallèles à OZ, OZ', et terminées aux points P, P', où elles rencontrent l'une le plan XY, l'autre le plan X'Y'; puis, si de ces pieds, nous tirons PQ, P'Q', parallèles à OY, OY', nous aurons pour les coordonnées de M dans les deux systèmes, Fig. 12.

$$x = OQ, \quad y = PQ, \quad z = MP,$$
$$x' = OQ', \quad y' = P'Q'; \quad z' = MP',$$

et la question consistera à trouver les valeurs des unes en fonction des autres. Pour cela, projetons la ligne brisée $x' + y' + z'$ sur l'axe OX, en abaissant de chacun de ses angles les perpendiculaires Q'G, P'H, MQ : cette dernière étant nécessairement dans le plan MPQ, aboutira précisément à l'extrémité de l'abscisse $x = OQ$, et l'on aura ainsi

(1) $$x = OQ = OG + GH + HQ;$$

mais, par le théorème du n° 67, on obtient

$$OG = x' \cos(x', x), \quad GH = y' \cos(y', x), \quad HQ = z' \cos(z', x),$$

en désignant toujours par ces notations et autres semblables, les angles compris *entre deux demi-axes positifs*.
Donc, en substituant, il viendra

(2) $$x = x' \cos(x', x) + y' \cos(y', x) + z' \cos(z', x).$$

A la vérité, la construction paraît supposer que les axes
OX', OY', OZ' forment tous des angles aigus avec OX;
cependant, si l'un d'entre eux, par exemple OY', for-
mait un angle obtus, alors dans la figure, que l'on construira aisément, le point H tomberait à gauche de G, et
l'on aurait, au lieu de (1), cette équation

(3) $$x = OG - GH + HQ,$$

avec laquelle s'accorde encore l'équation générale (2),
puisque, d'après l'hypothèse $Y'OX > 90°$, le terme
$y' \cos(y', x)$ sera aussi *négatif*, et toujours égal *numériquement* à la projection GH de l'ordonnée $P'Q' = y'$.
D'un autre côté, si, en laissant l'angle Y'OX aigu, il
arrivait que le point M eût son ordonnée y' négative, le
point H tomberait aussi à gauche de G, et l'équation (3)
remplacerait encore l'équation (1); ce qui prouve que,
pour rendre la formule (2) applicable à tous les cas, il faut
tenir compte des *signes des coordonnées* et des *signes des
cosinus*, en rapportant toujours ces cosinus aux angles
compris *entre les demi-axes positifs*. D'ailleurs, en projetant la même ligne brisée $x' + y' + z'$ sur OY et sur OZ,
on aurait nécessairement des résultats semblables : donc on

peut dire que *chaque coordonnée rectangulaire est égale à la somme algébrique des projections des trois nouvelles coordonnées sur chacun des anciens axes*, et poser les trois formules générales qui suivent :

$$(4) \begin{cases} x = x' \cos(x', x) + y' \cos(y', x) + z' \cos(z', x) = ax' + by' + cz', \\ y = x' \cos(x', y) + y' \cos(y', y) + z' \cos(z', y) = a'x' + b'y' + c'z', \\ z = x' \cos(x', z) + y' \cos(y', z) + z' \cos(z', z) = a''x' + b''y' + c''z'. \end{cases}$$

Toutefois il faut bien remarquer que les *neuf* constantes qui entrent dans ces formules ne peuvent pas toutes recevoir des valeurs arbitraires. En effet, a, a', a'' par exemple, désignant les cosinus des angles que forme une même droite OX', avec trois axes rectangulaires OX, OY, OZ, doivent être soumis à la condition citée n° 31 : il en arrive autant pour b, b', b'', et pour c, c', c''; par conséquent il faudra toujours joindre aux formules (4) les trois relations suivantes :

$$(5) \quad a^2 + a'^2 + a''^2 = 1, \quad b^2 + b'^2 + b''^2 = 1, \quad c^2 + c'^2 + c''^2 = 1,$$

ce qui ne laissera que *six* constantes dont on puisse disposer arbitrairement.

72 *bis*. Si, dans l'équation trouvée ci-dessus,

$$OQ = OG + GH + HQ,$$

on observe que OQ est la projection sur OX de la droite OM qui réunit le premier et le dernier point de la ligne brisée $OQ'P'M$, on en conclura ce théorème : *La somme des projections sur un axe quelconque de plusieurs droites consécutives* OQ', $Q'P'$, $P'M$, *est égale à la projection de la ligne* RÉSULTANTE OM *sur ce même axe*. Cette dénomination *résultante* vient de ce que OM serait effectivement la résultante de trois forces appliquées en O, et représentées par OQ', $Q'P'$ et $P'M$.

73. *Passer d'un système d'axes rectangulaires à un autre système d'axes aussi rectangulaires.* Il suffira d'employer les formules précédentes (4) et (5), en y joignant de nouvelles conditions propres à exprimer que les axes OX′, OY′, OZ′ sont aussi perpendiculaires entre eux. Or, d'après la formule (12) du n° 34, on a dans tous les cas :

$$\cos(x', y') = \cos(x', x)\cos(y', x) + \cos(x', y)\cos(y', y)$$
$$+ \cos(x', z)\cos(y', z)$$
$$= ab + a'b' + a''b'',$$
$$\cos(x', z') = ac + a'c' + a''c'',$$
$$\cos(y', z') = bc + b'c' + b''c''. \cdot$$

Donc, pour exprimer que les angles des nouveaux axes sont droits, il est nécessaire et suffisant de poser les conditions

$$(6) \quad \begin{cases} ab + a'b' + a''b'' = 0, \\ ac + a'c' + a''c'' = 0, \\ bc + b'c' + b''c'' = 0, \end{cases}$$

de sorte que la solution du problème actuel est fournie par les formules (4), (5) et (6); mais, comme cela établit six relations entre les neuf constantes a, b, c, a', b',..., *il n'en restera plus que* TROIS *dont on puisse disposer arbitrairement* pour modifier l'équation d'une surface donnée, tant que les axes resteront perpendiculaires entre eux.

74. Dans le cas de *deux systèmes rectangulaires*, on a quelquefois besoin de résoudre les formules (4) par rapport à x', y', z'. Il suffit pour cela de les ajouter, 1° après avoir multiplié la première par a, la deuxième par a', et la troisième par a''; 2° après les avoir multipliées respectivement par b, b', b''; 3° par c, c', c''; car ces trois opérations donnent, en ayant égard aux relations (5) et (6), les formules.

$$(7) \quad \begin{cases} ax + a'y + a''z = x', \\ bx + b'y + b''z = y', \\ cx + c'y + c''z = z'. \end{cases}$$

On pourrait d'ailleurs établir directement ces formules, en regardant x', y', z' comme les coordonnées *primitives* rectangulaires, et en se rappelant que chacune d'elles est (n° 72) *égale à la somme algébrique des projections des trois coordonnées* x, y, z, sur les divers axes OX', OY', OZ'. Sous ce point de vue, on aperçoit qu'il doit exister entre les constantes les six relations

(8) $a^2 + b^2 + c^2 = 1$, $a'^2 + b'^2 + c'^2 = 1$, $a''^2 + b''^2 + c''^2 = 1$,

(9) $aa' + bb' + cc' = 0$, $aa'' + bb'' + cc'' = 0$, $a'a'' + b'b'' + c'c'' = 0$,

que l'on doit regarder comme entièrement équivalentes aux conditions (5) et (6); car les unes ou les autres ne font qu'exprimer, dans un ordre différent, que les six angles XOY, XOZ, YOZ, $X'OY'$, $X'OZ'$, $Y'OZ'$, sont tous droits.

75. Les équations (7), relatives à deux systèmes d'axes rectangulaires, manifestent une propriété remarquable que présente la projection d'une droite sur une autre droite. En effet, on doit voir, comme au n° 72, que le rayon vecteur OM (*fig.* 12), projeté perpendiculairement sur OX' considéré comme une ligne quelconque, se réduit à la coordonnée $OQ' = x'$: mais les projections de ce même rayon vecteur sur les trois axes rectangulaires OX, OY, OZ, sont respectivement (n° 72) les coordonnées x, y, z; et puisque l'on a par la première des équations (7),

$$x' = x \cos(x, x') + y \cos(y, x') + z \cos(z, x'),$$

il en résulte que, *pour projeter une droite* OM $= r$ *sur une droite quelconque* OX$'$, *on peut d'abord projeter* r *sur trois axes rectangulaires, puis projeter de nouveau ces premières projections sur* OX$'$, *et ensuite faire la somme analytique des résultats.* C'est d'ailleurs ce à quoi l'on arrive directement, en remarquant que la projection cherchée est égale à r. cos (r, x'), ou bien, d'après la formule (12) du n° 34, égale à

$$r\,[\cos(r, x)\cos(x', x) + \cos(r, y)\cos(x', y) + \cos(r, z)\cos(x', z)]:$$

or les produits $r \cos(r, x)$, $r \cos(r, y)$, $r \cos(r, z)$ ne sont autre chose que les projections de r sur les trois axes rectangulaires; et ces produits, se trouvant multipliés par les seconds cosinus, deviennent bien les projections sur OX$'$ des trois premières projections.

76. Il nous sera facile maintenant d'exprimer *la distance de deux points en fonction de leurs coordonnées obliques.* Commençons par la distance OM de l'origine des axes à un point M (*fig.* 12), dont les coordonnées rectangulaires sont x, y, z, et les coordonnées obliques x', y', z'. Nous aurons d'abord (n° 6)

$$\overline{\text{OM}}^2 = x^2 + y^2 + z^2;$$

mais si l'on y substitue les valeurs de x, y, z, données par les équations (4), et qu'on se rappelle (n° 73) que, pour des axes quelconques, on a toujours

$$ab + a'b' + a''b'' = \cos(x', y'),$$
$$ac + a'c' + a''c'' = \cos(x', z'),$$
$$bc + b'c' + b''c'' = \cos(y', z'),$$

il viendra

$$(10) \quad \overline{\text{OM}}^2 = x'^2 + y'^2 + z'^2 + 2x'y'\cos(x', y') + 2x'z'\cos(x', z') + 2y'z'\cos(y', z').$$

77. Observons ici que le rayon vecteur OM est la diagonale d'un *parallélipipède oblique*, qui aurait pour arêtes contiguës x', y', z'; par conséquent, la formule (10) fait connaître *la longueur de la diagonale* d'un tel solide, *en fonction des arêtes et des angles compris entre ces dernières.*

78. A présent, soient M' et M'' deux points dont les coordonnées *obliques* seraient x', y', z', et x'', y'', z''. Si, par les deux points donnés, on menait six plans respectivement parallèles aux plans coordonnés obliques, on formerait évidemment un parallélipipède dont la droite M' M'' serait la diagonale, et dont les trois arêtes contiguës égaleraient $x' - x''$, $y' - y''$, $z' - z''$. Par conséquent, d'après la remarque du n° 77 et la formule (10), on aura pour la distance demandée,

$$\overline{M'M''}^2 = (x' - x'')^2 + (y' - y'')^2 + (z' - z'')^2$$
$$+ 2(x' - x'')(y' - y'')\cos(x', y')$$
$$+ 2(x' - x'')(z' - z'')\cos(x', z')$$
$$+ 2(y' - y'')(z' - z'')\cos(y', z').$$

79. Les formules propres à *passer d'un système oblique à un autre système aussi oblique*, sont très-rarement employées, à cause de leur complication; cependant, pour compléter cette théorie, nous allons donner un moyen d'y parvenir, en n'employant que des projections *orthogonales.* Soit M (*fig.* 16) un point de l'espace qui, rapporté tour à tour à deux systèmes d'axes obliques OX, OY, OZ, et OX', OY', OZ', ait pour coordonnées

$$z = MP, \quad y = PQ, \quad x = OQ,$$
$$z' = MP', \quad y' = P'Q', \quad x' = OQ'.$$

Par l'origine commune O, élevons perpendiculairement

Fıɢ. 16.

au plan XY *une normale* ON *dirigée du même côté* de ce plan *que le demi-axe positif* OZ, et projetons sur cette normale la ligne brisée $x + y + z$: cette projection se réduira à celle de $MP = z$, parce que les deux autres coordonnées sont dans le plan XY perpendiculaire à ON; ainsi l'on aura (n° 67)

$$ON = z \cos (N, z).$$

Maintenant, si nous projetons sur la même normale la ligne brisée $x' + y' + z'$ qui a les mêmes extrémités que la précédente, nous aurons encore

$$ON = OG + GH + HN$$
$$= x' \cos (N, x') + y' \cos (N, y') + z' \cos (N, z'),$$

formule qui conviendra à toutes les situations, pourvu qu'on y tienne compte, ainsi que nous l'avons montré au n° 72, des signes des coordonnées et de ceux des cosinus des *angles compris entre les demi-axes positifs et la normale* ON dirigée comme il a été prescrit plus haut. Cela posé, en égalant les deux valeurs précédentes de ON, on obtiendra l'expression de z en fonction des trois nouvelles coordonnées : mais si l'on élève aussi deux autres normales ON', ON'', respectivement perpendiculaires aux plans XZ, YZ, et *dirigées du même côté que les demi-axes positifs* OY, OX ; puis, si l'on projette encore sur ces nouvelles normales, les deux lignes brisées $x + y + z$ et $x' + y' + z'$, on obtiendra évidemment des résultats semblables aux précédents, lesquels fourniront enfin pour les formules demandées,

$$(11) \begin{cases} z \cos(N, z) = x' \cos (N, x') + y' \cos (N, y') + z' \cos (N, z'), \\ y \cos(N', y) = x' \cos(N', x') + y' \cos(N', y') + z' \cos(N', z'), \\ x \cos(N'', x) = x' \cos (N'', x') + y' \cos(N'', y') + z' \cos (N'' z'). \end{cases}$$

80. Les angles qui entrent dans ces équations suppo-

sent l'introduction de normales auxiliaires, distinctes des axes anciens et nouveaux; mais on pourrait y substituer des angles formés par les données immédiates de la question, en observant que

$$\cos (N, z') = \sin (z, xy), \quad \cos (N, x') = \sin (x', xy),$$

. . . .

Toutefois cela aurait l'inconvénient d'exiger l'emploi d'angles *négatifs* dans les seconds membres; car on apercevra aisément que le facteur $\sin (x', xy)$, par exemple, devrait être affecté du signe *moins*, si le demi-axe positif OX' tombait du côté opposé à OZ par rapport au plan XY. Ainsi il faut mieux garder les formules sous la forme (11), parce que, les angles n'y pouvant varier que de 0 à 180°, les cosinus prendront d'eux-mêmes les signes convenables.

Observons enfin qu'en supposant *rectangulaires* les axes primitifs OX, OY, OZ, les trois normales ON″, ON′, ON viendront coïncider avec ces axes, et les formules (11) feront retomber alors sur les équations (4) du n° 72.

81. Dans toutes les transformations de coordonnées qui précèdent, nous avons supposé que l'origine restait invariable. Mais si, *en déplaçant les axes parallèlement à eux-mêmes*, on transportait seulement l'origine du point O à un autre point O′ dont les coordonnées relatives à O fussent désignées par α, $\mathfrak{b}$, γ, il est clair qu'il faudrait employer les formules

$$x = x'' + \alpha, \quad y = y'' + \mathfrak{b}, \quad z = z'' + \gamma;$$

d'où il résulte évidemment que, pour passer d'un système d'axes OX, OY, OZ, à un autre système O′X′, O′Y′, O′Z′, dont la direction et l'origine sont différentes, il

5

suffira d'ajouter aux valeurs de x, y, z trouvées pour les divers cas précédents, les coordonnées α, ϵ, γ de la nouvelle origine O', comptées parallèlement aux anciens axes.

82. Il importe d'observer que, quand on emploiera un des systèmes de formules qui précèdent pour rapporter l'équation d'une surface $F(x, y, z) = 0$ à de nouveaux axes, l'équation transformée $F'(x', y', z') = 0$ sera toujours du *même degré* n que la première; et l'on sait que l'on entend par degré d'une équation, *la plus haute somme des exposants des trois variables dans un même terme* En effet, dans tous ces systèmes, les valeurs de x, y, z étant *linéaires* par rapport à x', y', z', une quantité telle que x^p deviendra $(ax' + by' + cz' + \alpha)^p$, dont les termes sont au plus de la dimension p; et un produit $x^p. y^q. z^r$ donnera des termes $x^{p'}. y^{q'}. z^{r'}$, dans lesquels $p' + q' + r'$ égalera au plus le degré $p + q + r$: donc, d'abord, le degré n' de l'équation $F'(x', y', z')$ ne pourra jamais surpasser n.

D'un autre côté, on ne saurait prétendre que, par des réductions de termes, le degré n' soit devenu moindre que n. Car, en substituant dans $F'(x', y', z') = 0$ les valeurs de x', y', z', tirées des formules qu'on aurait employées pour la première transformation, valeurs qui seront encore évidemment *linéaires*, on doit toujours retomber identiquement sur $F(x, y, z) = 0$; or, cela exigerait que le degré n' pût s'élever jusqu'à n par une transformation de coordonnées, ce qui vient d'être démontré impossible; par conséquent, le degré n' restera toujours égal à n.

C'est ainsi que, comme nous l'avons vu n° 38, l'équation du plan est toujours du premier degré, soit que les axes se trouvent rectangulaires ou obliques.

83. Toute section faite dans une surface $F(x, y, z) = 0$ du degré n, par un plan quelconque, est une courbe du *degré n au plus.*

En effet, concevez que cette surface soit rapportée à d'autres axes, dont deux, OX′ et OY′, soient *situés dans le plan sécant :* alors son équation $F'(x', y', z') = 0$ sera encore (n° 82) du degré n; et comme il suffira évidemment d'y poser $z' = 0$, pour obtenir la section demandée, le résultat ne pourra être d'un degré supérieur à n. Seulement ce degré sera moindre, si l'hypothèse $z' = 0$ anéantit tous les termes de l'ordre le plus élevé.

84. Pour connaître cette section en *vraie grandeur,* ce qui est utile dans la discussion des surfaces, il ne suffirait pas de combiner $F(x, y, z) = 0$ avec l'équation du plan sécant $Ax + By + Cz + D = 0$, en éliminant la variable z par exemple, parce que le résultat $f(x, y) = 0$ représenterait seulement *la projection* de la courbe demandée, projection qui n'est pas ordinairement identique avec la section dans l'espace. Mais il faut effectuer une transformation de coordonnées équivalente à la marche indiquée n° 83, et pour laquelle nous allons donner des formules directes, après avoir déterminé, 1° l'angle φ que forme avec OX la trace du plan sécant sur le plan XY ; 2° l'angle θ qui exprime l'inclinaison du plan sécant sur le même plan XY. Or, la trace en question étant

$$Ax + By + D = 0, \quad \text{on aura} \quad \text{tang}\, \varphi = -\frac{A}{B};$$

et, par les formules du n° 56, on sait que

$$\cos \theta = \frac{C}{\sqrt{A^2 + B^2 + C^2}}.$$

85. Cela posé, soient OX, OY, OZ les axes rectangu- Fig. 15.

5.

laires auxquels est rapportée la surface $F(x, y, z) = 0$, OAB le plan sécant que nous supposons passer par l'origine, et OX' sa trace sur le plan XY. Menons dans ce plan sécant une droite OY' perpendiculaire sur OX' et cherchons à rapporter à ces deux derniers axes la section faite par le plan OAB dans la surface. Or, pour un point M de cette section, on a en même temps

$$MP = z, \quad PQ = y, \quad OQ = x,$$

$$MR = y', \quad OR = x';$$

puis, si nous tirons la droite RP, elle sera évidemment perpendiculaire sur OX', et parallèle à la projection orthogonale OY'' de OY' sur le plan XY; de sorte que l'inclinaison du plan sécant sera mesurée par l'angle $MRP = Y'OY'' = \theta$. Alors le triangle rectangle MRP donnera

$$MP = z = y' \sin \theta,$$

$$PR = y'' = y' \cos \theta;$$

mais en considérant le point P, projection de M, comme rapporté tour à tour aux deux systèmes de coordonnées *rectangulaires* $x = OQ$, $y = PQ$, et $x' = OR$, $y'' = PR$, on aura entre ces coordonnées les relations connues

$$x = x' \cos \varphi + y'' \sin \varphi,$$

$$y = x' \sin \varphi - y'' \cos \varphi :$$

ce sont les formules ordinaires pour la transformation des coordonnées rectangulaires dans un plan ; seulement nous avons changé le signe de y'' partout, attendu que, dans la figure actuelle, les y'' positifs se projettent sur les y négatifs. Donc, en substituant ici la valeur précédente de y'', on obtiendra enfin pour les coordonnées d'un point M, commun à la surface et au plan OAB, les expressions

$$(12) \quad \begin{cases} x = x' \cos \varphi + y' \cos \theta . \sin \varphi, \\ y = x' \sin \varphi - y' \cos \theta . \cos \varphi, \\ z = y' \sin \theta. \end{cases}$$

Ainsi ces formules, substituées dans $F\left(x,\ y,\ z\right)$, donneront l'équation $f\left(x',\ y'\right) = 0$ de la section *rapportée à des axes rectangulaires pris dans son plan.*

86. Si le plan sécant OAB était perpendiculaire à XY, il faudrait poser $\theta = 90°$, et les trois formules (12) se réduiraient aux deux suivantes :

$$(13) \quad \begin{cases} x = x' \cos \varphi, \\ y = x' \sin \varphi, \end{cases}$$

parce qu'ici l'axe OY′ coïncidant avec OZ, il est inutile de substituer y' à l'ancienne coordonnée z; et l'équation de la section faite dans $F\left(x,\ y,\ z\right) = 0$ se présentera alors sous la forme $f\left(x',\ z\right) = 0$.

87. On pourrait d'ailleurs obtenir directement les formules (13) en passant du système primitif OZ, OX, OY, à un autre système rectangulaire OZ, OX′, OY′; ce qui n'exige que l'emploi des équations relatives au changement de coordonnées *dans un plan*, à cause que l'axe OZ est commun. On poserait donc

$$(14) \quad \begin{cases} x = x' \cos \varphi - y' \sin \varphi, \\ y = x' \sin \varphi + y' \cos \varphi; \end{cases}$$

mais, après avoir substitué dans $F\left(x, y, z\right) = 0$, il resterait à faire $y' = 0$ dans le résultat, puisqu'on ne cherche ici que les points de la surface qui sont situés dans le plan sécant, lequel coïncide avec ZX′ : or, cela revient évidemment à introduire d'abord la condition $y' = 0$ dans les formules (14), qui coïncideront alors avec les équations (13).

88. On se souviendra que, quand le plan sécant ne passera pas par l'origine des anciens axes, ou quand on voudra placer l'origine des nouveaux axes autre part qu'en O dans le plan sécant, il faudra (n° 81) ajouter aux seconds membres des formules (12) et (13) les coordonnées de la nouvelle origine, comptées parallèlement aux axes primitifs.

89. FORMULES D'EULER *pour passer d'un système rectangulaire à un autre système aussi rectangulaire.* Les formules (4), (5) et (6) que nous avons données aux n°ˢ 72 et 73 pour remplir cet objet, sont bien simples et fort symétriques; mais elles ont l'inconvénient de renfermer *neuf* constantes a, b, c; a', b',... qui se trouvent liées par *six* équations de condition, entre lesquelles l'élimination ne peut s'effectuer commodément pour réduire à *trois données*, comme cela devrait être possible, la détermination des nouveaux axes relativement aux anciens. On a donc cherché à exprimer ces neuf constantes en fonction de trois autres choisies de la manière suivante : Soient OX,

FIG. 13. OY, OZ les trois axes rectangulaires primitifs, et ON la trace du nouveau plan X'Y' sur XY : ce plan X'Y' sera déterminé par l'angle NOX $= \psi$ et par son inclinaison θ sur le plan XY; si d'ailleurs on donne l'angle NOX' $= \varphi$ que forme l'axe OX' avec ON, la position de cet axe OX' sera connue, ainsi que celle de OY' qui lui est perpendiculaire; et enfin le troisième axe OZ' devra être mené perpendiculairement aux deux premiers, et formera l'angle ZOZ' $= \theta$. Nous supposerons en outre qu'ici le plan X'Y' est situé *au-dessous* de XY, afin de faire coïncider nos formules avec celles qui sont employées ordinairement dans la Mécanique.

Cela posé, en imaginant une sphère décrite du point O avec un rayon arbitraire, elle sera coupée par les trois faces de l'angle trièdre ONXX′ suivant un triangle sphérique ABC dont chaque angle, tel que A, sera lié avec les trois côtés $BC = \alpha$, $CA = \mathfrak{b}$, $AB = \gamma$, par la relation connue (*)

$$(15) \qquad \cos\alpha = \cos A \sin\mathfrak{b} \sin\gamma + \cos\mathfrak{b}\cos\gamma.$$

Or, ici on a $A = \theta$, $\alpha = XOX'$, $\mathfrak{b} = \varphi$, $\gamma = \psi$; par conséquent, l'équation (15) devient

$$a = \cos XOX' = \cos\theta \sin\varphi\sin\psi + \cos\varphi\cos\psi.$$

(*) Nous démontrerons au chap. XVIII, cette formule qui est utile en Mécanique; mais, dans la Géométrie analytique, il sera plus rationnel et plus court d'arriver aux valeurs de x, y, z, en fonction de x', y', z', par une succession de systèmes rectangulaires qui, ayant deux à deux *un axe commun*, n'exigeront que l'emploi des formules (14) relatives à la transformation des coordonnées dans un plan. En effet (*fig.* 13), si l'on regarde la droite ON comme un axe auxiliaire OX″, et que l'on en imagine deux autres OY″ et OY‴ qui soient les intersections des plans XY et X′Y′ avec le plan ZOZ′, on passera du système primitif OX, OY, OZ, au système OX″, OY″, OZ, par les formules

$$x = x'' \cos\psi + y'' \sin\psi,$$
$$y = y'' \cos\psi - x'' \sin\psi;$$

puis, du système OX″, OY″, OZ on passera au système OX″, OY‴, OZ′, par les relations analogues

$$y'' = y''' \cos\theta + z' \sin\theta,$$
$$z = z' \cos\theta - y''' \sin\theta;$$

enfin, on passera du système OX″, OY‴, OZ au système OX′, OY′, OZ′, par le moyen des équations

$$x'' = x' \cos\varphi - y' \sin\varphi,$$
$$y''' = y' \cos\varphi + x' \sin\varphi;$$

et si l'on substitue ces diverses valeurs dans les précédentes, on trouvera pour expressions des coordonnées x, y, z en fonction de x', y', z' et des angles θ, φ, ψ, les formules (16) citées dans le texte.

La même sphère serait coupée par l'angle trièdre ONXY′ suivant un triangle ABD où l'on aurait $A = \theta$, $\alpha = XOY'$, $6 = \varphi + 90°$, $\gamma = \psi$; donc, en substituant dans (15), ou bien en remplaçant seulement φ par $90° + \varphi$ dans la valeur de a, il viendra

$$b = \cos XOY' = \cos\theta \cos\varphi \sin\psi - \sin\varphi \cos\psi.$$

De même, l'angle trièdre ONXZ′ fournira un triangle sphérique ABE où l'on aura

$$A = 90° - \theta, \quad \alpha = XOZ', \quad 6 = 90°, \quad \gamma = \psi;$$

donc la formule (15) donnera

$$c = \cos XOZ' = \sin\theta \sin\psi.$$

Maintenant si, dans les valeurs de a, b, c, on remplace ψ par $90° + \psi$, l'axe OX deviendra OY, et il en résultera immédiatement

$$a' = \cos YOX' = \cos\theta \sin\varphi \cos\psi - \cos\varphi \sin\psi,$$
$$b' = \cos YOY' = \cos\theta \cos\varphi \cos\psi + \sin\varphi \cos\psi,$$
$$c' = \cos YOZ' = \sin\theta \cos\psi.$$

Enfin, si l'on considère l'angle trièdre ONZX′, il coupera la sphère suivant un triangle sphérique ACF, où l'on aura

$$A = 90° + \theta, \quad \alpha = ZOX', \quad 6 = AC = \varphi, \quad \gamma = AF = 90°;$$

donc la formule (15) donnera

$$a'' = \cos ZOX' = - \sin\theta \sin\varphi;$$

et en remplaçant ici φ par $90° + \varphi$, on en déduira

$$b'' = \cos ZOY' = - \sin\theta \cos\varphi;$$

d'ailleurs, on a évidemment

$$c'' = \cos ZOZ' = \cos\theta.$$

Voilà donc, en fonction des trois angles θ, φ, ψ, les valeurs des neuf coefficients qui entrent dans les formules (4) du n° 72 ; et en les y substituant, ces formules deviendront

$$(16) \quad \begin{cases} x = x' \left(\cos\theta \sin\varphi \sin\psi + \cos\varphi \cos\psi\right) \\ \quad + y' \left(\cos\theta \cos\varphi \sin\psi - \sin\varphi \cos\psi\right) \\ \quad + z' \ \sin\theta \sin\psi, \\ y = x' \left(\cos\theta \sin\varphi \cos\psi - \cos\varphi \sin\psi\right) \\ \quad + y' \left(\cos\theta \cos\varphi \cos\psi + \sin\varphi \sin\psi\right) \\ \quad + z' \ \sin\theta \cos\psi, \\ z = - x' \sin\theta \sin\varphi - y' \sin\theta \cos\varphi + z' \cos\theta. \end{cases}$$

90. COORDONNÉES POLAIRES. On peut encore fixer la FIG. 12. position d'un point M de l'espace, au moyen des trois variables suivantes : 1° le rayon vecteur OM$=r$; 2° l'angle ZOM $=\theta$ formé par ce rayon avec l'axe positif OZ; 3° l'angle POX $=\omega$ que forme le plan *méridien* ZOM avec le plan fixe ZOX. De ces deux angles, le premier θ, qui est compris entre deux droites prolongées d'un seul côté du *pôle* O, ne variera que de 0 à 180°, tandis que le second ω devra varier de 0 à 360°, pour que le rayon vecteur OM puisse atteindre tous les points de l'espace. Maintenant, si l'on veut exprimer en fonction de r, θ, ω, les coordonnées rectangulaires MP$=z$, PQ$=y$, OQ$=x$, on observera que les triangles rectangles MOP et POQ donnent

$$x = \text{OP} \cos\omega, \quad y = \text{OP} \sin\omega, \quad \text{OP} = r\sin\theta, \quad z = r\cos\theta;$$

d'où l'on conclut

$$(17) \quad x = r\sin\theta \cos\omega, \quad y = r\sin\theta \sin\omega, \quad z = r\cos\theta.$$

91. Nous avons déjà trouvé (n° 29) pour les valeurs de ces coordonnées en fonction du rayon vecteur r et des trois angles α, 6, γ, qu'il forme avec les axes rectangulaires, les relations

$$(18) \qquad x = r \cos \alpha, \quad y = r \cos 6, \quad z = r \cos \gamma;$$

ainsi, en comparant les formules (17) et (18), on pourra exprimer de la manière suivante les trois angles α, 6, γ, en fonction de ω et θ :

$$(19) \quad \cos \alpha = \sin \theta \cos \omega, \quad \cos 6 = \sin \theta \sin \omega, \quad \gamma = \theta.$$

Ces relations sont quelquefois nécessaires à employer dans la Mécanique, et elles s'accordent bien d'ailleurs avec l'équation de condition

$$\cos^2 \alpha + \cos^2 6 + \cos^2 \gamma = 1,$$

qui doit toujours subsister (n° 31) entre α, 6 et γ.

CHAPITRE V.

DU CENTRE DANS LES SURFACES QUELCONQUES, ET SPÉCIALEMENT DANS LES SURFACES DU SECOND DEGRÉ.

92. On appelle *centre* d'une surface quelconque, un point O tel, que toute sécante MOM′, menée par ce point, va couper la surface en des points qui se trouvent situés, *deux à deux*, à égale distance de O. Conséquemment, le nombre de ces points de section doit être *pair*, à moins que l'une des nappes de la surface ne passe par le centre O. Cela posé, si l'on conçoit que la surface soit rapportée à trois axes rectangulaires ou obliques, mais *dont l'origine soit au centre* O, et que l'on mène parallèlement à OZ les ordonnées MP et M′P′ des extrémités d'une corde, on verra aisément, par les triangles égaux MOP, M′OP′, que ces coordonnées sont égales et de signes contraires. Il en sera évidemment de même pour les x et pour les y des points M, M′; et aussi pour toute autre corde passant par le centre : d'où il suit que si $f(x, y, z) = 0$ représente l'équation de la surface *rapportée au centre comme origine*, cette équation devra se trouver vérifiée par une infinité de systèmes de valeurs, tels que

$$x', y', z'', \quad \text{et} \quad -x', -y', -z',$$
$$x'', y'', z'', \quad \text{et} \quad -x'', -y'', -z''.$$

. . . .

Par conséquent, *il faut que l'équation*

$$f(x, y, z) = 0$$

Fɪɢ. 17.

soit composée de manière qu'elle *ne change pas quand*
on change à la fois les signes des trois variables x, y, z ;
et la réciproque est également vraie.

93. Lorsque l'équation $f(x, y, z) = 0$, rapportée au
centre, est *algébrique*, c'est-à-dire qu'elle ne renferme
aucune fonction transcendante, la condition précédente
revient évidemment à dire que, dans chaque terme, *la*
somme des exposants des variables *doit être de même*
parité que le degré de l'équation. Ainsi, quand l'équation
sera d'un degré *pair*, il faudra qu'il n'y entre que des
termes dont le *degré* soit aussi *pair;* et quand elle sera
d'un degré *impair*, il ne devra y entrer que des termes de
degré *impair*, parce que ceux-ci changeront tous de signe
en remplaçant x, y, z par $-x, -y, -z$, ce qui n'al-
térera pas l'équation, attendu que le second membre est
zéro. On sent bien que, dans ce dernier cas, l'équation
ne saurait avoir de terme *constant;* donc elle sera vérifiée
par les valeurs simultanées $x = 0, y = 0, z = 0$, et
ainsi une des nappes de la surface passera par le centre.
Par exemple, chacune des équations

$$A.xyz^2 + B\,xy^3 + Cyz + D xy + E = 0,$$
$$A xyz + B yz^2 + C x + D y + E z = 0,$$

représente une surface qui admet pour centre l'origine
des coordonnées actuelles.

94. Maintenant, soit $F(x, y, z) = 0$ l'équation *algé-*
brique d'une surface rapportée à des axes quelconques.
Pour reconnaître si elle admet un centre, il faudra
transporter simplement les axes parallèlement à eux-
mêmes en un point indéterminé (x_1, y_1, z_1), en substituant dans $F(x, y, z) = 0$ les formules (n° 81)

$$x = x' + x_1, \quad y = y' + y_1, \quad z = z' + z_1;$$

puis égaler à zéro les coefficients de tous les termes où *la somme des exposants ne sera pas de même parité que le degré de l'équation*, et voir si l'on peut satisfaire à ces conditions par des valeurs *réelles* et *finies* des coordonnées x_1, y_1, z_1, qui alors détermineront la nouvelle origine pour le centre demandé; mais lorsqu'on ne pourra satisfaire à ces conditions par de telles valeurs, la surface proposée n'admettra point de centre.

95. Appliquons ces principes aux surfaces du second degré qui sont toutes renfermées dans l'équation générale,

$$(1) \quad \left\{ \begin{array}{l} A x^2 + A' y^2 + A'' z^2 + 2 B y z + 2 B' z x + 2 B'' x y \\ \qquad + 2 C x + 2 C' y + 2 C'' z + E \end{array} \right\} = 0 = \varphi(x, y, z).$$

Nous y laisserons les coordonnées quelconques, *rectangulaires* ou *obliques*; et, pour reconnaître si ces surfaces admettent toutes un centre, nous y substituerons

$$x = x' + x_1, \quad y = y' + y_1, \quad z = z' + z_1,$$

puis nous égalerons à zéro les coefficients des termes de *degré impair*. Alors, en supprimant les accents des nouvelles coordonnées, l'équation résultante deviendra

$$(2) \quad A x^2 + A' y^2 + A'' z^2 + 2 B y z + 2 B' z x + 2 B'' x y + K = 0,$$

dans laquelle les coefficients des variables sont les mêmes que dans (1), et où le terme constant est égal à $\varphi(x_1, y_1, z_1)$, c'est-à-dire que

$$K = a x_1^2 + A' y_1^2 + A'' z_1^2 + 2 B y_1 z_1 + 2 B' z_1 x_1 + 2 B'' x_1 y_1$$
$$+ 2 C x_1 + 2 C' y_1 + 2 C'' z_1 + E.$$

D'ailleurs, les termes disparus auront donné les conditions

$$(3) \qquad A x_1 + B' z_1 + B'' y_1 + C = 0,$$

$$(4) \qquad A' y_1 + B z_1 + B'' x_1 + C' = 0,$$

$$(5) \qquad A'' z_1 + B' x_1 + B y_1 + C'' = 0,$$

dont les premiers membres ne sont autre chose que *les dérivées* de la fonction φ, relatives à x, à y, à z, dans lesquelles on aurait remplacé x, y, z par x_1, y_1, z_1 (*); et si, alors, on résout ces trois équations du premier degré, on en déduira des valeurs de la forme

$$x_1 = \frac{N}{D}, \qquad y_1 = \frac{N'}{D}, \qquad z_1 = \frac{N''}{D},$$

dans lesquelles

$$D = AB^2 + A'B'^2 + A''B''^2 - AA'A'' - 2 BB'B'',$$

$$N = C (A'A'' - B^2) + C' (BB' - B''A'') + C'' (BB'' - B'A'),$$

$$N' = C' (AA'' - B'^2) + C'' (B'B'' - BA) + C (BB' - B''A''),$$

$$N'' = C'' (AA' - B''^2) + C (BB'' - B'A') + C' (B'B'' - BA).$$

(*) On peut s'assurer que, dans toute fonction rationnelle et entière $F(x, y, z)$, les termes du premier ordre en x, y, z, après qu'on y aura substitué $x + x_1$, $y + y_1$, $z + z_1$, auront toujours pour coefficients les dérivées de F; car, si l'on effectue cette substitution dans l'ordre $x_1 + x$, $y_1 + y$, $z_1 + z$, la formule de *Taylor* donnera pour la fonction variée,

$$F(x_1, y_1, z_1) + \frac{dF}{dx_1} x + \frac{dF}{dy_1} y + \frac{dF}{dz_1} z$$
$$+ \frac{d^2 F}{dx_1^2} \cdot \frac{x^2}{2} + \frac{d^2 F}{dx_1 \, dy_1} xy + \dots$$
$$\dots\dots\dots\dots\dots\dots\dots\dots\dots$$
$$+ \frac{d^n F}{dx_1^n} \cdot \frac{x^n}{1 . 2 \dots n} + \dots.$$

On voit aussi que le terme indépendant des variables est $F(x_1, y_1, z_1)$, et que la dernière ligne reproduira tous les termes de l'ordre n le plus élevé, qui entraient dans $F(x, y, z)$; mais ceux d'un ordre inférieur se trou-

96. Cela posé, lorsque l'équation donnée (1) rendra le polynôme $D \gtrless 0$, les valeurs précédentes de x_1, y_1, z_1, qui sont toujours *réelles*, se trouveront *finies;* par conséquent, la surface admettra *un centre unique*, dont la position sera déterminée par les coordonnées x_1, y_1, z_1 de la nouvelle origine, pour laquelle l'équation de la surface prendra la forme (2).

Si l'équation (1) rend le polynôme $D = 0$, et que les trois numérateurs N, N', N'' ne soient pas nuls à la fois, une au moins des coordonnées du centre deviendra infinie; ce qui signifie que, dans ce cas, la surface sera *dépourvue de centre.*

Enfin, si en même temps que $D = 0$, les trois numérateurs N, N', N'' sont tous nuls, la surface admettra *une infinité de centres;* puisqu'alors les équations (3), (4), (5) se réduiront à une ou à deux équations vraiment distinctes, ce qui permettra d'y satisfaire par une infinité de valeurs de x_1, y_1, z_1 : mais ce cas présente deux variétés qu'il faut examiner séparément.

97. Lorsque le système (3), (4), (5) se réduira à *deux équations* distinctes, ce qu'on reconnaîtra en voyant si les valeurs de x_1, y_1, tirées de (3) et (4) par exemple, vérifient (5), quel que soit z_1, on en conclura qu'il existe une infinité de centres, situés tous sur la droite EF représentée par (3) et (4); et, dans ce cas, la surface sera nécessairement *un cylindre* à base *elliptique* ou *hyperbolique*. En effet, tous les plans menés par EF couperont la

Fɪɢ. 17
bis.

veront augmentés de nouvelles quantités qui s'obtiendront par la formule précédente. D'ailleurs, pour que la surface $F(x, y, z)$ admette un centre, il faudra pouvoir égaler à zéro toutes les dérivées d'*ordre impair* ou d'*ordre pair*, selon que le degré de cette surface sera *pair* ou *impair*.

surface suivant des lignes du second degré (n° 83) qui devront évidemment admettre pour centres tous les points
O′, O″,..., de EF; donc chacune de ces sections ne pourra
être que le système de *deux droites parallèles* à EF :
ainsi la surface proposée se trouvera le lieu de diverses
droites parallèles entre elles, c'est-à-dire qu'elle sera cylindrique. J'ajoute que ce cylindre aura nécessairement
une base *elliptique* ou *hyperbolique;* car, si on le coupait
par un plan GO′H perpendiculaire à EF, on devrait
trouver pour section une courbe du second degré qui ad-
mît pour centre le point O′.

98. Quand les équations (3), (4), (5) se réduiront à
une seule, ce qu'on reconnaîtra en voyant si la valeur de
x_1 tirée de (3), par exemple, vérifie (4) et (5), quels que
soient y_1 et z_1, on en conclura qu'il existe encore une infinité de centres situés tous dans le plan GO′F déterminé par l'équation (3); et alors la surface proposée ne
sera autre chose que le système de *deux plans parallèles* à
GO′F. En effet, si l'on trace dans ce dernier plan deux
droites EF et GH, on prouvera, comme ci-dessus (n° 97),
que la surface est un cylindre parallèle à EF. Mais ensuite
un plan sécant mené par GH perpendiculairement au premier, devra donner une courbe qui ait pour centre tous
les points de GH; c'est-à-dire que cette section, base du
cylindre, sera le système de deux droites parallèles à GH,
et par conséquent le cylindre lui-même se réduira à deux
plans parallèles à celui des centres. Dans ce cas, l'équation (1) devrait pouvoir se décomposer en deux facteurs
rationnels du premier degré.

99. On voit, par cette discussion, que les surfaces du
second degré peuvent être rangées en trois classes : la pre-

mière comprend *les surfaces qui ont un centre unique*; la deuxième, *les surfaces dépourvues de centre*; et la troisième se compose de *cylindres* qui admettent une infinité de centres, situés tous sur un *axe central* ou sur un *plan central*. Mais comme ces cylindres se trouveront compris, ainsi qu'on le verra par la suite, dans les équations des surfaces douées d'un centre, on peut borner l'énoncé général aux deux premières classes.

Toutefois, puisque la considération du centre, qui serait propre à simplifier l'équation générale (1) et à en rendre la discussion plus facile, n'est point applicable à toutes les surfaces du second ordre, nous allons employer, pour réduire cette équation, une autre propriété qui aura l'avantage d'être commune à toutes ces surfaces : c'est celle des plans diamétraux.

6

CHAPITRE VI.

DES PLANS DIAMÉTRAUX, ET RÉDUCTION DE L'ÉQUATION
GÉNÉRALE DU SECOND DEGRÉ AUX DEUX FORMES LES PLUS
SIMPLES.

100. Dans une surface quelconque $F(x, y, z) = o$, si l'on mène une suite de *cordes* parallèles toutes à une direction donnée, et que l'on prenne les *milieux* de ces droites, le lieu géométrique de tous ces points formera ce qu'on appelle une *surface diamétrale* de la première. Elle aurait plusieurs nappes, si chacune des droites parallèles avait plus de deux points communs avec la surface proposée ; et comme le nombre de ces points d'intersection, réels ou imaginaires, égalera toujours le degré n de l'équation $F(x, y, z) = o$, leurs combinaisons deux à deux formeront sur une même droite indéfinie, $\frac{n(n-1)}{2}$ cordes différentes dont les milieux seront en même nombre : par conséquent, la surface diamétrale pouvant être rencontrée par cette droite indéfinie dans $\frac{n(n-1)}{2}$ points aura une équation qui se trouvera du degré $\frac{n(n-1)}{2}$ (*).

Pour les surfaces du second ordre, où $n = 2$, les surfaces diamétrales ne peuvent être que des *plans*.

(*) Ces considérations, et l'emploi fort utile d'un plan diamétral pour simplifier immédiatement l'équation générale du second degré, sont dus à M. J. Binet. (Voyez *la Correspondance sur l'École Polytechnique*, vol. II, page 74.)

101. Lorsqu'une surface quelconque $F(x, y, z) = 0$ admet un *plan diamétral*, c'est-à-dire qui passe par les milieux de toutes les cordes parallèles à une certaine direction, si l'on rapporte cette surface à trois axes dont deux soient quelconques, mais *situés dans le plan diamétral*, et dont le troisième OZ soit *parallèle aux cordes conjuguées avec ce plan*, alors l'équation nouvelle $f(x, y, z) = 0$ de cette surface devra évidemment, pour chaque système de valeurs simultanées $x = a$ et $y = b$, fournir des valeurs de z qui soient deux à deux égales et de signes contraires. Donc cette équation, supposée algébrique, *devra ne contenir que des puissances paires de la variable* z; ce qui n'exclut pas les termes constants ou indépendants de z, comme dans

$$A z^4 + B y z^2 + C x^2 + D y + E = 0.$$

Réciproquement, toutes les fois qu'une équation ne renfermera que des puissances paires d'une des variables, z par exemple, on pourra affirmer que le plan des xy est *diamétral* et *conjugué* avec les cordes parallèles à l'axe des z.

102. *Trois plans diamétraux sont dits* conjugués *entre eux, lorsque chacun coupe en deux parties égales les cordes qui sont parallèles à l'intersection des deux autres plans;* alors on prouvera, comme ci-dessus, que quand une surface admet trois plans de ce genre, et qu'on les choisit pour plans coordonnés, l'équation $f(x, y, z) = 0$, supposée algébrique, *doit ne contenir que des puissances paires de chacune des trois variables*.

103. Comme les plans diamétraux, isolés ou conjugués, sont en général obliques relativement aux cordes

6.

qu'ils coupent par leurs milieux, nous donnerons le nom particulier de *plan principal* à un plan qui se trouverait en même temps *diamétral* et *perpendiculaire* à ses cordes conjuguées.

104. Nous appellerons aussi *diamètre* d'une surface , toute droite qui sera l'intersection de deux plans diamétraux ; et si ces deux plans étaient *principaux*, leur intersectiond eviendrait un *diamètre principal* ou un *axe* de la surface. Cette définition des diamètres aura l'avantage de s'appliquer même aux surfaces dépourvues de centre.

Enfin, on donne le nom de *sommets* aux points où une surface rencontre quelqu'un de ses axes.

Cela posé, pour réduire l'équation générale des surfaces du second degré à une forme simple, qui embrasse néanmoins toutes les surfaces de cet ordre, et *qui conserve les coordonnées rectangulaires* avec lesquelles on aperçoit bien mieux les points et les lignes remarquables, nous allons démontrer que, dans toutes ces surfaces, il existe au moins *un plan principal*.

105. Cherchons d'abord le plan diamétral qui serait conjugué avec un système de cordes parallèles, dont la direction est fixée par les angles α, β, γ, qu'elles forment avec trois axes *rectangulaires* quelconques. La surface, rapportée à ces mêmes axes, aura pour équation la plus générale,

$$(1) \quad \left\{ \begin{matrix} A x^2 + A'y^2 + A''z^2 + 2Byz + 2B'zx + 2B''xy \\ + 2Cx + 2C'y + 2C''z + E \end{matrix} \right\} = 0 = \Phi(x,y,z);$$

et une des cordes du système donné sera représentée par

$$(2) \qquad x = mz + p, \quad y = nz + q,$$

où les coefficients angulaires $m = \dfrac{\cos \alpha}{\cos \gamma}$ et $n = \dfrac{\cos \beta}{\cos \gamma}$

$(n^o\ 30)$, seront les mêmes pour toutes les cordes en question, tandis que p et q varieront d'une corde à une autre. Pour avoir les points où la droite (2) rencontre la surface Φ, je substitue dans (1) les coordonnées x, y de cette droite; et il est clair, sans effectuer les calculs, que j'arriverai à un résultat de la forme

$$(3) \qquad\qquad \mathrm{R}z^2 + \mathrm{S}z + \mathrm{T} = 0,$$

équation dont les racines seraient les ordonnées des deux extrémités de la corde. Mais l'ordonnée z_1 du *milieu* de cette corde étant, comme on sait, égale à la demi-somme des ordonnées extrêmes, on aura évidemment $z_1 = -\dfrac{\mathrm{S}}{2\,\mathrm{R}}$; ce qui revient à dire que l'ordonnée du milieu de la corde sera fournie par l'*équation dérivée* de (3), savoir:

$$(4) \qquad\qquad 2\,\mathrm{R}z + \mathrm{S} = 0.$$

Or, on peut former cette dernière sans effectuer les substitutions qui auraient conduit à (3); il suffit de différentier $(^*)$ la fonction Φ, en y regardant x et y comme tenant la place de leurs valeurs, c'est-à-dire comme des

---

$(^*)$ Si l'on ne veut pas employer ici le calcul différentiel, qui cependant évite une substitution et une elimination un peu longues, il n'y a qu'à remplacer effectivement dans (1) les coordonnées x et y par leurs valeurs tirées de (2), et l'on trouvera, pour l'équation (3), le résultat suivant:

$$z^2(\mathrm{A}m^2 + \mathrm{A}'n^2 + \mathrm{A}'' + 2\,\mathrm{B}n + 2\,\mathrm{B}'m + 2\,\mathrm{B}''mn)$$
$$+ 2z(\mathrm{A}mp + \mathrm{A}'nq + \mathrm{B}q + \mathrm{B}'p + \mathrm{B}''mq + \mathrm{B}''np + \mathrm{C}m + \mathrm{C}'n + \mathrm{C}'')$$
$$+ \mathrm{A}p^2 + \mathrm{A}'q^2 + 2\,\mathrm{B}''pq + 2\,\mathrm{C}p + 2\,\mathrm{C}'q + \mathrm{E} = 0.$$

Cette équation aurait pour racines les ordonnées des deux extrémités de la corde; mais l'ordonnée z_1 du point milieu devant être la demi-somme de celles-là, on peut, sans résoudre l'équation précédente, en conclure immédiatement que

$$z_1 = -\frac{p(\mathrm{A}m + \mathrm{B}' + \mathrm{B}''n) + q(\mathrm{A}'n + \mathrm{B} + \mathrm{B}''m) + \mathrm{C}m + \mathrm{C}'n + \mathrm{C}''}{\mathrm{A}m^2 + \mathrm{A}'n^2 + \mathrm{A}'' + 2\,\mathrm{B}n + 2\,\mathrm{B}'m + 2\,\mathrm{B}''mn}.$$

D'ailleurs, les trois coordonnées x_1, y_1, z_1 de ce point milieu, devant

fonctions de z déterminées par les relations

(2) $x = mz + p, \quad y = nz + q.$

Ainsi, d'après la règle qui sert à différentier les *fonctions de fonctions*, on formera l'équation

$$\frac{d\Phi}{dx} \cdot \frac{dx}{dz} + \frac{d\Phi}{dy} \cdot \frac{dy}{dz} + \frac{d\Phi}{dz} = 0,$$

ou bien,

(5) $\left\{ \begin{array}{l} (A\,x + B'z + B''y + C)m + (A'y + Bz + B''x + C')n \\ \qquad + (A''z + By + B'x + C'') \end{array} \right\} = 0,$

laquelle équivaudra à l'équation (4); et alors le système (5) et (2) donnera les trois coordonnées x, y, z du *milieu* de la corde en question. Cela posé, pour obtenir la *surface diamétrale*, lieu géométrique des *milieux* de toutes les cordes parallèles, il faudrait évidemment éliminer de ce système les constantes p et q, qui seules varient d'une corde à une autre; mais l'équation (5) ne renferme pas explicitement ces constantes : elles n'y entreraient qu'autant qu'on aurait substitué dans (1) les valeurs de x et y tirées de (2). Donc, puisque nous avons

---

vérifier les équations (2) de la corde, on aura encore

$$x_1 = mz_1 + p, \quad y_1 = nz_1 + q;$$

de sorte que si, entre les trois dernières équations, on élimine p et q, qui seules distinguent une corde du système donné d'avec une autre corde de ce même système, on obtiendra l'équation de la surface diamétrale cherchée. Or, en substituant $p = x_1 - mz_1$, $q = y_1 - nz_1$, dans la valeur de z_1, on trouve, après quelques réductions,

$(Am + B''n + B')x_1 + (A'n + B''m + B)y_1 + (A'' + Bn + B'm)z_1$
$\qquad + (Cm + C'n + C'') = 0;$

résultat qui coïncide avec l'équation (6) du texte.

Il est bon d'observer ici que l'équation du plan diamétral (6) conserverait la même forme, quand bien même la surface (1) serait rapportée à des *axes obliques;* seulement les constantes m et n changeraient alors de signification géométrique (n° **16**).

évité cette substitution, l'équation (5) elle-même représente la surface diamétrale cherchée; et l'on reconnaît que cette surface est *un plan*, puisque les coordonnées x, y, z n'entrent qu'au premier degré dans cette équation.

Si on l'ordonne par rapport aux variables, elle deviendra

$$(6) \left\{ \begin{array}{l} (Am + B' + B''n)x + (A'n + B + B''m)y + (A'' + Bn + B'm)z \\ \qquad\qquad + Cm + C'n + C'' \end{array} \right\} = 0;$$

et, dans cette équation du *plan diamétral*, il est utile de remarquer que le coefficient de la variable x est *la dérivée*, relative à x, des termes du second ordre qui entrent dans Φ, dérivée où l'on doit ensuite remplacer x, y, z par m, n et 1. Une composition analogue a lieu pour les coefficients de y et de z; et l'on pourrait d'ailleurs rendre toutes les formules précédentes complétement symétriques, quoique plus longues à écrire, en y introduisant les valeurs $m = \dfrac{\cos \alpha}{\cos \gamma}$, $n = \dfrac{\cos 6}{\cos \gamma}$.

106. Il résulte de ce qui précède que, *pour tout système de cordes parallèles* dont la direction est définie par les angles α, 6, γ, ou par les constantes m et n, *il existe un plan diamétral;* puisque les coefficients de x, y, z dans l'équation (6), sont réels. A la vérité, ce plan se trouverait à une distance infinie si les coefficients des trois variables étaient nuls ensemble, c'est-à-dire si la direction des cordes était telle, qu'on eût à la fois

$$Am + B' + B''n = 0,$$
$$A'n + B + B''m = 0,$$
$$A'' + Bn + B'm = 0;$$

mais pour que ces trois équations, qui ne renferment

que deux jnconnues, puissent s'accorder, on verra aisément que la condition $D = o$ (n° 96) doit être satisfaite. Ainsi, la circonstance d'un plan diamétral *situé à l'infini* ne peut se rencontrer que dans les surfaces dépourvues de centre; toutefois, nous aurons égard, dans la suite, à cette restriction.

107. Réciproquement, étant donné un plan

$$R x + S y + z = o,$$

on peut *trouver la direction des cordes* qui sont *conjuguées* avec un plan parallèle au premier; car ce nouveau plan

$$(7) \qquad R x + S y + z + T = o$$

étant identifié avec (6), on aura, pour déterminer m et n, les conditions suivantes :

$$R = \frac{A m + B' + B'' m}{A'' + B n + B' m}, \quad S = \frac{A' n + B + B'' m}{A'' + B n + B' m};$$

mais ensuite, il faudra adopter pour T la valeur

$$T = \frac{C m + C' n + C''}{A'' + B n + B' m}.$$

108. On doit observer que *tout plan diamétral passe par le centre,* ou en général par le lieu des centres; car l'équation de ce plan, écrite sous la forme (6), est évidemment satisfaite quand on y substitue les coordonnées du centre, fournies par les équations (3), (4), (5) du n° 95; et l'on pouvait d'ailleurs prévoir cette circonstance, d'après la définition même du centre.

109. Cherchons maintenant si, parmi tous les plans diamétraux qu'admet la surface Φ, il y en a un qui soit *principal* (n° 103). Pour cela, il ne faut plus se donner

arbitrairement les angles α, 6, γ, ou les coefficients angulaires m et n; mais les choisir tels, que le plan diamétral (6) se trouve perpendiculaire à la corde (2). Ainsi l'on doit satisfaire (n° 47) aux deux conditions

$$(8)\quad \frac{Am + B' + B''n}{A'' + Bn + B'm} = m, \quad (9)\quad \frac{A'n + B + B''m}{A'' + Bn + B'm} = n,$$

desquelles on pourrait déduire, par l'élimination de m, une équation du *troisième* degré seulement, qui admettrait toujours pour n une valeur réelle : mais on arrive à un résultat plus symétrique, et qui nous sera d'ailleurs utile plus tard, en introduisant une inconnue auxiliaire s déterminée par la relation

$$s = A'' + Bn + B'm;$$

alors les équations (8) et (9) se trouveront remplacées par les trois suivantes, qui sont du premier degré en m et n :

$$(10)\qquad Am + B' + B''n = ms,$$

$$(11)\qquad A'n + B + B''m = ns,$$

$$(12)\qquad A'' + Bn + B'm = s.$$

Or, des deux premières (10) et (11) on tire

$$(13)\quad m[(s - A)(s - A') - B''^2] = B'(s - A') + BB'',$$

$$(14)\quad n[(s - A)(s - A') - B''^2] = B(s - A) + B'B'';$$

et en substituant dans (12) ces valeurs de m et de n, il vient

$$(15)\quad \left\{\begin{matrix}(s - A)(s - A')(s - A'') - B^2(s - A) - B'^2(s - A') \\ - B''^2(s - A'') - 2BB'B''\end{matrix}\right\} = 0,$$

ou bien, en développant,

$$(16)\quad \left\{\begin{matrix}s^3 - s^2(A + A' + A'') - s(B''^2 - AA' + B'^2 - AA'' + B^2 - A'A'') \\ + (AB^2 + A'B'^2 + A''B''^2 - AA'A'' - 2BB'B'')\end{matrix}\right\} = 0.$$

Cette équation (*) étant d'un degré impair, admettra toujours une racine réelle, à laquelle correspondront dans (13) et (14) des valeurs réelles pour m et n : par conséquent, *dans toute surface du second degré, il existe au moins un plan principal*; et il peut y avoir au plus *trois plans* de ce genre, à moins qu'il n'y en ait une infinité, ce qui arriverait si la forme particulière de la sur-

_____

(*) Comme elle sera nécessaire à citer souvent, nous ferons observer ici que le terme connu est précisément le dénominateur D des coordonnées du centre (n° 95) : le coefficient de s^2 est facile à retenir; et quant au coefficient de s, il se compose de la somme des trois binômes

$$B''^2 - AA', \quad B'^2 - AA'', \quad B^2 - A'A'',$$

qui sont analogues à $b^2 - 4ac$ dans les courbes du second degré, et qui serviraient à indiquer le genre des sections faites dans la surface (1) par les plans coordonnés $z = 0$, $y = 0$, $x = 0$, ou par des plans parallèles à ceux-ci.

D'ailleurs nous verrons plus loin (n° 117) que l'équation (16) a toujours ses trois racines réelles; mais M. Cauchy a donné de cette proposition une démonstration *directe* et ingénieuse. Pour cela, il écrit l'équation (15) sous la forme

$$(15) \quad \left\{ \begin{array}{l} (s-A)[(s-A')(s-A'') - B^2] \\ \quad - [B'^2(s-A') + B'^2(s-A'') + 2BB'B''] \end{array} \right\} = 0,$$

puis il remarque que dans le cas particulier où l'on aurait $B' = 0$ et $B'' = 0$, les trois racines seraient

$$s = A, \quad s = \frac{A'+A''}{2} \pm \frac{1}{2}\sqrt{(A'-A'')^2 + 4B^2} = \left\{ \frac{a}{b} \right. ;$$

alors, revenant au cas général, il fait, dans (15), les hypothèses suivantes :

$$s = \infty \quad \text{qui donne} \quad +,$$
$$s = a \qquad \text{»} \qquad -,$$
$$s = b \qquad \qquad +,$$
$$s = -\infty \quad \text{»} \qquad -.$$

Ainsi, puisque ces résultats sont alternativement positifs et négatifs, les trois racines de l'équation sont toutes réelles et généralement inégales. Pour manifester clairement le signe du résultat de la substitution $s = a$, il faut remarquer que les quantités $a - A'$, $a - A''$ sont essentiellement positives, et peuvent être représentées par h^2 et k^2; d'ailleurs, on a évi-

face rendait quelqu'une des équations (10), (11), (12) identique avec les autres; mais nous reviendrons plus tard (n° 118) sur cette discussion.

110. Toutefois, il importe d'observer que la racine réelle de l'équation (16) prouve bien *l'existence d'un système de cordes principales*, c'est-à-dire qui sont coupées à angle droit par leur plan diamétral; mais elle n'apprend rien sur la position absolue de ce plan, qui pourrait se trouver *à une distance infinie* (n° 106), et dans ce cas ne saurait être employé comme plan coordonné. C'est pourquoi nous allons appuyer les transformations suivantes, non sur le plan principal lui-même, mais sur le système de cordes principales dont la réalité est certaine.

111. Concevons que la surface générale Φ du n° 105 est rapportée à trois axes rectangulaires dont l'un, OZ, soit pris *parallèle à ces cordes principales;* il faudra qu'alors les équations (10), (11), (12) se trouvent vérifiées par les hypothèses $\alpha = 90°$, $6 = 90°$ et $\gamma = 0$, ou bien par les valeurs

$$m = \frac{\cos \alpha}{\cos \gamma} = 0, \quad n = \frac{\cos 6}{\cos \gamma} = 0.$$

Or, cela entraîne évidemment les conditions $B' = 0$ et $B = 0$; d'où il résulte que, pour de tels axes, l'équation de la surface du second degré *sera toujours débarrassée*

---

demment

$$B^2 = (a - A')(a - A'') = h^2 k^2;$$

de sorte que l'équation (15) se réduit pour $s = a$, à la forme d'un carré négatif

$$- (B'^2 h^2 + B''^2 k^2 \pm 2 B' B'' hk).$$

Au contraire, quand on pose $s = b$, les quantités $b - A'$, $b - A''$ sont de la forme $- h^2$, $- k^2$, et l'on a encore $B^2 = h^2 k^2$; donc l'équation (15) donne alors un résultat nécessairement positif.

de deux des trois rectangles, et prendra la forme

$$(17) \quad A x^2 + A' y^2 + A'' z^2 + 2 B'' xy + 2 C x + 2 C' y + 2 C'' z + E = 0.$$

Par conséquent, tous les genres de surfaces du second ordre sont renfermés, sans exception, dans cette équation; mais elle peut encore être réduite. En effet, si, sans déplacer l'axe OZ, on fait tourner dans leur plan les axes OX et OY, en les laissant rectangulaires, par les formules connues

$$x = x' \cos \omega - y' \sin \omega,$$

$$y = x' \sin \omega + y' \cos \omega,$$

on pourra faire disparaître le rectangle xy, puisqu'on arrive, comme dans l'équation à deux variables, à la condition

$$2 \sin \omega \cos \omega (A' - A) + 2 B'' (\cos^2 \omega - \sin^2 \omega) = 0,$$

d'où

$$\tan 2 \omega = \frac{2 B''}{A - A'}.$$

Cette valeur, qui est réelle et toujours admissible, même quand $A = A'$, prouve que l'équation (17) peut toujours être ramenée à la forme

$$(18) \quad P x^2 + P' y^2 + P'' z^2 - Q x - Q' y - Q'' z + E = 0,$$

laquelle renferme encore *toutes les surfaces* du second degré, et où P, P', P'', Q,... peuvent avoir des signes et des valeurs numériques quelconques; mais ici va commencer la séparation des diverses classes.

112. Si les trois coefficients P, P', P'' sont tous différents de zéro, il sera toujours possible de faire évanouir les premières puissances des variables; car, en transportant les axes actuels parallèlement à eux-mêmes, par les formules $x = x' + a$, $y = y' + b$, $z = z' + c$, on trouve

les conditions

$$2\,a\mathrm{P} - \mathrm{Q} = \mathrm{o}, \quad 2\,b\mathrm{P}' - \mathrm{Q}' = \mathrm{o}, \quad 2\,c\mathrm{P}'' - \mathrm{Q}'' = \mathrm{o},$$

auxquelles on peut satisfaire par des valeurs *finies* de a, b, c, tant qu'aucun des coefficients P, P', P″ ne se trouve nul. Ainsi, dans ce cas, l'équation (18) se ramènera à la forme

$$(19) \qquad \mathrm{P}\,x^2 + \mathrm{P}'\,y^2 + \mathrm{P}''\,z^2 = \mathrm{H},$$

qui comprend une *première classe* de surfaces du second degré, quels que soient les signes de P, P', P″.

113. Si un seul des trois coefficients des carrés se trouve nul, par exemple $\mathrm{P} = \mathrm{o}$, et le coefficient correspondant $\mathrm{Q} \gtrless \mathrm{o}$, on ne pourra plus faire disparaître le terme $\mathrm{Q}x$, puisque la valeur précédente de a serait infinie; mais, en place, on pourra faire évanouir le terme constant, et réduire l'équation (18) à cette forme

$$(20) \qquad \mathrm{P}'y^2 + \mathrm{P}''z^2 = \mathrm{Q}x,$$

qui présente une *deuxième classe* de surfaces du second ordre, quels que soient les signes de P', P″, Q.

114. Lorsque, dans l'équation (18), on a à la fois $\mathrm{P} = \mathrm{o}$ et $\mathrm{Q} = \mathrm{o}$, sans qu'il manque aucun des deux autres carrés, alors cette équation se réduit d'elle-même à

$$\mathrm{P}'y^2 + \mathrm{P}''z^2 - \mathrm{Q}'y - \mathrm{Q}'z + \mathrm{E} = \mathrm{o};$$

et comme elle ne renferme que deux variables, elle appartient nécessairement (n° 8) à *un cylindre* perpendiculaire au plan des yz, et dont la base sera évidemment *une ellipse* ou *une hyperbole*. Or, il sera toujours possible de rapporter cette courbe à son centre, ou de ramener l'équation précédente à la forme

$$P' y^2 + P'' z^2 = H;$$

et puisque cette dernière se déduirait de l'équation (19) en y posant $P = o$, nous pourrons regarder les cylindres elliptiques ou hyperboliques, comme un genre particulier qui sera compris dans *la première classe* générale représentée par l'équation (19), en sous-entendant que, dans celle-ci, quelqu'un des coefficients peut être nul.

115. Enfin, si dans l'équation (18) on a en même temps $P = o$ et $P' = o$, il restera

$$P'' z^2 - Q x - Q' y - Q'' z + E = o.$$

Or, cette surface étant coupée par des plans parallèles à XY, tels que $z = h$, $z = h'$, ..., donnera toujours des droites parallèles entre elles : donc c'est un *cylindre* parallèle au plan XY; et il est *à base parabolique*, puisqu'en posant $y = o$, on obtient une parabole sur le plan ZOX. A la vérité, les arêtes de ce cylindre sont obliques sur cette base : mais, en coupant la surface par un plan ZOX' perpendiculaire à ses génératrices, on aurait encore évidemment une parabole; et l'équation de ce cylindre, rapportée au plan de cette *section droite*, se réduirait (n° 8) à celle de sa nouvelle base, que l'on sait pouvoir être ramenée à

$$P'' z'^2 = R x'.$$

Donc, puisque cette équation peut être déduite de (20) en y posant $P = o$, ce genre particulier de surfaces rentre dans la seconde classe.

116. Nous n'examinerons pas l'hypothèse où P, P' et P'' seraient nuls à la fois; car il est impossible (n° 82) que l'équation (17) s'abaisse au premier degré par des transformations de coordonnées.

117. Il résulte de cette discussion, que toutes les surfaces du second ordre, avec leurs variétés, sont comprises dans les *deux classes* représentées par les équations à coordonnées rectangulaires

$$(19) \qquad \mathrm{P}x^2 + \mathrm{P}'y^2 + \mathrm{P}''z^2 = \mathrm{H},$$

$$(20) \qquad \mathrm{P}'y^2 + \mathrm{P}''z^2 = \mathrm{Q}x;$$

pourvu qu'il soit sous-entendu que quelques-uns des coefficients P, P', P'' peuvent être nuls.

Les surfaces de la première classe ont évidemment *un centre* qui est l'origine des coordonnées actuelles (n° 93), puisque la somme des exposants des variables est paire dans chaque terme, comme le degré de l'équation. Elles admettent aussi *trois plans principaux conjugués entre eux* (n°s 102 et 103), qui sont les plans coordonnés rectangulaires auxquels elles se trouvent rapportées maintenant; car chaque variable n'entre qu'à des puissances paires dans l'équation (19). D'où l'on doit conclure que, pour ces surfaces, l'équation (16) a ses *trois racines réelles*.

Quant aux surfaces de la seconde classe, *elles n'admettent point de centre*, puisqu'en transportant l'origine (n° 94) on ne pourrait jamais faire disparaître le terme $\mathrm{Q}x$, dont le *degré* n'est pas *de même parité* que celui de l'équation (20). Parmi les plans coordonnés actuels, ceux des (x, y) et des (x, z) seulement sont *diamétraux* et *principaux*, attendu que les variables z et y n'entrent chacune qu'à des puissances paires; d'où l'on conclut qu'il existe ici au moins *deux systèmes de cordes principales*, qui sont parallèles à l'axe des z et à l'axe des y; et, par suite, le troisième système, déterminé avec les

autres par l'équation (16), doit être aussi *réel :* mais le
plan principal correspondant se trouve à une distance
infinie, comme nous allons le voir.

D'ailleurs, par cette discussion, il est prouvé que,
dans tous les cas, *l'équation* (16) du n° 109 *a ses trois
racines réelles.*

118. Il suffirait sans doute, pour étudier les surfaces du second ordre, de les avoir renfermées toutes, avec leurs variétés,
dans les équations (19) et (20); mais, si l'on veut compléter la
discussion des cordes et des plans principaux, il n'y a qu'à re-
prendre la méthode générale du n° 109, en l'appliquant à l'é-
quation plus simple

$$(18) \quad P x^2 + P' y^2 + P'' z^2 - Q x - Q' y - Q'' z + E = 0,$$

laquelle comprend, sans exception, toutes les surfaces du second ordre (n° 111). En cherchant d'abord le plan diamétral
conjugué avec les cordes parallèles à la droite quelconque

$$(21) \qquad x = m z = \frac{\cos \alpha}{\cos \gamma} \cdot z, \quad y = n z = \frac{\cos \delta}{\cos \gamma} \cdot z,$$

on trouvera, par la formule générale (5),

$$(22) \quad (2 P x - Q) \cos \alpha + (2 P' y - Q') \cos \delta + (2 P'' z - Q'') \cos \gamma = 0.$$

Ensuite, pour que ce plan et la corde (21) soient perpendiculaires entre eux, il faudra (n° 48) satisfaire aux trois conditions (*)

$$(23) \qquad \left\{ \begin{array}{l} P \cos \alpha . \cos \gamma = P'' \cos \alpha . \cos \gamma, \\ P' \cos \delta . \cos \gamma = P'' \cos \delta . \cos \gamma, \\ P \cos \alpha . \cos \delta = P' \cos \delta . \cos \alpha, \end{array} \right.$$

(*) Ordinairement on exprime seulement que deux des projections de
la droite sont perpendiculaires aux traces du plan ; mais il faut alors,
suivant la remarque faite au n° 46, éviter de prendre deux plans projetants qui coïncident. Or, comme cette circonstance arriverait fréquemment
ici, où les cordes cherchées vont se trouver parallèles à un des axes coordonnés, il est plus simple de poser immédiatement les trois conditions,
dont une sera toujours comprise dans les deux autres.

lesquelles ne peuvent être vérifiées à la fois, quand P, P′, P″ sont inégaux, que par l'un des systèmes de valeurs qui suivent :

$$(24) \quad \left\{ \begin{array}{l} \cos \alpha = 0 \quad \text{avec} \quad \cos 6 = 0, \\ \cos \alpha = 0 \dots \dots \cos \gamma = 0, \\ \cos 6 = 0 \dots \dots \cos \gamma = 0. \end{array} \right.$$

Or ces valeurs prouvent, 1° qu'il existe trois systèmes de cordes principales, *toujours réels*, et *perpendiculaires entre eux*, puisqu'ils sont parallèles aux trois axes rectangulaires OX, OY, OZ, qui ont ramené l'équation du second ordre à la forme (18), et qu'il n'y a *jamais plus de trois systèmes de ce genre*, tant que P, P′, P″ sont inégaux ;

2°. Que les plans principaux conjugués avec ces trois systèmes de cordes, et déduits de l'équation (22), sont :

$$(25) \qquad 2\,P''z - Q'' = 0,$$

$$(26) \qquad 2\,P'y - Q' = 0,$$

$$(27) \qquad 2\,P\,x - Q = 0;$$

mais le dernier sera situé à une distance infinie $x = \dfrac{Q}{2\,P}$, si P = 0, ce qui arrive dans les surfaces de la forme (20). Cela vient évidemment de ce que les cordes parallèles à OX ne rencontrent plus la surface qu'en un seul point, et se prolongent indéfiniment dans l'autre sens.

119. Si l'on avait à la fois P = 0 et Q = 0, ce plan principal (27), perpendiculaire à OX, se trouverait à une distance indéterminée. En effet, la surface devient alors (n° **114**) un cylindre elliptique ou hyperbolique; et les cordes parallèles à OX, ou bien à l'axe du cylindre, se prolongeant indéfiniment dans les deux sens, leurs milieux peuvent être pris à volonté sur tout plan perpendiculaire à leur direction commune.

120. Maintenant, supposons que deux des coefficients P, P′, P″ soient égaux, par exemple, P ≐ P′. Alors on satisfera aux conditions (23) d'une manière plus générale que par les valeurs (24); on pourra encore poser

$$\cos\alpha = 0 \quad \text{avec} \quad \cos 6 = 0,$$

ce qui fait retrouver le système de cordes parallèles à OZ, avec le plan principal (25); ou bien il suffira de poser

$$\cos\gamma = 0,$$

en laissant α et 6 indéterminés, ce qui montre que *toutes les cordes parallèles au plan* XY *appartiennent à des systèmes principaux*, dont le nombre est par conséquent infini. Les plans principaux correspondants sont fournis par l'équation (22), en y substituant la valeur $\cos\gamma = 0$, ce qui donne

$$(28) \qquad x\cos\alpha + y\cos 6 - \frac{Q\cos\alpha + Q'\cos 6}{2P} = 0.$$

Ce cas est celui où la surface (18) est *de révolution :* car tous les plans $z = h$, $z = h'$,..., coupent alors cette surface suivant des cercles dont les centres sont situés évidemment sur une même droite parallèle à l'axe OZ, savoir :

$$x = \frac{Q}{2P}, \quad y = \frac{Q'}{2P}.$$

D'ailleurs, cette droite se trouve l'intersection commune de tous les plans principaux représentés par l'équation (28).

121. Si l'on supposait à la fois P = P' = P'', les conditions (23) se trouveraient vérifiées d'elles-mêmes, quelles que fussent les valeurs de α, 6, γ; d'où il résulte qu'alors tout système de cordes parallèles serait un système principal, et tout plan de la forme (22), c'est-à-dire passant par le point

$$x_1 = \frac{Q}{2P}, \quad y_1 = \frac{Q'}{2P}, \quad z_1 = \frac{Q''}{2P},$$

serait un plan principal. Dans ce cas, la surface est une sphère; car l'équation (18) peut alors s'écrire sous la forme

$$(x - x_1)^2 + (y - y_1)^2 + (z - z_1)^2 = \frac{Q^2 + Q'^2 + Q''^2 - 4\,EP}{4\,P^2},$$

laquelle exprime que la distance du point (x_1, y_1, z_1) à chaque point de la surface, est une quantité constante.

122. Lorsque deux des coefficients P et P′ sont égaux et en même temps nuls, on sait (n° **118**) que la surface est un cylindre parabolique. On retrouve alors, comme au n° **120**, un système de cordes principales parallèles à OZ, avec un plan principal correspondant, savoir :

$$(25) \qquad\qquad 2\,P''z - Q'' = o ;$$

puis un nombre infini de cordes principales, parallèles à XY, et indéterminées dans leur direction ; mais les plans conjugués de ces systèmes, représentés par l'équation (28), semblent tous situés à l'infini. Cependant on en trouvera un situé à une distance finie, ou plutôt arbitraire, si l'on choisit α et 6 de manière que l'on ait

$$Q \cos \alpha + Q' \cos 6 = o ;$$

ce qui suppose que l'on prend des cordes parallèles aux génératrices du cylindre, et le plan principal (28) devient alors celui de la *section droite*. On se rendra aisément compte de ces diverses circonstances, par des considérations géométriques, et l'on interprétera d'une manière analogue le cas de deux plans parallèles, lequel arrive quand on suppose nuls P, P′, Q et Q′.

123. Il résulte des discussions précédentes : 1° que, dans toutes les surfaces du second ordre, les systèmes de *cordes principales* sont au nombre de trois, distincts et rectangulaires entre eux ; ou bien leur nombre est infini, et l'un est alors perpendiculaire à tous les autres, excepté dans le cas de la sphère, où toutes les directions possibles donnent des cordes principales.

2°. Les *plans principaux* sont aussi au nombre de trois, ou bien il y en a une infinité ; mais, dans tous les cas, *deux au moins de ces plans* sont à une distance finie

CHAPITRE VII.

DISCUSSION DES SURFACES DOUÉES D'UN CENTRE.

---

124. Les surfaces de cette classe sont $(n° 117)$ toutes renfermées dans l'équation

$$P\,x^2 + P'\,y^2 + P''\,z^2 = +\,H,$$

qui donne lieu à plusieurs *genres,* suivant les signes dont les coefficients se trouvent affectés. Mais pour abréger la discussion, sans omettre aucun cas réellement distinct, nous supposerons que l'on a toujours eu soin, préalablement, de rendre *positif* le second membre H de l'équation proposée; et comme alors les trois carrés ne sauraient avoir des coefficients *négatifs à la fois,* sans que la surface ne soit imaginaire, il nous restera à examiner les *trois genres* renfermés dans les formes suivantes :

$$(\text{1})\qquad +\,P x^2 + P'\,y^2 + P''\,z^2 = +\,H,$$

$$(\text{2})\qquad +\,P x^2 + P'\,y^2 - P''\,z^2 = +\,H,$$

$$(\text{3})\qquad +\,P x^2 - P'\,y^2 - P''\,y^2 = +\,H.$$

125. ELLIPSOÏDE. *Trois carrés positifs* et *trois axes réels.* — L'équation, avec les signes explicites, conserve la forme

$$(\text{1})\qquad P x^2 + P'\,y^2 + P''\,z^2 = H :$$

Fɪɢ. 18. pour obtenir les points où la surface rencontre les axes coordonnés, on égalera à zéro deux des variables x, y, z, et l'on trouvera *six sommets réels* A et A', B et B',

C et C′, situés aux distances

$$x = \pm \sqrt{\frac{H}{P}} = a, \quad y = \pm \sqrt{\frac{H}{P'}} = b, \quad z = \pm \sqrt{\frac{H}{P''}} = c.$$

Ces distances OA $= a$, OB $= b$, OC $= c$, se nomment les *demi-axes* ou *demi-diamètres principaux* (n° 104) de la surface ; car chacune de ces droites est l'intersection de deux plans coordonnés qui sont ici des plans *principaux* (n° 117). Si d'ailleurs on introduit ces axes dans l'équation (1), en y substituant les valeurs de P, P′, P″, tirées des relations précédentes, cette équation prendra la forme très-symétrique

$$(4) \qquad \frac{x^2}{a^2} + \frac{y^2}{b^2} + \frac{z^2}{c^2} = 1.$$

126. Les sections faites par les plans coordonnés s'obtiennent en posant tour à tour $x = 0$, $y = 0$, $z = 0$ dans l'équation (4), et ce sont évidemment des ellipses faciles à construire. Quant aux sections parallèles au plan XY, elles seront données par les équations simultanées

$$z = \pm h, \quad \frac{x^2}{a^2} + \frac{y^2}{b^2} = 1 - \frac{h^2}{c^2};$$

et l'on voit que ce sont toujours des *ellipses semblables*, puisque leurs *axes* qui s'obtiennent en posant tour à tour $x = 0$, $y = 0$, dans la dernière équation, conservent entre eux un rapport constant, quel que soit h. Ces ellipses deviennent *imaginaires* quand $h^2 > c^2$; ainsi la surface ne s'étend pas au-dessus du point C, ni au-dessous du point C′. On obtiendra des conséquences semblables pour les sections parallèles au plan XZ, ou au plan YZ ; et généralement, *tout plan quelconque donne une section elliptique*, puisque l'équation

$$z = mx + ny + k,$$

combinée avec (1), conduit à

$$(P + P'' m^2) x^2 + (P' + P'' n^2) y^2 + 2 P'' mnxy + \ldots = 0,$$

résultat où la condition $B^2 - 4\,AC < 0$ se trouve manifestement remplie. L'ellipsoïde est donc *une surface fermée* dans tous les sens.

127. Lorsque deux quelconques des coefficients sont égaux, par exemple $P = P'$, ou $a = b$, l'ellipsoïde est de *révolution* autour de l'axe des z; car les sections trouvées (n° **126**), pour des plans perpendiculaires à cet axe, tels que $z = h$, deviennent alors des *cercles* dont les centres sont sur OZ. Ainsi, dans ce cas, la surface pourrait être engendrée par la révolution de l'ellipse CAC′ autour de son axe CC′.

127 *bis.* Si l'on suppose $P = P' = P''$, ou $a = b = c$, l'ellipsoïde se change en une sphère, puisque l'équation (4) devient

$$x^2 + y^2 + z^2 = a^2,$$

laquelle exprime que la distance de l'origine à un point quelconque de la surface est constamment égale à a.

A cette occasion, nous ferons observer qu'une sphère du rayon R, et dont le centre serait placé au point qui a pour coordonnées α, ε, γ, aurait pour équation

$$(x - \alpha)^2 + (y - \varepsilon)^2 + (z - \gamma)^2 = R^2;$$

car le premier membre de cette équation exprime bien (n° **6**) le carré de la distance du point $(\alpha, \varepsilon, \gamma)$ à un point quelconque (x, y, z) de la surface.

128. Hyperboloïde a une nappe. *Deux carrés positifs*, et *deux axes réels*. — L'équation générale, avec les signes explicites, devient

$$(2) \qquad P x^2 + P' y^2 - P'' z^2 = H,$$

et les points où la surface rencontre les axes coordonnés, seront fournis par

$$x = \pm \sqrt{\frac{\bar{H}}{P}} = a, \quad y = \pm \sqrt{\frac{\bar{H}}{P'}} = b, \quad z = \pm \sqrt{\frac{H}{-P''}} = c\sqrt{-1};$$

d'où l'on conclut qu'il y a ici *quatre sommets réels* A et FIG. 19. A′, B et B′, et *deux sommets imaginaires*. Les distances OA = a, OB = b, OC = c, sont encore nommées, par les mêmes raisons qu'au n° 125, les *demi-diamètres principaux* ou *demi-axes* de la surface; mais les deux premiers sont dits *les axes réels*, et le troisième n'est que le coefficient de l'expression fournie par l'analyse pour *l'axe imaginaire*. En introduisant ces axes a, b, c à la place de P, P′, P″ dans l'équation (2), elle prendra la forme

$$(5) \qquad \frac{x^2}{a^2} + \frac{y^2}{b^2} - \frac{z^2}{c^2} = 1.$$

129. Les sections parallèles au plan XY sont données par les équations simultanées

$$z = \pm h, \quad \frac{x^2}{a^2} + \frac{y^2}{b^2} = 1 + \frac{h^2}{c^2};$$

ainsi ces courbes sont des *ellipses*, toujours *semblables*, puisque les deux axes qui s'obtiendront en posant tour à tour $y = 0$, $x = 0$, dans l'équation précédente, conservent entre eux un rapport constant, quel que soit h. D'ailleurs, les dimensions de ces ellipses augmentent indéfiniment avec la grandeur numérique de h; de sorte que la plus petite de ces sections horizontales, nommée *ellipse de gorge*, s'obtiendra en posant $z = 0$ dans l'équation (5) : c'est la courbe ABA′B′, qui a pour diamètres principaux les *deux axes réels* a et b de l'hyperboloïde.

Quant au plan XZ, il coupe la surface suivant une *hyperbole* (EAF, E′A′F′) dont l'équation se déduit de (5) en y posant $y = 0$; et des résultats semblables ont lieu pour le plan YZ, ainsi que pour les plans parallèles à ceux-là.

130. On voit par là que cet hyperboloïde s'étend indéfiniment, mais qu'il est composé *d'une seule nappe* continue, sur laquelle on peut passer d'un point quelconque à un autre, sans sortir de la surface. D'ailleurs la section faite par un plan quelconque

$$z = mx + ny + k,$$

peut être tour à tour une ellipse, une parabole ou une hyperbole, suivant l'inclinaison du plan sécant ; car cette équation, combinée avec (2), conduit à

$$(P - P'' m^2) x^2 + (P' - P'' n^2) y^2 - 2 P'' mnxy + \ldots = 0,$$

résultat où le binôme caractéristique $B^2 - 4 AC$ peut se trouver positif, nul ou négatif, suivant les valeurs de m et n.

131. Lorsque *les deux axes réels* sont égaux, c'est-à-dire quand $a = b$, ou $P = P'$, l'hyperboloïde se trouve *de révolution* autour de l'axe imaginaire OZ, puisque les sections obtenues au n° 129, pour des plans $z = h$ perpendiculaires à cet axe, deviennent évidemment des cercles dont les centres sont sur cette droite. Alors la surface peut être engendrée par la révolution de l'hyperbole EAF autour de son axe *imaginaire*.

132. HYPERBOLOÏDE À DEUX NAPPES. *Un seul carré positif*, et *un seul axe réel*. — L'équation devient, en mettant les signes en évidence,

(3) $$P x^2 - P' y^2 - P'' z^2 = H ;$$

et la surface rencontre les axes coordonnés aux distances

$$x = \pm \sqrt{\frac{\overline{H}}{P}} = a, \quad y = \pm \sqrt{\frac{\overline{H}}{-P'}} = b\sqrt{-1},$$

$$z = \pm \sqrt{\frac{\overline{H}}{-P''}} = c\sqrt{-1};$$

de sorte qu'il n'y a ici que *deux sommets réels* A et A', Fɪɢ. 20.
et les quatre autres sont imaginaires. Mais les distances
OA=a, OB=b, OC=c, sont toujours nommées (n° 104)
les *demi-diamètres principaux* ou les *demi-axes* de la
surface; et le premier est dit *l'axe réel*, parce que c'est
le seul qui rencontre effectivement cette surface. En introduisant ces trois axes a, b, c à la place de P, P', P''
dans l'équation (3), elle prendra la forme

(6) $$\frac{x^2}{a^2} - \frac{y^2}{b^2} - \frac{z^2}{c^2} = 1.$$

133. La condition $y = 0$, introduite dans l'équation (6),
montre que le plan XZ coupe l'hyperboloïde actuel suivant une hyperbole (EAE', FA'F'); et il en serait de
même du plan XY, ainsi que des plans parallèles à ceux-
là. Pour des plans sécants parallèles à YZ, ou perpendiculaires à l'axe réel OX, on obtient

$$x = \pm h, \quad \frac{y^2}{b^2} + \frac{z^2}{c^2} = \frac{h^2}{a^2} - 1;$$

ainsi ces sections sont des ellipses *semblables* entre elles,
et qui croissent indéfiniment avec la grandeur absolue
de h; mais elles deviennent *imaginaires* quand $h^2 < a^2$,
c'est-à-dire dans l'intervalle des deux sommets réels A
et A'.

134. De là il résulte que cet hyperboloïde est composé
de *deux nappes* non contiguës, indéfinies chacune dans

un sens, mais séparées l'une de l'autre par un intervalle
où il n'existe aucun point de la surface. Un plan sécant
quelconque pourrait aussi donner, comme au n° 130,
des sections tour à tour elliptiques, paraboliques ou hyperboliques, suivant son inclinaison sur les axes.

135. L'hyperboloïde à deux nappes se trouve *de révolution*, quand *les deux axes imaginaires* sont égaux,
c'est-à-dire quand $b = c$ ou $P' = P''$; car les sections obtenues an n° 133, pour des plans $x = h$ perpendiculaires
à l'axe réel OX, deviennent évidemment des cercles dont
les centres sont sur cet axe. Alors la surface pourrait être
engendrée par la révolution de l'hyperbole (AE, A'F)
autour de son axe *réel* A'OA.

136. Voilà *les trois genres* principaux de surfaces
douées d'un centre; mais il reste à examiner quelques
variétés, et d'abord le cas où $H = 0$.

Cette hypothèse introduite dans l'ellipsoïde réduit l'é-
quation (1) à

$$P x^2 + P' y^2 + P'' z^2 = 0,$$

laquelle ne peut être vérifiée par d'autres valeurs réelles
que $x = 0, y = 0$ et $z = 0$; donc, dans ce cas, la surface se réduit à *un point* unique qui est l'origine des coordonnées.

137. Dans l'hyperboloïde à une nappe, la supposition
$H = 0$ réduit l'équation (2) à

$$(7) \qquad P x^2 + P' y^2 - P'' z^2 = 0,$$

FIG. 19. laquelle représente une *surface conique* VOV' dont le
sommet est à l'origine. Pour s'en assurer, il suffit de voir
si tout plan mené par ce point donnera des sections rectilignes. Or, en combinant $z = mx + ny$ avec l'équa-

tion (7), on obtient

$$(P - P'' m^2) x^2 + (P' - P'' n^2) y^2 - 2 P'' mnxy = 0,$$

équation homogène, qui conduira nécessairement à des valeurs de la forme

$$\frac{y}{x} = p \pm \sqrt{q};$$

et ce résultat appartient effectivement à *deux droites passant par l'origine* des coordonnées, ou au point unique $(x = 0, y = 0)$, quand le radical deviendra imaginaire pour certaines positions du plan sécant. D'ailleurs l'hypothèse $z = h$, introduite dans l'équation (7), montre que ce cône a pour base parallèle au plan XY, une ellipse dont le centre est sur OZ : mais il faut généralement le regarder comme *un cône du second degré* dont la base peut être une des trois courbes de cet ordre.

Cette surface conique VOV′ est *asymptote* de l'hyperboloïde à une nappe ; car, en comparant les ordonnées z et z' qui, dans les équations (2) et (7), répondent aux mêmes x et y, et sur la même nappe, on trouve

$$\sqrt{P''} . (z' - z) = \sqrt{P x^2 + P' y^2} - \sqrt{P x^2 + P' y^2 - H};$$

ou bien, en multipliant et divisant par la somme des radicaux,

$$\sqrt{P''} . (z' - z) = \frac{H}{\sqrt{P x^2 + P' y^2} + \sqrt{P x^2 + P' y^2 - H}}.$$

Or, sous cette forme, on voit clairement que la différence $z' - z$ décroît indéfiniment jusqu'à zéro, à mesure que x et y augmentent ; et comme cependant z sera toujours moindre que z', le cône est en dedans de l'hyperboloïde.

138. Si l'on veut comparer l'équation (7) du cône

asymptote avec celle de l'hyperboloïde sous la forme

(5) $$\frac{x^2}{a^2} + \frac{y^2}{b^2} - \frac{z^2}{c^2} = 1,$$

il faut observer que, dans cette dernière surface, les longueurs *absolues* des axes étaient

$$a = \sqrt{\frac{H}{P}}, \quad b = \sqrt{\frac{H}{P'}}, \quad c = \sqrt{\frac{H}{P''}}.$$

Or, lorsqu'on fait décroître H sans changer P, P′, P″, les axes a, b, c décroissent ensemble, mais en demeurant toujours proportionnels aux quantités

$$\sqrt{\frac{1}{P}}, \quad \sqrt{\frac{1}{P'}}, \quad \sqrt{\frac{1}{P''}}$$

donc, quand ces axes sont devenus ainsi nuls par l'hypothèse H = o, et que l'hyperboloïde s'est changé en un cône, les trois quantités précédentes sont encore proportionnelles aux longueurs des axes primitifs, et l'on peut poser

$$\sqrt{\frac{1}{P}} = \alpha a, \quad \sqrt{\frac{1}{P'}} = \alpha b, \quad \sqrt{\frac{1}{P''}} = \alpha c;$$

d'où il résulte

$$P = \frac{1}{\alpha^2 a^2}, \quad P' = \frac{1}{\alpha^2 b^2}, \quad P'' = \frac{1}{\alpha^2 c^2},$$

valeurs qui, substituées dans (7), ramèneront cette équation à la forme

$$\frac{x^2}{a^2} + \frac{y^2}{b^2} - \frac{z^2}{c^2} = 0.$$

139. L'hypothèse H = o, introduite dans l'équation (3) de l'hyperboloïde à deux nappes, donne

(8) $$P x^2 - P' y^2 - P'' z^2 = 0;$$

Fɪɢ. 20. et l'on prouvera, comme au n° 137, que cette équation représente *une surface conique* VOV′ dont la base parallèle à YZ est une ellipse. Ce cône est encore *asymptote* de l'hyperboloïde à deux nappes; car, en comparant les deux ordonnées x et x' qui, dans (3) et (8), répondent aux mêmes y et z, on obtient

$$\sqrt{P}.(x - x') = \sqrt{P'y^2 + P''z^2 + H} - \sqrt{P'y^2 + P''z^2};$$

ou bien, en multipliant et divisant par la somme des radicaux,

$$\sqrt{P}.(x - x') = \frac{H}{\sqrt{P'y^2 + P''z^2 + H} + \sqrt{P'y^2 + P''z^2}};$$

où l'on voit que la différence $x - x'$ décroît *indéfiniment* jusqu'à zéro, à mesure que y et z approchent d'être infinis. Mais comme on aura toujours $x > x'$, le cône enveloppe la surface *extérieurement*.

L'équation (8) de ce cône asymptote pourrait aussi, comme au n° **138**, être ramenée à la forme

$$\frac{x^2}{a^2} - \frac{y^2}{b^2} - \frac{z^2}{c^2} = 0.$$

140. Les surfaces coniques à base du second degré ne sont pas les seules variétés que renferment les équations générales (1), (2) et (3). En y supposant nuls un ou plusieurs des coefficients P, P', P'', H, elles fourniront encore des *cylindres* à base *elliptique* ou *hyperbolique*, comme

$$P x^2 + P' y^2 = H, \quad \text{ou} \quad P x^2 - P' y^2 = H;$$

et aussi le système de *deux plans* qui se coupent, ou qui sont parallèles, comme

$$P x^2 - P' y^2 = 0, \quad \text{ou} \quad P x^2 = H;$$

mais, ces divers cas n'exigeant aucune discussion, il nous suffira bien de les avoir indiqués.

141. Des génératrices rectilignes. — Examinons si, parmi les surfaces douées d'un centre, et autres que les surfaces coniques ou cylindriques, il y en a quelqu'une *sur laquelle une droite puisse être appliquée* dans toute sa longueur indéfinie; et effectuons cette recherche spécialement pour l'hyperboloïde à une nappe, parce qu'il est aisé de prévoir que la forme des deux autres surfaces ne permet pas qu'elles jouissent de cette propriété; d'ailleurs, il suffira de changer le signe du carré d'un axe, pour appliquer à ces dernières les résultats analytiques obtenus pour l'autre.

L'hyperboloïde à une nappe (n° 128) a pour équation

$$(9) \qquad \frac{x^2}{a^2} + \frac{y^2}{b^2} - \frac{z^2}{c^2} = 1.$$

S'il existe une droite qui puisse s'appliquer tout entière sur cette surface, une de ses projections sera de la forme

$$(10) \qquad y = \alpha x + 6,$$

où α, 6 sont des constantes indéterminées; et comme cette équation représente en même temps le *plan projetant* de la droite, il faudra qu'en coupant la surface par ce plan, l'intersection, qui sera une ligne du second dedré, ait une équation qui puisse se décomposer en deux facteurs rationnels dont un soit *linéaire*, et, par suite, l'autre le sera pareillement. Or, la combinaison des équations (9) et (10) donne, pour la projection de la section sur le plan **XZ**,

$$(11) \qquad \frac{z^2}{c^2} = \frac{x^2(b^2 + a^2\alpha^2) + 2\alpha 6 a^2 x + a^2(6^2 - b^2)}{a^2 b^2}.$$

Mais, le premier membre étant un carré parfait, il faudra, pour la décomposition annoncée, que le second membre soit aussi un carré; donc il faudra établir, entre les indéterminées α et 6, la relation

$$(b^2 + a^2\alpha^2)(6^2 - b^2) a^2 = \alpha^2 6^2 a^4 ;$$

d'où l'on déduit

$$6 = \pm \sqrt{b^2 + a^2\alpha^2},$$

valeur toujours réelle, qui, substituée dans les équations (10) et (11), donne pour les projections de la droite cherchée,

$$(12) \qquad y = \alpha x + \sqrt{b^2 + a^2\alpha^2},$$

$$(13) \qquad \pm \frac{z}{c} = \frac{x\sqrt{b^2 + a^2\alpha^2} + a^2\alpha}{ab}.$$

Le radical qui entre ici renferme implicitement le double signe de la valeur de 6, mais il faudra le prendre toujours avec le même signe dans les deux équations à la fois. D'ailleurs, puisque nous n'avons eu à satisfaire qu'à une relation unique entre 6 et α, la dernière de ces constantes reste tout à fait *arbitraire* dans les équations (12) et (13); et par conséquent *il existe une infinité de droites situées tout entières sur l'hyperboloïde à une nappe.*

142. Observons ici que, pour appliquer ces résultats à l'ellipsoïde ou à l'hyperboloïde à deux nappes, il suffirait dans l'équation (9), de changer c en $c\sqrt{-1}$, ou b en $b\sqrt{-1}$; et comme chacune de ces modifications rendrait imaginaire l'équation (13), on doit en conclure que ces deux surfaces n'admettent aucune génératrice rectiligne.

143. Revenons à l'hyperboloïde à une nappe; et, pour Fig. 21. examiner la position qu'y occupent les diverses droites, représentons cette surface projetée d'une part sur un plan horizontal, parallèle aux deux axes réels a et b qui sont dans le plan coordonné xy, et de l'autre sur un plan vertical parallèle aux deux axes a et c, situés dans le plan xz. Pour exécuter ces projections, il suffit de marquer sur le plan horizontal les deux axes $Oa = a$, $Ob = b$, et de tracer l'ellipse de gorge abg; ensuite, sur le plan vertical, et à une hauteur quelconque, on portera les deux axes $O'a' = a$, $O'C' = c$, et l'on tracera l'hyperbole principale $D''a'D'$ qui se trouve dans le plan vertical OD. Si d'ailleurs, pour fixer les idées, on suppose l'hyperboloïde terminé aux deux plans horizontaux $D'H'$, $D''H''$, également éloignés du centre, ces deux plans couperont la surface suivant des ellipses égales, projetées l'une et l'autre sur DEH, et semblables à l'ellipse de gorge abg.

144. Cela posé, les équations (12) et (13), dont la seconde renferme un double signe, donnent pour chaque valeur attribuée à α, deux droites qui ont une projection horizontale commune AB, et sont par conséquent situées dans un même plan vertical : mais leurs projections sur XZ étant deux droites distinctes, $A'A''$ et $B'B''$, on peut ranger toutes les lignes qui correspondent aux diverses valeurs α, α', α'', ..., en *deux systèmes* (A) et (B), distingués par le signe qui affecte leurs projections sur le plan XZ, savoir :

$$(A) \begin{cases} y = \alpha x + \sqrt{b^2 + a^2 \alpha^2}, \\ +\dfrac{z}{c} = \dfrac{x\sqrt{b^2 + a^2 \alpha^2} + a^2 \alpha}{ab}, \end{cases} \qquad (B) \begin{cases} y = \alpha x + \sqrt{b^2 + a^2 \alpha^2}, \\ -\dfrac{z}{c} = \dfrac{x\sqrt{b^2 + a^2 \alpha^2} + a^2 \alpha}{ab}, \end{cases}$$

$$(A_1) \begin{cases} y = \alpha' x + \sqrt{b^2 + a^2 \alpha'^2}, \\ +\dfrac{z}{c} = \dfrac{x\sqrt{b^2 + a^2 \alpha'^2} + a^2 \alpha'}{ab}, \end{cases} \qquad (B_1) \begin{cases} y = \alpha' x + \sqrt{b^2 + a^2 \alpha'^2}, \\ -\dfrac{z}{c} = \dfrac{x\sqrt{b^2 + a^2 \alpha'^2} + a^2 \alpha'}{ab}, \end{cases}$$

(A_2) .... (B_2) ....

Or il est facile de reconnaître que *toutes les projections* FIG. 21. *horizontales* de ces diverses droites *sont des tangentes à l'ellipse* de gorge *abg*, telles que AB, A₁B₁,.... En effet, si l'on combine l'équation

$$(12) \qquad y = \alpha x + \sqrt{b^2 + a^2\alpha^2}$$

avec celle de cette ellipse

$$a^2 y^2 + b^2 x^2 = a^2 b^2,$$

qui se déduit de (9) en y posant $z = 0$, on trouve pour les abscisses des points de section,

$$(b^2 + a^2\alpha^2) x^2 + a^4\alpha^2 + 2 a^2\alpha x \sqrt{b^2 + a^2\alpha^2} = 0.$$

Mais cette équation, étant un carré parfait, a ses deux racines égales; par conséquent, la droite (12) est une sécante dont les deux points de section sont confondus : ainsi elle est bien tangente à l'ellipse *abg*, quelle que soit la valeur attribuée à α.

On vérifiera de même que, pour toutes les valeurs de α, les projections

$$(13) \qquad \pm\frac{z}{c} = \frac{x\sqrt{b^2 + a^2\alpha^2} + a^2\alpha}{ab}.$$

sont deux droites A′A″ et B′B″, *tangentes à l'hyperbole principale* D″a′D′ qui a pour équation

$$a^2 z^2 - c^2 x^2 = a^2 c^2 ;$$

et quand on pose $\alpha = 0$, ce qui arrive pour le plan vertical A₂B₂, ces projections deviennent les asymptotes de cette hyperbole, puisqu'il reste $z = \pm\frac{c}{a}x$.

145. Si l'on mène par l'origine des coordonnées, qui st le centre de l'hyperboloïde, des parallèles aux diverses

8

droites du système (A) ou à celles du système (B), on formera une surface conique dont une quelconque des arêtes sera représentée par

$$y = \alpha x \quad \text{et} \quad \pm \frac{z}{c} = \frac{x\sqrt{b^2 + a^2\alpha^2}}{ab};$$

puis, si l'on élimine α qui varie en passant d'une arête à une autre, on aura, pour l'équation de ce cône,

$$(14) \qquad \qquad \frac{z^2}{c^2} = \frac{x^2}{a^2} + \frac{y^2}{b^2},$$

laquelle coïncide avec l'équation du cône asymptote trouvée au n° 138. D'où l'on conclut que *toutes les droites situées sur l'hyperboloïde sont respectivement parallèles aux arêtes du cône asymptote de cette surface.*

146. Il suit de là que *trois droites quelconques* de l'hyperboloïde *ne sont jamais parallèles à un même plan.* En effet, si ce parallélisme existait, il y aurait trois arêtes du cône asymptote qui seraient situées dans un plan unique, et ce plan devrait alors couper la base *elliptique* (n° 137) du cône dans *trois points placés en ligne droite*; résultat incompatible avec la forme des courbes du second degré. Cette remarque nous sera utile plus tard, pour distinguer la surface actuelle d'avec le paraboloïde hyperbolique.

FIG. 21.   147. *Deux droites quelconques du système* (A) telles que (AM, A′M′) et (A₁M₁, A′₁M′₁) *ne sont jamais dans un même plan.* En effet, le point R où se coupent leurs projections horizontales se trouve, pour la première, au delà de M par rapport au pied A de cette droite; et par conséquent il est, dans l'espace, au-dessus de l'ellipse de gorge; tandis que le point R de la seconde droite A₁M₁ est évidemment au-dessous de cette ellipse : donc ces deux droites d'un même système ne se coupent pas. En outre, elles ne sont point parallèles, car leurs projections horizontales se coupent en général; et quand même on comparerait les deux tangentes aux extrémités d'un diamètre de l'ellipse de gorge, ces deux droites se trouveraient, dans l'espace, inversement situées par rapport au plan vertical mené par ce diamètre, de sorte qu'elles seraient bien loin d'être parallèles.

L'analyse conduit à la même conséquence. Car si l'on combine les quatre équations (A) et (A₁) du n° 144, en les soustrayant deux à deux, on arrive, après l'élimination des variables, à la condition $(\alpha - \alpha')^2 = 0$, qui ne saurait être satisfaite tant que les droites sont distinctes l'une de l'autre. Il est vrai que pour celles qui passeraient par les extrémités d'un même diamètre de l'ellipse de gorge, on aurait $\alpha = \alpha'$: mais alors il faudrait évidemment adopter pour le radical des signes contraires dans les équations (A) et (A₁); et, sous cette nouvelle forme, leur combinaison conduirait à $\sqrt{b^2 + a^2\,\alpha^2} = 0$, condition également impossible.

La même relation subsiste évidemment entre les droites du système (B), *qui ne sont jamais situées deux à deux dans un même plan.*

148. Au contraire, *une droite quelconque du système* (A) *coupe toutes les lignes* (B), (B₁), (B₂),... de *l'autre système.* Cela est évident pour (AM, A′M′) et (BM, B′M′) qui sont dans le même plan vertical, et se coupent en (M, M′) sur l'ellipse de gorge : comparons donc la première de ces droites avec (B₁M₁, B′₁M′₁). Les points projetés en R sont, sur l'une et l'autre de ces droites, situés *au-dessus* de l'ellipse de gorge, puisque R est au delà des points de contact M et M₁; et comme la

8.

verticale élevée en R ne peut rencontrer la nappe *supé-rieure* de la surface qu'en un seul point R″, ce point est nécessairement commun aux deux lignes (A) et (B₁). *Deux droites de systèmes différents sont donc toujours dans un même plan;* et seulement elles deviennent *pa-rallèles,* quand elles passent par les extrémités d'un dia-mètre de l'ellipse de gorge. Au reste, l'analyse conduit à la même conséquence; car la combinaison des quatre équations (A) et (B₁) du n° 144 mène à deux valeurs de x qui s'accordent entre elles.

149. On donne le nom de *surface gauche* à toute sur-face engendrée par *une droite qui se meut de telle sorte que deux positions consécutives ne sont pas dans un même plan;* et c'est ce qui arrive (outre les cas généraux dont nous parlerons dans le chapitre XV) quand on assu-jettit la droite mobile A à s'appuyer constamment *sur trois droites fixes* B, B′, B″, *qui, deux à deux, ne sont pas dans un même plan.* D'abord, je dis que cette con-dition suffit pour régler le mouvement de la *génératrice* A; car si, pour chaque point M pris sur B, vous ima-ginez deux plans, dont l'un passe par M et la droite B′, l'autre par M et la droite B″, l'intersection de ces plans fournira une droite unique MNP qui s'appuiera bien sur les trois *directrices.* Ensuite, la surface sera *gauche,* puisque deux positions A et A′ de la génératrice ne sau-raient être dans un même plan, sans que les droites B, B′, B″, qui ont chacune deux points communs arec A et A′, ne se trouvent elles-mêmes dans ce plan; ce qui est contraire aux données de la question.

150. Or, l'hyperboloïde à une nappe, considéré comme le lieu de toutes les droites (A), (A₁), (A₂),..., ou (B), (B₁), (B₂),... du n° 144, est du genre des surfaces gau-

FIG. 21 bis.

ches, dont nous venons de parler. En effet, dans chaque système, les droites ne se rencontrent pas (n° 147); et d'ailleurs puisque (A), par exemple, coupe (n° 148) toutes les droites de l'autre système, il n'y a qu'à choisir à volonté trois de celles-ci, (B), (B$_1$), (B$_2$), puis faire. glisser sur elles la droite mobile (A) : alors cette dernière ne pourra prendre (n° 149) que les positions successives (A$_1$), (A$_2$),..., qui remplissent déjà la condition de s'appuyer sur les trois directrices : donc la droite mobile (A) engendrera ainsi l'hyperboloïde en question. Cette surface admet aussi évidemment *un second mode de génération*, dans lequel la droite (B) glisserait sur trois droites quelconques (A), (A$_1$), (A$_2$) du premier système.

151. Réciproquement, *lorsqu'une droite quelconque* G *s'appuie constamment sur trois droites fixes* B, B′, B″, qui, prises deux à deux, *ne sont pas dans un même plan*, la surface ainsi décrite est toujours *un hyperboloïde à une nappe*; pourvu cependant que les trois directrices ne soient point ensemble *parallèles à un même plan*; car, sans cette dernière restriction qui est vérifiée (n° 146) par les droites de l'hyperboloïde, la surface serait encore *gauche*, mais elle deviendrait un des paraboloïdes dont nous parlerons plus tard (n° 176).

Sous les conditions admises ici, il sera toujours possible de mener, par *un point quelconque* de l'espace, trois axes coordonnés obliques, respectivement parallèles aux trois directrices; mais pour obtenir la plus grande symétrie possible, nous placerons cette origine au centre du parallélipipède construit de la manière suivante. Par la droite B concevons un plan BCD parallèle à B″, et par Fig. 14. B′ un plan B′EF aussi parallèle à B″; ces deux plans, nécessairement distincts d'après les conditions admises ci-dessus, se couperont suivant une droite A″ évidemment parallèle à B″. De même, par B et B″ concevons deux plans BCF et B″HK parallèles à B′, lesquels se couperont suivant une droite A′ parallèle à B′; et enfin, par B′ et B″ imaginons deux plans B′EI et B″HF parallèles à B, dont l'intersection sera une droite A parallèle à B. Alors, ces six plans formeront bien un parallélipipède, au centre duquel nous allons placer l'origine des coordonnées, en menant l'áxe OX parallèle à B, l'axe OY parallèle à B′, et l'axe OZ parallèle à B″.

152. Cela posé, en désignant par 2α, 26, 2γ les longueurs de trois arêtes contiguës du parallélipipède précédent, les équations des trois directrices seront évidemment

$$(\mathbf{B}'') \qquad \begin{cases} x = +\alpha, \\ y = -6; \end{cases}$$

$$(\mathbf{B}') \qquad \begin{cases} z = +\gamma, \\ x = -\alpha; \end{cases}$$

$$(\mathbf{B}) \qquad \begin{cases} y = +6, \\ z = -\gamma. \end{cases}$$

La génératrice mobile sera représentée par

$$(\mathrm{G}) \qquad x = mz + p, \quad y = nz + q;$$

mais il faudra y joindre les conditions qui expriment que cette ligne a toujours un point de commun avec $(\mathbf{B}'')$, avec $(\mathbf{B}')$, et aussi avec $(\mathbf{B})$, ce qui donnera (n° 25)

$$(15) \qquad (\alpha - p)\,n + (6 + q)\,m = 0,$$

$$(16) \qquad \alpha + m\gamma + p = 0,$$

$$(17) \qquad 6 + n\gamma - q = 0.$$

Les quatre constantes m, n, p, q, se trouvant ainsi liées par trois relations, il en reste une seule d'arbitraire, m par exemple; si donc on lui attribuait successivement diverses valeurs, $m = 1, 2, 5, \ldots$, et que l'on calculât les valeurs correspondantes de n, p, q, pour les substituer dans (G), on obtiendrait les équations d'autant de positions particulières de la génératrice; mais si, au contraire, on élimine m, n, p, q entre les cinq équations précédentes, le résultat fournira entre x, y, z une relation qui conviendra en même temps à toutes les positions de la génératrice G, et qui sera l'équation du lieu géométrique engendré par cette droite mobile. Or les équations (16), (17) et (G) donnent, en les combinant deux à deux,

$$m = \frac{x + \alpha}{z - \gamma}, \quad p = \frac{-\alpha z - \gamma x}{z - \gamma}, \quad n = \frac{y - \delta}{z + \gamma}, \quad q = \frac{\delta z + \gamma y}{z + \gamma};$$

et ces valeurs, substituées dans (15), conduiront à

(18) $\qquad \alpha y z + \delta z x + \gamma x y + \alpha \delta \gamma = 0.$

La surface représentée par cette équation est du second degré; elle admet *un centre* qui est l'origine O des coordonnées actuelles, puisque (n° 93) la somme des exposants des variables est *paire* dans chaque terme, comme le degré de l'équation. Ensuite, parmi les surfaces douées d'un centre, il n'y a que *l'hyperboloïde à une nappe* qui admette des génératrices rectilignes (n° 142); donc l'équation (18) représente bien un tel hyperboloïde, et les axes coordonnés actuels sont évidemment (n° 145) trois arêtes du cône asymptote de cette surface (*).

(*) C'est M. J. Binet qui a fait connaître l'existence du parallélipipède remarquable que nous venons d'employer, ainsi que celle de beaucoup d'autres qui sont aussi concentriques avec l'hyperboloïde. (*Voyez* le xive cahier du *Journal de l'École Polytechnique.*)

153. D'ailleurs, la forme symétrique de l'équation (18) manifeste clairement l'existence du *second mode de génération* que nous avons reconnu dans l'hyperboloïde (n° 150). En effet, si l'on prend pour directrices de la droite mobile G du n° 152, les trois droites A, A′, A″, qui sont les arêtes opposées à B, B′, B″, dans le parallélipipède de la *fig.* 14, les équations de ces nouvelles directrices seront

$$(\text{A}'') \qquad \begin{cases} x = -\alpha, \\ y = +6; \end{cases}$$

$$(\text{A}') \qquad \begin{cases} z = -\gamma, \\ x = +\alpha; \end{cases}$$

$$(\text{A}) \qquad \begin{cases} y = -6, \\ z = +\gamma; \end{cases}$$

et comme elles ne diffèrent des équations (B), (B′), (B″) que par les signes de α, 6, γ, il suffira évidemment, sans nouveaux calculs, de changer dans l'équation (18) α, 6, γ en $-\alpha$, -6, $-\gamma$. Or, ce changement n'altérant pas du tout cette équation, il s'ensuit que la droite G décrit *une seule* et *même surface* en glissant sur B, B′, B″, ou bien sur A, A′, A″. Observons d'ailleurs que les trois droites A, A′, A″ ne sont autres que des positions particulières de la génératrice G, lorsqu'elle glissait sur B, B′, B″, dans le premier mode; car la ligne A, par exemple, coupe B′ et B″, et se trouve parallèle à B; de sorte qu'elle doit être regardée comme s'appuyant sur ces trois dernières droites. Donc, *lorsqu'on a fait mouvoir une droite* sur trois DIRECTRICES *rectilignes, on peut prendre à leur tour trois quelconques des positions de la* GÉNÉRATRICE *pour nouvelles* DIRECTRICES; *et en faisant glisser sur celles-ci l'une des premières* DIRECTRICES, *on retrouvera le même hyperboloïde que dans le premier mode.*

154. Si l'on admettait que *deux des directrices* B″ et B′ *sont dans un même plan*, la surface se réduirait, comme on doit le prévoir aisément, au système de deux plans, dont l'un serait celui des deux directrices en question, et dont l'autre passerait par le point commun à ces deux droites et par la troisième directrice. Effectivement, · dans l'hypothèse $\alpha = 0$, l'équation (18) se décompose dans les deux suivantes :

$$x = 0, \quad \delta z + \gamma y = 0.$$

Mais il ne faut pas chercher à déduire de l'équation (18) le cas particulier où *les trois directrices* seraient *parallèles à un même plan;* car alors il eût été impossible de prendre, comme nous l'avons fait, les trois axes coordonnés parallèles à ces droites. Nous traiterons plus tard (n° 179) ce cas, qui est aussi fort intéressant.

CHAPITRE VIII.

DISCUSSION DES SURFACES DÉPOURVUES DE CENTRE.

155. Les surfaces du second degré qui sont dépourvues de centre sont toutes comprises dans l'équation (20) du n° 117, où les diverses combinaisons de signes des coefficients se réduiront toujours aux deux suivantes :

$$+ P'y^2 \pm P''z^2 = + Qx.$$

En effet, on pourra d'abord rendre *positif* le premier coefficient P′, s'il ne l'était pas, en changeant les signes de tous les termes de l'équation donnée. Ensuite, quand Q sera négatif, il suffira de remplacer x par $-x'$ pour ramener l'équation à la forme précédente; or, comme ce changement équivaut à compter les x positifs dans le sens opposé à celui qu'on avait adopté d'abord, on voit que le signe de Q ne peut avoir d'influence que sur la position de la surface, et non sur sa forme; c'est pourquoi nous nous arrêterons au cas où il est positif, et ainsi cette classe de surfaces ne présentera que *deux genres* vraiment distincts, appelés le *paraboloïde elliptique* et le *paraboloïde hyperbolique*, à cause de la nature des sections qu'ils admettent.

FIG. 22.   156. PARABOLOÏDE ELLIPTIQUE. — L'équation, avec les signes explicites, est alors de la forme

(1) $$P'y^2 + P''z^2 = Qx.$$

Cette surface ne coupe évidemment les axes qu'à l'origine

des coordonnées; et la droite OX, intersection des plans XY et XZ qui sont ici les seuls *principaux* (n° 117), est *l'axe* unique et *indéfini* du paraboloïde. Ces mêmes plans donnent pour *sections principales* deux paraboles AOA', BOB', ayant pour équations

$$z = 0 \quad \text{et} \quad y^2 = \frac{Q}{P'}\, x = px,$$

$$y = 0 \quad \text{et} \quad z^2 = \frac{Q}{P''}\, x = p'x;$$

et si l'on introduit leurs paramètres p, p, dans l'équation (1), à la place des coefficients P', P'', elle prendra cette forme plus symétrique,

$$(2) \qquad \frac{y^2}{p} + \frac{z^2}{p'} = x, \quad \text{ou} \quad p'y^2 + pz^2 = pp'x.$$

157. Les sections parallèles au plan YZ, ou perpendiculaires à l'axe du paraboloïde, sont représentées par

$$(3) \qquad x = h \quad \text{et} \quad \frac{y^2}{p} + \frac{z^2}{p'} = h;$$

on voit que ce sont toujours des ellipses, telles que ABA'B', *semblables* entre elles, puisque leurs axes $\sqrt{ph}$ et $\sqrt{p'h}$, qui s'obtiennent en posant tour à tour $z = 0$, $y = 0$, dans l'équation (3), conservent un rapport indépendant de h. Ces ellipses s'agrandissent indéfiniment avec h, tant que cette quantité est positive : mais elles deviendraient *imaginaires* si h était négatif; d'où l'on conclut que le paraboloïde actuel ne s'étend nullement du côté des x négatifs.

158. Lorsqu'on a $p = p'$, les ellipses précédentes (3) deviennent évidemment des *cercles*, dont les centres sont situés sur OX, et dont les plans sont perpendiculaires à cette droite; par conséquent, le paraboloïde est alors *de révolution*, et peut être engendré par la demi-parabole OA ou OB, tournant autour de son axe OX.

159. Coupons maintenant la surface (2) par un plan quelconque

$$z = mx + ny + h;$$

il viendra pour la projection de la courbe,

$$(p' + pn^2)\, y^2 + pm^2 x^2 + 2\, pmnxy + \ldots = 0.$$

Or, comme ici le binôme caractéristique $B^2 - 4\,AC$ se trouve égal à $-4\,pp'm^2$, il en résulte que *les sections* faites dans la surface *sont toujours des ellipses* ou *des paraboles :* d'ailleurs, ce dernier cas n'arrive que quand $m = 0$, c'est-à-dire *quand le plan sécant est parallèle à l'axe* OX du paraboloïde elliptique. Ainsi, la dénomination de la surface rappelle très-exactement les deux genres de sections planes qu'elle admet.

FIG. 23.   **160. PARABOLOÏDE HYPERBOLIQUE.** — L'équation relative à ce genre est, avec les signes en évidence,

$$(4) \qquad\qquad P'y^2 - P''z^2 = Qx.$$

La surface ne coupe les axes coordonnés qu'à l'origine; et, comme au n° 156, *l'axe* unique et indéfini de ce paraboloïde est la droite OX, intersection des deux plans *principaux* XY et XZ. Les sections faites par ces plans sont

$$z = 0 \quad \text{et} \quad y^2 = \frac{Q}{P'}\, x = px,$$

$$y = 0 \quad \text{et} \quad z^2 = \frac{-Q}{P''}\, x = -p'x :$$

ce sont les deux paraboles AOA' et BOB', dont la seconde, ayant un paramètre négatif, tourne sa concavité vers les x négatifs. Si l'on introduit les paramètres de ces courbes dans l'équation (4), elle prendra la forme symétrique

$$(5) \qquad \frac{y^2}{p} - \frac{z^2}{p'} = x, \quad \text{ou} \quad p'y^2 - pz^2 = pp'x,$$

qui ne diffère de celle du paraboloïde elliptique que par le changement de p' en $-p'$; et cette relation est fort utile à se rappeler, pour transporter à l'un les propriétés reconnues dans l'autre.

161. Les plans parallèles à YZ, ou perpendiculaires à l'axe OX du paraboloïde hyperbolique, couperont cette surface suivant des hyperboles représentées par

$$(6) \qquad x = h \quad \text{et} \quad \frac{y^2}{p} - \frac{z^2}{p'} = h.$$

Leurs axes qui s'obtiennent en posant tour à tour $z = 0$ et $y = 0$, dans l'équation (6), conservent entre eux un rapport indépendant de h : ainsi, toutes ces hyperboles sont *semblables*, et elles s'agrandissent indéfiniment avec la valeur absolue de h, mais leur position change avec le signe de cette quantité. En effet, pour une valeur positive $h = $ OO', l'équation (6) montre bien que l'hyperbole (GDH, G'D'H') a son axe réel O'D dirigé parallèlement à OY, et que son axe imaginaire O'C est vertical; tandis que, pour une valeur négative $h = $ OO", l'équation (6) donne une hyperbole $(gch, g'c'h')$ dont l'axe réel O"c est vertical, et dont l'axe imaginaire O"d est parallèle à OY.

D'ailleurs, quand on pose $h = 0$ dans (6), on voit que le plan YZ coupe le paraboloïde suivant deux droites

$$x = 0, \quad y = \pm z \sqrt{\frac{p}{p'}},$$

qui sont les *asymptotes* communes à toutes les hyperboles précédentes projetées sur ce plan YZ.

162. De là on doit conclure que le paraboloïde hyperbolique est une surface composée d'une seule nappe continue, qui s'étend indéfiniment vers les x positifs et vers
les x négatifs, mais dont la courbure présente une forme
opposée dans ces deux régions. En outre, cette surface
ne sera jamais de révolution, quand bien même on aurait $p = p'$, comme cela est arrivé (n° 158) pour le premier paraboloïde; et effectivement, nous allons démontrer que le paraboloïde hyperbolique ne peut admettre
pour section plane *aucune courbe fermée*.

163. Combinons l'équation (5) avec celle d'un plan
quelconque

$$z = mx + ny + h;$$

il viendra, pour la projection de la section,

$$(7) \quad (p' - pn^2)\, y^2 - pm^2 x^2 - 2pmnxy + \ldots = 0.$$

Ici la quantité $B^2 - 4AC = + pp'm^2$; donc, *toutes les
sections planes* faites dans la surface qui nous occupe
sont *des hyperboles* ou *des paraboles;* et ce dernier cas
arrive seulement quand $m = 0$, c'est-à-dire *quand le
plan sécant est parallèle à l'axe* OX. C'est la nature de
ces sections qui a fait nommer cette surface *paraboloïde
hyperbolique :* cependant, parmi les hyperboles, il faut
comprendre le système de deux droites qui se coupent, et
parmi les paraboles, le cas d'une seule ligne droite; car
ces variétés se retrouvent dans l'équation (7), lorsqu'il
arrive que son premier membre peut se décomposer en
deux facteurs rationnels, ou bien quand $m = 0$ avec
$p' - pn^2 = 0$.

Dans ce dernier cas, où la section est *une droite uni-*

que, le plan sécant se trouve parallèle à l'un des deux *plans directeurs* dont nous parlerons au n° 171.

164. Propriétés communes *aux deux paraboloïdes.* — Chacune de ces surfaces peut être engendrée par une des deux paraboles principales, OB par exemple, qui se mouvrait *parallèlement à elle-même* (*), *et de manière que son sommet glissât constamment sur l'autre parabole principale* OA.

Considérons d'abord le paraboloïde elliptique où ces deux courbes ont pour équations,

Fig. 22.

$$OA\ldots z = 0 \quad \text{et} \quad y^2 = px,$$
$$OB\ldots y = 0 \quad \text{et} \quad z^2 = p'x.$$

Lorsque la génératrice mobile OB sera venue dans une position quelconque DE, son sommet D, dont je désigne les coordonnées par $OO' = \alpha$, $O'D = 6$, se projettera en O' sur le plan XZ; et cette courbe étant dans un plan parallèle à ce dernier, elle conservera en projection le même paramètre p'; d'où il suit que la parabole DE aura pour équations

$$(8) \qquad y = 6, \qquad (9) \qquad z^2 = p'(x - \alpha).$$

D'ailleurs, le sommet D devant toujours se trouver sur la directrice OA, il faudra que ses coordonnées $x = \alpha$, $y = 6$, $z = 0$ satisfassent aux équations de cette dernière courbe, ce qui fournira entre les constantes arbitraires α et 6 la relation

$$(10) \qquad\qquad 6^2 = p\alpha.$$

(*) On entend par là que *deux tangentes* ou *deux cordes* quelconques de cette courbe demeurent toujours parallèles à leurs directions primitives, ce qui entraîne évidemment le parallélisme du plan de la courbe; mais cela exprime, en outre, que cette courbe ne *tourne pas* dans son plan mobile.

Cela posé, si l'on attribuait à α diverses valeurs successives $\alpha = 5$, $\alpha = 6, \ldots$, on déduirait de (10) les valeurs correspondantes de 6, et en substituant ces valeurs simultanées dans (8) et (9), on obtiendrait les équations de telle ou telle position déterminée de la parabole mobile DE ; mais si, au contraire, on élimine les constantes α, 6 entre les trois équations (8), (9) et (10), le résultat conviendra alors à toutes les positions de la génératrice, et représentera le lieu géométrique parcouru par cette ligne mobile. Or, en tirant de (8) et (9) les valeurs de α et 6, pour les substituer dans (10), on trouve

$$y^2 = p\left(\frac{p'x - z^2}{p'}\right), \quad \text{ou} \quad p'y^2 + pz^2 = pp'x,$$

résultat qui coïncide avec l'équation (2) du n° 156, et prouve ainsi que la surface engendrée par le mode indiqué plus haut est effectivement un paraboloïde elliptique.

Fig. 23.   165. Quant au paraboloïde hyperbolique dans lequel les deux paraboles principales ont pour équations

$$OA \ldots z = 0 \quad \text{et} \quad y^2 = px,$$
$$OB \ldots y = 0 \quad \text{et} \quad z^2 = -p'x,$$

on verra, par des considérations toutes semblables aux précédentes, que cette dernière courbe, parvenue dans une position quelconque DE, sera représentée par

$$(11) \quad y = 6, \qquad (12) \quad z^2 = -p'(x - \alpha).$$

Ensuite les constantes arbitraires $OO' = \alpha$, $O'D = 6$, devant encore vérifier l'équation de la parabole OA, se trouveront aussi liées par la relation

$$(13) \qquad\qquad 6^2 = p\alpha;$$

de sorte qu'en raisonnant comme ci-dessus, il faudra éliminer α et δ entre les équations (11), (12) et (13), ce qui conduit à

$$y^2 = p \left(\frac{p'x + z^2}{p'} \right), \quad \text{ou} \quad p'y^2 - pz^2 = pp'x,$$

résultat qui, par son identité avec l'équation (5) du n° 160, prouve que le paraboloïde hyperbolique peut aussi être engendré par la parabole OB qui se mouvrait *parallèlement à elle-même*, et *de manière que son sommet glissât constamment sur l'autre parabole principale* OA.

166. *Tous les plans diamétraux*, dans les deux paraboloïdes, *sont parallèles à l'axe* OX de la surface. En effet, si l'on recourt à la formule générale (5) du n° 105,

$$m \frac{d\Phi}{dx} + n \frac{d\Phi}{dy} + \frac{d\Phi}{dz} = 0,$$

pour l'appliquer à l'équation des surfaces dépourvues de centre,

$$p'y^2 + pz^2 = pp'x,$$

où p' pourra être supposé positif ou négatif, on trouve

$$(14) \qquad 2p'ny + 2pz = pp'm,$$

équation qui représente un plan évidemment parallèle à OX.

Réciproquement, *tout plan qui sera parallèle à* OX, et représenté par une équation donnée

$$(15) \qquad Ry + Tz = K,$$

sera un plan diamétral du paraboloïde, puisqu'en identifiant l'équation (14) avec (15), on en déduira pour m

9

et n des valeurs toujours admissibles

$$m = \frac{2\,\mathrm{K}}{\mathrm{T}p'}, \quad n = \frac{\mathrm{R}\,p}{\mathrm{T}p'}.$$

167. *Tous les diamètres* des paraboloïdes *sont parallèles à l'axe* de la surface; car ces droites sont (n° 104) les intersections de deux plans diamétraux, et nous venons de voir que ceux-ci se trouvent toujours parallèles à OX.

Réciproquement, toute droite menée parallèlement à l'axe d'un paraboloïde sera un diamètre de cette surface, puisque deux plans conduits par cette droite seront *diamétraux* (n° 166).

168. DES GÉNÉRATRICES RECTILIGNES. — Il s'agit ici d'examiner *si une droite peut être appliquée*, dans toute sa longueur indéfinie, *sur un paraboloïde;* or, comme la forme *limitée* du paraboloïde elliptique fait assez prévoir qu'il ne saurait jouir de cette propriété, et que d'ailleurs il suffira de changer le signe de p' pour appliquer les résultats à ce genre de surface, nous allons effectuer cette recherche spécialement sur le paraboloïde *hyperbolique*, dont l'équation avec les signes en évidence est

(16) $$p'y^2 - pz^2 = pp'x.$$

S'il existe une droite située tout entière sur cette surface, sa projection horizontale sera de la forme

(17) $$y = \alpha x + 6,$$

où α et 6 sont deux constantes indéterminées; et le *plan projetant*, représenté aussi par cette équation (17), devra donner, par sa combinaison avec la surface (16), une intersection du second degré dont une branche soit *rectiligne*, et, par suite, l'autre branche le sera pareillement. Or, en éliminant x entre (16) et (17), parce que la projection sur le plan YZ est la plus intéressante, on obtient

$$(18) \qquad z^2 = \frac{p'}{p}\left(y^2 - \frac{py}{\alpha} + \frac{p6}{\alpha}\right);$$

et pour que cette équation puisse se décomposer en deux facteurs du premier degré, il faut que le second membre soit un carré parfait, puisque le premier membre en est un; ce qui exige que l'on pose

$$\frac{p^2}{\alpha^2} = \frac{4p6}{\alpha}, \quad \text{d'où} \quad 6 = \frac{p}{4\alpha}.$$

Cette relation unique entre 6 et α laisse arbitraire une de ces quantités; par conséquent, il existera une infinité de droites situées sur la surface, et dont les projections, déduites des équations (17) et (18), où l'on aura substitué la valeur de 6, seront

$$(19) \qquad y = \alpha x + \frac{p}{4\alpha},$$

$$(20) \qquad z = \pm\sqrt{\frac{p'}{p}}\left(y - \frac{p}{2\alpha}\right).$$

La troisième projection se déduirait de celles-ci par l'élimination de y, et aurait la forme

$$(21) \qquad z = \pm\sqrt{\frac{p'}{p}}\left(\alpha x - \frac{p}{4\alpha}\right).$$

169. Avant d'aller plus loin, observons que ces résultats deviendraient imaginaires, si l'on changeait le signe du paramètre p'; d'où il résulte que *le paraboloïde elliptique n'admet aucune génératrice rectiligne.*

170. Quant au paraboloïde hyperbolique, les diverses droites qu'il admet, pour des valeurs successives de l'indéterminée α, ont deux à deux une projection horizontale commune (19); mais comme elles se distinguent sur

9.

les autres plans, on doit les partager en *deux systèmes* (A) et (B), savoir :

$$(\mathrm{A}) \quad \begin{cases} y = \alpha x + \dfrac{p}{4\alpha}, \\[2mm] z = + \sqrt{\dfrac{p'}{p}} \left(y - \dfrac{p}{2\alpha} \right); \end{cases} \qquad (\mathrm{B}). \quad \begin{cases} y = \alpha x + \dfrac{p}{4\alpha}, \\[2mm] z = - \sqrt{\dfrac{p'}{p}} \left(y - \dfrac{p}{2\alpha} \right); \end{cases}$$

$$(\mathrm{A}') \quad \begin{cases} y = \alpha' x + \dfrac{p}{4\alpha'}, \\[2mm] z = + \sqrt{\dfrac{p'}{p}} \left(y - \dfrac{p}{2\alpha'} \right); \end{cases} \qquad (\mathrm{B}') \quad \begin{cases} y = \alpha' x + \dfrac{p}{4\alpha'}, \\[2mm] z = - \sqrt{\dfrac{p'}{p}} \left(y - \dfrac{p}{2\alpha'} \right); \end{cases}$$

$$(\mathrm{A}'') \ldots\ldots \ldots\ldots \qquad (\mathrm{B}'') \ldots\ldots\ldots\ldots$$
$$\ldots\ldots\ldots\ldots \qquad\qquad \ldots\ldots\ldots\ldots$$

Fɪɢ. 24.

Pour mieux apercevoir les positions respectives de ces lignes, séparons les trois plans coordonnés, en les transportant parallèlement à eux-mêmes jusqu'à une certaine distance; et alors on reconnaîtra que *les projections horizontales* de toutes les génératrices des deux systèmes *sont des tangentes* MT, M'T',... à la parabole principale OA. En effet, si nous combinons ensemble les équations

$$y = \alpha x + \frac{p}{4\alpha} \quad \text{et} \quad y^2 = px,$$

pour avoir les points communs de ces lignes, il vient

$$\alpha^2 x^2 - \frac{px}{2} + \frac{p^2}{16\alpha^2} = 0,$$

résultat qui, étant un carré parfait, annonce que les abscisses des points de section de MT avec la parabole OA sont toutes deux *égales*, ainsi que les ordonnées qui se déduiraient de (19); par conséquent, la droite MT est bien tangente à la parabole horizontale OA.

On s'assurerait d'une manière semblable, que les projections des génératrices sur le plan XZ, lesquelles sont représentées, pour chaque valeur de α, par la double équation (21), se trouvent des tangentes RS et RV,... à la parabole principale $z^2 = -p'x$.

171. Quant aux projections des génératrices sur le plan YZ, les secondes équations des groupes (A), (A'), (A''),..., où les coefficients des variables sont indépendants de α, α',..., montrent que ces projections sont des *droites parallèles*, NA, N'A',...; donc les plans projetants sont parallèles entre eux, et, par suite, les génératrices dans l'espace se trouvent toutes parallèles à l'un de ces plans. Le paraboloïde hyperbolique offre donc cette propriété remarquable, que *toutes les génératrices du système* (A) *sont parallèles à un même plan* $aO'X$, qui a pour équation

$$z = +y\sqrt{\frac{p'}{p}}:$$

ce plan, ou tout autre de même direction, se nomme *le plan directeur* des droites du système (A).

Une relation semblable a lieu pour les droites du système (B); car les secondes équations (B), (B'),..., montrent que leurs projections sur YZ sont des lignes parallèles NB, N'B',...; donc *ces génératrices*, dans l'espace, *sont toutes parallèles au plan directeur* $bO'X$, déterminé par l'équation

$$z = -y\sqrt{\frac{p'}{p}}.$$

Observons que les deux plans directeurs se coupent toujours suivant l'axe OX du paraboloïde, ou suivant une parallèle à cet axe; et ils se trouveraient perpendiculaires entre eux, si l'on avait $p = p'$.

172. *Deux droites quelconques* (A) *et* (A') *d'un même*

système ne se trouvent jamais dans un même plan.
En effet, leurs projections sur le plan YZ sont parallèles :
donc les génératrices en question ne se coupent pas ;
d'ailleurs elles ne sont point parallèles dans l'espace,
puisque leurs projections sur XY se coupent nécessairement, comme tangentes à une même parabole : donc ces
deux génératrices ne sont pas dans un même plan. Ainsi
le paraboloïde hyperbolique, considéré comme le lieu des
diverses droites (A), (A′), (A″),..., est *une surface
gauche* (n° 149), mais qui offre cette circonstance particulière, que ses génératrices rectilignes sont toutes parallèles à un même plan aO′X.

Une conséquence analogue a lieu pour les droites du
système B, qui ne se trouvent jamais deux à deux dans
un même plan.

Fig. 24.   173. Au contraire, *une droite quelconque du système*
(A) *coupe toutes celles de l'autre système*. Cela est évident pour les génératrices (A) et (B), situées toutes deux
dans le même plan vertical MT, et projetées suivant NA
et NB ; mais comparons (A) avec (B′). Leurs projections
sur YZ se rencontrent en E ; et comme en menant de là
une parallèle à OX, elle n'ira percer le paraboloïde qu'en
un seul point D, puisque l'équation de cette surface est
du premier degré en x, il est certain que le point projeté
en E et D est commun aux deux génératrices. D'ailleurs
l'analyse conduit à la même conséquence ; car, si l'on
combine les quatre équations (A) et (B′) du n° 170, on
verra aisément qu'elles s'accordent à donner une même
valeur pour y, après l'élimination des variables x et z.

On démontrerait, d'une manière semblable, que chaque génératrice (B) coupe toutes celles du système (A).

174. Or, puisque le mouvement d'une droite est com-

plétement déterminé par la condition de s'appuyer sur trois autres droites fixes (n° 149), il s'ensuit que si l'on fait glisser la génératrice (A) sur (B), (B') et (B''), elle ne pourra prendre que les positions (A'), (A''), ..., qui déjà rencontrent ces directrices; et ainsi elle décrira le paraboloïde hyperbolique. Sous ce point de vue, cette surface devient un cas particulier de l'hyperboloïde à une nappe (n° 150), puisque ici *les trois directrices* (B), (B'), (B'') satisfont (n° 171) à la condition de se trouver *toutes parallèles à un même plan* $b\,O'X$.

D'ailleurs les mêmes raisonnements font voir que, si (B) glissait sur trois droites du système (A), elle parcourrait encore le même paraboloïde; de sorte que ce mode de génération est double.

175. Observons enfin que le mouvement d'une droite est aussi complétement réglé, quand on n'assigne que *deux directrices,* avec la condition que *la droite mobile restera parallèle à un plan donné.* En effet, si l'on coupe les deux lignes fixes par divers plans parallèles au *plan directeur,* et que l'on joigne par des droites les points de section de chaque plan, on obtiendra autant de positions de la génératrice.

D'où il suit que le paraboloïde hyperbolique peut encore être engendré par la droite (A) assujettie à glisser seulement sur (B) et (B'), et de plus à rester parallèle au plan donné $a\,O'X$; car elle ne pourra prendre ainsi que les positions (A'), (A''), ... qui déjà satisfont à ces trois conditions.

D'ailleurs ce mode de génération, qui est le plus commode dans la pratique, est aussi double comme le précédent (n° 174), puisqu'on peut produire le même paraboloïde en faisant mouvoir la droite (B) sur (A) et (A'),

avec la condition qu'elle demeure parallèle au plan directeur $b\mathrm{O}'\mathrm{X}$.

176. Réciproquement, *lorsqu'une droite quelconque
A glisse sur deux droites fixes* B *et* B′ *non situées dans le
même plan, en demeurant parallèle à un plan donné,
elle engendre toujours un paraboloïde hyperbolique.*

Prenons le plan directeur donné pour le plan coordonné XY, et choisissons le plan XZ parallèle aux deux
directrices B et B′, en laissant arbitraires, du reste, l'origine O et les deux axes OY, OZ; alors les directrices
rapportées à ces axes obliques seront représentées évidemment par

(B) $\qquad y = h, \quad x = az + b,$

(B′) $\qquad y = h', \quad x = a'z + b'.$

La génératrice qui doit être constamment parallèle au
plan XY, aura des équations de la forme

(A) $\qquad z = \gamma, \quad y = \alpha x + \mathsf{6},$

où les quantités α, $\mathsf{6}$, γ sont des constantes indéterminées; mais il faudra y joindre les relations qui expriment
que cette droite mobile rencontre toujours chacune des
deux directrices, relations que l'on obtient (n° 25) par
l'élimination des trois variables x, y, z, entre les équations (A) et (B), puis entre (A) et (B′), et qui sont

(22) $\qquad h = \alpha(a\gamma + b) + \mathsf{6},$

(23) $\qquad h' = \alpha(a'\gamma + b') + \mathsf{6}.$

Les trois constantes α, $\mathsf{6}$, γ se trouvant ainsi liées par
deux équations, une d'entre elles, par exemple α, reste
arbitraire; de sorte que si on lui attribuait diverses valeurs successives $\alpha = 1, \alpha = 2, \ldots$, on pourrait en déduire celles de $\mathsf{6}$ et γ; puis, en substituant ces valeurs

correspondantes dans les équations (A), on obtiendrait successivement telle ou telle position *déterminée* de la droite mobile. Mais si, au contraire, on élimine α, δ, γ entre les quatre équations (22), (23) et (A), le résultat conviendra alors à toutes les positions de cette génératrice, et sera par conséquent l'équation du lieu géométrique parcouru par cette droite. Or, par des soustractions évidentes, on élimine aisément δ et γ, et l'on obtient

$$y - h = \alpha (x - az - b),$$
$$y - h' = \alpha (x - a'z - b');$$

d'où l'on déduit, en éliminant α,

(24) $yz(a-a') + y(b-b') + z(a'h - ah') + x(h'-h) = bh' - b'h.$

Cette surface est du second degré, et *elle n'admet point de centre;* car le terme $x(h'-h)$, qui est de *degré impair,* ne pourra jamais disparaître (n° 94) en transposant les axes actuels parallèlement à eux-mêmes, puisque ce terme, étant le seul qui soit fonction de x, conservera toujours le même coefficient donné $(h'-h)$. L'équation (24) représente donc un des deux paraboloïdes; et c'est évidemment le *paraboloïde hyperbolique,* puisqu'en posant $x=0$, on obtient une hyperbole, ce qui ne saurait convenir (n° 159) à l'autre paraboloïde; d'ailleurs ce dernier n'admet pas (n° 169) de génératrice rectiligne (*).

177. Si nous n'avions pas voulu offrir au lecteur un

(*) Si l'on supposait $h = h'$, l'équation (24) se décomposerait en deux facteurs du premier degré, lesquels représentent deux plans qui se coupent. En effet, cette hypothèse revient à dire que les deux directrices B et B' sont situées dans un même plan $y = h$, et alors la génératrice mobile, toujours parallèle au plan XY, ne peut plus prendre que l'un de ces deux mouvements : 1° décrire le plan même des deux droites B et B'; 2° passer constamment par le point de section de celles-ci, et décrire un plan parallèle à XY.

exercice de calcul propre à servir de guide dans les cas
généraux, nous aurions pu arriver à un résultat beaucoup
plus simple, en choisissant les axes coordonnés d'une
manière encore plus particulière. En effet, en conservant le plan directeur donné pour le plan XY, on peut :
1° choisir l'axe OY de manière qu'il passe par les deux
points où ce plan est rencontré par les directrices B et B';
2° placer l'origine O au milieu de cette distance (*);
3° conduire le plan XOZ suivant deux droites b et b' menées par le point O parallèlement à B et B', ce qui déterminera la position de l'axe OX; 4° enfin, diriger l'axe
OZ de sorte qu'il divise en deux parties égales une parallèle à OX tracée dans l'angle bOb'. Avec de tels axes
obliques, les droites B et B' se projetteront sur le plan
XZ suivant des lignes passant par l'origine, et elles auront évidemment pour équations

$$\text{(B)} \qquad y = +h, \quad x = +az,$$

$$\text{(B')} \qquad y = -h, \quad x = -az.$$

La génératrice aura encore des équations de la forme

$$\text{(A)} \qquad z = \gamma, \quad y = \alpha x + 6;$$

mais pour qu'elle s'appuie constamment sur (B) et sur
(B'), on trouvera les conditions

$$6 = 0, \quad h = a\alpha\gamma;$$

de sorte qu'en éliminant α, 6, γ entre les quatre dernières équations, on obtiendra pour la surface demandée,

$$\text{(25)} \qquad ayz = hx,$$

(*) Il ne faut pas affirmer que cette distance ou cet axe OY coïncidera
avec la *plus courte distance* des deux directrices, parce que cela supposerait
que le plan directeur donné est perpendiculaire sur le plan parallèle à ces
deux droites, ce qui peut ne pas arriver.

résultat qui pouvait se déduire de l'équation (24), en y supposant $b = 0$, $b' = 0$, $a' = -a$, $h' = -h$.

178. Observons que sous les deux formes (24) et (25), les plans XY et XZ sont évidemment *les deux plans directeurs* du paraboloïde, auxquels les génératrices des deux systèmes sont respectivement parallèles (n° 171); et ici leur intersection OX est seulement *parallèle* à l'axe principal de cette surface : aussi, quand on pose $z = k$, ou $y = k$, on trouve pour section une droite unique.

179. Démontrons encore la réciproque du mode de génération indiqué au n° **174**, en cherchant l'équation de *la surface engendrée par une droite mobile* A *assujettie à glisser constamment sur trois droites fixes* B, B', B", qui sont toutes trois *parallèles à un même plan :* on sous-entend d'ailleurs que deux quelconques de ces droites ne sont pas dans un même plan, parce que l'hypothèse contraire ne conduirait qu'à trouver le système de deux plans dont la position est facile à prévoir d'avance (n° **154**).

Prenons le plan XY parallèle aux trois directrices B, B', B", et la première de ces droites pour l'axe OX; dirigeons l'axe OY parallèlement à B', et enfin par le point arbitraire O, où se coupent ces axes, menons-en un troisième OZ qui rencontre à la fois les trois directrices : alors ces lignes auront pour équations

(B) $y = 0,$ $z = 0,$

(B') $x = 0,$ $z = h,$

(B") $y = ax,$ $z = k.$

La génératrice sera représentée par

(A) $x = \alpha z + \gamma,$ $y = 6z + \delta;$

mais pour qu'elle rencontre chacune des directrices, il

faudra (n° 25) y joindre les conditions

$$\delta = 0, \quad \alpha h + \gamma = 0, \quad \delta k + \delta = a(\alpha k + \gamma),$$

et en raisonnant comme au n° 176, il s'agira d'éliminer α, δ, γ, δ entre ces cinq équations. Si d'abord on substitue les valeurs des trois dernières quantités dans les équations (A), il viendra pour une position quelconque de la génératrice,

$$(26) \qquad x = \alpha(z - h), \quad y = \frac{a\alpha(k - h)}{k} z;$$

puis enfin, éliminant α, on obtiendra pour le lieu géométrique cherché,

$$(27) \qquad kyz + a(h - k)xz = hky.$$

Or, dans cette équation du second degré, le polynôme D (n° 95) qui sert de dénominateur aux coordonnées du centre, se trouve évidemment nul; ainsi la surface ne peut être qu'un des deux paraboloïdes, ou bien un cylindre (n° 96). Mais cette dernière hypothèse étant manifestement incompatible avec la direction des génératrices qui ne sont point parallèles entre elles, il demeure certain que la surface (27) est un *paraboloïde hyperbolique*, puisque l'autre paraboloïde n'admet pas (n° 169) de génératrice rectiligne.

180. En outre, il est aisé de reconnaître que les positions (A), (A'), (A''),... de la génératrice se trouvent aussi, comme cela doit arriver dans un paraboloïde, *toutes parallèles à un même plan*. En effet, ces diverses positions sont représentées par les équations (26), dans lesquelles on attribuerait à α des valeurs arbitraires et successives α', α'', α''',...: or, si on élimine entre elles la variable z, pour obtenir la projection de la génératrice

sur le plan XY, on trouve

$$y = \frac{a(k-h)}{k}(x + \alpha h);$$

et puisqu'ici le coefficient de x est indépendant de α, il s'ensuit que sur XY les projections de toutes les génératrices sont parallèles entre elles; d'où il résulte que, dans l'espace, toutes ces génératrices sont parallèles au plan représenté par l'équation

$$y = \frac{a(k-h)}{k}x.$$

181. Observons enfin que, dans les deux modes de génération employés n°s 176 et 179, les directrices prises deux à deux, comme (B) et (B'), ou (B') et (B''), se trouvent *coupées en parties proportionnelles* par les positions successives (A), (A'), (A''),... de la génératrice. En effet, ces dernières droites étant toutes parallèles à un certain plan, on peut mener par chacune d'elles un plan parallèle à ce plan directeur, et l'on sait que trois plans parallèles divisent toujours deux droites quelconques en parties proportionnelles. Cette propriété sert à construire très-simplement un modèle *en relief* du paraboloïde hyperbolique, en employant un quadrilatère *gauche*, dont on divise les côtés opposés en un même nombre de parties égales, réunies par des fils : voyez la *Géométrie descriptive*, n°s 555 et 566.

CHAPITRE IX.

THÉORÈMES DIVERS SUR LA SIMILITUDE DES COURBES ET
DES SURFACES QUELCONQUES; SUR LES SECTIONS PARAL-
LÈLES DANS LES SURFACES DU SECOND ORDRE, ETC.

182. SIMILITUDE DES COURBES. — Deux courbes d'un
degré quelconque, situées dans le même plan (ou dans
des plans parallèles), sont dites *semblables* et *semblablement placées,* lorsque, après avoir pris dans la première
un point arbitraire O, et mené divers rayons vecteurs
Fig. 25. OM, ON,.... on peut trouver dans la deuxième courbe
un point O′ tel, que les rayons vecteurs O′M′, O′N′,...,
tracés parallèlement aux autres et dirigés dans le même
sens, aient avec ceux-là un rapport constant; c'est-à-dire
qu'on doit avoir

$$\frac{O'M'}{OM} = \frac{O'N'}{ON} = \ldots = k.$$

Lorsque ces conditions se trouvent remplies pour deux
centres de similitude O et O′, il en existe une infinité
d'autres. En effet, prenons un point I arbitraire, et tirons parallèlement à OI, la droite O′I′ sur laquelle nous
porterons une longueur telle que

$$\frac{O'I'}{OI} = k;$$

alors on démontrera aisément par des triangles semblables, que les rayons vecteurs IM et I′M′, IN et I′N′,...
sont respectivement parallèles et ont entre eux le rap-

port k : par conséquent, les points I et I' seront encore deux centres de similitude correspondants.

183. Il est bon d'observer que, dans les courbes *semblables de forme et de position*, les tangentes aux extrémités de deux rayons vecteurs homologues OM et O'M' sont toujours parallèles entre elles. En effet, les triangles OMN et O'M'N', évidemment semblables, prouvent que les sécantes MN et M'N' sont parallèles ; or, comme cette relation continuera de subsister à mesure que les rayons ON et O'N' formeront avec les droites fixes OM et O'M', des angles plus petits, mais toujours égaux entre eux, il s'ensuit que quand ces angles deviendront nuls ensemble, alors les sécantes, réduites à des *tangentes,* se trouveront encore *parallèles.*

184. Si les rayons vecteurs qui sont proportionnels n'étaient pas respectivement parallèles, mais du moins formaient des angles égaux avec deux droites fixes OX et O'X', de direction différente, les courbes seraient semblables *de forme* seulement, et *non de position.* Alors, pour rétablir la similitude sous les deux rapports, il suffirait évidemment de faire tourner la seconde courbe autour de O', d'une quantité angulaire marquée par l'angle compris entre les droites OX et O'X'.

Enfin, si, après cette rotation, on transportait la seconde courbe parallèlement à elle-même, de manière à faire coïncider le point O' avec O, les deux courbes semblables deviendraient *concentriques,* quant à leur centre de similitude.

185. Pour exprimer analytiquement les conditions de la *similitude de forme et de position*, représentons par

$$(\text{1}) \quad \mathbf{F}(x, y) = 0, \qquad (\text{2}) \quad \mathbf{F}'(x', y') = 0,$$

FIG. 25. les équations des deux courbes rapportées aux mêmes axes quelconques OX , OY ; alors, en adoptant pour centre de similitude de la première courbe l'origine O des coordonnées, il devra existe dans la seconde un centre correspondant O', dont nous désignerons les coordonnées inconnues par α, 6. Or les triangles semblables MOP et M'O'P' montrent qu'on exprimera complétement *la proportionnalité* et *le parallélisme* des rayons OM et O'M', en posant les deux conditions

$$\frac{O'\,P'}{OP} = k, \quad \text{et} \quad \frac{M'P'}{MP} = k,$$

ou bien

$$(3) \quad \frac{x' - \alpha}{x} = k, \quad (4) \quad \frac{y' - 6}{y} = k,$$

dans lesquelles k est une constante inconnue, mais essentiellement *positive*; à moins qu'on ne voulût admettre une *similitude inverse*, dans laquelle les rayons vecteurs proportionnels auraient des directions précisément contraires ; car, dans ce cas, les numérateurs des fractions (3) et (4) devraient être remplacés par $\alpha - x'$ et $6 - y'$, ce qui reviendrait à supposer k négatif.

Cela posé, puisque les coordonnées des deux courbes semblables (1) et (2) doivent avoir entre elles les relations (3) et (4), si l'on tire de ces dernières les valeurs de x et y, pour les substituer dans (1), le résultat

$$(5) \quad \mathrm{F}\left(\frac{x' - \alpha}{k}, \; \frac{y' - 6}{k} \right) = 0$$

devra se trouver identique avec l'équation (2) ; car l'une et l'autre expriment une relation entre les coordonnées de la seconde courbe rapportée aux mêmes axes. Il faudra donc, dans chaque exemple, ordonner et *identifier* les équations (2) et (5) ; puis, voir si l'on peut satisfaire aux conditions qu'amènera cette opération, par des valeurs réelles et finies des constantes inconnues α, 6 et k. Toutefois la dernière de ces quantités peut être imaginaire, sans que la similitude cesse d'exister sous le rapport analytique, ainsi que nous le verrons plus loin, dans les hyperboles conjuguées (n° 190).

186. Appliquons cette marche à deux courbes du second degré, représentées par

$$(6) \qquad A y^2 + B xy + C x^2 + D y + E x + F = 0,$$

$$(7) \qquad A' y'^2 + B' x' y' + C' x'^2 + D' y' + E' x' + F' = 0.$$

En substituant dans la première, pour x et y, leurs valeurs tirées des relations (3) et (4), il vient

$$(8) \quad \left\{ \begin{array}{l} A y'^2 + B x' y' + C x'^2 + y'(D k - 2 A 6 - B \alpha) + x'(E k - 2 C \alpha - B 6) \\ + (A 6^2 + C \alpha^2 + B \alpha 6 - k D 6 - k E \alpha + F k^2) = 0, \end{array} \right.$$

équation qui, devant être identique avec (7), exige que l'on ait les cinq relations

$$(9) \qquad \frac{A}{A'} = \frac{B}{B'},$$

$$(10) \qquad \frac{A}{A'} = \frac{C}{C'},$$

$$(11) \qquad \frac{A}{A'} = \frac{D k - 2 A 6 - B \alpha}{D'},$$

$$(12) \qquad \frac{A}{A'} = \frac{E k - 2 C \alpha - B 6}{E'},$$

$$(13) \qquad \frac{A}{A'} = \frac{A 6^2 + C \alpha^2 + B \alpha 6 - k D 6 - k E \alpha + F k^2}{F'};$$

mais comme il y entre trois inconnues α, 6 et k, les conditions de similitude, proprement dites, seront au nombre de *deux*, qui s'obtiendront par l'élimination des in-

10

connues; et d'après l'ordre adopté ci-dessus, ce sont précisément les équations (9) et (10). Les trois autres serviront à déterminer α, 6 et k, c'est-à-dire le centre et le rapport de similitude, comme nous l'expliquerons bientôt.

187. Il résulte des conditions (9) et (10) que deux courbes du second degré sont semblables et semblablement placées, *quand les coefficients des trois termes du second ordre sont respectivement proportionnels dans les deux équations;* et comme, en posant

$$h = \frac{A}{A'} = \frac{B}{B'} = \frac{C}{C'},$$

il en résulte

$$B^2 - 4\,AC = h^2(B'^2 - 4\,A'C'),$$

on voit que ces binômes caractéristiques se trouveront de même signe, c'est-à-dire que les deux courbes semblables seront toujours *du même genre.*

D'ailleurs, si l'on conçoit la courbe (6) rapportée à ses *diamètres principaux,* on aura évidemment

$$B = o, \quad D = o, \quad E = o;$$

et pour que la seconde soit semblable, il faudra admettre que

$$B' = o, \quad \text{et} \quad \frac{A}{A'} = \frac{C}{C'},$$

ce qui exprime évidemment que *les deux axes de celle-ci sont parallèles à ceux de la première,* et que *les uns sont proportionnels aux autres.*

188. Dans le cas de deux paraboles, si l'on conçoit la première rapportée à son *axe principal* et à son sommet, on aura dans (6),

$$B = o, \quad C = o, \quad D = o, \quad F = o,$$

et pour satisfaire aux conditions (9) et (10), il faudra admettre que

$$B' = o, \quad C' = o,$$

ce qui indique que l'axe de la seconde parabole est parallèle à celui de la première, mais ne fait rien connaître sur la valeur du rapport $\frac{A}{A'}$. D'où il suit que *deux paraboles dont les axes se trouvent parallèles, sont toujours semblables* de forme et de position, *quels que soient leurs paramètres.*

Il en résulte aussi que deux paraboles quelconques sont toujours semblables, du moins quant à la forme, puisqu'on peut (n° 184) faire tourner l'une de manière à rendre les axes parallèles entre eux.

189. Revenons maintenant aux équations (6) et (7), relatives à des axes quelconques, et en supposant remplies les conditions (9) et (10), calculons les inconnues α, 6, k. Si, pour simplifier, on pose

$$h = \frac{A}{A'} = \frac{B}{B'} = \frac{C}{C'},$$

les équations (11), (12), (13) deviendront

(14) $\qquad 2A6 + B\alpha = Dk - D'h,$

(15) $\qquad 2C\alpha + B6 = Ek - E'h,$

$$A6^2 + C\alpha^2 + B\alpha 6 - D6k - E\alpha k = F'h - Fk^2,$$

dont la dernière, combinée avec les autres, peut être remplacée par la suivante, qui est du premier degré en 6, α :

(16) $\quad 6(Dk + D'h) + \alpha(Ek + E'h) = 2(Fk^2 - F'h).$

10.

Alors on tire de (14) et (15) les valeurs

$$(17) \quad \alpha = \frac{k(\mathrm{BD} - 2\,\mathrm{AE}) - h(\mathrm{BD}' - 2\,\mathrm{AE}')}{\mathrm{B}^2 - 4\,\mathrm{AC}},$$

$$(18) \quad 6 = \frac{k(\mathrm{BE} - 2\,\mathrm{CD}) - h(\mathrm{BE}' - 2\,\mathrm{CD}')}{\mathrm{B}^2 - 4\,\mathrm{AC}};$$

puis, en substituant dans (16), on obtient, après quelques réductions, une équation du second degré à deux termes, qui donne

$$(19) \quad k = \sqrt{h^2 \cdot \frac{\mathrm{F}'(\mathrm{B}'^2 - 4\,\mathrm{A}'\,\mathrm{C}') - \mathrm{B}'\,\mathrm{D}'\,\mathrm{E}' + \mathrm{A}'\,\mathrm{E}'^2 + \mathrm{C}'\,\mathrm{D}'^2}{\mathrm{F}(\mathrm{B}^2 - 4\,\mathrm{AC}) - \mathrm{BDE} + \mathrm{AE}^2 + \mathrm{CD}^2}}.$$

Cette valeur unique, puisque (n° 185) on doit prendre k positivement, ne fournira, dans les expressions de α et 6, qu'un *centre unique* qui corresponde à l'origine O des coordonnées, adoptée pour centre de similitude de la première courbe; mais pour que α et 6 soient réels, il faudra, en général, que k soit aussi réel, condition qui ne dépendra point de la quantité numérique h, toujours positive, si l'on a eu soin de rendre tels les coefficients A' et A.

190. Toutefois, observons que le rapport de similitude k pourrait être imaginaire, et α, 6 réels, si dans les expressions (17) et (18) le coefficient de k se trouvait nul : et pour faire comprendre comment, dans un pareil cas, les conditions *analytiques* de la similitude continuent d'être remplies, nous citerons l'exemple de deux hyperboles *conjuguées*, représentées par

$$a^2 y^2 - b^2 x^2 + a^2 b^2 = 0,$$
$$a^2 y'^2 - b^2 x'^2 - a^2 b^2 = 0.$$

On trouvera ici

$$\alpha = 0, \quad 6 = 0, \quad k = \sqrt{-1},$$

ce qui indique que les deux centres de similitude coïncident avec le centre de figure commun aux deux courbes. Or, si de ce point on mène deux rayons vecteurs parallèles, terminés respectivement aux deux hyperboles, on verra que l'un est imaginaire quand l'autre est réel, et réciproquement; mais en calculant leurs expressions analytiques, on trouvera qu'elles sont de la forme

$$r = \sqrt{\pm p^2}, \quad r' = \sqrt{\mp p^2},$$

de sorte qu'il sera vrai de dire que leur rapport est constant et égal à $\sqrt{-1}$.

191. LES SECTIONS PARALLÈLES *faites dans une même surface du second ordre, sont des courbes semblables de forme et de position.* Considérons d'abord les surfaces douées d'un centre, et combinons leur équation générale

$$(20) \qquad P x^2 + P' y^2 + P'' z^2 = H$$

avec celle d'un plan quelconque

$$(21) \qquad z = ax + by + \delta.$$

En éliminant z, la courbe d'intersection, projetée sur le plan XY, sera représentée par

$$(22) \quad \left\{ \begin{array}{l} (P + P'' a^2) x^2 + (P' + P'' b^2) y^2 + 2 P'' ab xy \\ + 2 P'' a\delta x + 2 P'' b \delta y + P'' \delta^2 - H = 0; \end{array} \right.$$

et pour obtenir la section faite par un autre plan

$$z = ax + by + \delta',$$

parallèle au plan (21), il suffirait évidemment de remplacer δ par δ', dans l'équation (22). Or, ce changement n'altérant pas du tout les coefficients des termes du second degré qui sont ici indépendants de δ, il s'ensuit

FIG. 25. que les conditions (9) et (10) du n° 186 se trouveront bien vérifiées; et par conséquent (*fig.* 25) *les projections* MN... et M′N′... *des deux sections parallèles seront semblables de forme et de position.* J'ajoute qu'il en est de même de ces courbes dans l'espace; car si, par les rayons vecteurs parallèles OM et O′M′, ON et O′N′,..., on mène des plans verticaux, ils couperont évidemment les plans des deux sections suivant des droites *parallèles deux à deux*, et que je désigne par *om* et *o′m′*, *on* et *o′n′*,.... En outre, on sait (n° 67) qu'il existe entre ces droites et leurs projections les relations suivantes :

$$OM = om . \cos\alpha, \quad ON = on . \cos 6, ...;$$
$$O′M′ = o′m′ . \cos\alpha, \quad O′N′ = o′n′ . \cos 6, ...;$$

mais comme la similitude des deux courbes MN... et M′N′... donnait les rapports égaux

$$\frac{OM}{O′M′} = \frac{ON}{O′N′} = ... = k,$$

on conclura des égalités précédentes la nouvelle suite de rapports égaux

$$\frac{om}{o′m′} = \frac{on}{o′n′} = ... = k;$$

ce qui démontre bien la similitude de forme et de position, pour les courbes *mn*... et *m′n′*... situées dans l'espace.

192. Pour trouver *le lieu des centres* de toutes les sections parallèles au plan (21), observons que le centre d'une courbe dans l'espace se projette toujours sur le centre de la projection. Or, celui de la courbe (22) sera donné, comme pour une surface du second degré (n° 95),

en égalant à zéro les *dérivées* relatives à x et à y, c'est-à-dire par les équations simultanées

$$(23) \qquad (P + P'' a^2) x + P'' aby + P'' a\delta = 0,$$

$$(24) \qquad (P' + P'' b^2) y + P'' abx + P'' b\delta = 0;$$

puis, en y joignant l'équation

$$(21) \qquad z = ax + by + \delta$$

du plan sécant, dans lequel doit être évidemment situé le centre cherché, on pourrait calculer les trois coordonnées du centre de la section qui, dans l'espace, répond à une valeur donnée de δ. Mais si, au contraire, on élimine cette constante, variable d'une section à une autre, entre les équations (21), (23) et (24), on obtiendra le lieu de tous les centres des sections parallèles; or, en tirant de (21) la valeur de δ pour la substituer dans (23) et (24), on trouve

$$(25) \qquad P x + P'' az = 0,$$

$$(26) \qquad P' y + P'' bz = 0,$$

c'est-à-dire une droite passant par l'origine des coordonnées, qui est ici le centre de la surface (20) : donc *le lieu des centres de toutes les sections parallèles est un diamètre de la surface.*

193. Il est bon d'observer que ce diamètre est *conjugué* avec celui des plans sécants qui passe par le centre de la surface. En effet, les équations précédentes reviennent à

$$x = - \frac{P'' a}{P} z = mz, \quad y = - \frac{P'' b}{P'} z = nz;$$

et l'équation du plan diamétral conjugué avec ce diamètre, étant en général (n° 105) de la forme

$$m \frac{d\Phi}{dx} + n \frac{d\Phi}{dy} + \frac{d\Phi}{dz} = 0,$$

elle deviendra pour la surface (20),

$$P\,mx + P'\,ny + P''z = o;$$

puis, par la substitution des valeurs précédentes de m et de n, elle se réduira à

$$z = ax + by,$$

qui représente bien un plan parallèle à celui de l'équation (21).

194. Lorsque le plan sécant (21) a une direction propre à donner des sections paraboliques, on pourrait se demander comment les centres de ces courbes se trouveront sur le diamètre (25) et (26); mais si l'on cherche la condition nécessaire pour que l'équation (22) représente une parabole, on verra qu'elle rend en même temps ce diamètre parallèle au plan sécant, de sorte que leur rencontre, qui aurait dû donner le centre de la courbe, n'a effectivement lieu qu'à l'infini.

195. Quant aux surfaces dépourvues de centre, qui sont toutes deux comprises dans l'équation

(27) $$p'y^2 + pz^2 = pp'x,$$

la section faite par un plan quelconque

(28) $$x = by + cz + \delta,$$

aura pour projection sur le plan YZ,

(29) $$p'y^2 + pz^2 - pp'by - pp'cz - pp'\delta = o;$$

et puisqu'en faisant varier δ seulement, les coefficients des termes du second ordre ne changent pas, on en conclura, comme au n° 191, que *les sections parallèles sont*, dans l'espace, *semblables* et *semblablement placées*.

196. Le centre de la courbe (29) sera déterminé par les dérivées de son équation, égalées à zéro, savoir :

$$(30) \qquad\qquad 2y - pb = 0,$$

$$(31) \qquad\qquad 2z - p'c = 0;$$

et le centre de la section dans l'espace s'obtiendrait en joignant à celle-ci l'équation du plan sécant; mais puisqu'il faudrait (n° 192) éliminer entre elles la constante δ pour avoir la ligne des centres, il s'ensuit que cette ligne est déterminée par les équations (30) et (31), qui se trouvent ici indépendantes de δ. Or, comme ces équations représentent une droite parallèle à l'axe OX du paraboloïde, on doit en conclure que *le lieu des centres des sections parallèles* est encore un diamètre de la surface, d'après ce que nous avons prouvé au n° 167 sur les diamètres des paraboloïdes.

197. On verra aisément qu'ici le diamètre, lieu des centres, a son plan diamétral conjugué situé à une distance infinie, et que ce diamètre disparaît lui-même lorsque le plan sécant a une direction propre à donner des sections paraboliques. En effet, pour obtenir de telles courbes, il faudrait (n° 159 et 163) rendre le plan sécant (28) parallèle à l'axe OX, ce qui s'effectuera en posant

$$b = \frac{b'}{a}, \quad c = \frac{c'}{a}, \quad \delta = \frac{\delta'}{a},$$

et ensuite $a = 0$; mais comme cela revient à faire $b = \infty$ et $c = \infty$, on voit qu'alors le diamètre représenté par les équations (30) et (31) s'éloigne tout entier à l'infini.

198. On peut déduire de ce qui précède, un mode de génération commun à toutes les surfaces du second degré, et qui en fournit la définition la plus propre à se prêter aux constructions graphiques de la Géométrie descriptive.

Fᵢɢ. 26. Concevons que dans une ellipse ABDE, on ait tracé un diamètre quelconque AD, et l'une de ses cordes conjuguées BE; puis que, dans un plan passant par cette corde et incliné d'une quantité arbitraire sur le premier, on ait construit une seconde ellipse BCE ayant pour diamètres conjugués la corde BE et une ligne quelconque 2OC: alors, si l'on fait mouvoir cette dernière ellipse *parallèlement à elle-même,* de manière que son centre O parcoure la droite AD, et que, ses diamètres conservant *un rapport constant,* le premier devienne successivement égal aux diverses cordes B′E′, B″E″,..., on engendrera une surface qui sera évidemment un ellipsoïde, puisqu'elle sera le lieu de sections parallèles, semblables entre elles, et ayant leurs centres sur le diamètre AD, lequel sera conjugué avec le plan mené par le centre O″, parallèlement à l'ellipse mobile.

Si, d'ailleurs, on veut confirmer cette conséquence par un calcul direct, on imaginera trois axes coordonnés obliques, menés par le centre O″, parallèlement à OA, OB, OC; l'ellipse directrice sera représentée alors par les équations

$$z = 0, \quad \frac{x^2}{a^2} + \frac{y^2}{b^2} = 1,$$

et l'ellipse variable par

$$x = \alpha, \quad \frac{y^2}{b'^2} + \frac{z^2}{c'^2} = 1;$$

mais pour qu'elle ait un point commun avec la première, et que ses diamètres conservent un rapport constant, il faudra y joindre les relations

$$\frac{\alpha^2}{a^2} + \frac{b'^2}{b^2} = 1, \quad c' = k.b';$$

alors, en éliminant de ces quatre équations les constantes variables α, b', c', on arrivera aisément à

$$\frac{x^2}{a^2} + \frac{y^2}{b^2} + \frac{z^2}{k^2 b^2} = 1.$$

199. Pour obtenir, par ce mode de génération, les deux hyperboloïdes, il suffirait de remplacer l'ellipse directrice ABDE par une hyperbole dont AD fût un diamètre imaginaire, ou bien un diamètre réel. Quant au paraboloïde elliptique, il faudrait prendre pour directrice une parabole ; et si en même temps on substituait à la génératrice BCE une hyperbole dont BE fût le diamètre réel, on obtiendrait le paraboloïde hyperbolique. Seulement il faut observer, dans ce dernier cas, que l'hyperbole mobile arrivée en A se réduirait à ses asymptotes, et qu'au delà, la corde BE $= 2\,b'$ devenant imaginaire, l'hyperbole se renverserait. En effet, ses diamètres $2\,b'$ et $2\,c'\sqrt{-1}$ devant conserver un rapport constant, le second deviendra $2\,c'$ quand le premier se changera en $2\,b'\sqrt{-1}$: ces circonstances sont d'ailleurs conformes à la nature du paraboloïde hyperbolique. (*Voyez* la *Géométrie descriptive*, nº 89.)

200. SIMILITUDE DES SURFACES. — Deux surfaces d'un degré quelconque sont dites *semblables de forme et de position*, lorsque, après avoir mené dans la première divers rayons vecteurs partant tous d'un même point arbitraire, on peut trouver dans la seconde un point tel, que les rayons vecteurs de cette surface, dirigés parallèlement aux premiers et dans le même sens, aient avec ceux-là un rapport constant.

D'après cela, si les surfaces rapportées aux mêmes axes

coordonnés sont représentées par

$$F(x, y, z) = 0, \quad F'(x', y', z') = 0,$$

et si l'on désigne par $(\alpha, 6, \gamma)$ le centre de similitude qui, dans la seconde surface, correspond à l'origine des coordonnées prise pour centre de la première, on verra aisément, comme au n° **185**, que les conditions du *parallélisme* et de la *proportionnalité* des rayons vecteurs sont exprimées analytiquement par les relations

$$(32) \qquad \frac{x' - \alpha}{x} = k, \quad \frac{y' - 6}{y} = k, \quad \frac{z' - \gamma}{z} = k;$$

de sorte qu'en tirant de là les valeurs de x, y, z, pour les substituer dans $F(x, y, z) = 0$, le résultat devra pouvoir être identifié avec $F'(x', y', z') = 0$.

201. Si l'on applique cette marche à deux surfaces du second degré, représentées par

$$(33) \quad A x^2 + A' y^2 + A'' z^2 + B yz + B' xz + B'' xy + C x + C' y + C'' z + E = 0,$$

$$(34) \quad a x^2 + a' y^2 + a'' z^2 + b yz + b' xz + b'' xy + cx + c' y + c'' z + e = 0,$$

on trouvera, pour établir l'identité comme au n° **186**, *neuf* équations dont les *cinq* premières, savoir :

$$(35) \qquad \frac{A}{a} = \frac{A'}{a'} = \frac{A''}{a''} = \frac{B}{b} = \frac{B'}{b'} = \frac{B''}{b''},$$

seront indépendantes des inconnues α, 6, γ, k, et, par conséquent, exprimeront les véritables *conditions de la similitude;* les quatre dernières serviront à déterminer ces inconnues, quand les conditions (35) seront remplies.

202. On prouvera aisément, comme au n° **187**, que les relations (35) expriment que les deux surfaces (33) et (34) ont *leurs axes principaux* respectivement *pa-*

rallèles et *proportionnels*. Il en résulte évidemment que deux diamètres menés dans ces surfaces sous la même direction, auront leurs plans diamétraux conjugués parallèles l'un à l'autre.

203. Quand les deux surfaces (33) et (34) satisfont aux conditions de similitude (35), et qu'elles se coupent, *la ligne d'intersection est toujours plane.* En effet, si l'on pose

$$h = \frac{A}{a} = \frac{A'}{a'} = \ldots,$$

et qu'on multiplie l'équation (34) par h, pour la retrancher de (33), il restera

$$(C - ch)\, x + (C' - c'h)\, y + (C'' - c''h)\, z + E - eh = 0;$$

équation d'un plan qui, combinée avec une des deux proposées, devra donner tous les points communs aux deux surfaces : mais si ce plan ne les rencontre pas, l'intersection sera imaginaire.

On peut d'ailleurs observer que le plan de la courbe de section se trouve parallèle au plan diamétral qui, dans l'une ou l'autre surface, est conjugué avec la droite menée par les deux centres; et pour s'en convaincre plus aisément, on supposera que, dans les équations (33) et (34), les axes coordonnés sont choisis parallèles aux axes principaux, ce qui ne change rien à la situation relative des surfaces, mais fait disparaître les rectangles des variables.

204. Lorsque deux surfaces d'un ordre quelconque Fig. 27. sont semblables de forme et de position, et que leurs centres de similitude coïncident en O, si on les coupe par deux plans parallèles MNP, M'N'P', dont les distances au point O soient dans le rapport $1 : k$ des rayons

vecteurs homologues, les sections ainsi obtenues seront nécessairement des courbes semblables. En effet, les rayons OM, ON, OP,... menés aux différents points de la section faite par le premier plan, sont rencontrés par le second en des points qui donnent évidemment les relations

$$\frac{\text{OM}}{\text{OM}'} = \frac{\text{ON}}{\text{ON}'} = \dots = \frac{1}{k},$$

et, par conséquent, les points M', N', P',... sont bien sur la deuxième surface. D'ailleurs, en projetant ces rayons parallèlement à une droite quelconque $O\omega'\omega$, on aura aussi entre les projections, les rapports

$$\frac{\omega\,\text{M}}{\omega'\,\text{M}'} = \frac{\omega\,\text{N}}{\omega'\,\text{N}'} = \dots = \frac{1}{k} :$$

donc *les deux sections sont semblables*, et leurs centres de similitude sont en ω et ω'.

205. Supposons, en outre, que les surfaces en question soient du second degré, que O se trouve leur centre de figure, et que la droite arbitraire $O\omega'\omega$ soit le diamètre conjugué avec le plan diamétral parallèle aux plans sécants : les points ω et ω' deviendront (n° 193) les centres de figure des deux sections. Mais le plan MNP coupera la seconde surface suivant une courbe *mnp* semblable avec M'N'P' (n° 191), et, par conséquent, semblable avec MNP, et dont le centre sera en ω. D'où il résulte que *deux surfaces du second ordre, concentriques et semblables de forme et de position*, sont coupées par un même plan quelconque suivant *des courbes semblables, semblablement placées et concentriques*.

Cette proposition s'applique avec avantage dans plusieurs questions de Géométrie descriptive, et entre autres à l'hyperboloïde comparé avec le cône assymptote qui lui est semblable (n° 138); on en conclut que, pour trouver *le centre* et *l'espèce* de la section que produira dans la première surface un plan sécant donné, il suffit de chercher le centre et l'espèce *de la section produite par le même plan dans le cône asymptote,* ce qui offre une construction facile, et quelquefois la seule praticable.

206. On s'appuie souvent aussi, dans la Géométrie descriptive, sur une propriété des surfaces du second ordre qui ne suppose nullement leur similitude, et dont voici l'énoncé.

Lorsque deux surfaces quelconques de cet ordre se coupent suivant *une courbe plane,* laquelle est, par conséquent, du second degré, il existe en général une autre ligne d'intersection, puisque la combinaison des équations des deux surfaces conduirait à un résultat du quatrième degré : or, *cette seconde section est également plane;* et c'est ce qu'on exprime en disant que, *quand la* COURBE D'ENTRÉE *est plane, la* COURBE DE SORTIE *l'est pareillement.*

Pour justifier cette assertion, il ne suffirait pas de dire que l'équation finale du quatrième degré résultant de l'élimination d'une des variables, devra, dans l'hypothèse admise, se décomposer en deux facteurs dont un appartienne à la courbe d'entrée, et dont l'autre soit, par conséquent, aussi du second degré : car cela prouverait seulement que la courbe de sortie *se projette* suivant une ligne du second ordre, mais ne ferait rien connaître de certain sur la nature de la section dans l'espace. Concevons donc les deux surfaces rapportées à trois plans coordonnés, dont un, par exemple le plan XY, soit celui de la courbe d'entrée commune aux deux surfaces (*) ; et dans cette hypothèse, représentons leurs équations par

(36) $A x^2 + A' y^2 + A'' z^2 + B yz + B' xz + B'' xy + C x + C' y + C'' z + E = 0,$

(37) $a x^2 + a' y^2 + a'' z^2 + b yz + b' xz + b'' xy + c x + c' y + c'' z + e = 0.$

Il devra exister alors, entre les coefficients, certaines relations provenant de ce que les deux surfaces ont une courbe commune située dans le plan XY ; en effet, si l'on pose $z = 0$, il faudra que les deux équations résultantes

$$A x^2 + A' y^2 + B'' xy + C x + C' y + E = 0,$$
$$a x^2 + a' y^2 + b'' xy + c x + c' y + e = 0,$$

soient identiques, et, par conséquent, les coefficients de l'une ne devront différer de ceux de l'autre que par un certain facteur commun λ ; ainsi, on aura nécessairement les conditions

(38) $A = a\lambda, \ A' = a'\lambda, \ B'' = b''\lambda, \ C = c\lambda, \ C' = c'\lambda, \ E = e\lambda.$

Cela posé, pour obtenir l'intersection complète des deux surfaces (36) et (37), combinons leurs équations, en multipliant la seconde par λ et la retranchant de la première ; il restera, en ayant égard aux relations (38),

(39) $(A'' - a''\lambda) z^2 + (B - b\lambda) yz + (B' - b'\lambda) xz + (C'' - c''\lambda) z = 0.$

Cette équation représente une nouvelle surface qui contient encore *tous les points communs aux proposées*, et qui, combinée avec l'une d'elles, fera connaître les diverses branches de l'intersection cherchée. Or l'équation (39) se décompose en ces deux-ci :

$$z = 0,$$

(40) $(A'' - a''\lambda) z + (B - b\lambda) y + (B' - b'\lambda) x + (C'' - c''\lambda) = 0,$

(*) Cette démonstration, remarquable par sa simplicité et sa rigueur, est due à M. Binet, ainsi que la remarque du n° 209.

dont la première fera retomber sur la courbe d'entrée ; tandis que la seconde, qui représente évidemment un plan, ne pourra donner par sa combinaison avec (36) qu'une *courbe de sortie plane.*

207. Toutefois, il peut arriver que cette seconde section n'existe pas ; car, si les coefficients des trois variables dans l'équation (40) étaient nuls ensemble, ce plan se trouverait tout entier à une distance infinie, et l'on rentrerait dans le cas du n° 203, puisque les surfaces satisferaient évidemment aux conditions de la similitude. D'ailleurs, sans admettre cette hypothèse très-particulière, s'il arrive que le plan (40) ne rencontre pas la surface (36), la courbe de sortie sera imaginaire ; mais toutes les fois qu'elle existera, elle sera *plane.*

208. Il est un cas particulier qui offre une position remarquable pour les deux surfaces : c'est celui où l'équation (40) se réduirait d'elle-même à

$$(A'' - a''\lambda)z = 0 \quad \text{ou} \quad z = 0,$$

ce qui ferait coïncider la courbe de sortie avec la courbe d'entrée. Alors, il ne faut pas croire que les deux surfaces proposées *se coupent* suivant une seule branche plane, comme cela arrivait dans le cas de la similitude (n° 203) ; mais, à cause des deux racines égales qu'admet l'équation (40) réduite ici à $z^2 = 0$, on doit dire qu'il y a deux branches d'intersection réunies ensemble, et qu'ainsi les surfaces sont *tangentes entre elles* tout le long de cette courbe commune. Dans ce cas, les deux surfaces sont dites *circonscrites l'une à l'autre* le long de la courbe située dans le plan XY, comme un cylindre ou un cône est circonscrit à une sphère le long d'un cercle.

209. Observons enfin que, quand deux surfaces quel-

11

conques du second ordre ont *un plan principal de commun*, quelle que soit d'ailleurs la position des axes principaux, *la ligne d'intersection est toujours projetée, sur ce plan principal, suivant une courbe du second degré.*

En effet, si l'on conçoit les deux surfaces rapportées à trois plans coordonnés rectangulaires, dont un, par exemple le plan XZ, coïncide avec le plan principal qui est commun aux deux surfaces, leurs équations ne devront alors renfermer (n° 101) aucune puissance *impaire* de la variable y, et seront de la forme

$$A x^2 + A' y^2 + A'' z^2 + B' xz + C x + C'' z + E = 0,$$
$$a x^2 + a' y^2 + a'' z^2 + b' xz + c x + c'' z + e = 0;$$

de sorte que si on les retranche, après les avoir multipliées respectivement par a' et A', la coordonnée y se trouvera éliminée, et il restera une équation du second degré pour la projection de l'intersection sur le plan XZ.

Cette remarque peut servir dans l'*Épure* relative à l'intersection de *deux surfaces de révolution dont les axes se rencontrent;* puisque alors tout plan méridien est nécessairement un plan principal, et que celui qui passe par les deux axes est évidemment commun aux deux surfaces proposées.

CHAPITRE X.

DES SECTIONS CIRCULAIRES DANS LES SURFACES DU SECOND
ORDRE.

210. Il s'agit d'examiner si toutes les surfaces du second ordre peuvent être coupées suivant des cercles, par
des plans convenablement inclinés; et comme, dans ces
surfaces, les sections parallèles entre elles sont toujours
semblables, il suffira de chercher parmi tous les plans
menés par un même point (le centre ou le sommet) quels
sont ceux qui donnent des sections circulaires.

211. Les surfaces douées d'un centre sont représentées
par l'équation générale

$$(1) \qquad P x^2 + P' y^2 + P'' z^2 = + H,$$

où nous supposerons toujours que H a été rendu positif,
et qu'il existe entre les coefficients des variables, les relations de grandeur

$$(2) \qquad P > P' > P''.$$

Lorsque ces relations qui n'excluent pas *l'égalité*, et où
nous tenons compte des signes de P, P', P'', ne seront
pas vérifiées par l'équation donnée, il suffira d'y remplacer x par y ou par z, pour retomber sur l'hypothèse actuelle : et comme d'ailleurs un, au moins, de ces coefficients doit être positif, ce sera P qui remplira toujours
cette condition; de sorte que les longueurs absolues des
axes ou diamètres principaux, seront données par les

11.

équations

$$(3) \qquad \frac{H}{P} = a^2, \quad \frac{H}{P'} = \pm\, b^2, \quad \frac{H}{P''} = \pm\, c^2.$$

212. Cela posé, si nous menons par le centre, qui **est** ici l'origine des coordonnées, un plan quelconque, et **que** nous voulions obtenir la section même, et non pas seulement sa projection, il faudra recourir aux formules établies n° **85**, savoir :

$$x = x'\cos\varphi + y'\cos\theta\,.\,\sin\varphi,$$
$$y = x'\sin\varphi - y'\cos\theta\,.\,\cos\varphi,$$
$$z = y'\sin\theta.,$$

où les coordonnées x', y', sont parallèles aux deux axes *rectangulaires* OX', OY', situés dans le plan sécant (*fig.* 15), et dans lesquelles θ désigne l'inclinaison de ce plan sécant sur le plan XY, et φ l'angle que forme sa trace avec l'axe OX. En substituant donc dans (1), et supprimant les accents, il vient

$$(4) \quad \left.\begin{array}{l} P\cos^2\varphi \\ +P'\sin^2\varphi \end{array}\right| x^2 + \left.\begin{array}{l} 2\,P\cos\varphi\sin\varphi\cos\theta \\ -2\,P'\cos\varphi\sin\varphi\cos\theta \end{array}\right| xy + \left.\begin{array}{l} P\cos^2\theta\sin^2\varphi \\ +P'\cos^2\theta\cos^2\varphi \\ +P''\sin^2\theta \end{array}\right| y^2 = H.$$

Pour que cette équation en coordonnées *rectangulaires* représente un cercle, il faut et il suffit que le rectangle des variables disparaisse, et que les carrés aient des coefficients égaux ; on doit donc satisfaire aux conditions

$$(5) \qquad (P - P')\sin\varphi\cos\varphi\cos\theta = 0,$$

$$(6)\ \ P\cos^2\varphi + P'\sin^2\varphi = \cos^2\theta\,(P\sin^2\varphi + P'\cos^2\varphi) + P''\sin^2\theta.$$

Or, comme P et P' sont en général inégaux, on ne peut vérifier la première que de trois manières :

$$\sin\varphi = 0, \quad \cos\varphi = 0, \quad \text{ou} \quad \cos\theta = 0.$$

L'hypothèse $\sin \varphi = 0$ réduit l'équation (6) à

$$P = P' \cos^2 \theta + P'' \sin^2 \theta = \frac{P' + P'' \tan^2 \theta}{1 + \tan^2 \theta},$$

d'où l'on déduira la valeur de tang θ, que nous emploierons de préférence au sinus, parce que les résultats seront plus symétriques et plus simples à discuter : puis, en opérant de même pour les deux autres hypothèses, on obtiendra les trois systèmes de valeurs qui suivent :

$$(7) \qquad \sin \varphi = 0 \quad \text{avec} \quad \tan \theta = \pm \sqrt{\frac{P - P'}{P'' - P}},$$

$$(8) \qquad \cos \varphi = 0 \ldots \ldots \tan \theta = \pm \sqrt{\frac{P' - P}{P'' - P'}},$$

$$(9) \qquad \cos \theta = 0 \ldots \ldots \tan \varphi = \pm \sqrt{\frac{P'' - P}{P' - P''}}.$$

Dans le premier système, le plan sécant passerait par l'axe OX; dans le second, *qui se déduit du premier en changeant* P *en* P', le plan passe par OY; et enfin il passe par OZ dans le troisième système, *qui se déduit du second en y changeant* P' *en* P''.

D'ailleurs, si nous négligeons, dans l'équation (5), la solution fournie par l'hypothèse particulière $P - P' = 0$, c'est qu'elle conduirait évidemment dans (6) au même résultat que les formules (7) et (8) quand on y pose $P = P'$.

213. Maintenant, la discussion des valeurs obtenues pour les angles θ et φ, devient bien facile par les conditions (2) admises précédemment; car on voit tout de suite que les formules (7) et (9) sont nécessairement *imaginaires*, quand P, P', P'' sont inégaux, et qu'elles ne donnent rien de plus que les formules (8), lorsque quelques-uns de ces coefficients sont égaux entre eux. Il ne

reste donc, pour déterminer un plan sécant propre à donner des sections circulaires, que les valeurs

$$(8) \qquad \cos \varphi = 0, \quad \tang \theta = \pm \sqrt{\frac{P' - P}{P'' - P'}} ;$$

lesquelles montrent que ce plan *doit passer par l'axe* OY, et qu'il peut avoir *deux positions* symétriques, représentées par la double équation

$$(10) \qquad z = x \tang \theta = \pm x \sqrt{\frac{P' - P}{P'' - P'}} ;$$

mais il importe d'examiner quel est, dans chaque surface douée d'un centre, celui des diamètres principaux qui coïncide avec l'axe OY par lequel doit passer le plan sécant.

214. ELLIPSOÏDE. — Ici les trois coefficients P, P', P″ sont tous positifs, et la condition admise

$$P > P' > P'' \quad \text{revient à} \quad a < b < c;$$

de sorte que le diamètre principal $2b$ qui coïncide avec OY, est *l'axe moyen* de l'ellipsoïde. D'ailleurs l'inclinaison du plan sécant devient

$$\tang \theta = \pm \frac{c}{a} \sqrt{\frac{a^2 - b^2}{b^2 - c^2}},$$

quantité qui serait facile à construire : mais il vaudra mieux déterminer graphiquement la trace du plan sécant sur l'ellipse qui a pour axes $2a$ et $2c$. Or, si l'on cherche dans cette courbe le diamètre qui a pour longueur $2b$, il est évident, sans aucun calcul, que le plan mené par ce diamètre et par l'axe $2b$, produira dans la surface une section elliptique dont les deux axes seront *égaux;* et, conséquemment, cette section sera un cercle.

215. Lorsque l'ellipsoïde est *de révolution,* on ne peut

admettre, d'après la relation (2), que les égalités suivantes :

$$P = P', \quad \text{d'où} \quad a = b,$$

ou bien

$$P' = P'', \quad \text{d'où} \quad b = c;$$

dans l'une et l'autre hypothèse, les deux valeurs de θ se
réduisent à une seule, $\theta = 0$ ou $\theta = 90°$, ce qui annonce
que le plan sécant n'est plus susceptible que d'une position unique, dans laquelle il passe *par les deux axes
égaux*.

216. Enfin, si l'on avait $P = P' = P''$, la formule (8)
donnerait pour θ une valeur *indéterminée*, et, en outre,
il en serait de même de l'angle φ, car alors les équations (5) et (6) se trouvent vérifiées identiquement. Dans
ce cas, tout plan sécant quelconque donnera donc une
section circulaire; et, en effet, la surface (1) devient alors
une sphère.

217. Hyperboloïde *à une nappe.*—Pour cette surface,
un seul des coefficients est négatif, et ce doit être P'' d'a-
près la relation (2); d'ailleurs cette même relation, combinée avec les équations (3), entraîne la condition $a < b$,
sans rien faire connaître sur la grandeur absolue de c.
D'où il résulte que le diamètre principal $2b$ par lequel
passe le plan sécant qui donne des sections circulaires, se
trouve ici *le plus grand des deux axes réels;* mais il
peut être plus grand ou plus petit que $2c$. La position du
plan sécant se déterminera graphiquement comme au
n° 214.

218. Pour rendre l'hyperboloïde à une nappe *de révolution*, il faut admettre que les deux coefficients de même
signe, P et P', sont égaux; et alors la formule (8) donnant $\theta = 0$, montre que le plan sécant n'admet plus

qu'une direction unique, où il passe *par les deux axes égaux*.

219. Hyperboloïde *à deux nappes.* — Ici il faut supposer négatifs deux des coefficients, et ce sont nécessairement P′ et P″, d'après la relation (2). Cette relation donne aussi

$$-\frac{H}{b^2} > -\frac{H}{c^2}, \quad \text{d'où} \quad b > c,$$

sans qu'il en résulte aucune condition sur la grandeur du seul axe réel $2a$; par conséquent, le diamètre principal $2b$ par lequel passe le plan sécant, est ici *le plus grand des deux axes imaginaires.*

A la vérité, le plan sécant déterminé par la formule (8), et mené par le centre de l'hyperboloïde actuel, ne donnerait qu'un cercle *imaginaire,* puisque l'équation (4) deviendrait ici

$$- P' x^2 - P' y^2 = H :$$

cela tient à ce que le plan sécant se trouve placé dans l'intervalle qui sépare les deux nappes de l'hyperboloïde; mais en menant un plan parallèle à celui-là et assez éloigné du centre, on obtiendrait une section réelle et *circulaire,* puisqu'elle satisferait, du moins analytiquement, aux conditions de la similitude avec la première section.

220. Ici, il ne peut y avoir égalité qu'entre les deux coefficients négatifs P′ et P″; et comme cette hypothèse introduite dans la formule (8), donne $\theta = 90^\circ$, il s'ensuit que le plan sécant n'est plus susceptible que d'une direction unique, dans laquelle il passe par les deux axes imaginaires b et c *qui sont égaux.* La surface est alors *de révolution* autour de l'axe réel a; et la grandeur de celui-ci, ou de P, ne modifie jamais les conséquences précédentes.

221. Il résulte de cette discussion que, pour les surfaces douées d'un centre, il n'y a que deux directions dans lesquelles un plan sécant mené par le centre puisse couper la surface *suivant un cercle*. Ces deux directions sont *perpendiculaires à un même plan principal;* et tous les plans parallèles à l'une ou à l'autre de ces directions fournissent deux séries de sections circulaires, dont les centres sont sur deux diamètres qui, d'après le n° 193, se trouvent nécessairement dans le plan principal dont nous venons de parler.

Dans l'ellipsoïde, ces plans sécants passent toujours *par l'axe moyen,* ou lui sont parallèles.

Dans l'hyperboloïde à une nappe, ils passent toujours *par le plus grand des deux axes réels,* ou bien lui sont parallèles.

Dans l'hyperboloïde à deux nappes , ces plans sécants sont tous parallèles *au plus grand des deux axes imaginaires.*

Enfin, les deux séries de sections circulaires se réduisent à une seule, quand la surface est de révolution.

222. Les conséquences et les formules trouvées n° 213 , s'appliquent à un cône quelconque du deuxième degré, puisqu'il suffirait, pour obtenir cette surface, de poser $H = o$ dans l'équation (1), et que les valeurs de θ et de φ sont indépendantes de H. C'est pour cela que, dans un cône oblique *à base circulaire* EBD, il existe, outre les sections parallèles à la base, d'autres sections nommées *anti-parallèles,* qui sont également circulaires, comme on le démontre en géométrie (*) ; il est facile alors de retrouver graphiquement *les plans principaux* et la direction des *axes* de ce cône, quoique les longueurs de ces axes soient nulles (138). En effet, la droite OI, sur la-

FIG. 28.

(*) *Voyez* la *Géométrie descriptive,* n° **747.**

quelle sont les centres d'une série de sections circulaires,
est un diamètre de la surface qui, d'après le n° **221**, doit
se trouver dans un plan principal perpendiculaire au cercle DE; donc ce plan principal s'obtiendra en le faisant
passer par OI et par la perpendiculaire OP abaissée sur la
base. Cela posé, le plan principal POI coupe le cône
suivant deux arêtes OD, OE, et la droite OA, qui divise
en deux parties égales l'angle de ces arêtes, est nécessairement *un des axes principaux* de la surface; d'où il suit
que le plan OAB, mené à angle droit sur POI, est le
second plan principal, et le troisième devra être mené
par le centre O perpendiculairement aux deux premiers.
D'ailleurs, les intersections de ces trois plans fourniront
les axes principaux de la surface conique.

223. Examinons maintenant s'il existe des sections circulaires dans les paraboloïdes, représentés l'un et l'autre
par l'équation

(11) $$p' y^2 + p z^2 = p p' x,$$

pourvu qu'on y suppose p' négatif quand il s'agira du
paraboloïde hyperbolique. Si nous menons le plan sécant
par l'origine des coordonnées, qui est ici le sommet de la
surface, la section rapportée à des axes *rectangulaires*
situés dans son plan, sera donnée par la substitution,
dans l'équation (11), des formules déjà employées,

$$x = x' \cos \varphi + y' \cos \theta \sin \varphi,$$
$$y = x' \sin \varphi - y' \cos \theta \cos \varphi,$$
$$z = y' \sin \theta,$$

et il viendra

(12) $$\begin{cases} p' \sin^2 \varphi . x'^2 - 2 p' \sin \varphi \cos \varphi \cos \theta . xy \\ + (p' \cos^2 \theta \cos^2 \varphi + p \sin^2 \theta) y^2 + S x + T y = 0. \end{cases}$$

Pour que cette équation représente un cercle, on sait

qu'elle doit satisfaire aux deux conditions

(13) $$p' \sin \varphi \cos \varphi \cos \theta = 0,$$

(14) $$p' \sin^2 \varphi = p' \cos^2 \theta \cos^2 \varphi + p \sin^2 \theta.$$

Or, la première serait vérifiée par l'hypothèse $\sin \varphi = 0$; mais cette valeur doit être rejetée, parce qu'en rendant égaux les coefficients de x^2 et de y^2 dans l'équation (12), elle les réduirait à zéro, et la section ne serait plus un cercle, mais une droite unique.

Il reste donc les deux systèmes de valeurs suivantes :

(15) $$\cos \varphi = 0 \quad \text{avec} \quad \sin \theta = \pm \sqrt{\frac{p'}{p}};$$

(16) $$\cos \theta = 0 \dots \dots \sin \varphi = \pm \sqrt{\frac{p}{p'}}.$$

224. Cela posé, dans le paraboloïde elliptique, p et p' sont de même signe : ainsi les systèmes (15) et (16) sont tous deux réels; mais comme il faut de plus qu'un sinus soit moindre que l'unité, un seul de ces systèmes sera admissible. Si donc on a $p > p'$, on devra adopter $\cos \varphi = 0$, et le plan sécant passera par l'axe OY; il pourra d'ailleurs recevoir deux directions représentées par

$$z = x \tan \theta = \pm x \sqrt{\frac{p'}{p - p'}},$$

et, par conséquent, tous les plans parallèles à l'une ou à l'autre de ces directions fourniront *deux séries de sections circulaires*.

Si, au contraire, $p' > p$, il faudra adopter $\cos \theta = 0$; de sorte que le plan sécant passera par l'axe OZ, et sera susceptible de deux directions

$$y = x \tan \varphi = \pm x \sqrt{\frac{p}{p' - p}};$$

auxquelles correspondront encore deux séries de sections circulaires produites par des plans parallèles à ceux que représente cette équation.

On doit remarquer que, dans tous les cas, les plans des cercles *seront perpendiculaires à la parabole principale*, dont le paramètre est *le plus petit*.

225. Dans le cas particulier où $p = p'$, le paraboloïde elliptique est *de révolution*, et les deux systèmes (15) et (16) s'accordent à donner

$$\varphi = 90^\circ \quad \text{avec} \quad \theta = 90^\circ;$$

ainsi, il n'y a plus alors qu'une seule série de sections circulaires, dont les plans sont tous *perpendiculaires à l'axe de révolution* OX.

226. Quant au paraboloïde hyperbolique, le coefficient p' est négatif : ainsi, les deux systèmes (15) et (16) étant l'un et l'autre imaginaires, *cette surface ne peut être coupée suivant un cercle par aucun plan;* et l'on pouvait prévoir cette conséquence, en se rappelant (n° 163) que, dans ce paraboloïde, les sections planes ne sont jamais des courbes *fermées*.

Toutefois, on pourrait regarder comme *un cercle d'un rayon infini,* la section *rectiligne* fournie par l'hypothèse $\varphi = 0$, que nous avons exclue de l'équation (13); car alors l'équation (14) donne

$$\text{tang } \theta = \pm \sqrt{\frac{-p'}{p}},$$

valeur qui sera réelle quand p' sera négatif, et qui réduit l'équation (12) au premier degré.

227. Les deux séries de sections circulaires qui existent dans toute surface du second ordre, à l'exception du paraboloïde hyperbolique, présentent entre elles une relation bien remarquable : c'est que *deux cercles* quelconques, *appartenant à des séries différentes, sont toujours situés sur une même sphère.* Soient, en effet, AE et B′E′ deux Fig. 29. cercles non parallèles, qui, devant se trouver (n° 221) perpendiculaires à un même plan principal, peuvent être représentés simplement par leurs projections sur ce plan. En élevant par le centre I une perpendiculaire IC au cercle AE, et cherchant sur cette droite un point C. également éloigné de E′ et de E, on aura le centre d'une sphère qui passera par la circonférence AE et par le point E′. Cela posé, cette sphère ayant avec la surface du second degré une courbe plane AE de commune, ne pourra la couper de nouveau (n° 206) que suivant une *courbe plane* passant par E′, et qui sera nécessairement un cercle, puisqu'elle se trouvera aussi sur la sphère. Cette courbe de sortie devra donc coïncider avec une des deux sections circulaires E′B′ ou E′A′, qui seules peuvent passer par E′ sur la surface du second ordre ; mais il faut évidemment rejeter la circonférence E′A′ parallèle à EA, parce que, dans une sphère, deux cercles parallèles auraient toujours leurs centres sur un même diamètre perpendiculaire à leurs plans, et qu'ici le diamètre IOI′ étant conjugué avec les cordes AE, A′E′, ne saurait les couper à angle droit, à moins que la surface ne soit de révolution, auquel cas les cercles A′E′ et B′E′ coïncident l'un avec l'autre. Il est donc certain que la courbe de sortie sera la circonférence B′E′ ; et conséquemment ce cercle est situé sur une même sphère avec le cercle AE.

CHAPITRE XI.

DES PLANS DIAMÉTRAUX CONJUGUÉS OBLIQUES.

228. Dans les surfaces douées d'un centre et qui, rapportées à leurs plans principaux, sont représentées par

$$(1) \qquad P x^2 + P' y^2 + P'' z^2 = H,$$

nous avons remarqué que ces plans rectangulaires étaient *conjugués entre eux*, c'est-à-dire que *chacun coupait en deux parties égales les cordes qui sont parallèles à l'intersection des deux autres ;* mais comme il existe (n°106) une infinité de plans diamétraux obliques à leurs cordes, on doit prévoir que, parmi tous ces plans, il y en aura qui, pris trois à trois, formeront aussi un système de plans *conjugués.* Pour les obtenir, je mène par le point Fɪɢ. 3o. O un plan diamétral

$$(2) \qquad R x + S y + T z = 0,$$

de direction arbitraire, pourvu qu'il coupe la surface suivant une courbe à centre ABD. Je cherche le diamètre OZ′ qui est conjugué avec ce plan, et pour cela j'identifie l'équation (2) avec la formule générale trouvée au n° 105 pour un plan diamétral,

$$m \frac{d\Phi}{dx} + n \frac{d\Phi}{dy} + \frac{d\Phi}{dz} = 0,$$

c'est-à-dire ici

$$(3) \qquad m P x + n P' y + P'' z = 0,$$

et j'obtiens par là les relations

$$\frac{m\,P}{R} = \frac{n\,P'}{S} = \frac{P''}{T},$$

d'où je tirerai pour m et n des valeurs qui détermineront le diamètre OZ′ par les équations

(4) $\qquad\qquad x = mz, \quad y = nz.$

Cela posé, les plans qui seront conjugués avec ABD devront évidemment passer, d'après leur définition, par la ligne OZ′; et ils couperont le plan ABD suivant deux droites inconnues OX′, OY′, telles que si je les prends avec OZ′ pour axes coordonnés obliques, l'équation de la surface ne renfermera que *des puissances paires* des trois variables (n° 102), et se présentera sous la forme

(5) $\qquad\qquad A x'^2 + A' y'^2 + A'' z'^2 = K;$

mais si alors on posait $z' = 0$, le résultat

$$A x'^2 + A' y'^2 = K$$

serait l'équation de la section ABD rapportée aux axes inconnus OX′, OY′. Or, par sa forme elle prouve que ces axes doivent être *deux diamètres conjugués* quelconques de la courbe ABD; d'où il suit qu'en traçant à volonté deux diamètres de ce genre, on déterminera trois plans X′OY′, X′OZ′, Y′OZ′, qui seront conjugués dans la surface. Le nombre des systèmes qui auront de communs le diamètre OZ′ et le plan ABD sera donc infini; et les mêmes conséquences se reproduiront pour les diverses positions que l'on voudra donner à ce premier plan diamétral ABD.

229. On doit observer, 1° que quand le plan diamétral ABD sera perpendiculaire à un des plans principaux

de la surface, le diamètre conjugué OZ′ sera nécessairement dans ce plan principal; cela résulte évidemment de
la forme que prennent alors les équations (3) et (4);
2° qu'en laissant quelconque la direction du plan ABD,
les deux autres plans conjugués avec lui pourront passer
par les axes principaux de cette section, et alors, parmi
les trois diamètres conjugués OX′, OY′, OZ′, les deux
premiers seulement seront perpendiculaires entre eux;
3° si l'on choisit pour le plan ABD une des trois sections
principales de la surface, le diamètre correspondant OZ′
deviendra nécessairement un axe principal, et les deux
angles Z′OX′, Z′OY′ seront droits, tandis que le troisième, X′OY′, pourra être quelconque. Mais on peut
affirmer que jamais les trois diamètres ne seront à la fois
perpendiculaires, chacun sur les deux autres, qu'autant
qu'ils coïncideront avec le système des *axes principaux*,
lequel est unique (n° 118) tant que la surface n'est pas
de révolution.

230. Dans l'hyperboloïde à une nappe, le premier
plan diamétral ABD pourrait se trouver dirigé parallèlement aux sections paraboliques; et alors la courbe ABD
se réduirait à deux droites; mais un pareil plan ne pourrait servir à former un système de plans conjugués, car le
diamètre OZ′, qui lui correspondrait, serait (n° 194) situé lui-même dans le plan sécant ABD.

Quant à l'hyperboloïde à deux nappes, le plan ABD
mené par le centre pourrait donner une section imaginaire; mais alors il suffirait évidemment de prendre OX′
et OY′ parallèles à deux diamètres conjugués d'une section réelle, faite par un plan parallèle à ABD; car en
posant dans l'équation (5), $z′ = h$ au lieu de $z′ = o$, les
mêmes raisonnements sont applicables.

231. D'après les relations trouvées n°s 228 et 229, entre trois diamètres conjugués, on peut facilement étendre aux surfaces du second ordre les propriétés connues dont jouissent les carrés et les parallélogrammes construits sur les diamètres conjugués des courbes de cet ordre.

Soient OX, OY, OZ, les directions des axes princi- FIG. 30 bis.
paux a, b, c d'une surface du second degré, ces axes pouvant être *tous réels*, ou quelques-uns *imaginaires*; la surface sera représentée par l'équation

$$\frac{x^2}{a^2} + \frac{y^2}{b^2} + \frac{z^2}{c^2} = 1,$$

et aussi par

$$\frac{x'^2}{a'^2} + \frac{y'^2}{b'^2} + \frac{z'^2}{c'^2} = 1,$$

si on la rapporte à trois diamètres conjugués quelconques,

$$OX' = a', \quad OY' = b', \quad OZ' = c'.$$

Cela posé (*), si nous substituons à ce dernier système les trois diamètres

$$OX'' = a'', \quad OY'' = b'', \quad OZ' = c',$$

dont les deux premiers soient conjugués entre eux dans le plan X'OY', et dont l'un, a'', soit l'intersection de ce plan avec XOY, nous obtiendrons un second système de trois diamètres conjugués dans la surface (n° 228); mais les diamètres a' et b', a'' et b'', appartenant à la même courbe (savoir: la section de la surface par le plan X'OY'), auront entre eux la relation connue

(6) $$a'^2 + b'^2 = a''^2 + b''^2,$$

(*) Cette démonstration est de M. J. Binet. (Voyez *Correspondance sur l'École Polytechnique*, vol. II, page 79.)

et l'on doit remarquer que le plan Y″OZ′ contiendra
(n° 229) l'axe OZ, puisque le diamètre OX″ est dans le
plan principal XOY. Maintenant, nous continuerons d'a-
voir trois droites conjuguées, si, en gardant OX″ = a″,
nous remplaçons les autres b″ et c′, par deux nouveaux
diamètres conjugués situés dans le même plan Z′OY″, et
dont l'un, OY‴ = b‴, soit l'intersection de ce plan avec
XOY; mais alors a″ et b‴ se trouvant tous deux dans le
plan principal XOY, le conjugué de b‴ devra (n° 229)
coïncider avec l'axe principal OZ = c; de sorte que ce
troisième système

$$OX'' = a'', \quad OY''' = b''', \quad OZ = c,$$

ayant avec le précédent un diamètre commun, donnera,
entre les autres qui appartiennent à la même courbe,
dans le plan Z′OY″ ou ZOY‴, la relation

$$(7) \qquad\qquad b''^2 + c'^2 = b'''^2 + c^2.$$

Enfin, si nous comparons ce troisième système avec celui
des axes principaux,

$$OX = a, \quad OY = b, \quad OZ = c,$$

il y aura un diamètre commun, et les autres se trouvant
conjugués deux à deux dans la section faite par le plan
XOY, fourniront la relation

$$(8) \qquad\qquad a''^2 + b'''^2 = a^2 + b^2;$$

de sorte qu'en ajoutant membre à membre les équations (6), (7) et (8), il viendra

$$(9) \qquad\qquad a'^2 + b'^2 + c'^2 = a^2 + b^2 + c^2,$$

résultat qui démontre que dans une surface du second

ordre, *la somme des carrés de trois diamètres conjugués quelconques est constante, et égale à la somme des carrés des trois axes principaux.* Toutefois, quand un ou deux des axes seront imaginaires, il y aura évidemment, parmi les trois diamètres conjugués, un même nombre de diamètres qui seront imaginaires, et il faudra changer le signe du carré de ces axes et de ces diamètres dans l'équation (9).

232. On peut démontrer, par les mêmes considérations, que *le volume du parallélipipède construit sur trois diamètres conjugués est égal au volume de celui qui serait construit sur les trois axes principaux.* Employons en effet la même succession de diamètres que ci-dessus, et en désignant chaque parallélipipède par ses trois arêtes, nous aurons d'abord

$$\text{vol. } (a', b', c') = \text{vol. } (a'', b'', c');$$

car ces deux corps ont la même hauteur, et des bases équivalentes, qui sont les parallélogrammes construits sur les deux systèmes de diamètres conjugués a' et b', a'' et b'', lesquels appartiennent à la même courbe située dans le plan $X'OY'$. Par des raisons semblables, on trouvera que

$$\text{vol. } (a'' b'', c') = \text{vol. } (a'', b''', c) = \text{vol. } (a, b, c);$$

d'où l'on conclura

$$\text{vol. } (a', b', c') = \text{vol. } (a, b, c).$$

On verra, au chapitre des plans tangents, que les parallélipipèdes ainsi formés sont tous *circonscrits* à la surface du second ordre.

233. Quant aux surfaces dépourvues de centre, et

12.

comprises dans l'équation à coordonnées rectangulaires

$$(10) \qquad p'y^2 + pz^2 = pp'x,$$

la formule générale du plan diamétral devenant ici

$$(11) \qquad 2p'ny + 2pz = pp'm,$$

montre que tous les plans de ce genre sont parallèles à l'axe OX; et, par suite, leurs intersections mutuelles, que l'on nomme les *diamètres* de la surface, étant des droites parallèles entre elles, ne peuvent servir à former un système d'axes coordonnés : ou bien, *trois plans diamétraux* choisis comme on voudra, *ne peuvent jamais être conjugués entre eux* (n° 102). Mais si l'on veut trouver trois plans coordonnés obliques analogues à ceux de l'équation (10), c'est-à-dire dont *deux soient diamétraux,* et tels que chacun de ceux-ci soit conjugué avec les cordes parallèles à l'intersection des deux autres, on se donnera à volonté un premier plan diamétral de la forme

$$(12) \qquad . \qquad Ry + Sz = T,$$

Fig. 31 lequel coupera nécessairement la surface suivant une parabole AO′B; puis, en identifiant les équations (11) et (12), on calculera les constantes m et n qui déterminent la direction des cordes conjuguées avec AO′B. Cela posé, en menant par un point arbitraire O′ un axe O′Z′ parallèle à ces cordes, les deux autres plans cherchés devront passer par O′Z′ et couper le plan AO′B suivant deux lignes inconnues O′X′, O′Y′, telles que l'équation de la surface rapportée à ces axes ne renferme pas de puissances impaires de y ni de z, ou bien qu'elle ait la forme

$$P'y'^2 + P''z'^2 = Qx';$$

or, si l'on y pose $z' = 0$, on trouve pour la courbe AO′B,

$$\mathrm{P}'y'^2 = \mathrm{Q}\,x',$$

équation dont la forme prouve que les deux axes inconnus OX′ et OY′ doivent être formés par un diamètre de la
parabole AO′B, et par la tangente correspondante. Par
là, la position du second plan diamétral Z′O′X′ est déterminée, ainsi que celle du troisième plan coordonné
Z′O′Y′; mais comme le point O′ avait été choisi arbitrairement sur la parabole AO′B, il y aura une infinité de
systèmes qui auront de commun le plan de cette courbe.
On peut d'ailleurs reconnaître que le plan non diamétral Z′O′Y′ est tangent à la surface, puisqu'il passe par
deux tangentes. (*Voyez* chap. XIII.)

CHAPITRE XII.

234. Nous nous proposons ici d'établir des caractères qui, sans recourir à la transformation des coordonnées, puissent faire distinguer le genre et la forme particulière d'une surface du second ordre, représentée par une équation en coordonnées *rectangulaires* ou *obliques,* dont les coefficients sont des nombres connus et réels. Soit cette équation

$$(1) \quad \begin{cases} A\,x^2 + A'\,y^2 + A''\,z^2 + 2\,B\,yz + 2\,B'\,zx + 2\,B''\,xy \\ + 2\,C\,x + 2\,C'\,y + 2\,C''\,z + E = 0\,; \end{cases}$$

avant tout, il faudra chercher, d'après la marche indiquée au n° 95, si la surface admet un centre, et calculer les coordonnées de ce point. On égalera donc à zéro les trois *dérivées* du premier membre de l'équation (1), en posant

$$(2) \qquad A\,x_i + B'\,z_i + B''\,y_i + C = 0\,;$$

$$(3) \qquad A'\,y_i + B\,z_i + B''\,x_i + C' = 0\,,$$

$$(4) \qquad A''\,z_i + B\,y_i + B'\,x_i + C'' = 0\,;$$

d'où l'on déduira pour les coordonnées du centre,

$$x_i = \frac{N}{D}, \quad y_i = \frac{N'}{D}, \quad z_i = \frac{N''}{D},$$

valeurs dans lesquelles

$$D = AB^2 + A'\,B'^2 + A''\,B''^2 - AA'A'' - 2\,BB'B'',$$

et où les numérateurs auraient une forme que nous avons citée au n° 95, mais qui n'est pas utile à rappeler ici, parce qu'il sera toujours plus simple, dans chaque exemple donné, de résoudre *directement* les équations numériques (2), (3), (4), que de recourir à des formules littérales où l'on rencontre quelquefois des indéterminations qui ne sont qu'apparentes. Cela posé, comme les coordonnées du centre peuvent être toutes *finies et déterminées*, ou bien quelques-unes se trouver *infinies* ou *indéterminées*, nous partagerons la discussion en deux cas principaux.

$$\text{PREMIER CAS}: D \gtrless 0.$$

235. Dans ce cas, la surface (1) admet *un centre unique*; et si l'on y transporte les axes parallèlement à eux-mêmes, son équation deviendra

$$(5) \quad A x^2 + A' y^2 + A'' z^2 + 2 B yz + 2 B' zx + 2 B'' xy = H,$$

où nous savons (n° 95) que tous les coefficients sont les mêmes que dans (1), excepté le terme constant H qui, passé dans le second membre, aurait pour valeur

$$H = - \left\{ \begin{array}{l} A x_1^2 + A' y_1^2 + A'' z_1^2 + 2 B y_1 z_1 + 2 B' z_1 x_1 \\ + 2 B'' x_1 y_1 + 2 C x_1 + 2 C' y_1 + 2 C'' z_1 + E. \end{array} \right.$$

Mais cette expression peut être beaucoup réduite, en vertu des équations (2), (3) et (4); car si l'on multiplie ces dernières respectivement par x_1, y_1, z_1, et qu'on les ajoute à la valeur de H, celle-ci deviendra

$$H = - C x_1 - C' y_1 - C'' z_1 - E,$$

expression facile à calculer quand on connaîtra les valeurs numériques des coordonnées x_1, y_1, z_1. D'ailleurs, pour abréger la discussion, nous admettrons toujours dans ce qui va suivre, qu'on a eu soin de rendre *positif dans le second membre* le terme constant H.

236. Cela posé, si la quantité H se trouve nulle, la surface proposée est *un cône* ou *un point unique*. En effet, si nous combinions l'équation (5) privée de second membre, avec celle d'un plan quelconque mené par l'origine,

$$z = a x + b y,$$

il est bien clair, sans effectuer les calculs, que le résultat aurait la forme homogène

$$a y^2 + b x y + c x^2 = 0, \quad \text{d'où} \quad \frac{y}{x} = p \pm \sqrt{q}.$$

Or, ces valeurs constantes prouvent que toutes les sections sont composées de *deux droites passant toujours par l'origine;* ainsi la surface est bien un cône, lequel néanmoins se réduirait à un point unique $x = 0$, $y = 0$, $z = 0$, si le radical était constamment imaginaire, quels que fussent α et b. Mais ce dernier cas se distinguera tout de suite, et sans calculer le radical qui précède, en examinant si un plan tel que $z = k$ donne une section imaginaire.

237. Lorsque le terme constant H ne sera pas nul, l'équation (5) ne pourra représenter qu'un ellipsoïde ou l'un des deux hyperboloïdes, surfaces qui diffèrent les unes des autres par le nombre des *axes réels* ou *imaginaires* qu'elles admettent. Nous allons donc chercher une relation entre ces axes et les coefficients de l'équation (5), en supposant d'abord que *les coordonnées sont rectangulaires;* mais nous ferons voir ensuite que les règles obtenues ainsi, s'appliquent également aux coordonnées obliques.

Les *axes* d'une surface étant (n° 104) les intersections mutuelles des plans principaux, ne sont autre chose que *les trois cordes principales* qui passent par le centre, et dont la direction est déterminée par les coefficients angulaires m et n employés au n° 109. Ainsi, une quelconque de ces trois cordes sera représentée par les équations

$$x = mz, \quad y = nz,$$

et en les combinant avec (5), on obtiendra pour le point de rencontre avec la surface proposée,

$$z^2 = \frac{H}{A\,m^2 + A'\,n^2 + A'' + 2\,B\,n + 2\,B'\,m + 2\,B''\,mn};$$

d'où il suit qu'en appelant R la longueur de cette demi-corde principale, *réelle* ou *imaginaire*, on aura pour le carré d'un quelconque des trois *demi-axes* de la surface,

$$R^2 = x^2 + y^2 + z^2 = (m^2 + n^2 + 1)\,z^2,$$

ou bien

$$(6) \quad R^2 = \frac{H(m^2 + n^2 + 1)}{A\,m^2 + A'\,n^2 + A'' + 2\,B\,n + 2\,B'\,m + 2\,B''\,mn}.$$

Maintenant les valeurs des constantes m et n, ainsi que celle de l'inconnue auxiliaire s dont nous avons fait dépendre les premières, sont déterminées (n° 109) par les équations

$$(7) \qquad A\,m + B' \;\; + B''\,n = ms,$$

$$(8) \qquad A'\,n + B \;\; + B''\,m = ns,$$

$$(9) \qquad A'' \;\; + B\,n + B'\,m = s,$$

lesquelles nous ont conduit par l'élimination de m et n, à la suivante :

$$(10) \quad \begin{cases} s^3 - s^2(A + A' + A'') - s\left(\overline{B''^2 - AA'} + \overline{B'^2 - AA''} + \overline{B^2 - A'A''}\right) \\ + (AB^2 + A'B'^2 + A''B''^2 - AA'A'' - 2\,BB'B'') = 0. \end{cases}$$

Mais si l'on ajoute les équations (7), (8) et (9), après avoir multiplié la première par m et la seconde par n, on trouve aussi

$$s = \frac{Am^2 + A'n^2 + A'' + 2Bn + 2B'm + 2B''mn}{m^2 + n^2 + 1},$$

résultat qui, comparé avec la formule (6), conduit à la relation bien remarquable

(11) $$s = \frac{H}{R^2}.$$

On voit par là que les trois racines de l'équation (10) sont toujours

$$s' = \frac{H}{a^2}, \quad s'' = \frac{H}{b^2}, \quad s''' = \frac{H}{c^2},$$

en désignant par a, b, c, les valeurs *analytiques* des trois demi-axes de la surface (5), c'est-à-dire les distances du centre aux points *réels* ou *imaginaires* où cette surface rencontre ses trois diamètres principaux; de sorte que si l'on prenait la peine de résoudre l'équation (10), on pourrait calculer aisément les longueurs des trois axes, et fixer ensuite leurs positions au moyen des valeurs de m et n qui correspondraient dans (7) et (8) à chaque racine de s. Mais, pour le but que nous nous proposons ici, il suffit d'observer que l'expression analytique de chacun des demi-axes ne pouvant avoir que la forme α ou $\alpha\sqrt{-1}$, le carré R^2 n'aura que des valeurs *réelles*, et positives ou négatives; d'où il résulte : 1° que *l'équation* (10) *a toujours ses trois racines réelles*, ainsi que nous l'avions déjà prouvé dans la note du n° 109; 2° que *chaque racine positive indique l'existence d'un axe réel*, et que *chaque racine positive correspond à un axe imaginaire*, puisque nous avons admis que le terme H avait été rendu positif. Or, comme le nombre des racines positives ou négatives peut être fixé par la règle de *Descartes*, à l'inspection seule de l'équation (10), et sans la résoudre, nous déduirons de là les règles pratiques qui suivent.

238. Avec les coefficients numériques de l'équation (5) dans laquelle on aura soin préalablement de rendre *positif* le terme constant H passé dans le second membre, on formera immédiatement l'équation (10), et l'on examinera quel est le nombre de variations et de permanences de signes que présentent ses différents termes :

1°. Si l'équation (10) offre *trois variations,* toutes ses racines sont certainement positives; donc alors la surface (5) admettra *trois axes réels,* et sera un ELLIPSOÏDE.

2°. Si l'équation (10) renferme *deux variations* et une permanence, elle aura deux racines positives et une négative; d'où l'on conclura que la surface (5) admet alors *deux axes réels* et *un axe imaginaire* : ainsi c'est un HYPERBOLOÏDE *à une nappe.*

3°. Lorsque l'équation (10) offrira *une variation* et *deux permanences,* elle aura une racine positive et deux négatives; par conséquent, la surface (5) ayant alors *un seul axe réel* et *deux imaginaires,* sera un HYPERBOLOÏDE *à deux nappes.*

4°. Enfin, quand l'équation (10) ne présentera que des *permanences* de signes, toutes ses racines seront négatives, et, par suite, les axes de la surface (5) seront *tous trois imaginaires;* d'où l'on conclura que *cette surface est totalement imaginaire,* et que l'équation (5) est impossible, aussi bien que l'équation (1) donnée primitivement (*).

(*) Ce mode de discussion avait été indiqué d'abord par M. Petit ;

239. *Ces règles sont aussi applicables aux coordonnées obliques.* — En effet, concevons que la surface S à laquelle appartient l'équation (5) en coordonnées obliques,
soit construite; puis, pour chaque point M (*fig.* 1)
de cette surface, faisons tourner les deux coordonnées
$DC = y$, $CM = z$, de manière à les rendre perpendiculaires entre elles et sur $OD = x$ qui restera immobile. Par
là le point M viendra occuper une autre position M′ dont
les coordonnées rectangulaires x', y', z' auront les mêmes grandeurs que x, y, z; or l'ensemble de tous ces
nouveaux points M′ formera une seconde surface S′ qui
sera encore représentée évidemment par l'équation (5)
avec les mêmes coefficients, mais en y remplaçant x, y, z
par x' y', z', et je dis que cette surface S′, toujours du
second degré, sera *du même genre* que S. Car, si cette
dernière était un ellipsoïde, il est bien clair que S′ sera
aussi une surface fermée de toutes parts : si S était un
hyperboloïde à une nappe, S′ offrira pareillement une
nappe unique et indéfinie : enfin, quand S présentera
deux nappes séparées par un intervalle imaginaire depuis
$x = + a$ jusqu'à $x = - a$, il en sera évidemment de
même pour S′. Par conséquent, les règles du n° **238** appliquées directement à l'équation (5) en coordonnées
obliques, suffiront encore pour assigner *le genre* de la
surface S′ et, par suite, celui de S; mais *la position* et *la
grandeur* des axes de cette dernière ne seront plus fournies par les équations (7), (8), (10) et (11).

240. Voici quelques exemples de ces discussions numé-

mais il parvenait à la relation (11) en regardant les demi-axes comme les
valeurs *maximum* ou *minimum* des rayons vecteurs menés du centre. Or
cette propriété ne se vérifie pas avec une rigueur suffisante pour l'axe *moyen*
de l'ellipsoïde, ni pour les axes imaginaires des deux hyperboloïdes.

riques. Soit l'équation

$$x^2 + 2y^2 + 3yz - 2xy - 6x + 7y + 6z + 7 = 0;$$

en égalant à zéro les trois dérivées, on trouve

$$
\left.
\begin{aligned}
2x - 2y - 6 &= 0, \\
4y + 3z - 2x + 7 &= 0, \\
3y + 6 &= 0,
\end{aligned}
\right\}
\quad \text{d'où} \quad
\left\{
\begin{aligned}
x_1 &= 1, \\
y_1 &= -2, \\
z_1 &= 1.
\end{aligned}
\right.
$$

Ces coordonnées du centre étant substituées dans la proposée, donnent $H = 0$; ainsi la surface rapportée à son centre devient

$$x^2 + 2y^2 + 3yz - 2xy = 0,$$

et elle ne peut être qu'*un cône* ou *un point*. Mais en posant $z = k$, on obtient

$$x^2 - 2xy + 2y^2 + 3ky = 0,$$

d'où

$$x = y \pm \sqrt{-(y^2 + 3ky)};$$

cette section est une ellipse qui ne se réduit pas à *un point*, puisque les deux facteurs du radical sont *inégaux*; donc la surface est un cône. Ici cette conséquence pouvait se déduire de ce que l'équation est vérifiée par $x = 0$ et $y = 0$, ce qui montre déjà que la surface admet une ligne réelle, savoir : l'axe des z.

241. Soit encore l'équation

$$2x^2 + 5y^2 + 3z^2 + 2yz - 4zx - 2xy + 2x$$
$$+ 8y - 6z - 13 = 0;$$

les dérivées égalées à zéro, donnent

$$
\left.
\begin{aligned}
4x - 4z - 2y + 2 &= 0, \\
10y + 2z - 2x + 8 &= 0, \\
6z + 2y - 4x - 6 &= 0,
\end{aligned}
\right\}
\quad \text{d'où} \quad
\left\{
\begin{aligned}
x_1 &= 1, \\
y_1 &= -1, \\
z_1 &= 2,
\end{aligned}
\right.
$$

et le terme $H = 10$; de sorte que l'équation rapportée au centre devient

$$2x^2 + 5y^2 + 3z^2 + 2yz - 4zx - 2xy = 10.$$

Maintenant, si avec cette dernière on compose l'équation (10), on trouvera

$$s^3 - 10s^2 + 25s - 9 = 0,$$

et puisqu'elle offre trois variations de signes, j'en conclus que la surface qui nous occupe est un *ellipsoïde*.

242. Enfin, soit l'équation

$$yz + zx + xy - x - 2y - 3z + 2 + a = 0;$$

les trois dérivées égalées à zéro, donnent

$$\left. \begin{array}{l} z + y - 1 = 0, \\ z + x - 2 = 0, \\ y + x - 3 = 0, \end{array} \right\} \quad \text{d'où} \quad \left\{ \begin{array}{l} x_1 = 2, \\ y_1 = 1, \\ z_1 = 0, \end{array} \right.$$

et l'équation rapportée au centre devient, en supposant a positif,

$$-yz - zx - xy = a.$$

Maintenant si, pour former l'équation (10), on multiplie la précédente par 2, afin d'éviter les fractions, il viendra

$$s^3 - 3s + 2 = 0;$$

ici il manque un terme; mais si on le rétablit avec le coefficient ± 0, on trouve toujours le même nombre de variations et de permanences (il en doit être ainsi dans toute équation dont les racines sont réelles); d'où je conclus que la surface proposée est un *hyperboloïde à une nappe*.

Ce serait l'autre hyperboloïde, si a était négatif; parce

qu'alors il faudrait changer les signes des rectangles, pour rendre le second membre positif, conformément aux règles tracées dans le n° **238**.

DEUXIÈME CAS : $D = 0$.

243. Les surfaces qui remplissent cette condition sont dépourvues de centre, ou bien elles en admettent une infinité; ainsi elles ne peuvent être que des *paraboloïdes*, des *cylindres paraboliques*, des *cylindres elliptiques* ou *hyperboliques*, ou bien le système de *deux plans parallèles*. Cherchons donc des caractères propres à faire distinguer ces quatre genres les uns des autres, en partant de l'équation primitive (1) et des équations du centre (2), (3), (4); et comme les sections parallèles aux plans coordonnés nous seront utiles à considérer, observons ici que la nature de ces sections sera toujours indiquée par les signes des binômes

$$B''^2 - AA' = 6'', \quad B'^2 - AA'' = 6', \quad B^2 - A'A'' = 6,$$

qui sont analogues à $b^2 - 4ac$, dans les courbes du second degré. D'ailleurs puisque aucune des surfaces dont il s'agit ici, ne peut admettre à la fois des ellipses et des hyperboles, on doit prévoir que, pour une même surface donnée, ces trois binômes se trouveront *à la fois positifs* ou *à la fois négatifs*; ce qui n'exclut pas l'hypothèse, que tous ou quelques-uns soient nuls.

Ajoutons que toutes les règles qui vont suivre s'appliquent également aux coordonnées *obliques;* car nous ne nous appuierons que sur les équations (2), (3), (4), qui suffisent toujours (n° 95) pour déterminer les coordonnées du centre.

244. DANS UN PARABOLOÏDE, il doit arriver qu'*une*, au

moins, *des coordonnées du centre soit infinie;* ainsi la résolution immédiate des équations (2), (3), (4), devra conduire à une impossibilité, telle que $5 = 0$. Il semble même que les trois coordonnées devraient être toutes infinies ; mais si l'on observe que le paraboloïde n'est qu'une dégénération de l'ellipsoïde ou de l'hyperboloïde, dans lesquels les deux sections principales qui passent par un même axe réel se changeraient en paraboles, on sentira que le centre commun de ces deux courbes, en s'éloignant indéfiniment, n'a pas dû sortir de l'axe réel qui est devenu l'axe unique du paraboloïde. Or, si cette droite se trouve *parallèle* au plan coordonné XY par exemple, il est clair qu'on aura seulement $x_1 = \infty$ et $y_1 = \infty$, tandis que z_1 aura une valeur déterminée. De même, si l'axe principal du paraboloïde est *parallèle* à OX, les coordonnées y_1 et z_1 auront des valeurs déterminées, tandis que x_1 sera seul infini.

En second lieu, puisque les sections *paraboliques* ne peuvent être produites (n⁰ˢ 159 et 163) que par des *plans parallèles à l'axe* du paraboloïde, et qu'il est évidemment impossible que les *trois plans* coordonnés se trouvent *tous parallèles* à cette droite, il s'ensuit qu'ici les trois binômes 6, $6'$, $6''$ ne seront *jamais nuls* à la fois. Or, comme nous allons voir que les conditions précédentes ne se trouveront pas réunies simultanément dans les autres genres, nous pouvons en conclure que les caractères distinctifs des paraboloïdes sont les suivants :

une des équations du centre *impossible,*

un des binômes $(6, 6', 6'') \gtrless 0$;

d'ailleurs, si celui de ces binômes qui n'est pas nul se

trouve *négatif,* le paraboloïde sera *elliptique;* et il sera *hyperbolique*, si ce binôme est *positif.*

245. Dans un cylindre *parabolique*, une, au moins, des coordonnées du centre doit être *infinie;* c'est-à-dire que la résolution des équations (2), (3), (4) devra conduire à une impossibilité telle que $5 = 0$. Mais un plan quelconque ne pouvant ici donner pour section qu'une parabole, ou deux droites parallèles, ou une droite isolée, il arrivera nécessairement que les trois binômes 6, $6'$, $6''$ seront tous nuls. Par conséquent, les caractères distinctifs du genre actuel seront :

une des équations du centre *impossible*,

les trois binômes $(6, 6', 6'') = 0$.

246. Cylindre *elliptique* ou *hyperbolique.*—Une telle surface admet pour centres tous les points d'une même droite, ou *un axe central;* par conséquent, une des coordonnées du centre doit demeurer *arbitraire,* sans qu'aucune des autres soit infinie; c'est-à-dire que les valeurs de z et y, par exemple, tirées de deux des équations (2), (3), (4), doivent rendre identique la troisième équation, quel que soit z. En outre, comme les trois plans coordonnés ne sauraient être tous parallèles aux génératrices du cylindre, il devra arriver qu'un, au moins, des binômes 6, $6'$, $6''$ soit différent de zéro; et le signe de ce binôme fera distinguer si le cylindre est *elliptique* ou *hyperbolique.* Ainsi les caractères propres à ce genre sont :

les trois équations du centre *réduites à deux,*

un des binômes $(6, 6', 6'') \gtrless 0$;

d'ailleurs, si c'est $6''$ qui est différent de zéro, il faudra

13

poser $z = k$ dans l'équation (1), puis voir si cette section est *imaginaire*, ou se réduit à *un point*, ou bien se décompose en *deux droites;* car, dans le premier cas, le cylindre sera totalement *imaginaire*, dans le second il se réduira à *une droite unique*, et dans le troisième il sera le système de *deux plans non parallèles.*

247. Deux plans *parallèles.* — Dans ce cas, il existe un *plan central* dont tous les points sont des centres; ainsi deux des coordonnées doivent demeurer *arbitraires,* ce qu'on reconnaîtra lorsque la valeur de x, par exemple, tirée de l'une des équations (2), (3), (4), vérifiera les deux autres, quels que soient y et z. D'ailleurs toutes les sections planes ne pouvant offrir ici que deux droites parallèles, il arrivera que les trois binômes 6, $6'$, $6''$ seront tous nuls. On a donc, pour distinguer le genre actuel, les caractères suivants :

> Les trois équations du centre *réduites à deux,*
>
> les trois binômes $(6, 6', 6'') = 0$;

en outre, comme les deux plans pourraient être *confondus,* ou se trouver *imaginaires,* il faudra couper la surface (1) par un plan tel que $z = k$ ou $y = k'$, pour voir si la section offre deux droites confondues, ou deux droites imaginaires.

248. Exemples. — Soit l'équation

$$x^2 - 2y^2 - 3yz + 3zx + xy + 4z = 0;$$

les dérivées égalées à zéro, donnent

$$2x + 3z + y = 0,$$
$$-4y - 3z + x = 0,$$
$$-3y + 3x + 4 = 0;$$

et comme la dernière, retranchée des deux autres, conduit à $4 = 0$, cette équation impossible montre que la surface est dépourvue de centre. Ensuite, on trouve

$$B''^2 - AA' = \left(\tfrac{1}{2}\right)^2 + 2 ;$$

résultat qui, étant différent de zéro et positif, montre que la surface est un paraboloïde hyperbolique.

249. Soit encore

$$x^2 + y^2 + 9z^2 + 6yz - 6zx - 2xy + 2x - 4z = 0 ;$$

les trois dérivées donnent les équations

$$2x - 6z - 2y + 2 = 0,$$
$$2y + 6z - 2x \quad\;\; = 0,$$
$$18z + 6y - 6x - 4 = 0 ;$$

et comme les deux premières conduisent à $2 = 0$, cette impossibilité annonce que la surface est dépourvue de centre. Mais ici l'on trouve

$$B''^2 - AA' = 0, \quad B'^2 - AA'' = 0, \quad B^2 - A'A'' = 0 ;$$

d'où il faut conclure que la surface est un cylindre parabolique.

250. Dans l'exemple suivant

$$x^2 + 3y^2 + 4z^2 - 6yz - 2zx = a,$$

les trois dérivées donnent les équations

$$2x - 2z = 0,$$
$$6y - 6z = 0,$$
$$8z - 2x - 6y = 0.$$

Or, comme la troisième est vérifiée identiquement par les

13.

valeurs

$$x = z, \quad y = z,$$

tirées des autres, j'en conclus que les équations du centre *se réduisent à deux* qui représentent une droite, et qu'ainsi la surface est *un cylindre à centres.* D'ailleurs, en posant dans la proposée $z = k$ ou $z = 0$, on trouve

$$x^2 + 3y^2 = a;$$

de sorte que si a est positif, la surface est un cylindre à base elliptique : si $a = 0$, la section se réduit à un point, et la surface à *une droite unique;* enfin, si a est négatif, la section est *imaginaire,* et il en est de même de la surface proposée.

251. Considérons enfin l'équation

$$x^2 + 4y^2 + z^2 + 4yz - 2zx - 4xy + 3x - 6y - 3z = 0;$$

les dérivées donnent

$$2x - 2z - 4y + 3 = 0,$$
$$y + 4z - 4x - 6 = 0,$$
$$2z + 4y - 2x - 3 = 0;$$

et comme ces trois équations se réduisent à *une seule,* le lieu des centres est un plan, et la surface proposée ne peut être que le système de deux plans parallèles au plan central. D'ailleurs, en coupant cette surface par le plan $z = 0$, on trouve une équation qui, résolue par rapport à x, donne

$$x = \frac{4y - 3}{2} \pm \frac{3}{2};$$

la section est donc formée de deux droites *distinctes* et *réelles;* par conséquent, la surface est bien le système de *deux plans parallèles* qui ne sont pas confondus. En effet, si l'on résout l'équation primitive par rapport à une des variables, on trouve qu'elle se décompose ainsi :

$$(x - 2y - z)(x - 2y - z + 3) = 0,$$

ce qui justifie la conséquence énoncée ci-dessus.

Du cas où la surface est de révolution.

252. Pour compléter la discussion de l'équation générale

$$(1) \quad \begin{cases} A x^2 + A' y^2 + A'' z^2 + 2B yz + 2B' zx + 2B'' xy \\ \qquad + 2C x + 2C' y + 2C'' z + E = 0, \end{cases}$$

nous allons chercher à quels caractères on peut reconnaître que la surface est *de révolution*. Dans une telle surface, toutes les sections perpendiculaires à une certaine droite, sont *des cercles dont les centres se trouvent sur cet axe de révolution;* or, si l'on trace dans ces cercles des cordes parallèles entre elles, et sous *une direction arbitraire* du reste, il est clair que le plan mené par l'axe de révolution, perpendiculairement à ces cordes, les divisera toutes en deux parties égales, et sera *un plan principal.* Réciproquement, si tous les plans menés par une même droite sont *principaux*, les sections perpendiculaires à cette droite seront des cercles ayant leurs centres sur cet axe; car, parmi les courbes du second degré, il n'y a que le cercle qui admette pour *diamètres principaux* toutes les droites menées d'un même point. De là je conclus que pour que la surface (1) soit de révolution, il faut et il suffit : 1° qu'il existe une infinité de systèmes de cordes principales, qui soient *tous parallèles à un même plan;* 2° qu'en même temps les plans diamétraux, conjugués avec ces divers systèmes, se trouvent *à une distance finie* et déterminée ; car, sans cette dernière condition, la première serait vérifiée analytiquement par les cylindres paraboliques. D'ailleurs, il arrivera, par une conséquence nécessaire, ainsi qu'on va le voir, que ces plans principaux, en nombre infini, se couperont tous suivant une droite unique, qui sera l'axe de révolution.

253. D'un point quelconque, par exemple l'origine des coordonnées que nous supposons *rectangulaires*, menons une corde principale

$$(15) \qquad\qquad x = mz, \quad y = nz;$$

les constantes m et n seront déterminées par les équations déjà citées,

$$(16) \qquad \begin{cases} A\,m + B''\,n + B' = ms, \\ A'\,n + B''\,m + B\ \ = ns, \\ A''\ \ + B'\,m + B\,n = s, \end{cases}$$

lesquelles conduisent, comme on sait (n° 109), à l'équation du troisième degré

$$(17) \quad \begin{cases} (s - A)(s - A')(s - A'') - B^2(s - A) - B'^2(s - A') \\ - B''^2(s - A'') - 2\,BB'B'' = 0. \end{cases}$$

Par conséquent, chaque racine de celle-ci, mise dans les équations (16), les réduira à *deux distinctes* qui donneront les valeurs de m et de n, que l'on devrait ensuite porter dans les formules (15) ; ou bien, si l'on tire de ces dernières m et n, pour les substituer dans (16), la corde principale menée de l'origine pourra être représentée par *deux* quelconques des trois équations

$$(18) \qquad \begin{cases} (A - s)x + B''y + B'z = 0, \\ (A' - s)y + B''x + Bz = 0, \\ (A'' - s)z + B'x + By = 0. \end{cases}$$

Cela posé, si la surface (1) est de révolution, il doit arriver, pour remplir la première condition énoncée au numéro précédent, qu'une au moins des racines de (17) soit telle, *qu'elle réduise les équations* (18) *à une seule distincte*, qui représentera un plan dans lequel toutes les cordes menées à volonté seront des cordes principales. Ainsi, en appelant s' cette racine, elle devra vérifier les relations

$$\frac{A - s'}{B''} = \frac{B''}{A' - s'} = \frac{B'}{B},$$

$$\frac{A - s'}{B'} = \frac{B''}{B} = \frac{B'}{A'' - s'},$$

d'où résultent DEUX *équations de condition*, avec la valeur de s', savoir :

$$(19) \qquad A - \frac{B'B''}{B} = A' - \frac{BB''}{B'} = A'' - \frac{BB'}{B''} = s'.$$

Cette valeur de s' satisfait bien à l'équation (17), qui d'ailleurs admet une seconde racine $s'' = s'$; car, en tirant des relations (19) les expressions de A, A', A'', en fonction de s', pour les substituer dans (17), cette équation prend la forme

$$(s - s')^2 \left(s - s' - \frac{B'B''}{B} - \frac{BB''}{B'} - \frac{BB'}{B''} \right) = 0;$$

d'où l'on conclut que, quand les deux conditions (19) sont vérifiées, il y a *deux* des trois systèmes de cordes principales qui peuvent être dirigés d'une manière arbitraire *dans* le plan, ou *parallèlement* au plan,

$$(20) \qquad B'B''x + BB''y + BB'z = 0,$$

forme à laquelle se réduisent alors les trois équations (18).

254. Il reste encore à exprimer que les plans diamétraux conjugués avec ces divers systèmes de cordes se trouvent *à une distance finie* et déterminée. Or, un de ces plans sera donné (n° 105) par la formule générale

$$(Am + B''n + B')x + (A'n + B''m + B)y + (A'' + B'm + Bn)z$$
$$+ Cm + C'n + C'' = 0,$$

qui, pour la racine $s = s'$ que nous considérons ici, et d'après les relations (16), devient

$$(21) \qquad (s'x + C)m + (s'y + C')n + (s'z + C'') = 0.$$

Alors on voit que pour que ce plan ne se trouve pas à une distance infinie, il faut que la quantité s' ne soit pas nulle ; de sorte que les conditions qui expriment complétement que la surface (1) est de révolution, sont les suivantes :

$$(22) \qquad A - \frac{B'B''}{B} = A' - \frac{BB''}{B'} = A'' - \frac{BB'}{B''} \gtrless 0.$$

255. Maintenant, cherchons *l'axe de révolution*, qui doit être l'intersection commune de tous les plans renfermés dans la formule (21). Ici les quantités m et n qui, pour chaque valeur de s, devaient être déterminées par deux des équations (16), ne sont plus que liées entre elles par la relation unique

$$(23) \qquad B'B''\, m + BB''\, n + BB' = 0,$$

à laquelle se réduisent ces équations (16) pour la racine $s = s'$ qui vérifie les relations (19) ; de sorte qu'en éliminant n entre (21) et (23), tous les plans diamétraux qui correspondent à cette racine seront donnés par l'équation

$$[B(s'x + C) - B'(s'y + C')]m = B'(s'y + C') - B''(s'z + C''),$$

où m demeure arbitraire. Donc, pour avoir une droite.

commune à tous ces plans, quel que soit m, il suffit d'é-
galer à zéro chacun des deux membres, ce qui donne les
relations

$$B(s'x + C) = B'(s'y + C') = B''(s'z + C'');$$

par conséquent, ce sont là les équations de l'axe de révolution de la surface. Si, maintenant, on divise tous
les termes par s', et qu'on y substitue les diverses valeurs
de cette quantité, fournies par les formules (19), les
équations de l'axe de révolution prendront la forme

$$(24)\ B\left(x + \frac{BC}{AB - B'B''}\right) = B'\left(y + \frac{B'C'}{A'B' - BB''}\right) = B''\left(z + \frac{B''C''}{A''B'' - BB'}\right),$$

où l'on reconnait bien une droite perpendiculaire au
plan (20), et qui indique la direction du troisième système de cordes principales, lequel doit toujours être perpendiculaire aux deux autres (n° 123).

256. Toutefois, il est nécessaire d'observer que quand
l'équation proposée (1) est privée de plusieurs rectangles, les conditions générales (22) prennent une forme in-
certaine, et même deviendraient entièrement *illusoires*,
si l'on avait chassé les dénominateurs, *comme on le fait
ordinairement;* car alors elles seraient toutes satisfaites
par les hypothèses $B = B' = o$, qui cependant ne suffisent
pas pour que la surface soit de révolution.

Il faut donc toujours conserver les conditions sous la
forme (22); et pour le cas où l'on a, par exemple, $B = o$
et $B' = o$, remarquer qu'elles se réduisent à

$$(25)\qquad A - \frac{B'}{B}B'' = A'',\quad A' - \frac{B}{B'}B'' = A'',$$

relations entre lesquelles on peut éliminer le rapport $\frac{B'}{B}$

qui cause l'indétermination, et par là on trouve

$$(26) \qquad (A - A'')(A' - A'') = B''^2 \quad \text{avec} \quad A'' \gtrless o,$$

pour les véritables conditions qui expriment que la surface est de révolution, dans l'hypothèse admise. Nous exigeons que A'' soit différent de zéro, parce que c'est alors la valeur de la racine s', laquelle ne doit pas être nulle, pour que les plans diamétraux (21) se trouvent à une distance finie et déterminée. Au surplus, on obtiendrait directement les relations (26), en remontant aux équations (18), dans lesquelles on ferait $B = o$ et $B' = o$; mais il était bon de faire voir que ce cas particulier était compris dans les conditions (22), qui sous la forme que nous leur donnons ici, n'induiront jamais en erreur, et avertiront du moins des transformations qu'exigent les diverses hypothèses particulières.

Dans le cas où l'on aurait $B = B'' = o$, ou bien $B' = B'' = o$, on trouverait de même les conditions

$$(27) \qquad (A - A')(A'' - A') = B'^2 \quad \text{avec} \quad A' \gtrless o,$$

$$(28) \qquad (A' - A)(A'' - A) = B^2 \quad \text{avec} \quad A \gtrless o.$$

Quant à l'axe de révolution représenté en général par les équations (24), le dernier membre donne d'abord, pour l'hypothèse $B = B' = o$,

$$z + \frac{C''}{A''} = o;$$

ensuite, les deux premiers membres, débarrassés des facteurs $\frac{B}{B'}$, $\frac{B'}{B}$, dont les valeurs sont fournies par les relations (25), conduiront à cette seconde équation,

$$y + \frac{C'}{A''} = \frac{A' - A''}{B''}\left(x + \frac{C}{A''}\right)$$

$$= \frac{B''}{A - A''}\left(x + \frac{C}{A''}\right).$$

On trouverait des résultats semblables pour les hypothèses $B = B'' = 0$ ou $B' = B'' = 0$.

257. Enfin, si l'on suppose à la fois $B = B' = B'' = 0$, les conditions (22) avertissent encore, par leur forme indéterminée, qu'il faut leur faire subir quelque transformation ; et en partant des relations (26), (27), (28), auxquelles nous les avons déjà ramenées, quand deux rectangles seulement étaient nuls, on trouvera que pour le cas actuel, les équations qui expriment que la surface est de révolution, et celles qui déterminent son axe, sont

$$A' = A'' \gtrless 0, \quad A''y + C' = 0, \quad A''z + C'' = 0,$$

ou

$$A = A'' \gtrless 0, \quad Ax + C = 0, \quad Az + C'' = 0,$$

ou bien

$$A = A' \gtrless 0, \quad Ax + C = 0, \quad Ay + C' = 0.$$

Au surplus, dans l'hypothèse admise ici, la forme de l'équation proposée (1) rend ces conditions bien faciles à obtenir par un calcul direct.

CHAPITRE XIII.

DES PLANS TANGENTS AUX SURFACES COURBES.

258. Si par un point donné sur une surface quelconque, on y trace tant de courbes que l'on voudra, et qu'on leur mène des tangentes par le point en question, *toutes ces droites se trouveront* en général *dans un seul et même plan*, que l'on nomme le plan tangent de la surface : mais cette proposition a besoin d'être expressément démontrée ; car on ne voit pas *à priori* pourquoi ces diverses tangentes ne formeraient pas un cône, comme cela arrive effectivement pour quelques points singuliers de certaines surfaces (*voyez* la *Géométrie descriptive*, n° **97**).

259. Considérons d'abord les surfaces du second ordre, que nous prendrons, pour abréger les calculs, sous la forme suivante qui les comprend toutes :

$$(1) \quad A x^2 + A' y^2 + A'' z^2 + 2 C x + 2 C' y + 2 C'' z + E = 0.$$

Si x', y', z' désignent les coordonnées du point donné sur la surface, elles vérifieront la relation

$$(2) \quad \left\{ \begin{aligned} & A x'^2 + A' y'^2 + A'' z'^2 \\ & + 2 C x' + 2 C' y' + 2 C'' z' + E = 0, \end{aligned} \right.$$

qui, introduite dans l'équation de la surface, lui fera prendre la forme

$$(3) \quad \left\{ \begin{aligned} & A (x^2 - x'^2) + A' (y^2 - y'^2) + A'' (z^2 - z'^2) \\ & + 2 C (x - x') + 2 C' (y - y') + 2 C'' (z - z') = 0. \end{aligned} \right.$$

Cela posé, une sécante quelconque menée par le point en

question, sera représentée par

$$(4) \qquad x - x' = m(z - z'),$$
$$(5) \qquad y - y' = n(z - z');$$

et pour obtenir les points dans lesquels elle rencontrera la surface, il faudra combiner les équations (3), (4), (5), en y regardant les variables comme ayant les mêmes valeurs. Si donc, dans (3), on substitue les valeurs de $x - x'$ et $y - y'$, elle deviendra

$$(6) \quad (z - z') \left\{ \begin{array}{c} A\,m(x + x') + A'\,n(y + y') + A''(z + z') \\ + 2\,C\,m + 2\,C'\,n + 2\,C'' \end{array} \right\} = 0,$$

équation qui, quant aux points communs, peut remplacer (3), et fera connaître ces points en la joignant toujours avec (4) et (5). Or, le premier facteur $z - z' = 0$ conduit à $x = x'$, $y = y'$, et l'on retrouve ainsi le point de départ de la sécante. Le second point de section serait donné par le système (4), (5) et (7),

$$(7) \quad \left\{ \begin{array}{l} A\,m(x + x') + A'\,n(y + y') + A''(z + z') \\ + 2\,C\,m + 2\,C'\,n + 2\,C'' = 0, \end{array} \right.$$

si l'on avait fixé la direction de cette sécante en assignant des valeurs à m et à n; mais puisque nous cherchons au contraire à déterminer ces constantes de telle sorte que la droite soit tangente à la surface, c'est-à-dire de manière que le second point de section se réunisse avec le premier, il faut exprimer que le système (4), (5), (7), est vérifié encore par les valeurs $x = x'$, $y = y'$, $z = z'$, ce qui établit entre m et n la relation unique

$$(8) \qquad A\,mx' + A'\,ny' + A''z' + Cm + C'n + C_{_{''}} = 0,$$

d'après laquelle une des constantes m et n reste arbitraire. Il résulte de là qu'en attribuant à m diverses valeurs successives, et calculant les valeurs correspondantes de n d'après la relation (8), on aurait par leurs susbtitutions dans (4) et (5), les équations d'une infinité de droites tangentes à la surface au point en question; par conséquent on obtiendra *le lieu géométrique de toutes ces tangentes,* en éliminant m et n entre (4), (5) et (8). Or cette opération donne pour résultat

$$(9) \quad \begin{cases} (A x' + C)(x - x') + (A' y' + C')(y - y') \\ + (A'' z' + C'')(z - z') = 0, \end{cases}$$

équation qui représente évidemment *un plan;* d'où je conclus qu'en chaque point d'une surface du second degré, *il existe un plan tangent.*

260. Il est bon d'observer que, dans l'équation (9), les coefficients des variables ne sont autre chose que les dérivées partielles du premier membre de l'équation (1), dans lesquelles on aurait substitué les coordonnées du point de contact; et nous verrons bientôt (n° 268) qu'il en est ainsi dans toutes les surfaces. D'ailleurs, si l'on développe l'équation (9) et que l'on ait égard à la relation (2), on pourra mettre l'équation du plan tangent sous la forme

$$(10) \quad \begin{cases} (A x' + C) x + (A' y' + C') y + (A'' z' + C'') z \\ + C x' + C' y' + C'' z' + E = 0. \end{cases}$$

261. Pour les surfaces qui admettent un centre, on peut poser dans l'équation (1)

$$C = 0, \quad C' = 0, \quad C'' = 0,$$

et, dans ce cas, l'équation du plan tangent se réduit à

$$(11) \quad A x' x + A' y' y + A'' z' z + E = 0.$$

Or, si l'on mène un diamètre au point de contact, cette

droite sera représentée par

$$x = \frac{x'}{z'} z = mz, \qquad y = \frac{y'}{z'} z = nz,$$

et le plan diamétral conjugué avec ce diamètre qui, d'après la formule (5) du n° 105, est

$$A\,mx + A'\,ny + A''\,z = 0,$$

deviendra ici

$$A\,x'\,x + A'\,y'\,y + A''\,z'\,z = 0;$$

donc il est parallèle au plan tangent (11) mené par l'extrémité du diamètre en question. C'est cette proposition que nous avons annoncée n° 232, et que l'on pouvait démontrer *à priori* en s'appuyant sur ce qu'un diamètre d'une surface du second ordre est évidemment conjugué avec chacun des diamètres de la section faite par le plan diamétral correspondant.

262. Cherchons *la courbe de contact* d'une surface quelconque du second degré, *avec un cône* qui lui serait circonscrit et dont le sommet aurait pour coordonnées α, β, γ : cette courbe sera le *contour apparent* de la surface, vue du point donné. Or, pour chaque point (x', y', z') de cette ligne, le plan tangent à la surface touchera nécessairement le cône, et, par suite, *il passera par le sommet;* de sorte que l'équation (10) donnera, entre x', y', z', la relation

$$(12) \quad \left\{ \begin{aligned} & (A\,x' + C)\,\alpha + (A'\,y' + C')\,\beta + (A''\,z' + C'')\,\gamma \\ & \qquad + C\,x' \ + C'\,y' + C''\,z' \ + E = 0; \end{aligned} \right.$$

mais, puisque le point de contact que l'on considère est sur la surface, on aura aussi

$$(13) \quad \left\{ \begin{aligned} & A\,x'^2 + A'\,y'^2 + A''\,z'^2 + 2\,C\,x' + 2\,C'\,y' \\ & \qquad + 2\,C''\,z' + E = 0; \end{aligned} \right.$$

par conséquent, la courbe demandée se trouve déterminée par l'ensemble des équations (12) et (13), c'est-à-dire qu'elle est l'intersection de la surface proposée avec le plan que représente l'équation (12). Il résulte de là que, dans toute surface du second degré, *la courbe de contact d'un cône circonscrit est toujours plane;* et l'on peut même reconnaître que son plan est parallèle au plan diamétral conjugué avec la droite qui joindrait le sommet au centre de la surface, puisque ce centre a ici pour coordonnées

$$x_1 = -\frac{C}{A}, \quad y_1 = -\frac{C'}{A'}, \quad z_1 = -\frac{C''}{A''}.$$

263. Si l'on voulait obtenir *la ligne de contact* de la même surface *avec un cylindre circonscrit*, et qui serait parallèle à la droite

$$x = mz, \quad y = nz,$$

on exprimerait que, pour chaque point de cette courbe, le plan tangent (10) est *parallèle à la droite donnée;* ce qui fournirait (n° 45), entre les coordonnées du point de contact, la relation

$$(14) \quad (A\,x' + C)m + (A'y' + C')n + (A''z' + C'') = 0,$$

laquelle, jointe à l'équation de la surface que doivent aussi vérifier les variables x', y', z', suffirait pour déterminer la courbe demandée. On voit, par la forme de l'équation (14), que *cette courbe de contact sera encore plane,* et qu'elle se trouvera précisément *dans le plan diamétral conjugué avec les cordes parallèles aux génératrices du cylindre.*

264. La **tangente** *d'une courbe quelconque* est toujours projetée sur la tangente à la projection de la courbe primitive, puisque ces deux droites sont les limites respectives d'une sécante et de sa projection. (Voyez *Géométrie descriptive*, n° 102.) Par conséquent, si la courbe en question est définie par ses projections

$$x = \varphi(z), \quad y = \psi(z),$$

la tangente au point (x, y, z) de cette courbe aura pour équations

$$x' - x = \frac{d\varphi}{dz}(z' - z),$$

$$y' - y = \frac{d\psi}{dz}(z' - z),$$

ou bien

$$(15) \qquad x' - x = \frac{dx}{dz}(z' - z),$$

$$(16) \qquad y' - y = \frac{dy}{dz}(z' - z),$$

en désignant ici par x', y', z' les coordonnées *courantes* de la droite demandée.

265. Lorsque la courbe dans l'espace sera définie, non par ses projections, mais au moyen de deux surfaces quelconques représentées par

$$F(x, y, z) = 0, \quad F_1(x, y, z) = 0,$$

il ne sera pas nécessaire de résoudre ces deux équations pour en tirer les valeurs de x et y, et, par suite, celles des dérivées $\frac{dx}{dz}$, $\frac{dy}{dz}$. Car, dans le système des équations simultanées

$$F = 0 \quad \text{et} \quad F_1 = 0,$$

une seule des variables demeurant arbitraire, les deux autres devront varier en même temps que celle-là par la

14

différentiation, ce qui donnera

$$\frac{d\,F}{dx}\,dx + \frac{d\,F}{d\,y}\,dy + \frac{d\,F}{dz}\,dz = 0,$$

$$\frac{d\,F_{\text{\tiny I}}}{dx}\,dx + \frac{d\,F_{\text{\tiny I}}}{dy}\,dy + \frac{d\,F_{\text{\tiny I}}}{dz}\,dz = 0\,;$$

équations d'où l'on pourrait tirer les valeurs de $\frac{dx}{dz}$ et $\frac{dy}{dz}$, pour les substituer dans (15) et (16). Mais si, au contraire, on substitue ici les valeurs de ces dérivées prises dans (15) et (16), on obtiendra immédiatement les équations de la tangente sous la forme très-symétrique

$$(17)\quad (x' - x)\frac{d\,F}{dx} + (y' - y)\frac{d\,F}{dy} + (z' - z)\frac{d\,F}{dz} = 0,$$

$$(18)\quad (x' - x)\frac{d\,F_{\text{\tiny I}}}{dx} + (y' - y)\frac{d\,F_{\text{\tiny I}}}{dy} + (z' - z)\frac{d\,F_{\text{\tiny I}}}{dz} = 0.$$

Nous reconnaîtrons tout à l'heure que ces équations sont précisément celles des *plans tangents* aux surfaces données

$$F = 0 \quad \text{et} \quad F_{\text{\tiny I}} = 0;$$

et dès lors on concevra bien comment le système de ces deux équations détermine la tangente de la courbe qui est l'intersection de ces surfaces.

266. Du plan tangent *à une surface quelconque.* — Cette surface étant représentée par une équation unique

$$(19)\qquad\qquad z = f(x,y),$$

il y aura ici deux variables *indépendantes,* par exemple x et y; et dès lors la troisième z admettra deux dérivées partielles que nous représenterons, suivant l'usage, par

$$\frac{dz}{dx} = p, \quad \frac{dz}{dy} = q.$$

Si, par un point (x, y, z) donné sur cette surface, on trace une courbe quelconque dont la projection soit désignée par

$$(20) \qquad y = \varphi(x),$$

l'ensemble des équations (19) et (20) déterminera complétement cette courbe; mais, pour en obtenir une seconde projection, il faudra éliminer y entre les équations précédentes, ce qui donnera un résultat de la forme

$$(21) \qquad z = f[x, \varphi(x)] = \psi(x).$$

Cela posé, la tangente de la courbe dans l'espace étant projetée (n° 264) sur les tangentes aux deux courbes planes (20) et (21), cette droite aura pour équations

$$y' - y = \frac{d\varphi}{dx}(x' - x), \quad z' - z = \frac{d\psi}{dx}(x' - x),$$

dans lesquelles x', y', z' désignent les coordonnées courantes de cette droite. Or, d'après la manière dont la fonction ψ a été obtenue, on doit voir que la quantité $\frac{d\psi}{dx}$ n'est autre chose que la dérivée totale de z déduite de l'équation (19), mais prise en regardant y comme une fonction de x, déterminée par la relation (20). Par conséquent on aura

$$\frac{d\psi}{dx} = \frac{df(x, y)}{dx} + \frac{df(x, y)}{dy} \cdot \frac{dy}{dx} = p + q\frac{d\varphi}{dx},$$

et les équations de la tangente deviendront

$$(22) \qquad y' - y = \frac{d\varphi}{dx}(x' - x),$$

$$(23) \qquad z' - z = \left(p + q\frac{d\varphi}{dx}\right)(x' - x).$$

Maintenant, si l'on veut obtenir le lieu géométrique des tangentes à toutes les courbes tracées sur la surface, par

14.

le point en question, il faut éliminer des équations précédentes, ce qui dépend de la fonction φ, laquelle peut seule caractériser la courbe particulière qu'on a considérée. Or, en éliminant $\dfrac{d\varphi}{dx}$ entre (22) et (23), on trouve

$$(24) \qquad z' - z = p\,(x' - x) + q\,(y' - y);$$

équation du premier degré par rapport aux variables x', y', z', et qui prouve que *le lieu de toutes les tangentes est bien un plan*, en général. Cette conséquence ne pourrait être infirmée que dans les points *singuliers* qui feraient prendre aux dérivées partielles p et q la forme $\dfrac{0}{0}$; comme cela arrive au sommet d'un cône, ou bien encore dans une surface de révolution dont le méridien coupe l'axe sous un angle oblique, et pour le point de cette surface qui est sur l'axe même. (*Voyez* la *Géométrie descriptive*, n° 97.)

267. Il importe d'observer que l'équation (24) restera de même forme, quand bien même les coordonnées seraient obliques; puisque le théorème du n° **264** est également vrai dans ce cas, et que l'équation de la tangente à une courbe plane doit encore avoir pour coefficient de l'abscisse la dérivée de l'ordonnée.

268. Lorsque l'équation de la surface sera donnée, non sous la forme explicite

$$z = f(x, y),$$

mais sous la forme implicite

$$(25) \qquad F(x, y, z) = 0,$$

on sait qu'en la différentiant successivement par rapport aux variables indépendantes x et y, on obtiendrait

$$\frac{dF}{dx} + \frac{dF}{dz}\,p = 0, \quad \frac{dF}{dy} + \frac{dF}{dz}\,q = 0;$$

si donc on tire de là les valeurs de p et q, pour les substituer dans (24), l'équation du plan tangent prendra la forme plus générale

$$(26) \quad (x'-x)\frac{dF}{dx} + (y'-y)\frac{dF}{dy} + (z'-z)\frac{dF}{dz} = 0;$$

ce qui justifie la remarque qui termine le n° 265.

269. On pourra, comme aux n°ˢ 262 et 263, faire servir cette équation à trouver la courbe de contact d'un cône ou d'un cylindre circonscrit à la surface (25); mais, au lieu de revenir sur ces questions, nous ferons observer qu'on peut aussi déduire de là *le contour de la projection* d'une surface sur un plan donné, par exemple sur le plan XY. Cette recherche, qui est indispensable dans plusieurs problèmes de Géométrie, revient à déterminer la courbe de contact d'un cylindre circonscrit et perpendiculaire au plan XY. Or, pour tous les points de cette courbe, *le plan tangent* de la surface *sera parallèle* à OZ ; et dès lors son équation générale (26) ne devant plus renfermer la variable z' (n° 8), on aura la condition

$$\frac{dF}{dz} = 0,$$

laquelle, jointe à $F(x, y, z) = 0$, déterminera la ligne de contact dans l'espace; puis, si l'on élimine z entre ces deux équations, on obtiendra la courbe demandée sur le plan XY.

270. La NORMALE *d'une surface* étant la droite perpendiculaire au plan tangent, et menée par le point de contact (x, y, z), elle aura des équations de la forme

$$x'-x = a(z'-z), \quad y'-y = b(z'-z);$$

mais les conditions trouvées n° 47; pour exprimer qu'une droite et un plan sont perpendiculaires, fourniront entre l'équation (24) et les précédentes, les relations

$$a = -p, \quad b = -q;$$

de sorte que les équations de la normale deviendront

$$(27) \quad x' - x + p\,(z' - z) = 0, \quad y' - y + q\,(z' - z) = 0.$$

Les angles α, β, γ, formés par cette droite avec les demi-axes coordonnés positifs, seront donnés (n° 27) par les formules

$$(28) \quad \begin{cases} \cos\alpha = \dfrac{-p}{\sqrt{p^2 + q^2 + 1}}, \quad \cos\beta = \dfrac{-q}{\sqrt{p^2 + q^2 + 1}}, \\[2mm] \cos\gamma = \dfrac{1}{\sqrt{p^2 + q^2 + 1}}, \end{cases}$$

dans lesquelles le radical pris positivement se rapporte toujours (n° 28) à la portion de la normale qui fait un angle aigu avec le demi-axe OZ. Si, d'ailleurs, on substitue ici les expressions de p et de q (n° 268) en fonction des dérivées partielles de l'équation $F\,(x, y, z) = 0$, les valeurs des cosinus précédents se présenteront sous la forme

$$(29) \quad \cos\alpha = \frac{1}{V}\frac{dF}{dx}, \quad \cos\beta = \frac{1}{V}\frac{dF}{dy}, \quad \cos\gamma = \frac{1}{V}\frac{dF}{dz},$$

où V désigne le radical

$$\sqrt{\left(\frac{dF}{dx}\right)^2 + \left(\frac{dF}{dy}\right)^2 + \left(\frac{dF}{dz}\right)^2}.$$

271. En terminant ce chapitre, nous ferons plusieurs remarques importantes sur la position du plan tangent, relativement à la surface. D'abord, il ne faut pas s'attendre qu'il n'y ait jamais entre eux qu'un seul point de commun; cette circonstance, qui n'est point du tout essentielle à la définition du plan tangent (n° 258), se rencontrera, il est vrai, dans les surfaces *convexes en tous leurs points;* mais, dans les autres cas, ce plan pourra couper la surface, et même la couper suivant une courbe qui passe par le point de contact, ce qui ne l'empêchera pas de renfermer les tangentes à toutes les courbes menées par ce point; de sorte qu'en cet endroit il sera véritablement *tangent*, et *sécant* partout ailleurs. On en voit de fréquents exemples dans la Géométrie descriptive, et entre autres dans les surfaces *annulaires*, lorsqu'on choisit le point de contact sur la nappe intérieure.

272. En second lieu, toutes les fois que la surface sera *réglée*, c'est-à-dire qu'elle admettra *une génératrice rectiligne*, cette droite, qui est elle-même sa propre tangente, devra être contenue tout entière dans le plan tangent; et s'il existait deux génératrices de ce genre, passant l'une et l'autre par le point donné, elles détermineraient, par leur ensemble, le plan tangent relatif à leur point de section; c'est ce qui arrive dans l'hyperboloïde à une nappe, et dans le paraboloïde hyperbolique. Mais il importe beaucoup d'observer que les *surfaces réglées* se divisent en *deux classes*, qui présentent une différence essentielle dans leur contact avec le plan tangent.

273. Si la surface réglée est *gauche*, c'est-à-dire *si la génératrice rectiligne se meut de telle sorte que deux positions voisines* AM *et* A'M', quelque rapprochées qu'on les suppose, *ne se trouvent pas situées dans un même plan*, alors les plans tangents relatifs à deux points M et N pris sur une même génératrice AMN, renferme- Fig. 33. ront tous deux cette droite, mais ils seront distincts l'un de l'autre; car le premier contiendra la tangente MT à la section quelconque MM'P, et le second la tangente NV à la section NN'Q. Or, comme la droite mobile, en passant de la position AMN à la position infiniment voisine

A′M′N′, doit nécessairement s'appuyer toujours sur ces courbes qui ont avec leurs tangentes un élément de commun, cette génératrice peut être regardée, dans cet intervalle, comme glissant sur les tangentes MM′T, NN′V ; et, par conséquent, celles-ci ne sauraient être dans un même plan, dès que les droites AMN et A′M′N′ ne remplissent pas cette condition ; donc, enfin, le plan AMT ne coïncide point avec le plan ANV. Concluons de là que, *dans une surface gauche, les plans tangents relatifs aux divers points d'une même génératrice rectiligne,* passent tous par cette droite, mais *sont distincts les uns des autres;* et chacun ne touche la surface qu'en *un point,* tandis que *partout ailleurs il est sécant.* Ces circonstances se présentent, par exemple, dans l'hyperboloïde à une nappe et dans le paraboloïde hyperbolique.

274. Au contraire, quand la surface réglée sera *développable,* c'est-à-dire qu'elle sera engendrée par *une droite assujettie à se mouvoir de telle sorte que ses positions consécutives soient deux à deux dans un même plan,* alors les plans tangents AMT et ANV coïncideront complétement ; car les deux tangentes MT et NV, ayant chacune un élément MM′ ou NN′ commun avec les courbes MP ou NQ, s'appuieront nécessairement sur les deux génératrices infiniment voisines AMN et A′M′N′. Or, comme celles-ci sont, par hypothèse, dans un même plan, les tangentes MT et NV rempliront aussi cette condition, et, par suite, les plans tangents AMT et ANV se confondront l'un avec l'autre. Ainsi, *dans une surface développable, c'est un seul et même plan qui touche la surface tout le long de chaque génératrice rectiligne.*

FIG. 34.

275. Comme les diverses génératrices A, A′, A″,… (*fig.* 34) sont ici deux à deux dans un même plan, il est évident qu'elles se couperont consécutivement en des points m, m', m'',..., qui formeront une courbe à laquelle chacune des génératrices sera tangente, et que l'on nomme *arête de rebroussement* de la surface développable.

Dans les cylindres, cette arête de rebroussement est tout entière à l'infini; et dans les cônes, elle se réduit à un point, qui est le sommet.

276. Enfin, puisque les *éléments* superficiels (*) compris entre A et A′, A′ et A″,... sont *plans*, on pourra faire tourner successivement chacune de ces faces autour de la droite qui lui est commune avec la suivante, et les étendre toutes sur un plan, sans que la surface ait éprouvé de fractures. Elle sera ainsi *développée*, en conservant la même superficie; et la dénomination de surface développable dérive de cette propriété, qui, évidemment, ne saurait appartenir aux surfaces gauches (n° **273**), quoiqu'elles soient aussi réglées. Pour compléter ces notions succinctes, nous renverrons aux livres III et VII du *Traité de Géométrie descriptive*.

_____

(*) Il faut se garder de donner le nom d'*éléments* aux génératrices; car toujours les éléments d'une grandeur doivent être homogènes avec celle-ci; ainsi les éléments d'une surface sont d'autres petites surfaces.

CHAPITRE XIV.

277. Nous avons déjà rencontré, dans ce qui précède, divers exemples de surfaces engendrées par une droite ou par une courbe, qui, en changeant de position et même de forme, s'appuyait constamment sur une ou plusieurs directrices fixes; il sera donc facile maintenant de généraliser les considérations qui nous ont servi dans ces cas particuliers, et de les étendre à une génératrice représentée par les équations

(1) $f(x, y, z, \alpha, 6, \gamma, \ldots) = 0$,

(2) $f_1(x, y, z, \alpha, 6, \gamma, \ldots) = 0$.

L'*espèce* de cette courbe est *déterminée*, parce que les fonctions f et f_1 sont censées connues de forme; mais comme elles renferment n constantes arbitraires, ou *paramètres variables* $\alpha, 6, \gamma, \ldots$, la position, les dimensions, la courbure de la génératrice changeront, en général, avec les diverses valeurs que l'on attribuera à ces paramètres. Or, si l'on faisait varier ceux-ci d'une manière arbitraire et *indépendamment les uns des autres*, la ligne mobile parcourrait *un lieu solide*, qui pourrait même souvent remplir tout l'espace; car en supposant d'abord que α seul varie, et éliminant cette quantité entre (1) et (2), on aurait un résultat

$$f_2(x, y, z, 6, \gamma, \ldots) = 0,$$

qui conviendrait à toutes les positions de la génératrice correspondantes aux diverses valeurs de α : mais ce résultat lui-même représente une infinité de surfaces aussi rapprochées qu'on voudra les unes des autres, et qui s'obtiendront en faisant varier de zéro à $\pm \infty$, d'abord 6, puis $\gamma, \ldots$ (*). Par conséquent, on n'obtiendrait ainsi aucune surface déterminée; au lieu que si l'on assujettit la ligne mobile (1) et (2) à s'appuyer constamment sur $n-1$ directrices données, ces conditions établiront entre les n paramètres, $n-1$ relations qui n'en laisseront plus qu'un seul d'arbitraire, et le mouvement de la génératrice sera complétement réglé.

278. Soient, en effet,

$$(3) \qquad\qquad F(x, y, z) = 0,$$

$$(4) \qquad\qquad F_1(x, y, z) = 0,$$

les équations de la première directrice. Pour exprimer que la ligne mobile a, dans toutes ses positions, un point de commun avec cette directrice, il faut écrire que leurs

---

(*) Par exemple, le cercle représenté par

$$y^2 + (z - 6)^2 = R^2 - \alpha^2 \quad \text{et} \quad x - \alpha = 0$$

donne, par l'élimination de α, l'équation

$$x^2 + y^2 + (z - 6)^2 = R^2,$$

qui appartient à une infinité de sphères d'un rayon constant, et dont les centres, situés sur l'axe des z, s'obtiennent en faisant varier 6 de zéro à $\pm \infty$; donc cette équation convient à tous les points du *solide cylindrique* qui a pour axe OZ, et pour rayon R. De même, le cercle mobile

$$y^2 + z^2 = 6^2 - \alpha^2 + R^2, \quad x = \alpha,$$

conduit à l'équation

$$x^2 + y^2 + z^2 = 6^2 + R^2,$$

laquelle appartient à *tous les points de l'espace indéfini* qui se trouve *en dehors* de la sphère du rayon R, et dont le centre est à l'origine des coordonnées.

quatre équations sont satisfaites par un même système de valeurs attribuées à x, y, z; or cela exige qu'en éliminant ces trois coordonnées entre les équations (1), (2), (3) et (4), l'équation finale, qui sera de la forme

$$\Phi(\alpha, \mathcal{6}, \gamma, \ldots) = 0,$$

soit vérifiée par les valeurs qu'on attribuera aux constantes α, $\mathcal{6}$, γ,...: par conséquent, cette équation de condition établit déjà entre les paramètres la dépendance nécessaire pour que la génératrice s'appuie constamment sur la première courbe assignée. Mais chaque nouvelle directrice fournira semblablement une relation entre α, $\mathcal{6}$, γ,...; de sorte que pour représenter complétement la génératrice s'appuyant sur les $n - 1$ directrices, il faudra prendre le système des $n + 1$ équations suivantes :

(1) $\qquad f(x, y, z, \alpha, \mathcal{6}, \gamma, \ldots) = 0,$

(2) $\qquad f_1(x, y, z, \alpha, \mathcal{6}, \gamma, \ldots) = 0,$

$\qquad\qquad \Phi(\alpha, \mathcal{6}, \gamma, \ldots \ldots \ldots) = 0,$

$\qquad\qquad \Phi_1(\alpha, \mathcal{6}, \gamma, \ldots \ldots \ldots) = 0,$

$\qquad\qquad \Phi_2(\alpha, \mathcal{6}, \gamma, \ldots \ldots \ldots) = 0,$

$\qquad\qquad \ldots \ldots \ldots \ldots \ldots \ldots \ldots \ldots$

Or, comme il n'y reste plus évidemment qu'un seul paramètre, α par exemple, qui puisse recevoir des valeurs arbitraires, il s'ensuit que, pour obtenir le lieu de toutes les positions de la génératrice, on devra éliminer α entre les équations (1) et (2), après y avoir substitué les valeurs des autres paramètres en fonction de celui-ci; ce qui revient à dire qu'il faudra généralement éliminer les n constantes α, $\mathcal{6}$, γ,... entre les $n + 1$ équations précédentes. D'ailleurs, comme le résultat de cette élimination sera une équation unique où il n'entrera plus aucune arbitraire, il en résulte que la courbe mobile aura bien décrit, dans son mouvement, une surface déterminée.

279. Dans le cas assez fréquent où l'on n'assigne qu'*une seule directrice*

$$F(x, y, z) = 0, \quad F_1(x, y, z) = 0,$$

et où, par conséquent, la ligne mobile ne doit renfermer que *deux paramètres* arbitraires, cette génératrice sera représentée, dans une position quelconque, par le système

$$f(x, y, z, \alpha, \beta) = 0,$$
$$f_1(x, y, z, \alpha, \beta) = 0,$$
$$\Phi(\alpha, \beta) = 0,$$

ou bien

$$\beta = \varphi(\alpha).$$

De sorte que si l'on résout les équations

$$f = 0, \quad f_1 = 0,$$

par rapport aux constantes, et si l'on représente par

$$\alpha = u, \quad \beta = v,$$

les expressions qu'on en déduira, il s'agira d'éliminer α et β entre trois équations de la forme

(5) $$u = \alpha, \quad v = \beta, \quad \beta = \varphi(\alpha);$$

ce qui donnera pour l'équation de la surface

(6) $$v = \varphi(u), \quad \text{ou bien} \quad \Phi(u, v) = 0.$$

Remarquons ici que u et v désignent deux groupes en x, y, z, qui ne changeront jamais pour toutes les surfaces d'une même *famille*, c'est-à-dire pour celles qui, admettant la même génératrice $[f, f_1]$, ne diffèrent l'une de l'autre que par l'espèce de la directrice $[F, F_1]$; tandis que la fonction φ, qui dépend évidemment de F et de F_1, changera avec chacune des surfaces individuelles de cette famille. Ces distinctions vont s'éclaircir par les exemples suivants.

280. SURFACES CYLINDRIQUES. — Elles sont engendrées par une droite mobile qui reste parallèle à une direction donnée, en glissant sur une directrice fixe

$$F(x, y, z) = 0, \quad F_1(x, y, z) = 0;$$

par conséquent, la génératrice aura des équations de la forme

$$x = mz + \alpha, \quad y = nz + 6,$$

dans lesquelles m et n seront des constantes données et invariables, tandis que α et 6 seront les paramètres arbitraires; mais ceux-ci seront liés entre eux par une relation $6 = \varphi(\alpha)$, qui, dans chaque exemple, se déduira, comme nous l'avons dit, des quatre équations précédentes par l'élimination des coordonnées. Ainsi les équations (5) deviendront alors

$$x - mz = \alpha, \quad y - nz = 6, \quad 6 = \varphi(\alpha);$$

et, en éliminant α et 6 entre ces trois dernières, la surface cylindrique sera représentée généralement par

$$(7) \qquad y - nz = \varphi(x - mz).$$

On voit qu'ici les quantités u et v sont les binômes $x - mz$ et $y - nz$, qui resteront de même forme pour tous les cylindres possibles, tandis que la fonction φ changera avec la directrice particulière qu'on aura adoptée.

281. Appliquons cette méthode au cylindre qui aurait pour directrice l'ellipse

$$z = 0, \quad \frac{x^2}{A^2} + \frac{y^2}{B^2} = 1.$$

Pour exprimer que la génératrice

$$x = mz + \alpha, \quad y = nz + 6$$

a toujours un point de commun avec cette courbe, on élimine x, y, z entre ces quatre équations, et l'on obtient la relation

$$\frac{\alpha^2}{A^2} + \frac{6^2}{B^2} = 1,$$

laquelle tient lieu de $6 = \varphi(\alpha)$; puis, sans la résoudre par rapport à 6, on élimine α et 6 entre les trois dernières équations, et il vient pour le cylindre demandé

$$\frac{(x - mz)^2}{A^2} + \frac{(y - nz)^2}{B^2} = 1.$$

282. L'équation des cylindres, sous la forme (7), est dite l'*équation en quantités finies;* mais on peut en obtenir une autre qui soit même indépendante de la directrice, ou de la fonction φ qui seule caractérise cette courbe dans chaque cas particulier. Pour y arriver, j'observe que l'équation

(7) $$y - nz = \varphi(x - mz),$$

renfermant deux variables *indépendantes, x* et y, peut être différentiée successivement par rapport à x et z, ou par rapport à y et z; donc, en désignant toujours $\frac{dz}{dx}$ et $\frac{dz}{dy}$ par p et q, et par φ' la dérivée de la fonction φ, on obtiendra

$$-np = (1 - mp).\varphi'(x - mz),$$
$$1 - nq = -mq.\varphi'(x - mz).$$

Or, entre les trois équations précédentes, on peut éliminer φ et φ' qui seules varient pour diverses surfaces cylindriques; et même, comme les deux dernières ne contiennent que φ', si on les divise l'une par l'autre, on aura

$$\frac{np}{1 - nq} = \frac{1 - mp}{mq};$$

d'où l'on tire

$$(8) \qquad\qquad mp + nq = 1,$$

équation aux différences partielles qui convient à toutes les surfaces cylindriques, quelle qu'en soit la directrice.

283. On aurait pu obtenir directement l'équation (8) en exprimant que dans ces surfaces, *les divers plans tangents,* dont chacun renferme (n° **272**) une génératrice du cylindre, *sont tous parallèles à la droite*

$$x = mz, \qquad y = nz.$$

En effet, si l'on applique à l'équation générale du plan tangent pour une surface quelconque,

$$z' - z = p\,(x' - x) + q\,(y' - y) = 0,$$

la condition trouvée au n° **45**, on obtient, pour le caractère général de tous les cylindres,

$$mp + nq - 1 = 0,$$

relation identique avec l'équation (8).

284. L'équation (8) peut servir plus commodément que la formule (7), à reconnaître si une surface donnée L $= 0$ est cylindrique ou non. Pour cela, on tire des équations

$$\frac{d\mathrm{L}}{dx} + \frac{d\mathrm{L}}{dz}p = 0, \qquad \frac{d\mathrm{L}}{dy} + \frac{d\mathrm{L}}{dz}q = 0,$$

les valeurs des dérivées p et q, pour les substituer dans (8), et il faut évidemment que le résultat

$$(9) \qquad\qquad m\frac{d\mathrm{L}}{dx} + n\frac{d\mathrm{L}}{dy} + \frac{d\mathrm{L}}{dz} = 0$$

soit vérifié pour tous les points de la surface L, c'est-à-dire quelles que soient les valeurs de x, y, z; mais comme on ne connaît pas à priori les quantités m et n, on égalera à zéro les coefficients des diverses puissances des coordonnées, et l'on examinera si l'on peut satisfaire à ces conditions par des valeurs réelles de m et de n.

Admettons, par exemple, que $L = 0$ soit l'équation générale des surfaces du second degré; alors l'équation (9) deviendra

$$m\,(\mathrm{A}x + \mathrm{B}''y + \mathrm{B}'z + \mathrm{C}) + n\,(\mathrm{A}'y + \mathrm{B}''x + \mathrm{B}z + \mathrm{C}')$$
$$+ (\mathrm{A}''z + \mathrm{B}'x + \mathrm{B}y + \mathrm{C}'') = 0;$$

et comme ce résultat doit être vérifié pour toutes les valeurs de x, y, z, il faudra poser

$$\mathrm{A}m + \mathrm{B}''n + \mathrm{B}' = 0,$$
$$\mathrm{A}'n + \mathrm{B}''m + \mathrm{B} = 0,$$
$$\mathrm{A}'' + \mathrm{B}'m + \mathrm{B}n = 0,$$
$$\mathrm{C}m + \mathrm{C}'n + \mathrm{C}'' = 0:$$

de sorte qu'en calculant m et n par les deux premières de ces équations, et les substituant dans les autres, on aura, pour exprimer que la surface du second degré est cylindrique, les deux conditions

$$\mathrm{AB}^2 + \mathrm{A}'\mathrm{B}'^2 + \mathrm{A}''\mathrm{B}''^2 - \mathrm{AA}'\mathrm{A}'' - 2\,\mathrm{BB}'\mathrm{B}'' = 0,$$
$$\mathrm{C}(\mathrm{A}'\mathrm{B}' - \mathrm{BB}'') + \mathrm{C}'(\mathrm{AB} - \mathrm{B}'\mathrm{B}'') + \mathrm{C}''(\mathrm{B}''^2 - \mathrm{AA}') = 0,$$

qui conviennent effectivement aux trois genres de surfaces dont nous avons parlé dans les n°s 245, 246 et 247.

285. Quelquefois on n'assigne pas immédiatement la courbe directrice d'un cylindre, mais on exige qu'il soit *circonscrit* à une surface donnée $L = 0$; alors *il faut commencer par chercher la ligne de contact* de ces deux surfaces. Or, pour tous les points de cette ligne, *les plans tangents seront communs*; et, par suite, les dérivées p et q, qui seules déterminent l'inclinaison du plan tangent, devront avoir les mêmes valeurs dans le cylindre et dans

la surface L. Par conséquent, si des équations

$$\frac{d\mathrm{L}}{dx} + \frac{d\mathrm{L}}{dz}p = 0, \quad \frac{d\mathrm{L}}{dy} + \frac{d\mathrm{L}}{dz}q = 0,$$

on tire les valeurs de p, q, pour les substituer dans l'équation (8), cette dernière devra être satisfaite, et l'on aura, comme ci-dessus,

$$(9) \qquad m\frac{d\mathrm{L}}{dx} + n\frac{d\mathrm{L}}{dy} + \frac{d\mathrm{L}}{dz} = 0.$$

Mais ici cette relation n'est plus vraie pour des valeurs quelconques de x, y, z; elle ne subsiste que pour les points de la ligne de contact cherchée, et c'est seulement l'équation d'une surface qui contient cette courbe. Or, comme la surface proposée la contient aussi, il s'ensuit que l'ensemble des équations (9) et $\mathrm{L} = 0$ détermine complétement la ligne de contact, qui devient alors la directrice représentée, au n° **280**, par

$$\mathrm{F} = 0 \quad \text{et} \quad \mathrm{F_1} = 0;$$

ensuite le reste du calcul s'achèvera comme dans cet article.

286. Cherchons, par exemple, le cylindre qui serait circonscrit à l'ellipsoïde

$$\mathrm{A}x^2 + \mathrm{A}'y^2 + \mathrm{A}''z^2 = 1,$$

et dont les génératrices auraient toujours une direction marquée par les constantes données m et n. La courbe de contact sera déterminée par l'équation précédente, jointe à l'équation (9), qui devient ici

$$\mathrm{A}mx + \mathrm{A}'ny + \mathrm{A}''z = 0,$$

et ce résultat s'accorde avec ce que nous avons trouvé n° **263**. Cela posé, en combinant ces équations avec

$$x = mz + \alpha, \quad y = nz + \delta,$$

pour éliminer x, y, z, on obtiendra la relation qui doit exister entre α et 6, savoir :

$$(A\,\alpha^2 + A'\,6^2 - 1)(A\,m^2 + A'\,n^2 + A'') = (A\,m\,\alpha + A'\,n\,6)^2 ;$$

puis il reste à substituer ici les valeurs de α et 6 tirées des équations de la droite, ce qui donne pour l'équation du cylindre,

$$[A\,(x - mz)^2 + A'\,(y - nz)^2 - 1](A\,m^2 + A'\,n^2 + A'')$$
$$= [A\,m\,(x - mz) + A'\,n\,(y - nz)]^2.$$

Mais, parmi les diverses réductions que peut subir ce résultat, nous adopterons la transformation suivante : si au second membre on ajoute la quantité $A''z - A''z$, il deviendra

$$[(A\,mx + A'\,ny + A''z) - (A\,m^2 + A'\,n^2 + A'')z]^2.$$

Or, en développant le carré de ce *binôme*, puis transposant les deux derniers termes dans le premier membre de l'équation du cylindre, celle-ci prendra, après quelques réductions évidentes, la forme remarquable

$$(A\,x^2 + A'\,y^2 + A''\,z^2 - 1)(A\,m^2 + A'\,n^2 + A'')$$
$$= (A\,mx + A'\,ny + A''z)^2,$$

par laquelle on voit manifestement que ce cylindre *touche* l'ellipsoïde le long de la courbe située dans le plan

$$A\,mx + A'\,ny + A''z = 0.$$

D'ailleurs, si l'on désigne par R le demi-diamètre de l'ellipsoïde, qui serait parallèle aux génératrices du cylindre, sa longueur s'obtiendra évidemment en combinant les équations

$$R^2 = x^2 + y^2 + z^2, \quad x = mz, \quad y = nz$$

avec celle de l'ellipsoïde ; ce qui conduit à

$$R^2 = \frac{m^2 + n^2 + 1}{A\,m^2 + A'\,n^2 + A''}.$$

On pourra donc introduire ce rayon vecteur dans l'équation du cylindre ; et même si, **pour plus de symétrie**, on appelle λ, μ, ν les angles qu'il fait avec les axes, on aura, comme on sait,

$$m = \frac{\cos \lambda}{\cos \nu}, \quad n = \frac{\cos \mu}{\cos \nu},$$

et l'équation du cylindre deviendra enfin

$$\mathrm{A}\, x^2 + \mathrm{A}'\, y^2 + \mathrm{A}''\, z^2 - 1$$
$$= \mathrm{R}^2 (\mathrm{A}\, x \cos \lambda + \mathrm{A}'\, y \cos \mu + \mathrm{A}''\, z \cos \nu)^2.$$

287. Surfaces coniques.—Elles sont produites par le mouvement d'une droite qui, passant toujours par un point fixe (a, b, c), s'appuie constamment sur une directrice donnée

$$\mathrm{F}(x, y, z) = 0, \quad \mathrm{F}_1(x, y, z) = 0.$$

Par conséquent, la génératrice sera représentée ici par

$$x - a = \alpha(z - c), \quad y - b = 6(z - c);$$

mais il faudra (n° 278) y joindre une relation $6 = \varphi(\alpha)$, qui, dans chaque exemple particulier, s'obtiendra par l'élimination des coordonnées x, y, z entre les quatre équations précédentes, et alors les trois équations (5) deviendront

$$\frac{x - a}{z - c} = \alpha, \quad \frac{y - b}{z - c} = 6, \quad 6 = \varphi(\alpha);$$

de sorte qu'en éliminant α et 6 entre ces dernières, l'équation générale des surfaces coniques sera

$$(10) \qquad \frac{y - b}{z - c} = \varphi\left(\frac{x - a}{z - c}\right).$$

Lorsque le sommet sera situé à l'origine des coordonnées,

cette équation se réduira à

$$\frac{y}{z} = \varphi\left(\frac{x}{z}\right);$$

ce qui revient à dire que des trois quotients $\frac{z}{x}, \frac{z}{y}, \frac{x}{y}$, deux quelconques sont fonction l'un de l'autre ; et par conséquent l'équation sera *homogène*.

288. Prenons pour exemple un cône dont le sommet aurait pour coordonnées a, b, c, et dont la directrice serait l'ellipse

$$z = 0, \quad \frac{x^2}{A^2} + \frac{y^2}{B^2} = 1.$$

En éliminant x, y, z entre ces équations et celles de la génératrice

$$x - a = \alpha(z - c), \quad y - b = \beta(z - c),$$

on aura la relation qui doit exister entre α et β, savoir,

$$\frac{(a - \alpha c)^2}{A^2} + \frac{(b - \beta c)^2}{B^2} = 1;$$

puis, éliminant α et β entre les trois dernières équations, il viendra, pour l'équation de la surface conique,

$$\frac{(az - cx)^2}{A^2} + \frac{(bz - cy)^2}{B^2} = (z - c)^2.$$

On pourrait en déduire le cylindre trouvé n° 281, en divisant les deux membres par c^2, puis posant

$$\frac{a}{c} = m, \quad \frac{b}{c} = n \quad \text{et} \quad c = \infty.$$

289. Si l'on veut que le cône devienne *droit*, il suffira de poser

$$A = B, \quad a = 0, \quad b = 0;$$

alors l'équation précédente se réduit à

$$x^2 + y^2 = \frac{A^2}{c^2}(z-c)^2 = (z-c)^2 \tan^2 \omega,$$

où ω désigne l'angle constant formé par chaque génératrice avec l'axe. Au surplus, cette équation se retrouvera immédiatement chaque fois qu'on en aura besoin, si l'on remarque que le triangle rectangle formé par l'axe, avec le rayon vecteur abaissé perpendiculairement d'un point quelconque x, y, z de la surface, donne évidemment la relation

$$\tan \omega = \frac{r}{z-c} = \frac{\sqrt{x^2+y^2}}{z-c}.$$

290. Pour obtenir *l'équation aux différences partielles* des surfaces coniques, il faut éliminer la fonction φ, qui change de forme avec la directrice particulière qu'on adopte. Or, si l'on différentie l'équation (10) tour à tour par rapport à x et z et par rapport à y et z, on trouve

$$\frac{-(y-b)p}{(z-c)^2} = \frac{z-c-(x-a)p}{(z-c)^2} \cdot \varphi'\left(\frac{x-a}{z-c}\right),$$

$$\frac{z-c-(y-b)q}{(z-c)^2} = \frac{-(x-a)q}{(z-c)^2} \cdot \varphi'\left(\frac{x-a}{z-c}\right);$$

puis, en divisant ces résultats l'un par l'autre, la fonction φ' disparaît, et il reste

$$\frac{(y-b)p}{z-c-(y-b)q} = \frac{z-c-(x-a)p}{(x-a)q},$$

ou, en réduisant,

$$(11) \qquad p(x-a) + q(y-b) = z - c.$$

291. Cette équation des surfaces coniques aurait pu s'obtenir en exprimant qu'ici *les divers plans tangents,*

dont chacun renferme (n° 272) une génératrice rectiligne, *doivent passer tous par le sommet* dont les coordonnées sont a, b, c. En effet, l'équation générale du
plan tangent

$$z' - z = p(x' - x) + q(y' - y)$$

devra alors être vérifiée par $x' = a$, $y' = b$, $z' = c$;
ce qui conduit à une relation identique avec (11). D'ailleurs on pourra faire servir cette équation (11) à reconnaître si une surface donnée $L = 0$ est *conique*, par une
marche analogue à celle que nous avons employée au
n° 284; mais ici les quantités a, b, c seraient les inconnues auxquelles il faudrait appliquer ce que nous avons
dit alors de m et de n.

292. Lorsqu'au lieu d'assigner immédiatement la directrice (F, F_1), on exige que la surface conique soit
circonscrite à une surface donnée $L = 0$, il faut commencer par *chercher la ligne de contact* des deux surfaces. Or, comme les plans tangents seront évidemment
communs pour tous les points de cette courbe, les dérivées p et q, déduites de $L = 0$, devront vérifier l'équation (11); par conséquent, la ligne de contact cherchée
sera représentée par le système

$$L = 0, \quad (x - a)\frac{dL}{dx} + (y - b)\frac{dL}{dy} + (z - c)\frac{dL}{dz} = 0;$$

alors, en prenant ces deux équations pour tenir lieu de
$F = 0$ et $F_1 = 0$, on achèvera le calcul ainsi qu'on l'a
dit au n° 287.

293. Si la surface $L = 0$ est un ellipsoïde représenté
par

$$A x^2 + A' y^2 + A'' z^2 = 1,$$

la courbe de contact sera déterminée par cette équation

jointe à la suivante,

$$(12) \quad \mathrm{A}x\,(x-a) + \mathrm{A}'y\,(y-b) + \mathrm{A}''z\,(z-c) = 0;$$

mais celle-ci, combinée avec la première, donne

$$(13) \qquad \qquad \mathrm{A}\,ax + \mathrm{A}'\,by + \mathrm{A}''\,cz = 1;$$

ainsi nous pouvons employer (12) et (13) pour définir la ligne de contact.

Cela posé, il faut exprimer que la génératrice a toujours un point de commun avec cette courbe, en éliminant x, y, z entre les équations (12), (13) et les suivantes :

$$x - a = \alpha\,(z - c), \quad y - b = 6\,(z - c);$$

or, si l'on substitue d'abord les valeurs des seuls binômes $x-a$ et $y-b$ dans (12), cette équation deviendra

$$(14) \qquad \qquad \mathrm{A}\,\alpha x + \mathrm{A}'\,6 y + \mathrm{A}''\,z = 0;$$

et alors l'élimination de x, y, z entre (13), (14) et les équations de la droite s'effectuera aisément, et donnera la condition

$$(\mathrm{A}\alpha^2 + \mathrm{A}'6^2 + \mathrm{A}'')(\mathrm{A}a^2 + \mathrm{A}'b^2 + \mathrm{A}''c^2 - 1)$$
$$= (\mathrm{A}a\alpha + \mathrm{A}'b6 + \mathrm{A}''c)^2.$$

Il reste maintenant à substituer ici les valeurs de α et 6, tirées des équations de la génératrice, ce qui donne pour la surface conique demandée,

$$[\mathrm{A}\,(x-a)^2 + \mathrm{A}'\,(y-b)^2 + \mathrm{A}''\,(z-c^2)]\,(\mathrm{A}a^2 + \mathrm{A}'b^2 + \mathrm{A}''c^2 - 1)$$
$$= [\mathrm{A}a\,(x-a) + \mathrm{A}'b\,(y-b) + \mathrm{A}''\,c\,(z-c)]^2;$$

mais si l'on observe que le second membre peut s'écrire

$$[(\mathrm{A}ax + \mathrm{A}'by + \mathrm{A}''cz - 1) - (\mathrm{A}a^2 + \mathrm{A}'b^2 + \mathrm{A}''c^2 - 1)]^2,$$

puis, si l'on développe le carré de ce binôme, et que l'on transpose les deux derniers termes dans le premier membre, l'équation du cône deviendra, après quelques réductions évidentes,

$$[A x^2 + A' y^2 + A'' z^2 - 1)(A a^2 + A' b^2 + A'' c^2 - 1)$$
$$= (A ax + A' by + A'' cz - 1)^2.$$

Sous cette forme, on voit manifestement que le cône *touche* l'ellipsoïde le long de la courbe plane représentée par l'équation (13). D'ailleurs, en appelant S la longueur de la droite qui joint le centre de l'ellipsoïde avec le sommet du cône, et R la portion de cette ligne qui forme un demi-diamètre de l'ellipsoïde, on trouvera aisément que le coefficient constant du premier membre a pour valeur

$$A a^2 + A' b^2 + A'' c^2 - 1 = \frac{S^2 - R^2}{R^2}.$$

294. Surfaces de révolution. — On les définit ordi- Fig. 35. nairement comme produites par le mouvement d'une courbe MM', qui tourne autour d'un axe fixe AC, de telle sorte que chaque point M décrit un cercle dont le plan est perpendiculaire à l'axe, et dont le centre est sur cet axe : cette génératrice MM' ne coïncide avec le *méridien* de la surface, qu'autant qu'elle est tout entière située dans un plan passant par AC. Mais, d'après cette définition, les surfaces de cette classe n'admettraient point une génératrice d'une espèce constante, puisque la courbe MM' changera avec chaque surface individuelle ; au lieu que si *l'on regarde la surface comme engendrée par un cercle* CM, *dont le centre se meut sur* AC, *tandis que son plan reste perpendiculaire à cet axe, et dont le rayon croît ou décroît de manière que la circonférence rencontre toujours la courbe* MM', alors le cercle mobile devient une génératrice d'une espèce constante et commune à toutes les surfaces de révolution, et la ligne MM' n'est plus qu'une directrice variable qui distingue chaque surface particulière. Exprimons donc par l'analyse ce second mode de génération, qui d'ailleurs est une suite nécessaire de la définition primitive.

295. Représentons la directrice MM′ par

$$F(x, y, z) = 0, \quad F_1(x, y, z) = 0,$$

et l'axe de révolution que nous supposons mené d'un certain point (a, b, c) dans une direction connue, par

$$x - a = m(z - c), \quad y - b = n(z - c);$$

alors un quelconque des *parallèles* de la surface pourra être regardé comme l'intersection d'un plan perpendiculaire à l'axe AC, avec une sphère dont le centre serait sur cette droite; par conséquent, ce cercle aura des équations de la forme

$$(15) \qquad mx + ny + z = 6,$$
$$(16) \qquad (x - a)^2 + (y - b)^2 + (z - c)^2 = \alpha.$$

Cependant, pour qu'il soit véritablement un parallèle de la surface, il faut y ajouter une relation

$$6 = \varphi(\alpha)$$

propre à exprimer que ce cercle a, dans toutes ses positions, un point de commun avec la directrice MM′; et cette relation s'obtiendra, dans chaque exemple, en éliminant x, y, z entre les quatre équations (15), (16), $F = 0$ et $F_1 = 0$. Cela posé, il restera à éliminer α et 6 entre les trois équations de ce parallèle, et l'on obtiendra pour la surface de révolution,

$$(17) \quad z + mx + ny = \varphi \left[(x - a)^2 + (y - b)^2 + (z - c)^2 \right].$$

296. Lorsque l'axe de révolution est pris pour l'axe des z, on a

$$m = 0, \quad n = 0;$$

et comme alors on peut placer le centre (a, b, c) de la

sphère à l'origine même, l'équation précédente se réduit à

$$z = \varphi(x^2 + y^2 + z^2),$$

laquelle pourra toujours être ramenée à la forme

$$z = \psi(x^2 + y^2).$$

Mais, dans ce cas particulier qui arrive fréquemment, il est plus simple de regarder immédiatement chaque *parallèle* comme l'intersection d'un *cylindre droit* avec un plan perpendiculaire, c'est-à-dire de prendre, au lieu des équations (15) et (16), les suivantes

$$z = 6, \quad x^2 + y^2 = \alpha;$$

et en y joignant toujours la relation $6 = \varphi(\alpha)$, qui s'obtiendra comme ci-dessus, on arrivera directement à

$$z = \varphi(x^2 + y^2).$$

297. Prenons pour exemple la surface décrite autour de l'axe OZ, par la droite quelconque

$$x = Az + h, \quad y = Bz + k.$$

Ces équations, qui remplacent ici $F = 0$, $F_1 = 0$, étant combinées avec celles d'un parallèle

$$z = 6, \quad x^2 + y^2 = \alpha,$$

donneront, par l'élimination des coordonnées, la relation

$$(A6 + h)^2 + (B6 + k)^2 = \alpha;$$

et si entre les trois dernières équations, on élimine α et 6, on trouvera pour la surface demandée

$$(Az + h)^2 + (Bz + k)^2 = x^2 + y^2,$$

ou bien

$$x^2 + y^2 - (A^2 + B^2)z^2 - 2(Ah + Bk)z = h^2 + k^2,$$

résultat qui appartient évidemment à *un hyperboloïde à une nappe*, dont le centre situé sur l'axe OZ est facile à déterminer. Au surplus, si l'on conçoit qu'on ait pris pour axe des x la plus courte distance de l'axe de révolution à la droite mobile, celle-ci se trouvera parallèle au plan YZ, et il faudra poser dans ses équations

$$A = 0, \quad k = 0;$$

de sorte que l'équation de la surface devenant

$$x^2 + y^2 - B^2 z^2 = h^2,$$

se trouvera rapportée à son centre. D'ailleurs on voit que le méridien de la surface est effectivement *une hyperbole*

$$y = 0, \quad x^2 - B^2 z^2 = h^2,$$

dont le demi-axe réel est la quantité h qui mesure ici la plus courte distance des deux droites données. (Voyez *Géométrie descriptive*, n° 140.)

298. Nous ne nous arrêterons point à appliquer cette méthode à un méridien elliptique, tel que

$$y = 0, \quad \frac{x^2}{a^2} + \frac{z^2}{c^2} = 1,$$

ou à une hyperbole, une parabole; car on retrouverait ainsi l'ellipsoïde, l'hyperboloïde,... de révolution : mais nous considérerons plutôt *la surface annulaire* produite par un cercle tournant autour d'un axe OZ qui, sans passer par le centre, est néanmoins situé dans le plan de ce cercle : c'est le *tore*, qui se rencontre dans plusieurs épures de Géométrie descriptive. Représentons donc ce méridien circulaire par

$$y = 0, \quad (x - l)^2 + z^2 = R^2;$$

puis, combinons ces équations avec celles d'un parallèle

$$z = 6, \quad x + y^2 = \alpha,$$

pour éliminer x, y, z, et nous obtiendrons la relation

$$(\sqrt{\alpha} - l)^2 + 6^2 = R^2;$$

ensuite, éliminons α et 6 entre les trois dernières équations, et nous aurons pour la surface annulaire proposée

$$(l \pm \sqrt{x^2 + y^2})^2 + z^2 = R^2.$$

Cette équation qui, après la disparition des radicaux, se trouvera du quatrième degré, mais qui peut être discutée aisément sous la forme actuelle, présentera un noyau vide autour de l'axe des z, ou bien une espèce d'entonnoir formé par la nappe intérieure, suivant que l'on aura

$$l > R, \quad \text{ou} \quad l < R.$$

299. Cherchons maintenant l'*équation aux différences partielles* des surfaces de révolution, en éliminant la fonction φ de l'équation

$$(17) \quad z + mx + ny = \varphi[(x - a)^2 + (y - b)^2 + (z - c)^2].$$

Or, si l'on différentie successivement par rapport à x et z, et par rapport à y et z, on obtient

$$p + m = [2(x - a) + 2(z - c)p] \times \varphi',$$
$$q + n = [2(y - b) + 2(z - c)q] \times \varphi';$$

puis, en divisant ces dernières équations membre à membre, il vient

$$\frac{p + m}{q + n} = \frac{x - a + p(z - c)}{y - b + q(z - c)}:$$

d'où l'on tire

$$(18) \quad \begin{cases} p[y - b - n(z - c)] - q[x - a - m(z - c)] \\ = n(x - a) - m(y - b). \end{cases}$$

300. Si l'axe de révolution coïncide avec OZ, nous

avons déjà dit (n° 296) que l'on devait annuler m, n, a,
b, c; de sorte que l'équation précédente se réduit à

$$py - qx = 0:$$

c'est ce qu'on trouverait immédiatement en différentiant
comme ci-dessus la dernière équation du n° 296.

301. On pouvait arriver à ces deux résultats en exprimant que dans cette classe de surfaces, *la normale va
toujours rencontrer l'axe de révolution*. Pour justifier
cette dernière assertion, il suffit d'observer que, quel que
soit le méridien, le plan tangent dans un point quelconque renferme nécessairement la tangente au parallèle.
Or, cette droite étant évidemment perpendiculaire au
rayon du parallèle et à l'axe, qui sont tous deux dans le
plan méridien, se trouve donc perpendiculaire à ce plan;
d'où l'on conclut que, dans toute surface de révolution,
le plan tangent est perpendiculaire au plan méridien
qui passe par le point de contact. Il en résulte que *la
normale sera contenue dans ce plan méridien;* et, par
suite, elle ira rencontrer l'axe de la surface.

Cela posé, la normale à une surface quelconque étant
représentée (n° 270) par

$$x' - x + p(z' - z) = 0, \quad y' - y + q(z' - z) = 0,$$

il faudra, pour qu'elle aille rencontrer l'axe des z que
nous supposons l'axe de révolution, que les équations
précédentes fournissent une même valeur de z' quand on
y posera

$$x' = 0 \quad \text{et} \quad y' = 0;$$

or, en égalant les deux valeurs de z' données par cette
hypothèse, on trouve

$$\frac{x}{p} = \frac{y}{q}, \quad \text{ou} \quad py - qx = 0,$$

résultat identique avec l'équation citée au n° 300. On parviendrait semblablement à l'équation (18), en combinant les équations de la normale avec les suivantes :

$$x' - a = m(z' - c), \qquad y' - b = n(z' - c),$$

qui ont servi (n° 295) à représenter l'axe de révolution dans une position quelconque.

302. L'équation (18) aux différences partielles peut servir à reconnaître si une surface donnée $L = o$ est de révolution ; car les valeurs des dérivées p et q, tirées de

$$\frac{dL}{dx} + \frac{dL}{dz}\,p = o, \quad \frac{dL}{dy} + \frac{dL}{dz}\,q = o,$$

devront vérifier l'équation (18), quelles que soient les coordonnées x, y, z ; par conséquent, il faudra, après cette substitution, égaler à zéro les coefficients des diverses puissances de ces coordonnées, ce qui fournira, entre les constantes inconnues m, n, a, b, c, un certain nombre d'équations, qui devront s'accorder pour que la surface soit de révolution. Cette marche, appliquée à l'équation générale du second degré, ferait retomber sur les conditions que nous avons obtenues autrement dans les n°^{os} 253 et suivants.

303. Lorsqu'au lieu de donner immédiatement la génératrice d'une surface de révolution, c'est-à-dire la courbe MM', qui est véritablement *la directrice* du cercle mobile, on exige que la surface cherchée soit circonscrite à une surface connue $L = o$, il faut encore commencer par *déterminer la ligne de contact*. Or, en chaque point de cette courbe, le plan tangent sera évidemment commun aux deux surfaces ; ainsi les dérivées p et q, déduites de $L = o$, et substituées dans l'équation (18), devront la

vérifier, du moins *pour tous les points de cette courbe*; donc, après cette substitution, l'ensemble des équations (18) et L = o représentera complétement la ligne de contact, et en la prenant pour la directrice de la surface de révolution, on en fera le même usage que des équations F = o, F₁ = o, du n° 265.

Effectuons les calculs pour le cas où l'axe de révolution coïncide avec OZ, et où, par conséquent, l'équation (18) se réduit à

$$py - qx = o:$$

en y substituant les valeurs de p et de q, tirées de L = o, qui donne

$$\frac{dL}{dx} + \frac{dL}{dz} p = o, \quad \frac{dL}{dy} + \frac{dL}{dz} q = o,$$

on obtiendra, pour les équations de la ligne de contact,

$$L = o, \quad y\frac{dL}{dx} - x\frac{dL}{dy} q = o.$$

304. Par exemple, dans un ellipsoïde dont les diamètres principaux seraient parallèles aux axes coordonnés, la courbe de contact serait représentée par le système

$$A(x-a)^2 + A'(y-b)^2 + A''(z-c)^2 = 1,$$
$$(A - A')xy - A ay + A' bx = o.$$

Cette ligne serait donc ici à double courbure; mais si A = A', l'ellipsoïde devient lui-même de révolution, et la dernière équation se réduisant à

$$y = \frac{b}{a}x,$$

elle représente un plan passant par l'axe OZ et le diamètre vertical de l'ellipsoïde; par conséquent, la ligne de contact ne sera autre chose qu'un des méridiens de cet ellipsoïde, et en tournant autour de OZ, elle engendrera *une surface annulaire* différente de celle du n° **298**.

Si l'on veut achever le calcul, on combinera les équations de ce méridien elliptique

$$A(x-a)^2 + A(y-b)^2 + A''(z-c)^2 = 1, \qquad y = \frac{b}{a}x,$$

avec celles d'un parallèle

$$z = 6, \qquad x^2 + y^2 = \alpha,$$

pour en éliminer x, y, z, et l'on trouvera, entre α et 6, la relation

$$A(\sqrt{\alpha} - D)^2 + A''(6-c)^2 = 1,$$

dans laquelle nous avons posé

$$D = \sqrt{a^2 + b^2};$$

puis, en y substituant les valeurs de α et 6, il viendra pour l'équation de cette surface annulaire, *à méridien elliptique,*

$$A(D \pm \sqrt{x^2 + y^2})^2 + A''(z-c)^2 = 1.$$

305. Surfaces conoïdes. — On appelle ainsi les surfaces engendrées par *une droite mobile assujettie à rester parallèle à un plan donné, et à s'appuyer constamment sur* une droite *fixe* OA *et sur une courbe quelconque* DM. Fig. 36. Nous prendrons toujours le *plan directeur* pour le plan coordonné XY; et en coupant les deux directrices par divers plans horizontaux, puis joignant par des droites les points de section correspondants C et M, C' et M',..., on obtiendra autant de positions de la génératrice. La surface sera nécessairement *gauche* (n° **273**); car la droite CM, en passant à une position infiniment voisine C'M', peut être censée glisser sur la tangente TMM'.

16

Ainsi, pour que CM et C′M′ fussent dans un même plan, il faudrait que TM et OA se trouvassent aussi dans un seul plan, circonstance qui ne saurait arriver, du moins pour toutes les tangentes, sans que la courbe DM ne soit tout entière dans un même plan avec OA; mais c'est là une hypothèse qu'il faut évidemment exclure, puisque alors le conoïde se réduirait à un plan unique.

306. Comme la droite OA rencontrera nécessairement le plan directeur XY, nous pouvons placer l'origine des coordonnées à ce point de section (au surplus, pour une origine quelconque, on changera dans le résultat définitif x et y en $x - h$ et $y - k$); et les deux directrices données seront représentées par les équations suivantes :

(OA) $x = mz;$ $y = nz,$

(DM) $F(x, y, z) = 0,$ $F_1(x, y, z) = 0.$

La génératrice, qui doit être parallèle au plan XY, aura des équations de la forme

$$z = \mathrm{6}, \quad y = \alpha x + \gamma;$$

mais d'abord il faut y ajouter une condition qui exprime qu'elle rencontre toujours OA, et qui s'obtiendra en éliminant x, y, z entre les quatre équations de ces deux droites, ce qui donne

$$n\mathrm{6} = \alpha m\mathrm{6} + \gamma.$$

Cette relation détermine déjà une des trois constantes arbitraires, γ par exemple, en fonction des autres; et si l'on en profite pour éliminer immédiatement ce paramètre, les équations de la génératrice deviendront

(CM) $z = \mathrm{6}, \quad y - n\mathrm{6} = \alpha(x - m\mathrm{6}).$

Ensuite, il faut exprimer que cette dernière droite s'appuie constamment sur DM, ce qui s'exécutera en éliminant x, y, z entre les deux dernières équations et celles de DM; et l'on obtiendra ainsi une nouvelle relation

$$6 = \varphi(\alpha),$$

qu'il faudra joindre aux équations de CM. Maintenant, il ne reste plus qu'un seul paramètre α qui puisse recevoir des valeurs arbitraires; si donc on élimine α et 6 entre ces trois dernières équations, il viendra pour la surface conoïde

$$(19) \qquad z = \varphi\left(\frac{y - nz}{x - mz}\right).$$

307. Le conoïde est appelé *droit*, lorsque la directrice *rectiligne* OA se trouve perpendiculaire au plan directeur assigné; alors cette droite OA peut être nommée l'*axe* du conoïde, et puisqu'elle coïncide avec OZ, il suffira de poser

$$m = o \quad \text{et} \quad n = o$$

dans l'équation générale (19). Mais comme ce cas particulier se présente fréquemment, nous observerons qu'il est plus simple alors de prendre immédiatement les équations de la directrice sous la forme

$$z = 6, \quad y = \alpha x,$$

parce qu'ainsi on exprime déjà qu'elle rencontre l'axe OZ du conoïde; il reste donc à écrire qu'elle rencontre aussi la seconde directrice DM, ce qui donnera, comme ci-dessus, une certaine relation

$$6 = \varphi(\alpha);$$

puis, en éliminant α et 6 entre ces trois équations, on aura pour le conoïde *droit*

$$z = \varphi\left(\frac{y}{x}\right).$$

16.

On doit même remarquer que le conoïde oblique pourrait aussi être représenté sous cette forme, en prenant la directrice rectiligne OA pour l'axe des z, et traçant à volonté les deux autres axes OX, OY dans le plan directeur; car pour de tels axes *obliques*, les équations de la génératrice seraient encore

$$z = 6, \quad y = \alpha x.$$

308. Prenons pour exemple le conoïde de *la voûte d'arête en tour ronde*, engendré par une horizontale

FIG. 37. qui s'appuie sur OZ et sur une ellipse BCD dont le centre est sur OX, et dont les deux diamètres principaux sont parallèles aux axes OY, OZ. En posant

$$OA = l, \quad AB = b, \quad AC = c,$$

les équations de l'ellipse seront

$$x = l, \quad \frac{y^2}{b^2} + \frac{z^2}{c^2} = 1;$$

en les combinant avec

$$z = 6, \quad y = \alpha x,$$

pour éliminer x, y, z, on obtient la relation

$$\frac{\alpha^2 l^2}{b^2} + \frac{6^2}{c^2} = 1;$$

puis éliminant α et 6 entre les trois dernières équations, il vient

$$\frac{l^2 y^2}{b^2 x^2} + \frac{z^2}{c^2} = 1, \quad \text{ou} \quad \frac{c^2 l^2}{b^2} y^2 = x^2 (c^2 - z^2).$$

Lorsque l'on coupera cette surface par divers plans parallèles à YZ, tels que $x = k$, on obtiendra évidemment des ellipses ayant toutes un axe vertical de grandeur constante, et qui deviendront *des cercles* quand on posera

$$x = \pm \frac{cl}{b}.$$

Si l'on choisit les plans sécants parallèles à XZ, on trouvera des courbes du quatrième degré, faciles à discuter, et qui admettent deux asymptotes parallèles à OX.

309. Dans la voûte d'arête en tour ronde, on adopte souvent pour le *cintre* de la porte (*), la ligne à double courbure formée en roulant sur le cylindre vertical du rayon $AO = l$, le plan de l'ellipse BCD, sans altérer la hauteur des divers points de cette courbe. Alors, si l'on compare deux points (x, y, z), (x', y', z'), situés à la même hauteur sur l'ellipse et sur le cintre à double courbure, on aura évidemment

$$x'^2 + y'^2 = l^2, \quad y' = l\sin\frac{y}{l}, \quad y = \frac{b}{c}\sqrt{c^2 - z^2},$$

attendu que nous comptons les sinus dans le cercle qui a pour rayon l'unité (*voyez* n° 310). Par conséquent, en éliminant l'ancienne coordonnée y, les équations du cintre seront

$$x'^2 + y'^2 = l^2, \quad y' = l\sin\left(\frac{b}{cl}\sqrt{c^2 - z^2}\right);$$

si donc on les combine, en supprimant les accents, avec

$$z = 6, \quad y = \alpha x,$$

on obtiendra la relation

$$\frac{\alpha}{\sqrt{1 + \alpha^2}} = \sin\left(\frac{b}{c}\sqrt{c^2 - 6^2}\right);$$

et, enfin, l'élimination de α et 6 entre les trois dernières donnera pour l'équation du conoïde,

$$\frac{y}{\sqrt{x^2 + y^2}} = \sin\left(\frac{b}{cl}\sqrt{c^2 - z^2}\right).$$

(*) *Voyez* la *Géométrie descriptive*, n° 644, où nous avons donné aussi les equations des courbes remarquables suivant lesquelles ce conoïde traverse le tore qui recouvre le berceau tournant.

Les sections faites dans cette surface, par des cylindres concentriques avec OZ, seraient encore des ellipses enroulées sur ces cylindres, comme on le verra aisément en posant

$$x^2 + y^2 = \gamma^2.$$

310. Dans l'escalier dit *vis à jour,* lorsque le noyau vide est *circulaire,* la surface inférieure est encore un conoïde engendré par *une droite horizontale qui s'appuie constamment sur une hélice et sur l'axe vertical du cylindre droit* où est tracée cette courbe. Or, d'après la définition d'une hélice (*), *les ordonnées verticales sont proportionnelles aux abscisses curvilignes comptées sur la base du cylindre,* à partir du point où l'hélice coupe cette base; si donc on fait passer l'axe OY par ce point, qu'on adopte pour OZ l'axe du cylindre, et que l'on désigne par *s* l'arc de la base qui répond à un point quelconque (x, y, z) de l'hélice, on aura les relations

$$x^2 + y^2 = \mathrm{R}^2, \quad x = \sin s, \quad \frac{z}{s} = \frac{h}{2\pi \mathrm{R}},$$

parce qu'en appelant *h* le *pas* de l'hélice, l'ordonnée $z = h$ doit correspondre à l'abscisse $s = 2\pi \mathrm{R}$. Mais ici *s* et sin *s* désignent un arc et un sinus comptés dans le cercle du rayon R; pour les ramener, suivant l'usage, à être mesurés dans le cercle dont le rayon égalerait l'unité, on observera qu'en appelant θ un arc compté dans ce dernier cercle, et semblable à *s*, on aurait

$$s = \mathrm{R}\theta, \quad \sin s = \mathrm{R}\sin\theta = \mathrm{R}\sin\frac{s}{\mathrm{R}};$$

(*) *Voyez* la *Géométrie descriptive,* n° **446**; et l'épure 126, qui représente l'*hélicoïde gauche* dont il s'agit ici.

de sorte que les trois équations primitives deviendront

$$x^2 + y^2 = R^2, \quad x = R \sin \frac{s}{R}, \quad \frac{z}{s} = \frac{h}{2\pi R};$$

et si, entre ces dernières, on élimine l'arc s de la base, on aura pour représenter les trois projections de l'hélice,

$$x^2 + y^2 = R^2, \quad x = R \sin\left(\frac{2\pi z}{h}\right), \quad y = R \cos\left(\frac{2\pi z}{h}\right).$$

De ces équations, deux suffisent toujours : ainsi, en adoptant les premières, et les combinant avec celles de la droite mobile

$$z = 6, \quad y = \alpha x,$$

nous obtiendrons la relation

$$\frac{1}{\sqrt{1 + \alpha^2}} = \sin\left(2\pi \frac{6}{h}\right);$$

puis éliminant α et 6 entre ces trois dernières équations, il viendra, pour la surface de *l'hélicoïde gauche*,

$$\frac{x}{\sqrt{x^2 + y^2}} = \sin\left(2\pi \frac{z}{h}\right), \quad \text{ou} \quad \frac{x}{y} = \tang\left(2\pi \frac{z}{h}\right).$$

Observons que cette surface rampante est aussi celle qui termine *le filet d'une vis rectangulaire*.

311. Cherchons maintenant *l'équation aux différences partielles* des surfaces conoïdes, afin d'éliminer de l'équation

$$(19) \qquad z = \varphi\left(\frac{y - nz}{x - mz}\right)$$

la fonction φ, qui change avec la forme de la directrice *curviligne;* car, quant à la première directrice, elle est de forme invariable, et toujours *rectiligne* dans tous les conoïdes. Différentions donc l'équation (19), d'abord par rapport à x et z, et ensuite par rapport à y et z, et nous aurons

$$p = \frac{- np\,(x - mz) - (y - nz)\,(1 - mp)}{(x - mz)^2} \cdot \varphi',$$

$$q = \frac{(1 - nq)\,(x - mz) + mq\,(y - nz)}{(x - mz)^2} \cdot \varphi';$$

puis, en divisant ces résultats l'un par l'autre, la fonction φ' disparaît, et il vient

$$\frac{p}{q} = \frac{p\,(my - nx) - (y - nz)}{q\,(my - nx) + (x - mz)};$$

d'où l'on tire enfin

$$(20) \qquad p\,(x - mz) + q\,(y - nz) = 0.$$

Lorsqu'on prend la directrice rectiligne pour axe des z, cette équation se réduit à

$$(21) \qquad px + qy = 0.$$

312. Quelquefois, au lieu d'assigner la seconde directrice du conoïde, on exige qu'il soit circonscrit à une surface donnée $L = 0$; alors, il faut d'abord chercher la ligne de contact par le même principe que nous avons déjà employé dans plusieurs cas semblables (nᵒˢ 285 et 292), c'est-à-dire exprimer que l'équation générale (20) est satisfaite par les valeurs des dérivées p et q déduites de $L = 0$. Ainsi, la courbe de contact se trouvera déterminée par le système des deux équations

$$L = 0, \quad (x - mz)\frac{dL}{dx} + (y - nz)\frac{dL}{dy} = 0,$$

lesquelles tiendront lieu de $F = 0$, $F_1 = 0$, employées au nᵒ 306.

313. Si, par exemple, la droite mobile doit s'appuyer sur OZ, et toucher constamment l'ellipsoïde

$$A(x - a)^2 + A'y^2 + A''z^2 = 1,$$

la courbe de contact sera représentée par l'équation précédente, jointe à celle-ci :

$$Ax(x - a) + A'y^2 = 0;$$

or ce système équivaut au suivant :

$$Ax^2 - Aax + A'y^2 = 0,$$
$$A''z^2 - Aax = 1 - Aa^2.$$

Ainsi la courbe de contact a pour projections une ellipse et une parabole; et il sera aisé maintenant de trouver l'équation du conoïde qui passerait par cette courbe.

314. En terminant ce qui regarde les surfaces déterminées par une seule directrice, nous observerons que, quand il s'agit de faire passer une de ces surfaces par une courbe donnée

$$F(x, y, z) = 0, \quad F_1(x, y, z) = 0,$$

et que l'on veut partir immédiatement de l'équation générale du n° **279**,

$$(6) \qquad\qquad v = \varphi(u),$$

propre à la famille de surfaces en question, les quantités u et v sont alors des groupes connus en x, y, z, et il s'agit de déterminer la fonction φ de manière que l'équation (6) se trouve vérifiée d'elle-même en y substituant les valeurs de deux des coordonnées, y et z par exemple, tirées de $F = 0$ et $F_1 = 0$. Pour cela, il suffit d'égaler le groupe u à une quantité unique α, et d'éliminer x, y, z entre les quatre équations

$$u = \alpha, \quad v = \varphi(\alpha), \quad F = 0, \quad F_1 = 0;$$

on sera ainsi conduit à une équation de forme connue

$$f[\alpha, \varphi(\alpha)] = 0,$$

qui, si on la résolvait par rapport à $\varphi(\alpha)$, ferait connaître la manière dont $\varphi(\alpha)$ est composée avec α, et par conséquent aussi la forme de $\varphi(u)$; mais, sans résoudre l'équation précédente, il n'y aura qu'à y substituer pour α et $\varphi(\alpha)$ leurs valeurs u et v, et l'on aura pour l'équation de la surface particulière que l'on cherchait

$$f(u, v) = 0.$$

Au reste, cette marche s'accorde évidemment avec celle que nous avons prescrit de suivre, au n° 279, dans chaque exemple particulier.

CHAPITRE XV.

DES SURFACES RÉGLÉES, GAUCHES OU DÉVELOPPABLES.

315. Jusqu'à présent les surfaces que nous avons étudiées n'admettaient qu'une seule directrice; ou si, comme dans les conoïdes, il y avait deux directrices, l'une était de forme constante pour toutes les surfaces de cette famille, et l'autre variait seule avec ces diverses surfaces. Aussi l'équation finie $v = \varphi(u)$ du n° **279** ne renfermait qu'*une fonction arbitraire*; et, par suite, l'équation aux différences partielles, indépendante de cette fonction, ne s'élevait qu'*au premier ordre*, comme on l'a vu dans les divers exemples précédents. Mais quand on assigne plusieurs directrices, l'équation de la surface renferme un pareil nombre de fonctions, ainsi qu'il résulte de la méthode indiquée n° **278**, et l'équation aux différences partielles est d'un ordre élevé, lequel surpasse en général le nombre des fonctions arbitraires; car s'il s'agit, par exemple, d'une équation où entrent deux fonctions φ et ψ, en différentiant deux fois, on se procurera en tout six équations, qui ne suffiront pas ordinairement pour éliminer φ, φ', φ'' et ψ, ψ', ψ''; tandis qu'elles seront suffisantes dans certains cas, suivant la manière dont ces fonctions entreront dans l'équation primitive. C'est ce qui va se vérifier dans les questions suivantes, où nous nous bornerons toutefois à traiter des *surfaces réglées*, c'est-à-dire de celles qui ont pour génératrice une ligne droite.

316. DES CYLINDROÏDES, *ou surfaces engendrées par une droite qui glisse sur deux directrices quelconques* (D) et (D′), *en restant constamment parallèle à un plan fixe.*

Nous regarderons ce plan *directeur* comme étant le plan horizontal des x, y, et pour construire la surface, nous couperons les courbes (D) et (D′) par divers plans horizontaux; puis, en joignant les points de section correspondants par des droites, nous obtiendrons autant de positions MN, M′N′,... de la génératrice. *La surface sera gauche,* en général; car, lorsque la droite mobile passe, en s'appuyant sur les courbes (D) et (D′), de la position MN à la position infiniment voisine M′N′, elle peut être censée glisser sur les tangentes MM′T, NN′V, qui ont avec ces courbes un élément de commun. Par conséquent, à moins de supposer que les directrices aient été choisies d'une manière si particulière que leurs tangentes, pour des points situés à la même hauteur, se trouvent *toujours* deux à deux dans un même plan, il n'arrivera pas non plus que les positions consécutives MN, M′N′,... de la génératrice puissent remplir cette condition; ainsi elles formeront une surface gauche (n° 273).

Les conoïdes et le paraboloïde hyperbolique sont évidemment des cas particuliers des *cylindroïdes.*

317. Les équations de la génératrice seront ici de la forme

$$z = \alpha, \quad y = 6x + \gamma;$$

mais, en exprimant que cette droite s'appuie constamment sur les directrices (D) et (D′), on trouvera, comme nous l'avons dit au n° 278, deux relations telles que

$$\Phi(\alpha, 6, \gamma) = 0, \quad \Psi(\alpha, 6, \gamma) = 0,$$

que l'on peut concevoir réduites à la forme

$$6 = \varphi(\alpha), \quad \gamma = \psi(\alpha).$$

Fig. 33.

Si donc on élimine α, 6, γ entre ces dernières équations et celles de la génératrice, on aura pour l'équation générale des surfaces de cette famille

$$(1) \quad y = x\varphi(z) + \psi(z), \quad \text{ou} \quad z = x\varphi_1(z) + y\psi_1(z).$$

Cette dernière forme, que l'on déduit aisément de la première, est plus symétrique, mais moins simple par rapport aux calculs qui vont suivre.

318. Pour obtenir l'équation aux différences partielles, indépendante des fonctions φ et ψ, différentions la formule (1) successivement par rapport à x et à y; il vient

$$o = \varphi(z) + x\varphi'(z)p + \psi'(z)p,$$
$$1 = x\varphi'(z)q + \psi'(z)q,$$

d'où l'on conclut, par la division,

$$(2) \qquad \frac{p}{q} = -\varphi(z).$$

Comme il est arrivé ici que les fonctions φ', ψ, ψ' sont disparues à la fois, il suffira de descendre jusqu'au second ordre pour éliminer celle qui reste. Si donc, en adoptant les notations habituelles,

$$\frac{d^2z}{dx^2} = r, \quad \frac{d^2z}{dx\,dy} = s, \quad \frac{d^2z}{dy^2} = t,$$

on différentie l'équation (2), successivement par rapport à x et à y, il viendra

$$\frac{qr - ps}{q^2} = -\varphi'(z)p, \quad \frac{qs - pt}{q^2} = -\varphi'(z)q;$$

puis, en divisant ces résultats l'un par l'autre, on obtiendra pour l'équation commune à toutes les surfaces de ce genre,

$$(3) \qquad q^2 r - 2pqs + p^2 t = 0.$$

L'équation du premier ordre,

$$\frac{p}{q} = \varphi(z),$$

montre que pour tous les points de la surface qui auront la même ordonnée z, c'est-à-dire *tout le long d'une même génératrice*, le rapport $\dfrac{p}{q}$ sera constant; et, par suite, tous les plans tangents dans ces points-là auront leurs traces horizontales *parallèles* entre elles. En effet, tous ces plans tangents doivent contenir la génératrice horizontale, quoiqu'ils diffèrent les uns des autres.

319. Prenons pour exemple la surface engendrée par une droite mobile qui, demeurant horizontale, s'appuie constamment sur l'ellipse et sur le cercle représentés par

$$(\mathbf{D}) \qquad x = h, \quad \frac{y^2}{b^2} + \frac{z^2}{c^2} = 1,$$

$$(\mathbf{D'}) \qquad x = k, \quad y^2 + z^2 = c^2.$$

Si l'on combine les équations de la génératrice

$$z = \alpha, \qquad y = 6x + \gamma,$$

successivement avec celles des deux directrices, on obtiendra les deux relations

$$\frac{(6h+\gamma)^2}{b^2} + \frac{\alpha^2}{c^2} = 1, \quad (6k+\gamma)^2 + \alpha^2 = c^2,$$

et il s'agira d'éliminer α, 6, γ entre les quatre dernières équations; or, si d'abord on élimine α et γ, il vient

$$6(h-x)+y = \frac{b}{c}\sqrt{c^2-z^2}, \quad 6(k-x)+y = \sqrt{c^2-z^2},$$

d'où il résulte, en éliminant 6 entre celles-ci,

$$(4) \ (h-x)\left(y - \sqrt{c^2+z^2}\right) = (k-x)\left(y - \frac{b}{c}\sqrt{c^2-z^2}\right).$$

Cela posé, si l'on conserve aux radicaux des deux mem‑
bres le même signe, ce sera exprimer que la droite mo‑
bile glisse sur les deux courbes, en passant toujours par
deux points situés d'*un même côté* du plan XZ; car ces
radicaux sont les valeurs de l'ordonnée y dans les deux
courbes; alors l'équation (4) se réduit à

$$(h - k)\,cy = [(b - c)\,x + ch - bk]\sqrt{c^2 - z^2},$$

qui représente le même conoïde que nous avons déjà con‑
sidéré n° 308. En effet, on doit apercevoir qu'ici toutes
les génératrices iront percer le plan XZ en des points si‑
tués *sur une même verticale* placée en dehors des deux
courbes; par conséquent, la question peut être réduite
à faire glisser la génératrice sur cette verticale et sur
l'ellipse.

Lorsqu'on adoptera des signes différents pour les radi‑
caux de l'équation (4), elle conduira encore à un conoïde
analogue, mais dont l'axe sera entre les deux courbes,
parce qu'alors on exprimera que la génératrice traverse
le plan XZ entre les deux points où elle s'appuie sur les
directrices.

Observons que si, avant d'éliminer θ, on n'eût pas ré‑
solu les deux équations qui contenaient cette indétermi‑
née, on serait tombé sur une équation du huitième degré,
qu'il aurait fallu ensuite décomposer en deux facteurs,
pour y reconnaître les deux surfaces *distinctes* que nous
venons de signaler.

320. DES SURFACES GAUCHES GÉNÉRALES, *engendrées
par une droite assujettie à glisser sur trois directrices
quelconques* (D), (D′), (D″).

Observons d'abord que le mouvement de la génératrice
est complètement réglé par ces conditions. En effet, si,
après avoir pris sur la première courbe (D) un point FIG. 33.

quelconque M, on imagine deux cônes ayant ce point pour sommet commun, et pour bases, l'un la courbe (D′), l'autre la courbe (D″), ces deux surfaces coniques ne pourront se couper que suivant *une ou plusieurs droites,* qui satisferont évidemment à la condition de s'appuyer sur les trois directrices; et pour chaque point M′, M″,... pris sur la courbe (D), on obtiendra des résultats analogues. Cela posé, si, parmi toutes ces droites, on ne considère d'abord que celles qui se rapportent à une même *nappe* de la surface, c'est-à-dire qui passent par des points voisins les uns des autres sur chaque directrice, on reconnaîtra que le mouvement de la génératrice, en glissant du point M aux points M′, M″,..., est unique et complétement déterminé.

321. La surface ainsi obtenue *sera gauche* en général; car lorsque la génératrice passe de la position AMNR à la position infiniment voisine A′M′N′R′, elle peut être regardée comme glissant sur les trois tangentes MT, NV, RU, qui ont chacune un élément de commun avec la directrice correspondante; ainsi, à moins de supposer que ces directrices ont été choisies d'une manière si particulière que, pour chaque système de points (M, N, R), (M′, N′, R′),..., situés en ligne droite, les trois tangentes sont à la fois dans un même plan, il n'arrivera pas non plus que les génératrices consécutives AM et A′M′ remplissent cette condition, et, par suite, la surface sera gauche (n° 273).

L'hyperboloïde à une nappe du n° 149 est évidemment un cas très-particulier des surfaces dont nous nous occupons; c'est celui où les trois directrices sont rectilignes.

322. Dans le cas général, la génératrice n'ayant à remplir d'autre condition *commune* à toutes les surfaces de cette famille, que d'être rectiligne, ses équations contien-dront quatre paramètres arbitraires, et seront de la forme

$$y = \alpha x + 6, \qquad z = \gamma x + \delta;$$

mais il faudra y joindre les conditions propres à expri-mer que cette droite a toujours un point de commun avec chacune des directrices (D), (D'), (D''), ce qui fournira, comme nous l'avons vu n° 278, trois relations entre α, 6, γ, δ, lesquelles peuvent être censées ramenées à la forme

$$6 = \varphi(\alpha), \qquad \gamma = \psi(\alpha), \qquad \delta = \pi(\alpha);$$

puis il resterait à éliminer α, 6, γ, δ entre les cinq équa-tions précédentes. Or, si d'abord on substitue pour 6, γ, δ leurs valeurs, il vient

$$(5) \qquad\qquad y = \alpha x + \varphi(\alpha),$$

$$(6) \qquad\qquad z = x\psi(\alpha) + \pi(\alpha);$$

et quant à α, on ne peut l'éliminer sans déterminer la forme des fonctions, c'est-à-dire sans particulariser les directrices (D), (D'), (D''); de sorte que pour conserver au résultat toute sa généralité, et le rendre applicable aux diverses surfaces de cette famille, il faut garder *le système des deux équations* simultanées (5) et (6), en y considérant α comme une indéterminée qu'on devra éli-miner plus tard, quand la forme des fonctions aura été fixée dans chaque exemple. Au surplus, il est évident que, sous ce point de vue, le système (5) et (6) équivaut à une seule équation en x, y, z.

323. Ce système complexe ne pourra être réduit à une équation unique, qu'en se procurant, par la différentia-tion, assez d'équations pour pouvoir éliminer α, φ, ψ, π et leurs dérivées successives. Nous comptons ici α au

17

nombre des fonctions de x, y, z; car le système (5) et (6) ne peut représenter *une surface* qu'autant que l'on regarde α comme tenant, dans (5), la place de sa valeur tirée de (6), laquelle valeur serait bien une fonction de x, y, z.

Cela posé, en différentiant (5) tour à tour par rapport à x et à y, il vient

$$0 = \alpha + x \frac{d\alpha}{dx} + \varphi'(\alpha) \frac{d\alpha}{dx},$$

$$1 = x \frac{d\alpha}{dy} + \varphi'(\alpha) \frac{d\alpha}{dy};$$

d'où l'on déduit

(7) $$-\alpha = \frac{d\alpha}{dx} : \frac{d\alpha}{dy}.$$

En différentiant semblablement l'équation (6), on trouve

$$p = \psi(\alpha) + x \psi'(\alpha) \frac{d\alpha}{dx} + \pi'(\alpha) \frac{d\alpha}{dx},$$

$$q = 0 + x \psi'(\alpha) \frac{d\alpha}{dy} + \pi'(\alpha) \frac{d\alpha}{dy},$$

d'où l'on déduit, en ayant égard à la relation (7),

(8) $$\frac{p - \psi(\alpha)}{q} = \frac{d\alpha}{dx} : \frac{d\alpha}{dy} = -\alpha,$$

et, par suite,

(9) $$p + \alpha q = \psi(\alpha).$$

C'est là l'équation aux différences partielles du premier ordre pour cette classe de surfaces; mais comme il y entre encore deux fonctions inconnues, différentions cette équation (9) successivement par rapport à x et à y, et il viendra

$$r + \alpha s + q \frac{d\alpha}{dx} = \psi'(\alpha) \frac{d\alpha}{dx},$$

$$s + \alpha t + q \frac{d\alpha}{dy} = \psi'(\alpha) \frac{d\alpha}{dy};$$

d'où l'on déduit, en ayant égard à l'équation (7),

$$\frac{r + \alpha s}{s + \alpha t} = \frac{d\alpha}{dx} : \frac{d\alpha}{dy} = -\alpha,$$

ou bien,

(10) $$r + 2\alpha s + \alpha^2 t = 0.$$

Voilà l'équation aux différences partielles du deuxième ordre, où il n'entre plus que la seule fonction inconnue α ; et pour l'éliminer, il faut recourir aux dérivées partielles du troisième ordre, que nous représenterons par les notations suivantes :

$$\frac{d^3 z}{dx^3} = \frac{dr}{dx} \dots\dots \text{ par } u,$$

$$\frac{d^3 z}{dx^2 dy} = \frac{dr}{dy} = \frac{ds}{dy} \dots \text{ par } w,$$

$$\frac{d^3 z}{dy\, dy^2} = \frac{dt}{dx} = \frac{ds}{dy} \dots \text{ par } \varpi,$$

$$\frac{d^3 z}{dy^3} = \frac{dt}{dy} \dots\dots \text{ par } v.$$

Si donc on différentie l'équation (10) successivement par rapport à x et à y, il viendra

$$u + 2\alpha w + \alpha^2 \varpi + 2s \frac{d\alpha}{dx} + 2ta \frac{d\alpha}{dx} = 0,$$

$$w + 2\alpha \varpi + \alpha^2 v + 2s \frac{d\alpha}{dy} + 2ta \frac{d\alpha}{dy} = 0;$$

puis, en divisant ces équations membre à membre, après avoir transposé les deux derniers termes, et en ayant égard à la relation (7), on obtiendra enfin

(11) $$u + 3\alpha w + 3\alpha^2 \varpi + \alpha^3 v = 0,$$

équation d'où il resterait à éliminer α en prenant sa valeur dans (10); mais ceci n'est plus qu'une opération

17.

algébrique que nous nous dispenserons d'effectuer, et qui fournira donc une relation entre les dérivées partielles, tout à fait indépendante de α, φ, ψ, π, ou des trois courbes qui servent de directrices à la génératrice rectiligne.

324. Prenons pour exemple la surface de la petite voûte que l'on nomme le *biais passé*. Sur les côtés opposés d'un parallélogramme horizontal ABDC, on a décrit deux demi-cercles verticaux, et l'on assujettit une droite

FIG. 38. mobile MNP à glisser sur ces deux circonférences et sur la ligue OY menée par le centre du parallélogramme, perpendiculairement aux plans des cercles. Si l'on prend pour axes cette directrice rectiligne OY, la verticale OZ et la droite OX perpendiculaire aux deux premières, les équations des trois directrices seront

$$x = 0, \qquad z = 0,$$
$$y = -b, \quad (x-a)^2 + z^2 = R^2,$$
$$y = +b, \quad (x+a)^2 + z^2 = R^2.$$

La génératrice aurait, dans ses équations, quatre constantes arbitraires; mais si, pour abréger les calculs, nous représentons immédiatement cette droite par

$$(12) \qquad\qquad x = \alpha\,(y-6),$$
$$(13) \qquad\qquad z = \gamma\,(y-6),$$

on voit qu'elle remplit déjà la condition de rencontrer l'axe OY, et l'un des paramètres se trouve par là éliminé tout de suite. Il reste à exprimer que cette droite mobile s'appuie sur chacune des circonférences, ce qui fournira les relations

$$(14) \qquad [\alpha\,(b+6)+a]^2 + \gamma^2\,(b+6)^2 = R^2,$$
$$(15) \qquad [\alpha\,(b-6)+a]^2 + \gamma^2\,(b-6)^2 = R^2,$$

lesquelles donnent, par la soustraction,

$$6(b\alpha^2 + a\alpha + b\gamma^2) = 0.$$

On pourrait satisfaire à cette condition par $6 = 0$; mais cette hypothèse exprimerait que la droite (12) et (13) passe constamment par l'origine, et décrit un cône en s'appuyant sur la moitié *supérieure* d'un des cercles, et sur la moitié *inférieure* de l'autre. Or cette manière de remplir les conditions analytiques du problème ne saurait convenir à la voûte en question; c'est pourquoi nous supprimerons le facteur $6 = 0$, qui, combiné avec (12), (13) et (14), ferait tomber sur l'équation de ce cône oblique, et nous garderons seulement la relation

$$(16) \qquad \alpha^2 + \gamma^2 + \frac{a\alpha}{b} = 0,$$

en vertu de laquelle la formule (14) se réduit à

$$(17) \qquad (b^2 - 6^2)\, a\alpha = b\,(\mathrm{R}^2 + a^2).$$

Cela posé, il s'agit d'éliminer α, 6, γ entre les deux relations (16), (17) et les équations de la droite mobile. Or, si de ces dernières on tire α et γ pour les substituer dans (16), on trouvera

$$6 = y + \frac{b(x^2 + z^2)}{ax}, \quad \alpha = -\frac{ax^2}{b(x^2 + z^2)},$$

et enfin, ces valeurs de α et de 6, transportées dans (17), donneront, pour l'équation de la surface,

$$\left[y + \frac{b(x^2 + z^2)}{ax}\right]^2 - b^2 = b^2(\mathrm{R}^2 - a^2)\left(\frac{x^2 + z^2}{a^2 x^2}\right),$$

ou bien

$$(18) \qquad [axy + b(x^2 + z^2)]^2 = b^2 \mathrm{R}^2 x^2 + b^2(\mathrm{R}^2 - a^2) z^2.$$

Cette surface, qui est nécessairement gauche, a pour centre l'origine actuelle des coordonnées, puisque son équation ne renferme que des termes de *degré pair;* et d'ailleurs le plan des (x, y) est un *plan principal.* Les sections faites par les plans coordonnés sont faciles à discuter.

325. En considérant seulement les projections sur le plan XY, des droites MNP, M'N'P',..., elles se couperont nécessairement, et formeront, par leurs intersections consécutives, un polygone dont la limite sera une courbe, *enveloppe* de toutes ces droites, et touchée par chacune d'elles. Pour obtenir cette courbe remarquable, on joindra d'abord à l'équation

$$(12) \qquad x = \alpha(\gamma - \epsilon)$$

la relation trouvée précédemment,

$$(17) \qquad (b^2 - \epsilon^2) a \alpha = b(R^2 - a^2);$$

et en éliminant une des constantes α, ϵ, on aura, pour la projection d'une quelconque des génératrices,

$$(19) \qquad \gamma - \epsilon = \frac{a(b^2 - \epsilon^2)}{b(R^2 - a^2)} x;$$

de sorte qu'en attribuant ici à ϵ diverses valeurs arbitraires, on pourrait construire autant de positions de la droite mobile, sur le plan XY. Cela posé, on sait (*voyez* n° 340) que pour obtenir la courbe formée par les intersections consécutives de toutes ces droites indéfiniment rapprochées, il faut différentier l'équation (19) par rapport au seul paramètre variable ϵ, ce qui donne

$$1 = \frac{2 a \epsilon x}{b(R^2 - a^2)};$$

puis éleminer ϵ entre ce résultat et l'équation (19), ce qui conduit à

$$(20) \qquad x^2 - \frac{(R^2 - a^2)}{ab} xy + \frac{(R^2 - a^2)^2}{4 a^2} = 0,$$

équation d'une hyperbole dont l'axe OY est une des asymptotes.

326. Des surfaces développables. — Ce sont encore des surfaces réglées (n° **274**), mais pour lesquelles il arrive toujours que *deux positions consécutives de la génératrice se trouvent dans un même plan*; et cette condition est cause qu'alors *deux* directrices (D) et (D') suffi- Fig 34. sent (*) pour régler le mouvement de la génératrice rectiligne. En effet, soient

$$(D) \qquad x = \varphi(z), \quad y = \Phi(z),$$
$$(D') \qquad x = \psi(z), \quad y = \Psi(z),$$

les équations de ces deux courbes. Si l'on prend sur la première un point quelconque M pour lequel $z = \alpha$, et sur la seconde un point arbitraire N pour lequel $z = 6$, la droite MN sera représentée par

$$(1) \qquad x - \varphi(\alpha) = \frac{\varphi(\alpha) - \psi(6)}{\alpha - 6} (z - \alpha),$$

$$(2) \qquad y - \Phi(\alpha) = \frac{\Phi(\alpha) - \Psi(6)}{\alpha - 6} (z - \alpha);$$

mais pour qu'elle soit une génératrice de la surface développable, il faut choisir le point N *de manière que la tangente NV se trouve dans un même plan avec MT*, parce qu'alors la droite MN, en passant à la position infiniment voisine M'N', pourra être censée glisser sur ces

---

(*) Quant à la construction graphique de ces génératrices, *voyez* la *Géométrie descriptive*, n° **180**.

tangentes, et restera ainsi dans un même plan. Or, les équations des tangentes aux points M et N sont (n° **264**)

(MT) $x — \varphi(\alpha) = \varphi'(\alpha)(z — \alpha)$, $\quad y — \Phi(\alpha) = \Phi'(\alpha)(z — \alpha)$,

(NV) $x — \psi(\ell) = \psi'(\ell)(z — \ell)$, $\quad y — \Psi(\ell) = \Psi'(\ell)(z — \ell)$,

et pour que ces droites se rencontrent, il faut (n° **25**) poser la condition

$$(3) \quad \left\{ \begin{aligned} &\frac{\varphi(\alpha) — \alpha\varphi'(\alpha) — \psi(\ell) + \ell\psi'(\ell)}{\varphi'(\alpha) — \psi'(\ell)} \\ &= \frac{\Phi(\alpha) — \alpha\Phi'(\alpha) — \Psi(\ell) + \ell\Psi'(\ell)}{\Phi'(\alpha) — \Psi'(\ell)}. \end{aligned} \right.$$

Ainsi cette relation détermine ℓ en fonction de α, c'est-à-dire le point N qui correspond à chaque position arbitraire de M sur la courbe (D); par conséquent, si entre les équations (1), (2), (3) on élimine α et ℓ, on obtiendra l'équation de la surface développable. Cette élimination ne pourra, il est vrai, s'effectuer que dans chaque exemple où l'on aura assigné la forme des courbes (D), (D′); et pour représenter *généralement* la surface développable, il faudrait garder le système des trois équations (1), (2), (3), lequel est assez compliqué : mais nous avons voulu seulement montrer que *deux directrices suffisaient ici,* et nous allons parvenir à un système général plus simple que le précédent.

327. Puisque dans toute surface développable les génératrices forment, par leurs intersections successives (n° 275), une courbe $mm'm''\ldots$, nommée *arête de rebroussement,* et à laquelle toutes ces droites sont tangentes, on peut toujours regarder une surface de ce genre comme engendrée par *une droite mobile qui reste constamment tangente à une certaine courbe fixe.* Soient

Fɪɢ. 34.

donc

$$x = \varphi(z), \qquad y = \psi(z),$$

les équations de cette arête de rebroussement. Une de ses tangentes, dont le point de contact répond à $z = \alpha$, sera représentée (n° 264) par

$$(4) \qquad x - \varphi(\alpha) = \varphi'(\alpha)(z - \alpha),$$
$$(5) \qquad y - \psi(\alpha) = \psi'(\alpha)(z - \alpha);$$

donc, en éliminant α entre ces deux équations, on obtiendrait celle de la surface, lieu de toutes les tangentes : mais cette élimination ne pouvant encore s'effectuer qu'en particularisant les fonctions φ et ψ, ou les courbes D et D′, on gardera le système (4) et (5) pour représenter toutes les surfaces développables, en considérant α, dans la première équation, comme *une fonction* de x et de y, déterminée par la seconde.

328. Cette forme permet d'arriver aisément à l'équation aux différences partielles ; car, si l'on différentie chacune des équations (4) et (5), successivement par rapport à x et à y, en se rappelant que la valeur de α, qui devrait être tirée de l'une et substituée dans l'autre, serait une fonction de x et de y, on obtiendra

$$1 - \varphi'(\alpha)\frac{d\alpha}{dx} = \varphi'(\alpha)\left(p - \frac{d\alpha}{dx}\right) + \varphi''(\alpha)(z - \alpha)\frac{d\alpha}{dx},$$

$$- \psi'(\alpha)\frac{d\alpha}{dx} = \psi'(\alpha)\left(p - \frac{d\alpha}{dx}\right) + \psi''(\alpha)(z - \alpha)\frac{d\alpha}{dx},$$

$$- \varphi'(\alpha)\frac{d\alpha}{dy} = \varphi'(\alpha)\left(q - \frac{d\alpha}{dy}\right) + \varphi''(\alpha)(z - \alpha)\frac{d\alpha}{dy},$$

$$1 - \psi'(\alpha)\frac{d\alpha}{dy} = \psi'(\alpha)\left(q - \frac{d\alpha}{dy}\right) + \psi''(\alpha)(z - \alpha)\frac{d\alpha}{dy}.$$

Mais, en supprimant les termes qui se détruisent dans les

deux membres de ces équations, et éliminant $(z-\alpha)\dfrac{d\alpha}{dx}$ entre la première et la seconde, puis $(z-\alpha)\dfrac{d\alpha}{dy}$ entre la troisième et la quatrième, on obtiendra évidemment deux résultats qui auront la forme

$$(6) \qquad p = f(\alpha), \qquad q = f_1(\alpha),$$

c'est-à-dire où les variables x, y, z n'entreront pas explicitement. Maintenant l'élimination de α peut s'effectuer; et, sans rien spécifier sur la nature des fonctions f, f_1, on voit bien qu'on arrivera nécessairement à un résultat de la forme

$$(7) \qquad p = \pi(q),$$

qui est l'équation aux différences partielles *du premier ordre* des surfaces développables, et où il n'entre plus qu'une seule fonction arbitraire, dépendant de la forme des directrices, ou de l'arête de rebroussement.

Enfin, pour faire disparaître cette dernière trace de la surface particulière, différentions l'équation (7) successivement par rapport à x et à y, et il viendra

$$r = \pi'(q).s, \qquad s = \pi'(q).t;$$

puis, en divisant ces résultats l'un par l'autre, on éliminera tout ce qui dépend de la fonction π, et l'on aura

$$(8) \qquad rt - s^2 = 0,$$

pour *l'équation aux différences partielles du second ordre*, commune à toutes les surfaces développables.

Remarque. — Les équations (6) montrent qu'ici p et q sont constants ou variables en même temps que α. Or cette dernière quantité indiquant (n° 327) le point de contact de la génératrice avec l'arête de rebroussement, sera constante pour tous les points de la surface situés sur une même génératrice; donc aussi, pour tous ces points, p et q seront constants; et, par suite, *le plan tangent sera commun tout le long d'une même génératrice* de la surface développable. Cette propriété remarquable avait déjà été signalée au n° 274.

329. Prenons pour exemple *l'hélicoïde développable* engendré par une droite mobile qui reste constamment tangente à une hélice donnée. En disposant les axes comme dans le n° 310, cette courbe aura pour projections

$$x = \mathrm{R} \sin\left(\frac{2\pi z}{h}\right), \quad y = \mathrm{R}\cos\left(\frac{2\pi z}{h}\right);$$

et la tangente au point quelconque $z = \alpha$ sera représentée par les équations (4) et (5) du n° 327, lesquelles deviennent ici

$$x - \mathrm{R}\sin\left(\frac{2\pi\alpha}{h}\right) = + \frac{2\pi\mathrm{R}}{h}\cos\left(\frac{2\pi\alpha}{h}\right)\cdot(z-\alpha),$$

$$y - \mathrm{R}\cos\left(\frac{2\pi\alpha}{h}\right) = -\frac{2\pi\mathrm{R}}{h}\sin\left(\frac{2\pi\alpha}{h}\right)\cdot(z-\alpha).$$

Il s'agit donc d'éliminer α entre ces deux équations, pour obtenir le lieu de toutes les tangentes à l'hélice. Or, si on les multiplie respectivement par le sinus et le cosinus qui y entrent, et qu'ensuite on les ajoute, on aura

$$x\sin\left(\frac{2\pi\alpha}{h}\right) + y\cos\left(\frac{2\pi\alpha}{h}\right) = \mathrm{R};$$

d'ailleurs, en élevant chaque membre au carré, et faisant la somme, il vient, en ayant égard à la relation précédente,

$$x^2 + y^2 - \mathrm{R}^2 = \frac{4\pi^2\mathrm{R}^2}{h^2}(z-\alpha)^2.$$

Maintenant, il est facile de tirer α de cette dernière équation; et en substituant dans l'autre on obtient, pour l'**hélicoïde développable**,

$$x \sin\left(\frac{2\pi z}{h} + \frac{\sqrt{x^2 + y^2 - R^2}}{R}\right)$$
$$+ y \cos\left(\frac{2\pi z}{h} + \frac{\sqrt{x^2 + y^2 - R^2}}{R}\right) = R,$$

équation qui peut être résolue par rapport à z, et ramenée à la forme

$$2\pi R \frac{z}{h} + \sqrt{x^2 + y^2 - R^2} = R \arctan \frac{xy + R\sqrt{x^2 + y^2 - R^2}}{R^2 - x^2}.$$

On voit, d'après le radical qui y entre, que la surface n'aura aucun point dans l'intérieur du cylindre sur lequel est tracée l'hélice, et qu'ainsi cette courbe est bien *une arête de rebroussement* pour les deux nappes de la surface, formées par les tangentes et par leurs prolongements. La trace de la surface sur le plan des xy est donnée par l'équation

$$x \sin \frac{\sqrt{x^2 + y^2 - R^2}}{R} + y \cos \frac{\sqrt{x^2 + y^2 - R^2}}{R} = R,$$

où l'on reconnaît la spirale, *développante* du cercle; car cette équation exprime que les coordonnées x, y d'un point de la spirale, étant projetées sur le rayon qui aboutit au point où le cercle est touché par la projection de la tangente à l'hélice, font une somme égale à ce rayon. Pour étudier davantage cette surface intéressante, nous renverrons à la *Géométrie descriptive*, n° 456.

330. Il est une troisième manière d'exprimer la génération des surfaces développables; car, puisque deux

génératrices infiniment voisines comprennent toujours entre elles un *élément superficiel* qui est *plan* (n° 276), et indéfiniment étendu dans sa longueur, on peut regarder ces éléments comme faisant partie des positions successives que prendrait *un plan mobile assujetti à se mouvoir suivant une certaine loi*. Cette loi variera avec chaque surface développable particulière; mais, pour qu'elle règle complétement le mouvement du plan et ne donne pas lieu à une infinité de surfaces, il faudra toujours (n° 278) que cette loi ne laisse qu'*un seul paramètre arbitraire* dans l'équation du plan mobile.

Par exemple, on pourra exiger que ce plan soit constamment normal à une courbe donnée

$$x = f(z), \quad y = F(z);$$

alors, en prenant sur cette courbe un point pour lequel $z = \gamma$, l'équation du plan sera de la forme

$$z - \gamma = A[x - f(\gamma)] + B[y - F(\gamma)];$$

puis, comme il devra être perpendiculaire à la tangente au point γ, on aura les conditions

$$A = -f'(\gamma), \quad B = -F'(\gamma);$$

de sorte qu'il ne restera dans son équation qu'une seule constante arbitraire γ, dont les autres coefficients dépendront d'une manière fixe.

De même, si le plan mobile devait toucher à la fois les deux surfaces

$$F_1(x_1, y_1, z_1) = 0, \quad F_2(x_2, y_2, z_2) = 0,$$

pour lesquelles nous désignerons par p_1, q_1 et p_2, q_2 les expressions des dérivées $\dfrac{dz}{dx}$, $\dfrac{dz}{dy}$, l'équation de ce plan aurait donc la forme

$$z - z_1 = p_1(x - x_1) + q_1(y - y_1);$$

mais, pour qu'il touche aussi la seconde surface, c'est-à-dire pour qu'il coïncide avec le plan tangent au point inconnu x_2, y_2, z_2, il faudra y joindre les conditions

$$z_1 - p_1 x_1 - q_1 y_1 = z_2 - p_2 x_2 - q_2 y_2,$$

$$p_1 = p_2, \qquad q_1 = q_2;$$

de sorte que si, entre les six équations précédentes, on élimine cinq des quantités inconnues x_1, y_1, z_1, x_2, y_2, z_2, il restera une équation de la forme

$$z = A x + B y + D,$$

où tous les coefficients seront des fonctions connues de la seule indéterminée x_1, par exemple; et en attribuant à celle-ci diverses valeurs arbitraires, on obtiendra autant de plans qui toucheront à la fois les deux surfaces.

On trouverait d'une manière semblable, et encore plus aisément, l'équation d'un plan qui devrait toucher constamment une surface unique, mais le long d'une courbe assignée d'avance.

331. Dans ces trois exemples, et dans tous les cas où le plan mobile ne pourra varier qu'en vertu d'un seul paramètre arbitraire, les positions successives qu'il prendra pour des valeurs très-voisines de ce paramètre, se couperont consécutivement suivant des droites qui, deux à deux, *se trouveront évidemment dans un même plan:* ces droites formeront donc ainsi une surface développable, *touchée* par tous les plans individuels, et qui sera leur *enveloppe;* en effet, elle aura avec chacun d'eux un élément superficiel de commun.

332. Or, puisque dans l'équation du plan mobile

$$z = A x + B y + D,$$

les trois coefficients seront des fonctions d'un seul para-

mètre arbitraire, tel que γ ou x_i dans les exemples précédents, si l'on pose un de ces coefficients $D = \alpha$, les
deux autres, A et B, deviendront des fonctions connues
de l'indéterminée α; par conséquent, l'équation du plan
mobile qui engendre une surface développable, pourra
toujours être présentée sous la forme générale

$$(9) \qquad z = \alpha + x\varphi(\alpha) + y\psi(\alpha).$$

Cela posé, pour obtenir la génératrice de la surface, c'est-
à-dire (n° 331) l'intersection de deux positions infiniment
voisines du plan mobile, il faut combiner l'équation (9)
avec celle qu'on en déduirait, en y remplaçant α par
$+ d\alpha$; or, comme par là le second membre augmente-
rait de sa différentielle relative à α seul, il est manifeste
que l'ensemble des deux équations dont nous parlons,
équivaut aux deux suivantes :

$$(9) \qquad z = \alpha + x\varphi(\alpha) + y\psi(\alpha),$$

$$(10) \qquad 0 = 1 + x\varphi'(\alpha) + y\psi'(\alpha).$$

Le système représentera donc telle ou telle génératrice
rectiligne de la surface, selon la valeur particulière qu'on
voudra donner à α; et, par conséquent, l'équation de la
surface s'obtiendra en éliminant α entre (9) et (10). Mais
comme cette élimination ne pourrait s'effectuer sans fixer
la forme des fonctions φ et ψ, c'est-à-dire sans particulariser la surface développable, on conserve, pour représenter généralement toute cette famille de surfaces, le
système des équations (9) et (10), en regardant α, dans la
première, comme une fonction de x et de y, déterminée
par la seconde.

333. Si l'on veut parvenir *à l'arête de rebroussement*
(n° 275), qui est le lieu des intersections des génératrices
consécutives, on combinera la droite (9) et (10), où α

sera alors *une constante arbitraire*, avec la droite qui en est infiniment voisine, et qui s'en déduit par le changement de α en $\alpha + d\alpha$; on obtiendrait ainsi quatre équations dont l'ensemble se réduit aux trois suivantes.:

(9) $$z = \alpha + x\varphi(\alpha) + y\psi(\alpha),$$

(10) $$o = 1 + x\varphi'(\alpha) + y\psi'(\alpha),$$

(11) $$o = x\varphi''(\alpha) + y\psi''(\alpha).$$

De sorte que, pour chaque valeur attribuée à α, ces trois équations feraient connaître les coordonnées x, y, z du point où la génératrice correspondante à cette valeur de α est coupée par la génératrice consécutive; d'où il résulte qu'en éliminant α du système (9), (10), (11), on aura en x, y, z l'équation du lieu de tous les points de section analogues, c'est-à-dire l'équation de l'arête de rebroussement de la surface.

334. On retrouve très-simplement l'équation aux différences partielles des surfaces développables, en partant du système

(9) $$z = \alpha + x\varphi(\alpha) + y\psi(\alpha),$$

(10) $$o = 1 + x\varphi'(\alpha) + y\psi'(\alpha),$$

qui les représente toutes, pourvu que, dans la première de ces équations, α soit censé *une fonction* de x et y, déduite de la seconde. En effet, si nous différentions, sous ce point de vue, l'équation (9), tour à tour par rapport à x et à y, nous aurons

$$p = \frac{d\alpha}{dx} + \varphi(\alpha) + x\varphi'(\alpha)\frac{d\alpha}{dx} + y\psi'(\alpha)\frac{d\alpha}{dx},$$

$$q = \frac{d\alpha}{dy} + x\varphi'(\alpha)\frac{d\alpha}{dy} + \psi(\alpha) + y\psi'(\alpha)\frac{d\alpha}{dy};$$

mais en vertu de la relation (10), ces deux équations se

réduisent à

$$p = \varphi(\alpha), \quad q = \psi(\alpha);$$

d'où l'on conclura, comme au n° 328,

$$p = \pi(q), \quad \text{puis} \quad rt - s^2 = 0.$$

335. On a vu en Géométrie descriptive (*) que, pour déterminer le contour de *l'ombre* et de *la pénombre* sur un corps opaque éclairé par un corps lumineux, il fallait trouver une surface développable qui fût circonscrite à ces deux corps, et dont une des nappes les touchât extérieurement, et l'autre intérieurement. La solution analytique de ce problème est renfermée dans la méthode employée n° 330 pour trouver un plan tangent à deux surfaces; car si l'on reprend les six équations

$$F_1(x_1, y_1, z_1) = 0, \quad F_2(x_2, y^2, z_2) = 0,$$
$$z_1 - p_1 x_1 - q_1 y_1 = z_2 - p_2 x_2 - q_2 y_2,$$
$$p_1 = p_2, \quad q_1 = q_2,$$
$$z - z_1 = p_1(x - x_1) + q_1(y - y_1),$$

et qu'on substitue dans la dernière les valeurs de cinq des coordonnées, elle prendra la forme

$$(\text{P}) \quad z = x\varphi(x_1) + y\psi(x_1) + \pi(x_1),$$

qui représente un plan tangent aux deux surfaces à la fois, mais dont la position dépend de l'arbitraire x_1 : alors, sans qu'il soit besoin de ramener cette équation à la forme (9), on la différentiera par rapport au paramètre x_1, et en éliminant cette indéterminée entre les équations

$$\text{P} = 0, \quad \frac{d(\text{P})}{dx_1} = 0,$$

on obtiendra la surface développable demandée, qui, par

(*) *Traité de Stéréotomie*, n° 9.

18

son intersection avec les plans ou surfaces environnantes, donnerait *l'ombre portée* par le corps opaque. Mais s'il s'agit seulement de trouver sur ce dernier corps les lignes qui séparent la pénombre de l'ombre pure et de la partie éclairée, c'est-à-dire les courbes suivant lesquelles ce corps est touché par les deux nappes de la surface développable, il suffira d'éliminer x_2, y_2, z_2 entre les **cinq** premières équations citées plus haut; et l'on obtiendra pour les deux équations de la courbe de contact,

$$F_1(x_1, y_1, z_1) = 0, \quad f(x_1, y_1, z_1) = 0.$$

336. On pourrait aussi résoudre le problème des ombres, en cherchant directement une droite tangente **aux deux surfaces**

$$F_1(x_1, y_1, z_1) = 0, \quad F_2(x_2, y_2, z_2) = 0.$$

Cette droite, passant par deux points situés respectivement sur ces surfaces, aura des équations de la forme

$$x - x_1 = \frac{x_1 - x_2}{z_1 - z_2}(z - z_1), \quad y - y_1 = \frac{y_1 - y_2}{z_1 - z_2}(z - z_1);$$

mais elle doit être contenue dans le plan tangent au point (x_1, y_1, z_1) : par conséquent (n° **44**), on aura la condition

$$(x_1 - x_2)p_1 + (y_1 - y_2)q_1 = z_1 - z_2.$$

On en obtiendrait une semblable pour exprimer que cette droite est tangente à la seconde surface; mais il est essentiel d'observer que cela ne suffirait pas pour que la surface, lieu des positions de cette droite mobile, fût développable : car cette ligne, quoique toujours tangente aux deux surfaces, pourrait ne pas rester dans un même plan en passant d'une position à une autre infiniment voisine. Au lieu que toutes ces conditions seront remplies, si nous exprimons que le plan tangent au point (x_2, y_2, z_2) coïncide avec le premier plan tangent; et pour cela il suffit, d'après les relations déjà admises, de poser

$$p_2 = p_1, \quad q_2 = q_1.$$

Alors, si entre les sept équations précédentes on élimine les six coordonnées $x_1, y_1, z_1, x_2, y_2, z_2$ des points de contact, on obtiendra l'équation de la surface développable demandée; on voit aussi ce qu'il faudrait faire pour trouver la courbe de contact de cette surface avec une des deux proposées.

Si l'on applique au cas de deux sphères quelconques la méthode précédente, ou bien celle du n° 335, on trouvera que, dans cet exemple simple, les deux surfaces développables circonscrites extérieurement et intérieurement, se réduisent à deux cônes droits, et que les courbes de contact avec une des sphères sont deux petits cercles perpendiculaires à la droite qui réunit les centres de ces deux sphères. (*Voyez* la *Stéréotomie*, n° 12.)

337. DES ENVELOPPES. — Les surfaces développables, considérées (n° 331) comme l'enveloppe des diverses positions d'un plan mobile, ne sont qu'un cas particulier des surfaces auxquelles *Monge* a donné le nom général d'*enveloppes*, et sur lesquelles nous allons ajouter quelques notions succinctes.

Lorsque dans une équation unique

$$(12) \qquad F(x, y, z, \alpha) = 0,$$

il entre une constante arbitraire α qui peut recevoir toutes les valeurs de 0 à $\pm\infty$, l'équation proposée représente une infinité de surfaces appartenant à *une même famille*, et qui, ordinairement, se couperont consécutivement pour des valeurs de α assez rapprochées les unes

18.

des autres. En considérant donc deux de ces surfaces individuelles, correspondant aux valeurs quelconques, mais
voisines, α et $\alpha + h$, la courbe d'intersection serait donnée par la combinaison des équations

$$\mathrm{F}(x, y, z, \alpha) = 0,$$

$$\mathrm{F}(x, y, z, \alpha + h) = 0 = \mathrm{F} + \frac{d\mathrm{F}}{d\alpha}h + \frac{d^2\mathrm{F}}{d\alpha^2}\frac{h^2}{2} + \ldots;$$

mais ce système équivaut évidemment à celui-ci,

$$\mathrm{F}(x, y, z, \alpha) = 0,$$

$$\frac{d\mathrm{F}}{d\alpha} + \frac{d^2\mathrm{F}}{d\alpha^2}\frac{h}{2} + \ldots = 0.$$

Or si, sans rien changer à la valeur de α, on fait décroître l'intervalle h, la courbe représentée par ces deux
dernières équations variera de position, sur la première
surface fixe, à mesure que la seconde s'en rapprochera;
et pour avoir la limite des positions qu'elle prend alors,
il suffira de poser $h = 0$; par conséquent, le système

$$(13) \qquad\qquad \mathrm{F}(x, y, z, \alpha) = 0,$$

$$(14) \qquad\qquad \frac{d\mathrm{F}}{d\alpha} = 0,$$

donnera la courbe suivant laquelle une surface individuelle relative à une valeur quelconque α, est coupée par
la surface qui en est infiniment rapprochée. Maintenant,
pour chaque valeur de α, ou pour chaque surface individuelle, il existera une courbe analogue; donc, si l'on
veut obtenir *le lieu de toutes ces intersections,* il faudra
éliminer le paramètre α entre les équations (13) et (14),
et le résultat

$$(15) \qquad\qquad f(x, y, z) = 0$$

sera ce qu'on nomme l'*enveloppe* de toutes les surfaces

individuelles comprises dans l'équation (12). Cette dénomination est fondée sur ce que cette enveloppe *touche*
chaque surface individuelle le long d'une des courbes
d'intersection. En effet, si l'on désigne par F_1, F_2, F_3,
trois surfaces consécutives répondant aux valeurs infini-
ment voisines α_1, α_2, α_3, la surface F_2 contiendra les
deux courbes C_1 et C_2 suivant lesquelles elle est coupée
par les surfaces F_1 et F_3; mais ces deux courbes sont aussi
sur l'enveloppe f qui est le lieu de toutes les intersections
analogues : donc la surface f aura de commun avec la
surface F_2, toute la zone infiniment étroite comprise entre
les lignes C_1 et C_2; par conséquent, les surfaces F_2 et f se
toucheront le long de cette zone. D'ailleurs on pourrait
le prouver analytiquement en faisant voir que les dérivées p et q auront les mêmes valeurs dans les surfaces
F_2 et f, pourvu que sur toutes deux on considère les
points de la courbe particulière qui, dans le système (13)
et (14), répond à l'hypothèse $\alpha = \alpha_2$.

338. Éclaircissons cette théorie par quelques exemples
simples. Soit d'abord l'équation

$$(x - \alpha)^2 + y^2 + z^2 = R^2,$$

qui représente une suite de sphères d'un rayon constant,
et dont les centres sont tous sur l'axe des x. On prévoit
bien ici que la *limite* de l'intersection de deux sphères
voisines sera un grand cercle perpendiculaire à OX, et
que toutes ces intersections formeront un cylindre droit
qui enveloppera toutes les sphères particulières. En effet,
l'équation (14) devient ici

$$x - \alpha = 0;$$

et en éliminant α, il vient pour l'enveloppe

$$y^2 + z^2 = R^2.$$

FIG. 39. **339.** Supposons maintenant que le centre de la sphère mobile parcourant toujours l'axe OX, le rayon de cette sphère soit variable et égal à l'ordonnée d'une ellipse BMA ayant pour équations

$$y = 0, \qquad \frac{x^2}{a^2} + \frac{z^2}{b^2} = 1;$$

alors, quand le centre de la sphère sera à une distance quelconque $OP = \alpha$, l'équation de cette surface aura la forme

$$(x - \alpha)^2 + y^2 + z^2 = \frac{b^2}{a^2}(a^2 - \alpha^2).$$

Si donc on y joint la dérivée relative à α seul, savoir,

$$x - \alpha = \frac{b^2}{a^2}\alpha,$$

l'ensemble de ces deux équations représentera évidemment un *petit cercle*, suivant lequel une sphère d'un rang quelconque est coupée par la sphère infiniment voisine. Il est bon de remarquer ici : 1° que quelque rapprochées qu'on suppose ces deux sphères consécutives, la limite de leur intersection n'est point un grand cercle, comme on aurait pu le croire d'abord, excepté quand $\alpha = 0$; 2° que ces sphères, quoique toujours réelles jusqu'à $\alpha = a$, cessent de se couper quand on pose

$$\alpha > \frac{a^2}{\sqrt{a^2 + b^2}} :$$

car, en substituant dans la première équation la valeur de x tirée de la seconde, on trouve alors un cercle imaginaire, et ce résultat est indiqué par la figure. Il en résulte que la surface enveloppe ne touchera pas toutes les sphères individuelles, mais seulement celles qui présentent une véritable intersection, et pour obtenir cette enveloppe, on éliminera α entre les deux dernières équations, ce qui donnera

$$\frac{x^2}{a^2 + b^2} + \frac{y^2 + z^2}{b^2} = 1,$$

résultat qui représente un ellipsoïde de révolution B$mm'a$, dont le grand axe répond à l'extrémité de la dernière sphère qui puisse être rencontrée par une sphère infiniment voisine.

340. REMARQUE. — Il est manifeste que les raisonnements et les calculs employés dans le n° 337, s'appliqueraient d'une manière toute semblable à une équation à deux variables, telle que

$$F(x, y, \alpha) = 0;$$

et comme en se bornant à considérer ce qui se passe dans le plan XY, cette équation représente alors *une famille de courbes* qui, en général, se couperont consécutivement pour des valeurs très-voisines de α, on en conclut que *la ligne enveloppe* de toutes ces courbes individuelles s'obtiendra par l'élimination de α entre les équations

$$F(x, y, \alpha) = 0, \qquad \frac{dF}{d\alpha} = 0.$$

Cette règle justifie la méthode que nous avions indiquée au n° 325, pour trouver la courbe enveloppe de plusieurs lignes droites dont la position dépendait d'un paramètre arbitraire 6; et l'on pourra encore choisir, comme applications de cette théorie, les questions suivantes :

1°. Trouver la ligne enveloppe de toutes les paraboles renfermées dans l'équation

$$y^2 = \alpha(x - \alpha);$$

2°. Trouver l'enveloppe de toutes les ellipses dont les

demi-axes font une somme constante k, et représentées par

$$\frac{x^2}{\alpha^2} + \frac{y^2}{(k-\alpha)^2} = 1;$$

3°. Une droite d'une longueur fixe k se meut de manière que ses extrémités restent constamment sur deux axes rectangulaires indéfiniment prolongés : les diverses positions de cette droite mobile formeront, par leurs intersections consécutives, une courbe qui touchera toutes ces droites et dont on demande l'équation. Cette enveloppe est la même que celle du problème précédent.

341. Revenons aux surfaces, et observons que la courbe (13) et (14), suivant laquelle se coupent deux *enveloppées* ou surfaces individuelles infiniment voisines, est celle que Monge nomme la *caractéristique* de l'enveloppe ; mais pour comprendre la justesse de cette dénomination, il faut généraliser l'équation (12) et concevoir qu'il y entre, avec le paramètre α, une fonction quelconque de ce paramètre. Ainsi, soit

(16) $$F[x, y, z, \alpha, \varphi(\alpha)] = 0;$$

si dans cette équation on attribue à la fonction φ une forme déterminée et invariable φ_1, il n'y restera plus d'arbitraire que α ; et en lui assignant toutes les valeurs possibles, on obtiendra une infinité de surfaces individuelles, composant *une famille* relative à la fonction φ_1, et qui admettront une enveloppe d'une certaine espèce. Maintenant, donnons à la fonction φ une autre forme φ_2, puis faisons varier α ; nous aurons une seconde famille de surfaces individuelles qui admettront une enveloppe différente : il en sera de même pour d'autres hypothèses $\varphi = \varphi_3, \varphi = \varphi_4, \dots$ Mais, dans toutes ces familles, l'*intersection de deux développées consécutives sera toujours une courbe de même espèce;* en effet, elle sera donnée (n° 337) par le système des deux équations

$$(16) \qquad F[x, y, z, \alpha, \varphi(\alpha)] = 0,$$

$$(17) \qquad \frac{d(F)}{d\alpha} = 0,$$

ou

$$\frac{dF}{d\alpha} + \frac{dF}{d\varphi}\,\varphi'(\alpha) = 0.$$

Or, quelle que soit la forme φ_1 ou φ_2 que l'on attribue à la fonction φ qui ne porte que sur des constantes, au nombre desquelles est α, les équations (16) et (17) seront toujours composées en x, y, z de la même manière; par conséquent, la *caractéristique* représentée par ces équations sera une courbe d'une espèce constante pour toutes les familles de surfaces comprises dans le *genre* (16), et elle offrira ainsi un *caractère* commun à toutes les surfaces de ce genre.

342. D'ailleurs, comme dans chaque famille l'*enveloppe est* (n° 337) *le lieu des diverses positions que prend la caractéristique,* en vertu des valeurs successives données à α, toutes les enveloppes des diverses familles du genre F admettront une génératrice d'une espèce commune, savoir, la caractéristique (16) et (17); donc cette courbe *caractérisera* aussi toutes les enveloppes du genre de surfaces F.

Enfin, pour obtenir l'équation générale de ces enveloppes, il suffirait évidemment d'éliminer la constante α entre les équations (16) et (17). Or, cette élimination ne pouvant s'effectuer, même quand la forme de F est connue, à moins d'assigner aussi celle de φ, ce qui particulariserait la famille, et, par suite, l'enveloppe, on conserve le système (16) et (17) pour représenter généralement l'enveloppe; mais alors on regarde α, dans la première de ces équations, comme une fonction de x et de y déterminée par la seconde.

343. Hâtons-nous d'éclaircir ces généralités, en considérant le genre particulier des *canaux circulaires* dont l'axe est une courbe plane, c'est-à-dire en prenant pour la fonction F la forme suivante :

$$(18) \qquad (x - \alpha)^2 +]y - \varphi(\alpha)]^2 + z^2 = R^2.$$

On voit que cette équation représente une sphère de rayon constant, mais dont le centre variable est situé dans le plan des x, y, et a pour coordonnées α et $\varphi(\alpha)$. Si donc on représente cette dernière par $\mathfrak{6}$, et que l'on trace dans le plan des x, y la courbe

$$(19) \qquad\qquad \mathfrak{6} = \varphi(\alpha),$$

ce sera la ligne que doit parcourir le centre de la sphère mobile (18), ou l'*axe* du canal qui enveloppera toutes les positions de cette sphère. Pour obtenir diverses enveloppes particulières, il suffirait de poser, par exemple,

$$\mathfrak{6} = \sqrt{m\,\alpha} \qquad \text{ou} \qquad \mathfrak{6} = \sqrt{a^2 - \alpha^2};$$

on aurait ainsi des canaux dont l'axe serait *parabolique* ou *circulaire*. Mais laissons à la fonction φ une forme quelconque, et cherchons la *caractéristique,* c'est-à-dire l'intersection de deux *enveloppées* consécutives. Il faut joindre à l'équation (18) sa dérivée complète relative à α, ce qui donne le système

$$(18) \qquad (x - \alpha)^2 + [y - \varphi(\alpha)]^2 + z^2 = R^2,$$
$$(20) \qquad x - \alpha + (y - \varphi\alpha).\varphi'\alpha = 0;$$

et puisque la dernière équation est celle d'un plan qui passe par le centre de la sphère, et qui est évidemment *normal* à la courbe (19), il en résulte que la caractéristique est ici, dans chaque famille, *un grand cercle* NORMAL *à l'axe du canal*, et dont le centre est sur cet axe curviligne.

Quant à l'équation de l'enveloppe, nous avons dit (n° 342) qu'elle ne pouvait être représentée généralement que par le système (18) et (20), en y regardant α comme une fonction de x et y; mais si nous voulons obtenir une enveloppe particulière, par exemple celle qui se rapporte à l'hypothèse

$$6 = \varphi(\alpha) = \sqrt{a^2 - \alpha^2},$$

d'où

$$\varphi'(\alpha) = \frac{-\alpha}{\sqrt{a^2 - \alpha^2}},$$

nous substituerons ces valeurs dans les équations (18) et (20), qui deviendront alors

$$(x - \alpha)^2 + (y - \sqrt{a^2 - \alpha^2})^2 + z^2 = R^2,$$

$$\alpha y = x \sqrt{a^2 - \alpha^2};$$

puis, nous éliminerons entre elles α, en prenant sa valeur dans la dernière; et il viendra, après quelques réductions,

$$(a \pm \sqrt{x^2 + y^2})^2 = R^2 - z^2.$$

Cette enveloppe n'est autre chose que le *tore*, surface de révolution que nous avons déjà obtenue au n° 298.

Une *colonne torse* est aussi l'enveloppe des positions successives d'une sphère, dont le centre parcourt une *hélice*, et dont le rayon est constant, ou variable si la colonne n'a pas le même diamètre au sommet qu'à sa base.

344. Observons enfin que, dans chaque enveloppe, il existera ordinairement *une arête de rebroussement* for-

mée par les intersections consécutives des caractéristiques.
Or, puisqu'une de ces dernières est représentée (n° 341)
par les équations

$$F[x, y, z, \alpha, \varphi(\alpha)] = 0, \quad \frac{d(F)}{d\alpha} = 0,$$

où α est une constante arbitraire, le point de section de
cette courbe avec celle qui en est infiniment voisine, s'obtiendra (comme au n° 337) en joignant aux équations précédentes leurs différentielles complètes par rapport à α;
mais ce système se réduira évidemment à

$$F[x, y, z, \alpha, \varphi(\alpha)] = 0, \quad \frac{d(F)}{d\alpha} = 0, \quad \frac{d^2(F)}{d\alpha^2} = 0;$$

donc il suffira d'éliminer α entre ces trois dernières, pour
avoir les deux équations de l'arête de rebroussement de
l'enveloppe.

Dans le tore trouvé au numéro précédent, l'arête de
rebroussement est imaginaire si $R < a$; et si $R > a$, elle
se réduit à deux points situés sur l'axe vertical de la surface : mais on trouvera un exemple plus intéressant de
cette sorte de courbes, dans la surface enveloppe décrite
au n° 205 de la *Géométrie descriptive*.

CHAPITRE XVI.

DES LIGNES COURBES, ET DE LEURS DIVERSES COURBURES.

345. Lorsqu'une courbe AMM′, plane ou à double cour- Fɪɢ. 48.
bure, est donnée par ses deux projections

$$(1) \qquad\qquad x = \varphi(z),$$

$$(2) \qquad\qquad y = \psi(z),$$

on a vu (nᵒ 264) que sa tangente était projetée sur les
droites qui touchaient les deux projections, et qu'ainsi
cette tangente avait pour équations

$$(3) \qquad\qquad x' - x = \frac{dx}{dz}(z' - z),$$

$$(4) \qquad\qquad y - y = \frac{dy}{dz}(z' - z),$$

dans lesquelles x', y', z' désignent les coordonnées courantes de la droite; x, y, z celles du point de contact M,
et où les dérivées $\frac{dx}{dz}$, $\frac{dy}{dz}$ sont censées déduites des équations (1) et (2). Mais, quand la courbe sera définie par
deux surfaces quelconques

$$F(x,y,z) = 0 \quad \text{et} \quad F'(x,y,z) = 0,$$

on sait (nᵒ 265) que, sans les ramener à la forme (1) et (2),
la tangente pourra être représentée par le système des deux
équations simultanées

$$(x' - x)\frac{dF}{dx} + (y' - y)\frac{dF}{dy} + (z' - z)\frac{dF}{dz} = 0,$$

$$(x' - x)\frac{dF'}{dx} + (y' - y)\frac{dF'}{dy} + (z' - z)\frac{dF'}{dz} = 0,$$

lesquelles appartiennent aux plans tangents des deux surfaces données.

346. Quant aux angles α, 6, γ, que forme la tangente avec les axes, on trouvera, en appliquant ici les formules du n° 27,

$$\cos\alpha = \frac{dx}{\sqrt{dx^2 + dy^2 + dz^2}}, \quad \cos 6 = \frac{dy}{\sqrt{dx^2 + dy^2 + dz^2}},$$

$$\cos\gamma = \frac{dz}{\sqrt{dx^2 + dy^2 + dz^2}}.$$

347. Un arc $AM = s$ qui commence à un certain point fixe A, et se termine à un point variable M ayant pour coordonnées x, y, z, est évidemment une fonction de ces coordonnées, dont une seule est d'ailleurs arbitraire, en vertu des équations de la courbe. Ainsi cet arc admet une différentielle que l'on peut regarder, d'après les principes de la méthode infinitésimale, comme l'accroissement MM' que subit AM, quand on donne à la variable indépendante z un accroissement infiniment petit dz : mais, par les mêmes principes, les autres coordonnées x, y, croissant aussi de leurs différentielles dx, dy, le petit arc MM' pourra être considéré comme la distance rectiligne de deux points dont les coordonnées sont x, y, z et $x + dx$, $y + dy$, $z + dz$; par conséquent, on aura

$$(5) \qquad MM' = ds = \sqrt{dx^2 + dy^2 + dz^2}.$$

Cette formule s'obtiendrait, d'ailleurs, en développant le cylindre vertical qui projette la courbe AM sur le plan XY ; car, par ce développement, l'arc AM devient, sans changer de longueur, un arc plan $Am = s$ qui, rapporté aux coordonnées $Bp = t$ et $pm = PM = z$, donne, comme on sait, la relation $ds^2 = dz^2 + dt^2$: mais $t = Bp = BP$

est un arc de courbe plane, qui fournit aussi l'équation

$$dt^2 = dx^2 + dy^2 ;$$

donc, en substituant, il vient

$$ds^2 = dz^2 + dy^2 + dx^2.$$

348. D'après cela, les formules trouvées n° 346, pour les angles de la tangente, peuvent être écrites sous cette forme plus simple,

(6) $$\cos \alpha = \frac{dx}{ds}, \quad \cos 6 = \frac{dy}{ds}, \quad \cos \gamma = \frac{dz}{ds}.$$

et il est utile de remarquer que ces formules, qui sont très-fréquemment employées, peuvent encore s'obtenir en observant que l'élément de courbe MM′ $= ds$, qui coïncide en direction avec la tangente, a pour projections sur les trois axes coordonnés, les quantités dx, dy, dz; de sorte que le théorème du n° 67 donne immédiatement

$$dx = ds \cos \alpha, \quad dy = ds \cos 6, \quad dz = ds \cos \gamma.$$

349. Une courbe quelconque AM n'a qu'une tangente unique en chaque point M; mais elle admet une infinité de normales, c'est-à-dire de droites perpendiculaires à la tangente, et menées par le point de contact de celle-ci. Or toutes ces normales sont nécessairement dans un même plan, que l'on nomme *le plan normal* de la courbe au point M, et son équation aura évidemment la forme

$$A(x' - x) + B(y' - y) + C(z' - z) = 0 ;$$

mais puisqu'il doit être perpendiculaire à la tangente représentée par les équations (3) et (4), on aura (n° 47) les deux relations

$$\frac{A}{C} = \frac{dx}{dz}, \quad \frac{B}{C} = \frac{dy}{dz} .$$

FIG. 48.

de sorte que l'équation du plan normal deviendra

$$(7) \qquad (x'-x)\,dx + (y'-y)\,dy + (z'-z)\,dz = 0,$$

où les différentielles disparaîtront, quand on aura tiré des équations de la courbe les valeurs de deux d'entre elles en fonction de la troisième.

350. Lorsqu'une ligne AM est à double courbure, ses diverses tangentes ne sont pas dans un même plan, mais deux éléments consécutifs MM' et M'M" remplissent toujours cette condition, puisqu'ils ont un point de commun; alors le plan qui passe par ces deux éléments se nomme *le plan osculateur* de la courbe en M, et il change de position quand on considère les divers points successifs M', M",.... L'équation de ce plan, en tant qu'il est mené par le point M (x, y, z), aura la forme

$$A(x'-x) + B(y'-y) + C(z'-z) = 0;$$

puis, pour exprimer qu'il passe aussi par M' et par M", il faut écrire que l'équation précédente est satisfaite quand on y remplace x, y, z par

$$x + dx, \qquad y + dy, \qquad z + dz,$$

et aussi par

$$x + 2dx + d^2x, \qquad y + 2dy + d^2y, \qquad z + 2dz + d^2z.$$

On, on sait qu'en faisant ces substitutions dans une équation quelconque

$$F(x, y, z) = 0,$$

elle devient successivement

$$F + dF = 0,$$
$$F + 2dF + d^2F = 0;$$

et toutes les fois qu'il faudra, comme ici, prendre simultanément ces trois équations, leur système se réduira évidemment à

$$F = o, \quad dF = o, \quad d^2F = o.$$

Par conséquent, pour exprimer qu'une équation qui est satisfaite pour un certain point est aussi vérifiée pour deux points infiniment voisins du premier, il suffit de joindre à l'équation primitive sa différentielle première et sa différentielle seconde ; c'est là une proposition que nous nous dispenserons de démontrer dorénavant dans tous les cas semblables. Il résulte de là que le plan osculateur sera déterminé par les équations

$$A(x'-x) + B(y'-y) + C(z'-z) = o,$$
$$A\,dx + B\,dy + C\,dz = o,$$
$$A\,d^2x + B\,d^2y + C\,d^2z = o.$$

Les deux dernières font connaître les valeurs de $\dfrac{A}{C}$ et $\dfrac{B}{C}$, et en les substituant dans la première, on obtient, pour l'équation du plan osculateur,

$$(8) \begin{cases} (x'-x)(dy\,d^2z - dz\,d^2y) + (y'-y)(dz\,d^2x - dx\,d^2z) \\ + (z'-z)(dx\,d^2y - dy\,d^2x) = o. \end{cases}$$

A la vérité, la courbe étant déterminée par deux équations, une des trois variables est *indépendante*, par exemple x, et ainsi $d^2x = o$. C'est une réduction que l'on introduira, si l'on veut, dans les calculs précédents ; mais il vaut mieux, pour conserver aux formules la symétrie qui les rend plus faciles à retrouver et à combiner, regarder les trois coordonnées comme des fonctions d'une quatrième variable indépendante et quelconque t ; ce qui est toujours permis, puisque les deux équations

$$x = \varphi(z) \quad \text{et} \quad y = \psi(z)$$

pourraient être remplacées par trois autres, entre x, y, z et t.

19

351. *La courbure* d'une ligne quelconque AM, au point M, doit être estimée d'après *l'angle de contingence* TM'T' $= \varepsilon$ que font entre elles les deux tangentes infiniment voisines MM'T, M'M''T'; car cet angle, qui est toujours *infiniment petit* dans une courbe continue, exprime bien la flexion qu'il a fallu faire subir à la droite MM'T pour la plier suivant la courbe MM'M''.... Toutefois, nous compléterons au n° 352 l'énoncé de la mesure véritable de la courbure. Or si, dans le plan osculateur MM'M'', on trace deux normales KO et K'O, élevées sur les milieux des éléments MM' et M'M'', ces deux normales comprendront un angle KOK'= TM'T' $=\varepsilon$, et leur point de section O sera le centre du cercle qui passerait par les trois points M, M', M''. Ce cercle ayant ainsi *deux éléments consécutifs* MM', M'M'' *communs avec la courbe*, se nomme par cette raison *le cercle osculateur* relatif au point M, et son rayon serait une des trois distances égales OM, OM', OM''. Mais on peut, en place, adopter pour ce rayon la normale OK $= \rho$, dont la longueur ne diffère de OM' que par un infiniment petit du second ordre; en effet, le triangle rectangle OKM' donne

$$OM' = \sqrt{\overline{OK}^2 + \overline{KM'}^2} = \rho \left(1 + \frac{ds^2}{4\rho^2}\right)^{\frac{1}{2}} = \rho + \frac{ds^2}{8\rho} + \dots.$$

Cela posé, en admettant que les éléments MM' et M'M'' ont été pris *égaux*, l'arc KM'K' du cercle osculateur sera égal à MM' $= ds$; et comme il est semblable à l'arc ε décrit avec l'unité pour rayon, on aura

$$(9) \qquad\qquad \varepsilon = \frac{ds}{\rho},$$

résultat qui montre, puisque ds est constant ici, que *la courbure d'une courbe* indiquée par l'angle ε *varie d'un point à un autre en raison inverse du rayon* OK $= \rho$ du cercle osculateur : c'est pourquoi cette droite s'appelle aussi *le rayon de courbure* de la courbe au point M (*).

352. Toutefois, il faut observer que la grandeur absolue de l'angle de contingence ε ne suffirait plus pour comparer entre elles deux courbes différentes dont les éléments ds et ds' ne seraient pas respectivement égaux, ou même pourraient avoir entre eux un rapport déterminé par la question; car on sent bien que c'est seulement sur deux

---

(*) L'hypothèse admise plus haut, que les éléments MM′ et M′M″ sont égaux, revient à supposer que l'arc s a été pris pour la variable indépendante, puisque alors ds sera constant: mais dans toute autre hypothèse, les éléments MM′ et M′M″ ne pourront, du moins, différer que par une quantité infiniment petite *du second ordre*. En effet, l'arc AM $= s$ sera toujours une certaine fonction déterminée de la variable indépendante, x par exemple, laquelle devra alors recevoir des accroissements *constants* désignés par h; et les accroissements de s, loin de pouvoir être pris arbitrairement, devront se déduire des formules

$$AM = s = \varphi(x),$$

$$MM' = \varphi(x+h) - \varphi(x) = h\,\varphi'(x) + \frac{h^2}{1.2}\varphi''(x) + \ldots,$$

$$M'M'' = \varphi(x+2h) - \varphi(x+h) = h\,\varphi'(x) + \frac{3h^2}{1.2}\varphi''(x) + \ldots;$$

d'où l'on voit qu'en négligeant, comme il le faut, les infiniment petits du second ordre vis-à-vis de ceux du premier, il viendra

$$M'M'' = MM' + A\,h^2, \quad \text{ou} \quad ds' = ds + A\,h^2 = ds;$$

ensuite on aura, comme dans le texte,

$$\text{arc KM'K'} = \tfrac{1}{2}\,ds + \tfrac{1}{2}\,ds' = ds.$$

D'ailleurs, si l'on appelle ρ' la longueur du nouveau rayon de courbure KO′, quand le milieu de l'élément M′M″ est en I au lieu d'être en K′, le triangle rectangle ODO′ donnera évidemment

$$\rho' - \rho = \frac{\tfrac{1}{2}\,ds' - \tfrac{1}{2}\,ds}{\sin \varepsilon} = \frac{A\,h^2}{2\,\varepsilon};$$

or, comme ce résultat est une quantité infiniment petite du premier ordre, elle doit être négligée vis-à-vis de ρ, et l'on a ainsi

$$\rho' = \rho;$$

par conséquent, les formules (9) et (10) du texte sont toujours vraies, même quand la courbe n'est pas divisée en éléments égaux entre eux.

19.

arcs de même longueur que l'angle des tangentes extrêmes
manifeste une courbure plus ou moins prononcée. **Ainsi**,
l'on doit dire plus exactement que *la courbure d'une
courbe est mesurée par le rapport*

(10) $$\frac{\epsilon}{ds} = \frac{1}{\rho};$$

mais avant de calculer cette expression, qui s'applique
également aux lignes planes et aux lignes à double courbure, nous allons expliquer en quoi les unes diffèrent des
autres.

Fɪɢ. 49.   **353.** Lorsqu'une courbe n'est point plane, elle n'a en
chaque endroit qu'*une seule courbure* qui s'estime comme
nous venons de le dire; mais elle offre en outre *une torsion*
de ses éléments les uns autour des autres. En effet, si, dans
une pareille ligne, on fait tourner le plan osculateur
MM′M″ autour de M′M″, pour le rabattre sur le plan osculateur suivant, les trois éléments MM′, M′M″, M″M‴ se
trouveront dans un même plan, sans que la courbure (ou
l'angle TM′T′) ait été altérée. De même, en faisant tourner le plan actuel MM′M″M‴ autour de M″M‴, on pourra
le rabattre sur le plan osculateur suivant; et en continuant
ainsi de proche en proche, on amènera tous les éléments
dans un seul plan. Au contraire, par des mouvements
opposés qui répondent bien à une véritable torsion, on
changerait une courbe plane en *une courbe à double
courbure*; c'est pourquoi il convient de remplacer cette
dernière dénomination, qui exprime l'idée fausse de deux
courbures, par celle de *courbe gauche* que nous emploierons dorénavant; et *la torsion* d'une pareille courbe sera
mesurée, en chaque point, par l'angle θ compris entre
les deux plans osculateurs consécutifs*. Cet angle θ que
nous calculerons bientôt, est toujours infiniment petit

dans une courbe continue, et il est constamment nul dans une courbe entièrement plane : cet angle répond à ce que divers auteurs ont nommé *la flexion* ou *la seconde courbure* de la courbe.

354. Cela posé, pour calculer l'angle de contingence Fıo. 48. $TM'T' = \varepsilon$, désignons par u, v, w les cosinus des angles que la tangente MT forme avec les axes, et par u', v', w' les cosinus analogues pour la tangente $M'T'$; nous aurons (n° 34)

$$\cos \varepsilon = uu' + vv' + ww';$$

mais comme u', v', w' sont les fonctions variées de u', v', w', quand x, y, z deviennent

$$x + dx, \quad y + dy, \quad z + dz,$$

on aura, par la formule de Taylor,

$$u' = u + du + \tfrac{1}{2} d^2 u,$$
$$v' = v + dv + \tfrac{1}{2} d^2 v,$$
$$w' = w + dw + \tfrac{1}{2} d^2 w.$$

Nous poussons ici le développement de u', v', w' jusqu'aux termes du second ordre, parce que ε étant infiniment petit, son cosinus ne doit différer de l'unité qu'à partir de ces termes. Si donc on substitue ces valeurs, et qu'on fasse attention aux relations

$$u^2 + v^2 + w^2 = 1,$$
$$u\,du + v\,dv + w\,dw = 0,$$
$$u\,d^2 u + v\,d^2 v + w\,d^2 w = -(du^2 + dv^2 + dw^2),$$

dont les deux dernières se déduisent de la première par la différentiation, on trouvera

$$\cos \varepsilon = 1 - \tfrac{1}{2}(du^2 + dv^2 + dw^2).$$

Mais, en développant le cosinus de l'arc infiniment petit ε, on a aussi

$$\cos \varepsilon = 1 - \frac{\varepsilon^2}{2}; \quad \text{donc} \quad \varepsilon^2 = du^2 + dv^2 + dw^2;$$

puis, comme on sait (n° 348) que

$$u = \frac{dx}{ds}, \quad v = \frac{dy}{ds}, \quad w = \frac{dz}{ds},$$

il viendra pour l'angle de contingence

$$(11) \qquad \varepsilon = \sqrt{\left(d\,\frac{dx}{ds}\right)^2 + \left(d\,\frac{dy}{ds}\right)^2 + \left(d\,\frac{dz}{ds}\right)^2}.$$

355. On peut donner à cette expression une forme plus simple. D'abord, en effectuant les différentielles des fractions, sans regarder aucune des variables comme indépendante, il viendra

$$\varepsilon = \frac{\sqrt{(ds\,d^2x - dx\,d^2s)^2 + (ds\,d^2y - dy\,d^2s)^2 + (ds\,d^2z - dz\,d^2s)^2}}{ds^2}.$$

Si maintenant on développe, on trouvera pour la somme des carrés des premiers termes des binômes,

$$d^2(d^2x^2 + d^2y^2 + d^2z^2);$$

pour la somme des carrés des seconds termes,

$$d^2s^2(dx^2 + dy^2 + dz^2) = ds^2 . d^2s^2 :$$

la somme des doubles produits donnera

$$- 2\,ds\,d^2s\,(dx\,d^2x + dy\,d^2y + dz\,d^2z) = - 2\,ds^2\,d^2s^2;$$

par conséquent, il reste cette valeur bien simple,

$$(12) \qquad \varepsilon = \frac{\sqrt{d^2x^2 + d^2y^2 + d^2z^2 - d^2s^2}}{ds}.$$

356. Enfin, si de l'équation identique

$$ds^2 = dx^2 + dy^2 + dz^2,$$

qui donne par la différentiation,

$$ds\,d^2s = dx\,d^2x + dy\,d^2y + dz\,d^2z,$$

ou tirait la valeur

$$d^2s = \frac{dx\,d^2x + dy\,d^2y + dz\,d^2z}{\sqrt{dx^2 + dy^2 + dz^2}},$$

et qu'on la substituât dans la formule (12) en réduisant au même dénominateur sous le radical, on arriverait à ce résultat moins simple, mais qu'il est bon de connaître,

$$(13) \quad \varepsilon = \frac{\sqrt{(dy\,d^2z - dz\,d^2y)^2 + (dz\,d^2x - dx\,d^2z)^2 + (dx\,d^2y - dy\,d^2x)^2}}{ds^2}.$$

Ici les trois binômes sous le radical sont les mêmes que les coefficients de l'équation (8) du plan osculateur.

357. Maintenant que nous connaissons l'angle de contingence, il sera bien facile d'en déduire *le rayon de courbure* de la courbe, puisque, d'après la formule (9), nous avons

$$\rho = \frac{ds}{\varepsilon};$$

donc, en substituant ici l'une des expressions trouvées ci-dessus pour ε, par exemple celle que donne la formule (12), il viendra

$$(14) \quad \rho = \frac{ds^2}{\sqrt{d^2x^2 + d^2y^2 + d^2z^2 - d^2s^2}}.$$

Cette manière bien simple d'obtenir le rayon de courbure fait connaître sa grandeur, mais non sa position ; et quoique ce résultat suffise pour le plus grand nombre des applications, il est cependant des cas où l'on a besoin d'employer *la longueur du rayon* et *les coordonnées du centre de courbure ;* c'est pourquoi nous allons les déterminer par le procédé suivant.

358. Les deux normales particulières KO et K'O ne sont autre chose que les intersections du plan osculateur MM'M″ avec deux plans normaux consécutifs ; par conséquent, on déterminera le centre de courbure O en cherchant le point d'intersection des trois plans que nous venons de citer. Or, l'équation du plan osculateur pour le

Fig. 49.

point M dont les coordonnées sont x, y, z, est

$$A(x' - x) + B(y' - y) + C(z' - z) = o,$$

où les quantités A, B, C désignent, pour abréger, les coefficients de la formule (8) du n° 350. Le plan normal en ce même point (n° 349) est

$$(x' - x)\,dx + (y' - y)\,dy + (z' - z)\,dz = o,$$

et le plan normal infiniment voisin s'en déduirait (n° 350) en augmentant le premier membre de sa différentielle relative aux coordonnées x, y, z ; mais, puisque nous devons combiner cette nouvelle équation avec les deux précédentes pour obtenir le point de section, il suffit de joindre ici la différentielle du plan normal, égalée à zéro, ce qui donne

$$(x' - x)\,d^2x + (y' - y)\,d^2y + (z' - z)\,d^2z - ds^2 = o.$$

Maintenant il faut regarder les variables x', y', z' comme les mêmes dans ces trois équations, et alors elles représenteront les coordonnées du centre O commun aux trois plans : cherchons-en donc les valeurs. Or, les deux premières équations donnent, en éliminant tour à tour $y' - y$ et $x' - x$,

$$(x' - x)(A\,dy - B\,dx) + (z' - z)\,C\,dy - B\,dz) = o,$$
$$(y' - y)(A\,dy - B\,dx) + (z' - z)\,A\,dz - C\,dx) = o;$$

tirons de là les valeurs de $x' - x$, $y' - y$, pour les substituer dans la troisième équation, et nous aurons

$$z' - z = \frac{ds^2\,(A\,dy - B\,dx)}{(B\,dz - C\,dy)\,d^2x + (C\,dx - A\,dz)\,d^2y + (A\,dy - B\,dx)\,d^2z};$$

mais si l'on observe que, dans ce dénominateur, le coefficient total de A est égal à la valeur même de A que donne la formule (8), et qu'une coïncidence semblable a lieu pour B et pour C, on en conclura

$$z' - z = \frac{ds^2\,(A\,dy - B\,dx)}{A^2 + B^2 + C^2},$$

et , par suite ,

$$y' - \gamma = \frac{ds^2 \, (C\,dx - A\,dz)}{A^2 + B^2 + C^2},$$

$$x' - x = \frac{ds^2 \, (B\,dz - C\,dy)}{A^2 + B^2 + C^2}.$$

D'ailleurs, le rayon de courbure n'étant autre chose que la distance du point x, γ, z au point de section x', y', z', on aura

$$\rho = \frac{ds^2 \sqrt{(A\,dy - B\,dx)^2 + (C\,dx - A\,dz)^2 + (B\,dz - C\,dy)^2}}{A^2 + B^2 + C^2};$$

mais, en développant les carrés des binômes, on voit que les termes multipliés par A^2, B^2, C^2 sont

$$A^2 \,(dy^2 + dz^2), \quad \text{qui égale} \quad A^2 \,(ds^2 - dx^2),$$
$$B^2 \,(dx^2 + dz^2), \quad \ldots\ldots \quad B^2 \,(ds^2 - dy^2),$$
$$C^2 \,(dx^2 + dy^2), \quad \ldots\ldots \quad C^2 \,(ds^2 - dz^2);$$

de sorte que le radical prend la forme

$$\sqrt{(A^2 + B^2 + C^2)\,ds^2 - (A\,dx + B\,dy + C\,dz)^2}.$$

Or, le dernier trinôme est nul, en vertu d'une des équations qui ont servi (n° 350) à calculer les coefficients A, B, C; par conséquent, il reste

$$\rho = \frac{ds^3}{\sqrt{A^2 + B^2 + C^2}},$$

c'est-à-dire, en substituant les valeurs de A, B, C,

$$(15) \quad \rho = \frac{ds^3}{\sqrt{(dy\,d^2z - ds\,d^2y)^2 + (ds\,d^2x - dx\,d^2z)^2 + (dx\,d^2y - dy\,d^2x)^2}},$$

résultat qui s'accorde bien avec les formules (9) et (13).

359. Quant aux coordonnées x', y', z' du centre de courbure, si l'on substitue dans leurs numérateurs les valeurs de A, B, C, on trouvera pour le premier, par

exemple :

$$A\,dy - B\,dx = d^2z\,(dy^2 + dx^2) - dz\,(dx\,d^2x + dy\,d^2y)$$
$$= d^2z\,(ds^2 - dz^2) - dz\,(ds\,d^2s - dz\,d^2z)$$
$$= d^2z\,ds^2 - dz\,ds\,d^2s;$$

et en développant de même les autres numérateurs, il viendra

$$(16)\quad\begin{cases} z' - z = \dfrac{ds^3\,(ds\,d^2z - dz\,d^2s)}{A^2 + B^2 + C^2} = \rho^2\cdot\dfrac{d\left(\frac{dz}{ds}\right)}{ds}, \\[2ex] y' - y = \dfrac{ds^3\,(ds\,d^2y - dy\,d^2s)}{A^2 + B^2 + C^2} = \rho^2\cdot\dfrac{d\left(\frac{dy}{ds}\right)}{ds}, \\[2ex] x' - x = \dfrac{ds^3\,(ds\,d^2x - dx\,d^2s)}{A^2 + B^2 + C^2} = \rho^2\cdot\dfrac{d\left(\frac{dx}{ds}\right)}{ds}. \end{cases}$$

360. Si l'on veut obtenir les angles λ, μ, ν, que forme, avec les axes coordonnés, le rayon de courbure ρ prolongé à partir du point M de la courbe vers le centre O (ce qui s'appliquerait au cas d'une force attractive agissant sur un mobile M, et dirigée vers le centre de courbure), on observera que les projections de ρ sur les axes sont évidemment $x' - x$, $y' - y$, $z' - z$; par conséquent, on doit avoir (n° 67)

$$x' - x = \rho\cos\lambda, \quad y' - y = \rho\cos\mu, \quad z' - z = \rho\cos\nu;$$

et en substituant ici les valeurs données par les formules (16), il viendra

$$(17)\quad \cos\lambda = \rho\,\frac{d\left(\frac{dx}{ds}\right)}{ds}, \quad \cos\mu = \rho\,\frac{d\left(\frac{dy}{ds}\right)}{ds}, \quad \cos\nu = \rho\,\frac{d\left(\frac{dz}{ds}\right)}{ds}.$$

En ajoutant les carrés de ces trois cosinus (*) dont la

(*) Ces formules peuvent servir à démontrer fort simplement un théo-

somme doit égaler l'unité, on retrouverait une valeur de ρ qui s'accorderait bien avec les formules (9) et (11).

361. Quant à *la torsion* ou la seconde espèce de courbure que présente une courbe qui n'est point plane, nous avons dit (n° 353) qu'elle était mesurée au point M, par

---

rème important de Mécanique, relatif au mouvement d'un mobile astreint à demeurer sur une courbe fixe, et d'après lequel *la pression totale* supportée par cette courbe *est la résultante de la force centrifuge et de la composante normale de la force motrice* R qui agit sur le mobile. En effet, en conservant les notations employées par Poisson dans son *Traité de Mécanique*, pages 279 et 321 du Ier volume, et en regardant la masse du mobile comme égale à l'unité, les équations de son mouvement seront

$$\frac{d^2 x}{dt^2} = X - P \cos \varpi,$$

$$\frac{d^2 y}{dt^2} = Y - P \cos \varpi',$$

$$\frac{d^2 z}{dt^2} = Z - P \cos \varpi''.$$

Or, si l'on décompose la force R en deux autres T et Q, l'une tangente et l'autre normale à la courbe, la première sera, comme on sait, égale à $\frac{d^2 s}{dt^2}$, et l'on aura évidemment

$$X = Q \cos q + \frac{dx}{ds} \frac{d^2 s}{dt^2},$$

$$Y = Q \cos q' + \frac{dy}{ds} \frac{d^2 s}{dt^2},$$

$$Z = Q \cos q'' + \frac{dz}{ds} \frac{d^2 s}{dt^2};$$

de sorte qu'en substituant dans les équations primitives, il viendra

$$P \cos \varpi = Q \cos q - \frac{ds\, d\left(\frac{dx}{ds}\right)}{dt^2},$$

$$P \cos \varpi' = Q \cos q' - \frac{ds\, d\left(\frac{dy}{ds}\right)}{dt^2},$$

$$P \cos \varpi'' = Q \cos q'' - \frac{ds\, d\left(\frac{dz}{ds}\right)}{dt^2}.$$

Mais si l'on appelle γ, γ', γ'' les angles que forme avec les axes le pro-

l'angle compris entre les deux plans osculateurs consécutifs qui passent, l'un par les deux éléments MM′ et M′M″,
l'autre par M′M″ et M″M‴. Le premier de ces plans est
donné par la formule (8), que nous écrirons, pour abréger, sous la forme

$$A\,x' + B\,y' + C\,z' + D = o,$$

et le plan osculateur consécutif s'en déduira en remplaçant x, y, z par $x + dx,\ y + dy,\ z + dz$; ainsi son
équation sera

$$A'\,x' + B'\,y' + C'\,z' + D' = o,$$

dans laquelle on aura (n° 350) les relations

$$A' = A + dA,\quad B' = B + dB,\quad C' = C + dC.$$

En appelant θ l'angle de torsion, on aura donc

$$\cos\theta = \frac{AA' + BB' + CC'}{\sqrt{A^2 + B^2 + C^2}\ \sqrt{A'^2 + B'^2 + C'^2}};$$

mais comme cet angle θ est infiniment petit, son cosinus

---

longement *extérieur* du rayon de courbure ρ, ces angles seront les suppléments de λ, μ, ν, et par les formules (17) du texte, on aura

$$\cos\gamma = -\rho\,\frac{d\left(\frac{dx}{ds}\right)}{ds},\quad \cos\gamma' = -\rho\,\frac{d\left(\frac{dy}{ds}\right)}{ds},\quad \cos\gamma'' = -\rho\,\frac{d\left(\frac{dz}{ds}\right)}{ds};$$

d'où l'on conclura, à cause de $\nu = \dfrac{ds}{dt}$,

$$P\cos\varpi = Q\cos q + \frac{\nu^2}{\rho}\cos\gamma,$$

$$P\cos\varpi' = Q\cos q' + \frac{\nu^2}{\rho}\cos\gamma',$$

$$P\cos\varpi'' = Q\cos q'' + \frac{\nu^2}{\rho}\cos\gamma'',$$

résultats qui montrent bien que la pression P est la résultante des deux
forces Q et $\dfrac{\nu^2}{\rho}$, dont la dernière, dirigée en sens contraire du rayon de
courbure, se nomme *la force centrifuge*, et subsisterait encore quand bien
même Q serait égal à zéro.

ne différerait de l'unité que par des termes du second ordre; c'est pourquoi il vaut mieux passer de là au sinus, qui aura pour expression

$$\sin^2\theta = \frac{(AB' - BA')^2 + (BC' - CB')^2 + (CA' - AC')^2}{(A^2 + B^2 + C^2)(A'^2 + B'^2 + C'^2)} :$$

en y substituant les valeurs précédentes de A', B', C', et négligeant, dans le dénominateur, les termes de l'ordre le plus élevé, puis remplaçant $\sin\theta$ par θ, il restera

$$\theta^2 = \frac{(A\,dB - B\,dA)^2 + (B\,dC - C\,dB)^2 + (C\,dA - A\,dC)^2}{(A^2 + B^2 + C^2)^2}.$$

Maintenant, il n'y a plus qu'à substituer ici les valeurs des coefficients A, B, C, prises dans la formule (8); mais, pour éviter des calculs longs à écrire, nous admettrons qu'une des trois coordonnées, x par exemple, est prise pour variable indépendante, c'est-à-dire que nous poserons $d^2 x = 0$. Alors il restera

$$A = dy\,d^2z - dz\,d^2y, \quad dA = dy\,d^3z - dz\,d^3y,$$
$$B = -dx\,d^2z, \quad\quad dB = -dx\,d^3z,$$
$$C = dx\,d^2y, \quad\quad dC = dx\,d^3y;$$

et en substituant dans la valeur précédente de θ, on obtiendra, après quelques réductions évidentes,

$$(18) \qquad \theta = \frac{dx\,ds\,(d^2y\,d^3z - d^2z\,d^3y)}{(d^2y^2 + d^2z^2)\,dx^2 + (dy\,d^2z - dz\,d^2y)^2}.$$

362. Si la courbe avait un point *singulier* où elle présentât *une inflexion simple*, c'est-à-dire où trois éléments consécutifs fussent dans un même plan, il arriverait que l'angle de torsion θ serait nul pour ce point; par conséquent, on aurait la condition

$$d^2y\,d^3z - d^2z\,d^3y = 0,$$

laquelle, jointe aux deux équations de la courbe, suffira pour déterminer les points singuliers de cette espèce.

On reconnaîtra aussi qu'une courbe est *entièrement plane*, lorsque la relation précédente sera vérifiée identiquement par les équations de la courbe, quelle que soit la variable x.

363. Lorsque deux éléments de la courbe seront en ligne droite, il y aura *une inflexion double*, ainsi nommée parce qu'elle entraîne nécessairement l'inflexion simple dont nous venons de parler. Alors l'angle de contingence sera nul; et d'après la formule (13) où nous supposerons, pour simplifier, que dx est constant, il faudra que

$$(dy\, d^2 z - dz\, d^2 y)^2 + dx^2 (d^2 z^2 + d^2 y^2) = 0,$$

ce qui exige évidemment que l'on ait, pour un tel point,

$$d^2 y = 0 \quad \text{avec} \quad d^2 z = 0.$$

364. Pour compléter ce qui regarde les points singuliers, nous ajouterons que quand il y aura *rebroussement* dans l'espace, chaque projection de la courbe présentera aussi un rebroussement; et quoique la réciproque de cette proposition ne soit pas toujours vraie, nous pouvons du moins affirmer que les points singuliers de cette espèce satisferont aux deux conditions

$$d^2 y = 0, \quad \text{ou} \quad = \infty, \quad d^2 z = 0, \quad \text{ou} \quad = \infty.$$

365. Nous ferons remarquer ici qu'il existe une différence essentielle, quant aux rayons de courbure, entre les courbes planes et les courbes gauches. Dans les premières, les rayons relatifs aux divers points de la courbe étant tous dans son plan, se rencontrent consécutivement et forment par leurs intersections une courbe à laquelle ils sont *tangents*, et que l'on nomme *la développée* de la première; mais, dans une courbe gauche, les rayons des cercles osculateurs *ne se rencontrent pas*

consécutivement. En effet, par les milieux K, K′, K″, etc., des divers éléments de la courbe MM′M″..., menons Fig. 51. les plans normaux P, P′, P″, etc., qui se couperont deux à deux, suivant les droites AB, A′B′, etc., et formeront ainsi une surface développable (n° 331) enveloppe de tous ces plans. Si nous coupons les plans P et P′ par le plan osculateur MM′M″, qui est perpendiculaire à l'un et à l'autre, nous obtiendrons pour intersections les normales KC et K′C, perpendiculaires à AB. et dont la première sera (n° 351) *le rayon de courbure* relatif au point M. De même, en coupant les plans normaux P′ et P″ par le plan osculateur M′M″M‴, on aura pour sections les deux normales K′C′ et K″C′, perpendiculaires à A′B′, et dont la première sera le rayon de courbure en M′. Or, ce rayon K′C′ ne coïncide pas avec l'autre normale K′C, puisque ces droites proviennent du même plan P′ coupé par deux plans osculateurs distincts; ainsi, K′C′ va rencontrer AB en un point I différent de C, et par conséquent les deux rayons de courbure KC et K′C′, situés dans les plans P et P′, n'ont pas de point commun sur l'intersection AB de ces deux plans; donc ces rayons ne sauraient se couper.

Il résulte de là que les centres de courbure C, C′, C″, etc., n'étant pas donnés par la rencontre successive des rayons KC, K′C′, K″C″, etc., *la courbe qui passerait par tous ces points n'aurait pas pour* TANGENTES *ces mêmes rayons,* et par conséquent ceux-ci ne sauraient être regardés comme formés par le développement d'un fil qui entourerait la ligne CC′C″...; donc enfin cette ligne n'est point *une développée* de la courbe MM′M″..., dès que cette dernière est gauche.

366. Cependant la courbe MM′M″... admet une in-

.finité de développées, ainsi que l'a fait voir Monge. En effet, si dans le premier plan normal P nous tirons arbitrairement une droite KD, qui sera toujours normale à la courbe proposée; puis, que par les points D et K′ nous tirions une autre droite K′DD′, qui sera dans le second plan normal P′, puis une troisième droite K″D′D″ située dans le plan P″, et ainsi de suite, nous obtiendrons, par les intersections successives de ces normales particulières, une courbe DD′D″..., à laquelle ces normales seront tangentes, et qui pourra servir à décrire la ligne MM′M″..., par le développement d'un fil enroulé autour de cette *développée* DD′D″.... Pour le prouver, il suffit de faire voir que les portions DK et DK′ des tangentes à cette développée sont égales entre elles, ou bien que le point D est à la même distance des trois points M, M′, M″; or cela résulte de ce que la droite AB étant l'intersection de deux plans P et P′ élevés perpendiculairement sur les milieux des éléments MM′ et M′M″, chaque point de AB est à égale distance de M, de M′ et de M″; aussi cette droite est-elle appelée la *ligne des pôles* de l'arc total MM′M″, et les distances DK, D′K′, etc., sont les *rayons de développée*, qu'il ne faut pas confondre avec les rayons de courbure. D'ailleurs, comme la première normale KD a été menée arbitrairement dans le plan P, on pourra donc, en faisant varier cette normale, obtenir une infinité de développées situées toutes sur la surface enveloppe des plans normaux. Pour de plus amples détails sur cette matière, on pourra consulter le *Traité de Géométrie descriptive*, n°s 659 et suivants.

CHAPITRE XVII.

DE LA COURBURE DES SURFACES.

367. Pour estimer la courbure d'une ligne quelconque, en un point donné, on la remplace, dans les environs de ce point, par l'arc du *cercle osculateur* (n° 351) qui ayant deux éléments communs avec la courbe, présente la même courbure que celle-ci. Quant aux surfaces, on ne peut pas tenter de les assimiler ainsi à une sphère, puisque dans cette dernière la courbure est évidemment uniforme tout autour d'une même normale, tandis qu'il n'en est pas de même ordinairement pour une surface générale. Il faut donc alors imaginer divers plans conduits suivant la normale de la surface au point considéré ; calculer les rayons de courbure de ces sections planes, et par leur comparaison, on jugera de la courbure plus ou moins prononcée de la surface autour de ce point, ainsi que du sens dans lequel est dirigée cette courbure ; car nous avons vu (n° 271) que certaines surfaces se trouvaient en partie au-dessus, et en partie au-dessous de leur plan tangent. D'ailleurs ces diverses *sections normales* se trouvent, quant à leur courbure, liées entre elles et avec les *sections obliques,* par des rapports bien remarquables que nous allons faire connaître, en commençant par calculer le rayon de courbure d'une section oblique quelconque.

368. Soit $M(x, y, z)$ le point considéré sur une surface représentée par

$$(1) \qquad z = f(x, y);$$

20

ici où les trois variables ne sont liées que par une seule équation, deux d'entre elles, x et y, seront indépendantes, et l'ordonnée z admettra, dans les divers ordres, plusieurs dérivées partielles que nous désignerons, suivant l'usage, par

$$\frac{dz}{dx} = p, \quad \frac{dz}{dy} = q,$$

$$\frac{d^2z}{dx^2} = r, \quad \frac{d^2z}{dx\,dy} = s, \quad \frac{d^2z}{dy^2} = t;$$

de sorte que quand on aura besoin de faire varier à la fois x et y, les différentielles totales de z seront

(2) $$dz = p\,dx + q\,dy,$$

(3) $$d^2z = dp\,dx + dq\,dy = r\,dx^2 + 2\,s\,dx\,dy + t\,dy^2.$$

369. Soit maintenant MT une tangente menée à la surface, et dont la position sera fixée par les angles α, δ, γ, qu'elle forme avec les axes coordonnés rectangulaires. Un seul de ces angles restera arbitraire; car, outre la relation ordinaire

(4) $$\cos^2\alpha + \cos^2\delta + \cos^2\gamma = 1,$$

il faudra encore exprimer que la droite

$$x' - x = \frac{\cos\alpha}{\cos\gamma}(z' - z), \quad y' - y = \frac{\cos\delta}{\cos\gamma}(z' - z),$$

se trouve située dans le plan tangent (n° 266)

$$z' - z = p(x' - x) + q(y' - y);$$

ce qui conduit évidemment à l'équation de condition

$$\cos\gamma = p\cos\alpha + q\cos\delta,$$

ou bien, en élevant au carré, pour éliminer $\cos\gamma$,

(5) $$(1 + p^2)\cos^2\alpha + 2pq\cos\alpha\cos\delta + (1 + q^2)\cos^2\delta = 1.$$

Ainsi, voilà deux relations (4) et (5) qui lient entre eux

les angles α, β, γ, et ne permettent plus de se donner arbitrairement qu'un seul de ces angles.

370. Si à présent nous menons, par cette tangente Fig. 40. MT, deux plans sécants, l'un normal à la surface, l'autre oblique et formant avec le premier un angle ω, ils couperont la surface suivant deux courbes AMB, A'MB', toutes deux tangentes à MT; et le centre de courbure de la section oblique s'obtiendra (n° 358) en cherchant le point d'intersection I' du plan osculateur, qui est ici le plan de A'MB', avec les plans normaux à cette courbe menés par les points infiniment voisins M et M'. Donc, en représentant par MI' et M'I' les traces de ces deux derniers plans sur celui de A'MB', la distance $\mathrm{MI}' = \rho_1$ sera le rayon de courbure de cette section oblique. Mais comme les deux plans normaux se couperont suivant une droite I'1 perpendiculaire sur A'MB', laquelle ira évidemment rencontrer la normale MN de la surface (puisque MN et I'1 sont situées toutes deux dans le plan mené par le point M perpendiculairement à MT), on voit qu'il suffira de calculer cette distance $\mathrm{MI} = \rho$; car le triangle rectangle MII' fournira pour le rayon de courbure demandé $\mathrm{MI}' = \rho_1$, la valeur bien simple (*)

(6)
$$\rho_1 = \rho \cos \omega.$$

371. Cela posé, sans former l'équation du plan sécant de A'MB', il suffit d'observer que les trois coordonnées de cette courbe étant liées par cette équation et par celle de la surface, toutes trois seront variables en même temps, et que leurs différentielles auront avec l'élément

---

(*) Cette methode est tirée du Mémoire inséré par Poisson dans le XXIᵉ cahier du *Journal de l'École Polytechnique*.

$MM' - ds$, les rapports connus (n° 348)

$$(7) \qquad \frac{dx}{ds} = \cos\alpha, \qquad \frac{dy}{ds} = \cos6, \qquad \frac{dz}{ds} = \cos\gamma;$$

d'ailleurs la droite II', intersection des deux plans normaux consécutifs, sera déterminée (n° 358) par les équations

$$(8) \quad (x'-x)(dx +(y'-y)dy +(z'-z)dz = 0,$$

$$(9) \quad (x'-x)(d^2x+(y'-y)d^2y+(z'-z)d^2z = ds^2,$$

tandis que celles de la normale MN à la surface seront (n° 270)

$$(10) \qquad\qquad x'-x+p(z'-z) = 0,$$

$$(11) \qquad\qquad y'-y+q(z'-z) = 0.$$

Mais de ces quatre équations, la première est vérifiée par les équations (10) et (11), en vertu de la relation (2) à laquelle la courbe A'MB' doit satisfaire, à cause qu'elle est sur la surface donnée; d'où il suit que les droites MN et II' se coupent effectivement, comme nous l'avions déjà remarqué, et que les coordonnées x', y', z' de leur point de section I seront fournies par les équations (9), (10) et (11), sous la forme

$$z' - z = \frac{ds^2}{d^2z - pd^2x - qd^2y},$$

$$y' - y = \frac{-qds^2}{d^2z - pd^2x - qd^2y},$$

$$x' - x = \frac{-pds^2}{d^2z - pd^2x - qd^2y}.$$

La droite $MI = \rho$, qui est la distance du point (x', y', z') au point $M(x, y, z)$, est alors facile à calculer, et l'on trouve

$$\rho = \frac{ds^2 \sqrt{1+p^2+q^2}}{d^2z - pd^2x - qd^2y};$$

mais les différentielles qui entrent ici, appartenant à une courbe A′MB′ située sur la surface donnée, doivent satisfaire à la relation

$$dz = pdx + qdy,$$

qui, étant différentiée sous le point de vue actuel, c'est-à-dire en y regardant x, y, z comme variant à la fois, fournit, au lieu de la relation (3), la valeur

$$d^2z = pd^2x + qd^2y + rdx^2 + 2sdx\,dy + tdy^2;$$

de sorte qu'en substituant dans l'expression de ρ, il vient

$$\rho = \frac{ds^2 \sqrt{1 + p^2 + q^2}}{rdx^2 + 2sdx\,dy + tdy^2},$$

ou bien, en divisant par ds^2 et ayant égard aux formules (7),

$$(12) \qquad \rho = \frac{\sqrt{1 + p^2 + q^2}}{r\cos^2\alpha + 2s\cos\alpha\cos 6 + t\cos^2 6}.$$

372. Ce résultat qui, joint à la formule (6), $\rho_1 = \rho\cos\omega$, Fig. 4o. permettra de calculer le rayon de courbure $MI' = \rho_1$ de la section oblique A′MB′, montre que la portion $MI = \rho$ de la normale à la surface, est indépendante de l'angle ω, c'est-à-dire qu'elle demeure constante lorsque le plan sécant tourne autour de la même tangente MT, quoique alors $MI' = \rho_1$ change de grandeur et de position. Par conséquent, si l'on pose $\omega = 0$ dans la formule (6), il viendra $\rho_1 = \rho$; ce qui prouve que $MI = \rho$ est précisément la position et la grandeur du rayon de courbure de *la section normale* AMB passant par la tangente donnée MT. D'ailleurs, la formule (6) devient alors l'expression d'un théorème remarquable dû à Meunier, savoir : que *le rayon de courbure d'une section oblique est la projection*, sur le plan de cette courbe, *du rayon de la section normale qui passe par la même tangente.*

373. On peut énoncer ce théorème sous une autre forme, en imaginant une sphère décrite du point I comme centre, avec le rayon de courbure IM de la section normale AMB; car il résulte évidemment de ce qui précède

FIG. 45.

que *tout plan* N′MT *conduit par la tangente* MT, *coupera cette sphère suivant un cercle* MD′ *qui sera le cercle osculateur de la section faite dans la surface par le même plan*.

FIG 40.

374. Maintenant, comparons entre elles les diverses *sections normales* faites dans la surface, tout autour du point M, et dont les rayons de courbure sont donnés (n° 372) par la formule (*)

$$(\mathrm{12}) \qquad \rho = \frac{\sqrt{1 + p^2 + q^2}}{r\cos^2\alpha + 2\,s\cos\alpha\cos6 + t\cos^2 6},$$

dans laquelle les angles α et 6 ne peuvent varier qu'en restant toujours soumis à la relation trouvée n° **369**,

$$(\mathrm{13}) \;\; (1 - p^2)\cos^2\alpha + 2\,pq\cos\alpha\cos6 + (1 + q^2)\cos^2 6 = 1.$$

Cette relation pourrait s'obtenir d'une manière plus prompte, en observant que les coordonnées de la courbe AMB, qui satisfont toujours à la condition générale

$$dx^2 + dy^2 + dz^2 = ds^2,$$

doivent ici vérifier l'équation différentielle de la surface,

$$dz = pdx + qdy;$$

(*) Si l'on voulait arriver directement à ce rayon ρ, sans passer par la considération d'une section oblique, il suffirait, en réduisant les raisonnements du n° **370**, d'observer que le centre de courbure de AMB est à la fois sur la normale MN de la surface, et dans les deux plans normaux conséoutifs de la courbe AMB; or, comme le premier de ces plans renferme nécessairement MN, cela reviendrait encore à combiner les équations (9), (10) et (11) qui conduiraient ainsi directement à la formule (12). Mais ici, nous avons voulu démontrer en même temps le théorème de Meunier.

ce qui donne

$$(1 + p^2)\, dx^2 + 2\, pq\, dx\, dy + (1 + q^2)\, dy^2 = ds^2;$$

puis, en divisant les deux membres par ds^2, et ayant égard aux formules (7), on retomberait sur (13).

D'ailleurs, si l'on voulait n'employer qu'une seule indéterminée, on poserait

$$(14) \qquad \frac{\cos 6}{\cos \alpha} = \frac{dy}{dx} = m,$$

et en substituant dans (12) et (13), elles conduiraient, par l'élimination de $\cos^2 \alpha$, à cette nouvelle expression

$$(15) \quad \rho = \frac{\sqrt{1 + p^2 + q^2}\,[(1 + p^2) + 2\,pqm + (1 + q^2)\,m^2]}{r + 2\,sm + tm^2}.$$

375. Cela posé, observons que si, dans les formules (12) et (15), *nous convenons de prendre toujours* POSITIVEMENT *le radical* $\sqrt{1 + p^2 + q^2}$, la valeur totale de ρ aura constamment le même signe que son dénominateur; car le numérateur de la dernière formule, égalé à zéro, n'admet que des racines imaginaires pour m. Or ce dénominateur est égal, à cela près d'un facteur positif $\cos^2 \alpha$, au dénominateur de la valeur trouvée pour $z' - z$ au n° 371 : donc ρ et $z' - z$ seront toujours de mêmes signes. Par conséquent, *lorsque* ρ *sera positif* pour une valeur attribuée à α ou à m dans les formules (12) ou (15), on pourra affirmer qu'alors $z' > z$, et que par suite *le rayon de courbure* ρ *se trouvera dirigé* AU-DESSUS *du plan tangent;* de sorte que la section normale correspondante se trouvera *concave*, au moins dans les environs du point considéré. Au contraire, *lorsque* ρ *sera négatif* dans les formules (12) ou (15), on aura $z' < z$, et, par suite, *le rayon de courbure* ρ *sera dirigé* AU-DESSOUS *du plan tangent;* c'est-à-dire que la section correspondante se

trouvera *convexe* dans le voisinage du point en question. Ainsi, d'après la convention admise plus haut sur le radical $\sqrt{1 + p^2 + q^2}$, les formules générales (12) et (15) offriront l'avantage d'indiquer à la fois *la grandeur* et *le sens* de la courbure de chaque section normale.

376. Pour reconnaître immédiatement si toutes les sections normales autour d'un même point sont convexes ou non, cherchons les racines du dénominateur de ρ, égalé à zéro, ce qui donne

$$\frac{\cos 6}{\cos \alpha} = m = \frac{-s \pm \sqrt{s^2 - rt}}{t} = \begin{cases} m_1, \\ m_2, \end{cases}$$

d'où nous conclurons que, quand les coordonnées x, y, z du point considéré sur la surface, vérifieront la condition

$$rt - s^2 > 0,$$

le dénominateur en question *ne changera jamais de signe* quel que soit l'angle α; donc toutes les valeurs de ρ auront un signe constant, et la surface se trouvera située, dans les environs du point considéré, *tout entière au-dessus* ou *tout entière au-dessous* de son plan tangent. On dit alors que *la surface est convexe* tout autour de ce point; et elle serait entièrement convexe, si la condition précédente se trouvait vérifiée par tous ses points, comme dans un ellipsoïde.

377. Au contraire, si, pour le point considéré, on a

$$rt - s^2 < 0,$$

le rayon de courbure deviendra infini pour les hypothèses $m = m_1$, $m = m_2$, et il changera de signe avant et après chacune de ces racines : d'où il suit qu'il y aura des sections normales situées au-dessus du plan tangent, et d'autres situées au-dessous, et que la surface sera *non convexe* ou à courbures opposées autour du point en question.

C'est ce qui arrive, entre autres, dans les surfaces gauches considérées au n° 318; car l'équation commune à
tous leurs points étant

$$q^2 r - 2pqs + p^2 t = 0,$$

laquelle peut s'écrire sous la forme

$$(qr - ps)^2 + p^2 (rt - s^2) = 0,$$

on voit qu'ici $rt - s^2$ est nécessairement négatif, et qu'ainsi
les surfaces de cette classe sont toujours *non convexes*
dans tous leurs points. Nous reviendrons plus en détail
sur cette discussion que nous ne voulons qu'indiquer en
ce moment.

378. Enfin, dans les *surfaces développables,* dont l'é-
quation générale (n°s 328 et 334) est

$$rt - s^2 = 0,$$

il arrive que le dénominateur de ρ devient un carré parfait; et, par suite, ce rayon de courbure gardera encore
un signe constant pour tous les points d'une telle surface. Elle sera donc *convexe* en chaque point; mais elle
aura *une courbure nulle* dans la direction unique qui répond à

$$m = m_1 = m_2, \quad \text{d'où} \quad \rho = \infty,$$

direction qui coïncide évidemment avec la génératrice
rectiligne de la surface développable.

379. Rentrons dans le cas général auquel se rapportent
les formules (12) et (15); et comme il est évident à priori
qu'en faisant tourner le plan sécant tout autour de la normale, la courbure de la section ne peut pas croître ou
décroître indéfiniment, il y a lieu de chercher quelles
sont les valeurs de α ou de m qui rendront le rayon ρ
minimum ou *maximum.* Or, les quantités p, q, r, s, t
étant des fonctions de x, y, z, qui se déduisent de l'é-

quation de la surface, et sont par conséquent indépendantes de α (*) ou de la direction donnée au plan sécant,
il suffira d'égaler à zéro la différentielle de la formule (12)
prise par rapport à α et б, et d'y joindre la différentielle
de l'équation (13) qui lie entre eux ces deux angles. Il
pourrait paraître plus simple d'employer la formule (15),
où l'on n'aurait à différentier que par rapport à la seule
indéterminée m; mais les calculs seraient moins symétriques, et nous préférerons la première méthode. Si, d'ailleurs, nous écartons l'hypothèse

$$\frac{d\rho}{d\alpha} = \infty,$$

laquelle peut fournir quelquefois des *minimum* ou *maximum*, c'est qu'elle ne conduirait ici qu'à égaler à zéro le
dénominateur de ρ, et donnerait ainsi les valeurs infinies
déjà remarquées au n° 377, mais qui ne sont point de
véritables *minimum* ou *maximum;* car, le rayon ρ changeant brusquement de signe avant et après ces valeurs
extrêmes, on ne trouve plus là *la continuité* indispensable au maximum qui a besoin d'être *immédiatement*
suivi et précédé de valeurs plus petites. En partant donc
des formules (12) et (13), nous poserons

$$(r\cos\alpha + s\cos б)\sin\alpha \, d\alpha + (t\cos б + s\cos\alpha)\sin б \, dб = 0,$$
$$[(1+p^2)\cos\alpha + pq\cos б]\sin\alpha \, d\alpha$$
$$+ [(1+q^2)\cos б + pq\cos\alpha]\sin б \, dб = 0,$$

(*) Cependant, pour quelques points singuliers dans lesquels les dérivées p, q, r, s, t prennent la forme indéterminée $\frac{0}{0}$, il peut arriver que
leurs vraies valeurs se trouvent dépendre de α; mais ce sont des cas
très-particuliers pour lesquels nous renverrons au Mémoire déjà cité de
Poisson, à qui l'on doit la remarque et l'explication de ces circonstances
singulières. (*Voyez* le xxiᵉ cahier du *Journal de l'École Polytechnique.*)

d'où l'on déduit

$$(16) \qquad \frac{r\cos\alpha + s\cos\delta}{t\cos\delta + s\cos\alpha} = \frac{(1+p^2)\cos\alpha + pq\cos\delta}{(1+q^2)\cos\delta + pq\cos\alpha}.$$

Cette relation, jointe à (13), déterminera les valeurs de α et δ qui rendront ρ *minimum* ou *maximum*; donc, pour obtenir l'équation qui donnera simultanément tous ces rayons particuliers qu'on appelle RAYONS PRINCIPAUX, il suffit d'éliminer α et δ entre (12), (13) et (16). Mais, afin de n'avoir à opérer que sur des équations du premier degré, multiplions d'abord l'équation (16) par $\frac{\cos\alpha}{\cos\delta}$, puis ajoutons l'unité à chaque membre; nous formerons ainsi une nouvelle équation où il entrera : 1° le polynôme (13) qui égale l'unité; 2° le dénominateur de ρ, qui pourra être remplacé par $\frac{k}{\rho}$, en posant, pour abréger,

$$\sqrt{1+p^2+q^2} = k;$$

de sorte qu'il viendra

$$(17) \qquad t\cos\delta + s\cos\alpha = \frac{k}{\rho}[(1+q^2)\cos\delta + pq\cos\alpha].$$

De même, en renversant d'abord les fractions de l'équation (16), et multipliant les deux membres par $\frac{\cos\delta}{\cos\alpha}$, puis en ajoutant l'unité à chacun, on trouvera

$$(18) \qquad r\cos\alpha + s\cos\delta = \frac{k}{\rho}[(1+p^2)\cos\alpha + pq\cos\delta].$$

Alors, voilà deux équations (17) et (18) qui peuvent remplacer (13) et (16), et qui sont du premier degré; on en tire aisément

$$(19) \qquad [pt - k(1+q^2)]\cos\delta = (kpq - \rho s)\cos\alpha,$$

$$(20) \qquad [\rho r - k(1+p^2)]\cos\alpha = (kpq - \rho s)\cos\delta;$$

puis, en multipliant ces dernières l'une par l'autre, α et 6 se trouvent éliminés; et il vient, en remplaçant le signe général ρ par R qui désignera dorénavant *les rayons principaux*,

(21) $R^2(rt - s^2) - R\,k[(1 + q^2)r - 2pqs + (1 + p^2)t] + k^4 = 0.$

Cette équation du second degré montre que, parmi toutes les sections normales faites autour d'un même point d'une surface, il n'y en aura généralement que deux dont les rayons de courbure soient plus grands ou plus petits que les autres; leurs valeurs seront données par les racines de l'équation (21), savoir (*),

(22) $\left.\begin{array}{c}R''\\R'\end{array}\right\} = \dfrac{k}{2\,g}\left(h \pm \sqrt{h^2 - 4\,g\,k^2}\right) = \dfrac{2\,k^3}{h \mp \sqrt{h^2 - 4\,g\,k^2}},$

où nous avons posé, pour abréger,

$$g = rt - s^2, \qquad k = \sqrt{1 + p^2 + q^2},$$
$$h = (1 + q^2)\,r - 2pq\dot{s} + (1 + p^2)\,t;$$

et nous prouverons plus loin (n°s 385, 388) que, de ces deux rayons, l'un R′ est toujours un *minimum*, et l'autre R″ un *maximum* parmi toutes les valeurs de ρ, du moins en comparant celles qui ont un même signe.

380. Au rayon *minimum* R′ correspondra une section normale *de courbure maximum*, et au rayon *maximum* R″ une section *de courbure minimum*, lesquelles se dé-

---

(*) Ces racines sont *toujours réelles*, comme nous le prouverons généralement au n° 398; mais on pourrait s'en assurer déjà très-simplement en supposant $p = 0$ et $q = 0$ dans l'équation (21), qui donnerait alors des valeurs dont le radical porterait sur la somme de deux carrés. Or, comme cette hypothèse revient à supposer que le plan des (x, y) a été choisi parallèle au plan tangent dans le point considéré, ce qui ne peut altérer nullement la forme de la surface, il est certain que si les deux rayons R′ et R″ sont réels dans cette hypothèse, ils le sont pareillement dans toute autre position des plans coordonnés.

signent aussi sous le nom de SECTIONS PRINCIPALES. Pour trouver leurs positions, il suffit de recourir à l'équation (16) qui détermine le rapport

$$\frac{\cos 6}{\cos \alpha} = m = \frac{dy}{dx},$$

et qui, ordonnée par rapport à cette quantité, devient

$$(23) \quad \begin{cases} \frac{dy^2}{dx^2}[(1+q^2)s - pqt] + \frac{dy}{dx}[(1+q^2)r - (1+p^2)t] \\ -[(1+p^2)s - pqr] = 0. \end{cases}$$

Les deux racines de cette équation (*) seront évidemment ~~Fig. 46.~~ représentées sur la *fig.* 46 par

$$m' = \text{tang } P'PS, \quad m'' = \text{tang } P''PS;$$

ainsi elles feront connaître les projections PP' et PP'' des deux tangentes MM' et MM'' par lesquelles doivent passer les plans normaux qui contiennent les deux *sections principales* MA et MB; mais pour distinguer celle qui répond au rayon *minimum* R' de celle qui répond au rayon *maximum* R'', il n'y aura qu'à substituer tour à tour R' et R'' à la place de p dans une des équations (19) et (20), puis en déduire la valeur de

$$\frac{\cos 6}{\cos \alpha}.$$

381. *Les plans des deux sections principales sont toujours perpendiculaires entre eux.* — En effet, l'angle de ces plans est évidemment mesuré par celui des tangentes MM' et MM''; et pour estimer ce dernier plus fa- ~~Fig. 46.~~ cilement, nous supposerons que les axes coordonnés ont

---

(*) Ces racines sont aussi *toujours réelles*, comme nous le prouverons d'une manière générale au n° **398**; mais on peut le reconnaître déjà, en posant $p = 0$ et $q = 0$, comme dans la note précédente; car l'équation (23) se réduit alors à la forme (24), où la réalité des racines est évidente.

été choisis de manière que le plan XY soit parallèle au plan tangent de la surface en M. Cette hypothèse ne peut rien changer à la position relative des tangentes ou des éléments MM′ et MM″; mais elle rendra ces éléments parallèles à leurs projections PP′ et PP″, et, par suite, il suffira de prouver que l'angle P′PP″ est droit dans cette hypothèse. Or, l'équation générale du plan tangent

$$Z - z = p.(X - x) + q(Y - y)$$

devant se réduire alors à la forme $Z = z$, on en conclut que pour cette position du plan tangent, on a $p = 0$ et $q = 0$; valeurs qui, introduites dans l'équation (23), la réduisent à

$$(24) \qquad \frac{dy^2}{dx^2} + \frac{dy}{dx}\left(\frac{r-t}{s}\right) - 1 = 0;$$

et la forme du dernier terme montre que les deux racines satisfont à la condition

$$m' \cdot m'' = -1,$$

ce qui prouve que les deux directions PP′ et PP″ sont bien rectangulaires, ainsi que les tangentes MM′ et MM″ dans l'espace.

382. Pour apercevoir aisément les rapports que les *deux rayons principaux* ont avec les autres, imaginons que l'origine des trois axes coordonnés rectangulaires soit placée au point M donné sur la surface, et que deux de

Fɪɢ. 4ɪ.   ces axes, MX et MY, soient situés dans le plan tangent; alors on aura, comme ci-dessus, les conditions

$$p = 0, \quad q = 0, \quad \cos \delta = \sin \alpha,$$

ce qui réduira la formule générale (12) à

$$(25) \qquad \rho = \frac{1}{r\cos^2\alpha + 2s\cos\alpha\sin\alpha + t\sin^2\alpha}.$$

En outre, nous pouvons admettre que les deux axes MX

et MY ont été choisis *tangents aux deux sections principales* MA et MB, puisqu'on vient de voir que ces courbes sont situées dans deux plans normaux rectangulaires ; mais alors une des racines de l'équation (24) devra être nulle, et l'autre infinie ; ce qui entraîne évidemment la condition $s = 0$, attendu que l'on a

$$ m' + m'' = \frac{t - r}{s}, \quad \text{et} \quad m'.m'' = -1 : $$

donc, avec de tels axes coordonnés (*fig.* 41), on aura pour le rayon de courbure MI d'une section normale MN qui fait un angle α avec MA, la valeur très-simple

(26) $$ \rho = \frac{1}{r \cos^2 \alpha + t \sin^2 \alpha}. $$

383. Maintenant, pour déduire de là les deux rayons principaux qui appartiennent, d'après nos hypothèses, aux sections MA et MB, il suffit ici de poser tour à tour $\alpha = 0$, $\alpha = 90°$; ce qui donne

$$ MG = R' = \frac{1}{r}, \quad MH = R'' = \frac{1}{t}. $$

Or, en substituant ces valeurs dans la formule (26), l'expression d'un rayon quelconque $MI = \rho$ devient

(27) $$ \frac{1}{\rho} = \frac{1}{R'} \cos^2 \alpha + \frac{1}{R''} \sin^2 \alpha ; $$

relation très-remarquable, trouvée d'abord par Euler, et d'après laquelle on pourra toujours calculer aisément le rayon de courbure $MI = \rho$ d'une section normale quelconque MN, dès que l'on connaîtra l'angle α qu'elle forme avec une des deux *sections principales* MA et MB, ainsi que les rayons R' et R'' de ces dernières.

384. Tandis que, si l'on employait des sections normales quelconques, il faudrait connaître *trois* rayons

ρ', ρ'', ρ''' de pareilles courbes, et les angles α' et α'' compris entre elles, pour calculer, d'après la formule (25), le rayon ρ d'une section normale MN qui ferait l'angle α avec la première. En effet, si dans la formule (25) où α est compté à partir d'un axe des x qui a une direction arbitraire sur le plan tangent, on pose tour à tour

$$\alpha = 0 \qquad \text{et} \quad \rho = \rho',$$
$$\alpha = \alpha' \qquad \text{et} \quad \rho = \rho'',$$
$$\alpha = \alpha' + \alpha'' \quad \text{et} \quad \rho = \rho''',$$

on aura trois équations de condition qui suffiront pour déterminer les constantes r, s, t; après quoi, cette même formule (25) fera connaître le rayon ρ de la section particulière que l'on cherche.

385. Discutons maintenant la formule d'Euler, d'après les règles établies au n° 375, sur les signes des rayons et sur le sens de la courbure des sections normales.

Lorsque les deux rayons principaux sont de même signe, comme dans la *fig.* 41, où $R' = MG$ et $R'' = MH$, la formule

Fig. 41.

(27) $$\frac{1}{\rho} = \frac{1}{R'} \cos^2 \alpha + \frac{1}{R''} \sin^2 \alpha$$

montre clairement que, quel que soit l'angle α, chaque section normale MN aura aussi un rayon $\rho = MI$ de même signe que R' et R''; et par conséquent (n° 375) toutes les sections normales autour du point M seront situées, dans les environs de ce point, d'un même côté du plan tangent : la surface est dite alors *convexe* au point M.

Dans la même hypothèse, *le plus petit des deux rayons principaux*, en valeur absolue, est MINIMUM *parmi tous les rayons de courbure* des diverses sections normales; et *le plus grand des deux rayons principaux est* MAXIMUM *entre tous les autres.* En effet, puisqu'ici R', R'' et ρ sont tous de même signe, l'équation (27) subsistera toujours en ne prenant que les valeurs *absolues* de ces rayons, c'est-à-dire en rendant tous ses termes positifs ; et si alors on suppose $R' < R''$, on pourra écrire cette équation sous l'une et l'autre des formes suivantes :

$$\frac{1}{\rho} = \frac{1}{R'} - \left(\frac{1}{R'} - \frac{1}{R''} \right) \sin^2 \alpha,$$

$$\frac{1}{\rho} = \frac{1}{R'} - \left(\frac{1}{R'} - \frac{1}{R''} \right) \cos^2 \alpha.$$

Or, d'après l'hypothèse $R' < R''$, il résulte évidemment de ces équations qu'on aura toujours, quel que soit l'angle α,

$$\frac{1}{\rho} < \frac{1}{R'} \quad \text{et} \quad \frac{1}{\rho} > \frac{1}{R''},$$

d'où

$$R' < \rho \quad \text{et} \quad R'' > \rho ;$$

ce qui prouve que R' est *minimum*, et R'' *maximum* entre toutes les valeurs de ρ.

386. Lorsque les deux rayons principaux *sont égaux* et de même signe, la formule (27) montre que $\rho = R'$, quel que soit l'angle α ; alors toutes les sections normales faites autour du point M ont une courbure égale, et chacune peut être regardée comme une *section principale*. En effet, si nous prenons le plan tangent pour le plan des (x, y), comme au n° 381, nous aurons $p = 0$, $q = 0$, et la formule générale (22) deviendra

$$R = \frac{r + t \pm \sqrt{(r - t)^2 + 4s^2}}{rt - s^2} ;$$

or, pour que ces deux valeurs soient égales, il faudra poser à la fois

$$r - t = 0 \quad \text{et} \quad s = 0,$$

conditions qui rendront *identique* l'équation (24), et laisseront alors entièrement *arbitraires* les directions des sections principales que cette équation devait déterminer. Cette circonstance se présente évidemment dans une sphère pour tous ses points, et dans un ellipsoïde de révolution pour les deux points qui sont sur l'axe; mais nous reviendrons (n° 397) d'une manière plus complète sur ce genre de points singuliers que l'on nomme des *ombilics*.

387. Supposons maintenant que les rayons principaux soient *de signes contraires*, par exemple R' positif et R'' négatif; les deux sections principales MA et MB auront la position indiquée *fig.* 42, et la surface sera *non convexe* au point M, puisqu'il y aura des sections situées au-dessus du plan tangent en ce point, et d'autres placées au-dessous. Pour déterminer les limites des unes et des autres, mettons en évidence les signes des deux rayons R' et R'' dans la formule (27), qui deviendra ainsi

$$(28) \qquad \frac{1}{\rho} = \frac{1}{R'} \cos^2 \alpha - \frac{1}{R''} \sin^2 \alpha.$$

On voit alors qu'en faisant augmenter l'angle α à partir de zéro, le rayon variable ρ commencera par être positif, et égal à R'; puis, il ira toujours en croissant jusqu'à $\rho = \infty$, valeur qu'il atteindra quand l'angle α aura acquis une grandeur ω propre à vérifier l'équation

$$\frac{\cos^2 \omega}{R'} = \frac{\sin^2 \omega}{R''}, \quad \text{d'où} \quad \tan \omega = \pm \sqrt{\frac{R''}{R'}}.$$

Fɪɢ. 42. Si donc on tire dans le plan tangent, deux droites MD et ME qui fassent chacune avec MX un angle égal à ω, ces droites seront les traces des deux *plans normaux limites*, tels que toutes les sections comprises dans les deux angles opposés D′ME et D′ME′ auront des rayons de courbure *positifs*; et, par suite (n° 375), ces sections seront toutes situées *au-dessus du plan tangent*. D'ailleurs, il est évident que R′ *sera le* MINIMUM *de tous ces rayons positifs*.

388. Si l'on fait ensuite augmenter α au delà de ω, la formule (28) montre que ρ devient négatif, et va en décroissant numériquement depuis $\alpha = \omega$, où $\rho = \pm \infty$, jusqu'à $\alpha = 90°$, où $\rho = - R''$. Au delà, le rayon ρ, toujours négatif, recommenc eà croître numériquement jusqu'à $\alpha = 180° - \omega$, où $\rho = - \infty$; de sorte qu'en continuant cette discussion, on verra que toutes les sections situées dans les deux angles opposés DME′ et D′ME ont des rayons de courbure négatifs, et par conséquent ces diverses sections sont toutes (n° 375) *au-dessous du plan tangent.*

D'ailleurs, on voit que R″ sera le *minimum numérique* des rayons de courbure de ce genre; ou bien, si l'on continue à tenir compte de leurs signes, on peut dire que *le rayon* — R″ *est un* MAXIMUM *analytique*, mais seulement *par rapport aux rayons négatifs*; au lieu que dàns les surfaces convexes (n° 385) les deux rayons principaux R′ et R″ étaient, l'un *minimum absolu*, l'autre *maximum absolu* entre tous les rayons de courbure des diverses sections normales faites par le point en question.

389. On trouve des exemples de ces courbures opposées, sans sortir des surfaces du second ordre. En effet, dans le paraboloïde hyperbolique et l'hyperboloïde à une nappe, nous savons que le plan tangent en un point quelconque coupe la surface suivant deux droites; or ce sont ces lignes qui, tenant lieu des droites DD′ et EE′ (*fig.* 42), partagent la surface *en quatre régions* opposées deux à

21.

deux, dans lesquelles les sections normales tournent successivement leur convexité en sens contraires. Pour fixer
davantage les idées, il n'y a qu'à considérer spécialement
l'un des quatre sommets de l'hyperboloïde à une nappe,
et faire tourner le plan de l'*ellipse de gorge* autour de
l'axe qui coïncide avec la normale à ce sommet : alors on
reconnaîtra sans peine que ce plan mobile donne d'abord
des sections elliptiques convexes extérieurement, puis
des hyperboles concaves ; et que ces deux genres sont sé-
parés par deux sections rectilignes, qui tiennent lieu de
paraboles, parce que le plan sécant, arrivé à l'une ou à
l'autre de ces limites, renferme deux droites parallèles de
la surface.

390. Observons que, dans l'hyperboloïde gauche dont
nous parlons ici, les *sections normales limites* sont précisément ces deux génératrices rectilignes, et, par conséquent, leurs rayons de courbure sont évidemment infinis,
comme l'avait annoncé la formule (28) ; mais, dans les
surfaces d'un degré plus élevé, les plans normaux limites
donneront des sections *curvilignes*, distinctes des droites
DD′, EE′, et tangentes à ces lignes, avec lesquelles elles
auront même un contact du second ordre au moins,
puisque les rayons de courbure sont toujours infinis à ces
limites. C'est ce qui arrive dans le *tore*, où le plan tangent à la nappe intérieure coupe la surface suivant une
courbe fermée, dont les deux branches offrent un point
multiple. Les tangentes à ces deux branches sont les traces
des *plans normaux limites*, et ceux-ci couperont le tore
suivant des courbes qui toucheront ces mêmes tangentes,
avec un contact du troisième ordre, puisque chacune sera
tout entière d'un même côté de sa tangente. *Voyez* la
Géométrie descriptive, n° 730.

391. Dans les surfaces développables, dont l'équation générale trouvée n° **328** est

$$rt - s^2 = 0,$$

on voit que si on les rapporte aux mêmes axes que ci-dessus (n° **382**), la condition $s = 0$ entraînera l'une de ces deux-ci, $r = 0$ ou $t = 0$; de sorte que l'un des rayons principaux trouvés n° **383** sera infini. Mais sans recourir à ces axes particuliers, la formule générale (**22**), dans laquelle il faudra poser $g = 0$, après avoir fait passer le radical au dénominateur, donnera

$$R'' = \frac{k^3}{0}, \quad R' = \frac{k^3}{h} :$$

d'ailleurs, la formule (**12**) devenant ici

$$\rho = \frac{k}{(\sqrt{r} \cdot \cos \alpha + \sqrt{t} \cdot \cos 6)^2},$$

il en résulte que toutes les sections normales auront des rayons de même signe, quel que soit l'angle α, ou bien que la surface est encore *convexe* dans tous ses points. Ces résultats s'accordent avec la nature des surfaces développables dans lesquelles nous savons (n° **274**) que le plan tangent ne coupe pas, mais touche la surface tout le long de la génératrice rectiligne; et cette droite devient la *section principale* dont le rayon de courbure R″ est *maximum* et infini, tandis que le rayon *minimum* R′ appartient à la section faite perpendiculairement à la génératrice. Toutes ces conséquences sont faciles à vérifier quand on prend pour exemple un cylindre à base quelconque.

391 *bis*. *Remarque.* — Quel que soit le genre de la surface, si l'on considère simultanément deux sections normales dont les plans soient *perpendiculaires l'un sur* *l'autre*, leurs rayons de courbure ρ' et ρ'' se déduiront de la formule (27) en y posant successivement

$$\alpha = \alpha' \quad \text{et} \quad \alpha = \alpha' + 90°,$$

ce qui donne

$$\frac{1}{\rho'} = \frac{1}{R'}\cos^2\alpha' + \frac{1}{R''}\sin^2\alpha', \quad \frac{1}{\rho''} = \frac{1}{R'}\sin^2\alpha' + \frac{1}{R''}\cos^2\alpha';$$

d'où l'on conclut

$$\frac{1}{\rho'} + \frac{1}{\rho''} = \frac{1}{R'} + \frac{1}{R''}.$$

Ainsi *la somme des* COURBURES *de deux sections perpendiculaires* l'une à l'autre, quel que soit l'angle α', *est toujours constante*, et égale à *la somme des deux* COURBURES PRINCIPALES. Cette somme $\frac{1}{R'} + \frac{1}{R''}$ est nommée quelquefois la *courbure de la surface;* mais il vaudrait mieux appliquer cette dénomination à la moitié de cette somme, qui se trouverait ainsi une moyenne arithmétique entre la courbure *maximum* et la courbure *minimum.*

392. Les formules (27) et (28), qui lient entre eux les rayons de courbure des diverses sections normales, présentent une analogie frappante avec les relations qui existent entre les diamètres et les axes d'une ellipse ou d'une hyperbole. On sait, en effet, qu'en appelant a et b les demi-axes d'une ellipse, et a' un demi-diamètre qui fait un angle α avec le premier axe, on a, pour déterminer la longueur de ce diamètre, l'équation

$$\frac{1}{a'^2} = \frac{1}{a^2}\cos^2\alpha + \frac{1}{b^2}\sin^2\alpha,$$

laquelle subsiste pour l'hyperbole, en changeant b^2 en $-b^2$. Si donc on construit une courbe du second degré dont les axes soient tels, que

$$a^2 = R', \quad b^2 = R'',$$

on aura évidemment

$$a'^2 = \rho;$$

de sorte que si les rayons principaux sont tous deux posi-tifs, cette courbe sera une ellipse dans laquelle *les carrés des divers diamètres représenteront*, d'une manière gra-phique, *les valeurs croissantes ou décroissantes des rayons de courbure* des sections normales faites dans la surface. Si, au contraire, R' est positif et R" négatif, l'axe b sera imaginaire, et la courbe construite sur les demi-axes a et b, toujours déterminés comme ci-dessus, devien-dra une hyperbole dans laquelle les demi-diamètres a', tantôt réels, tantôt infinis, tantôt imaginaires, suivant la valeur de α, représenteront aussi par leurs carrés *la grandeur* et *le signe* des rayons de courbure des diverses sections normales (*).

393. ELLIPSOÏDE OSCULATEUR. — La courbure d'une sur-face quelconque S, en chacun de ses points, peut toujours être assimilée à la courbure d'un ellipsoïde, ou d'un hy-

-----

(*) On pourrait aussi former une courbe du second degré dans laquelle les rayons vecteurs, et non pas leurs carrés, représenteraient les rayons de courbure des diverses sections normales de la surface. En effet, si l'on renverse la formule (27), et qu'on y remplace cos α et sin α par leurs va-leurs en fonction de cos 2 α, on trouvera aisément

$$\rho = \frac{2\,R'R''}{(R''+R')+(R''-R')\cos 2\,\alpha};$$

puis, si l'on pose

$$R'' + R' = 2\,a, \quad R'' - R' = 2\,c, \quad \text{d'où} \quad R''R' = a^2 - c^2,$$

il viendra

$$\rho = \frac{a^2 - c^2}{a + c.\cos 2\,\alpha},$$

équation polaire d'une section conique dont les demi-axes sont a et $b = \sqrt{a^2 - c^2}$, et dont les rayons vecteurs, partis du foyer, seront les lon-gueurs des divers rayons de courbure; mais il faut bien observer que chacun de ces rayons vecteurs devra former avec l'axe 2 a, *un angle double* de celui que comprennent les plans de ρ et de R'.

perboloïde gauche, dans un de leurs sommets réels. Soient,
en effet, MZ la normale de S au point en question M;

Fig. 43. MA et MB les deux sections principales situées dans les
plans rectangulaires ZX, ZY; et R′, R″ leurs rayons de
courbure, que nous supposerons d'abord *tous deux posi-*
tifs. Si dans les plans ZX, ZY nous traçons deux ellipses
qui aient un axe commun MO = c., arbitraire en longueur, mais dirigé suivant la normale, et qu'ensuite nous
choisissions les deux autres axes OA′ = a, OB′ = b, de
manière que l'on ait

$$\frac{a^2}{c} = R', \quad \frac{b^2}{c} = R'',$$

il en résultera que les ellipses MA′ et MB′ auront en M
les mêmes rayons de courbure (*) que les sections MA
et MB; et, par suite, elles seront *osculatrices* de ces
courbes, c'est-à-dire qu'elles auront avec ces sections un
contact du deuxième ordre. Or, ces deux ellipses déterminent complétement un ellipsoïde S′ dont les demi-axes
sont OA′, OB′, OM, et qui sera dit *osculateur de la sur-*
face S, parce que *tout plan normal* ZMX′ *coupera ces*
deux surfaces suivant deux courbes MN *et* MN′, *qui*
seront osculatrices entre elles, ou bien qui auront le
même rayon de courbure.

Pour démontrer cette proposition, il faut remarquer
que la section MN′ sera une ellipse ayant pour axes OM = c
et ON′ = a′, et que, d'après la note précédente, le rayon
de courbure au sommet M sera $\rho' = \dfrac{a'^2}{c}$; mais a′ est un
demi-diamètre de l'ellipse A′N′B′, lequel est lié avec les

(*) On sait qu'au sommet d'une courbe du second degré le rayon de
courbure est égal au *demi-paramètre,* c'est-à-dire au carré du demi-axe
parallèle à la tangente en ce sommet, divisé par le demi-axe qui aboutit
à ce point.

axes par la relation déjà citée

$$\frac{1}{a'^2} = \frac{1}{a^2} \cos^2 \alpha + \frac{1}{b^2} \sin^2 \alpha \,;$$

et puisque l'on a, par tout ce qui précède,

$$\frac{1}{\rho'} = \frac{c}{a'^2}, \quad \frac{1}{R'} = \frac{c}{a^2}, \quad \frac{1}{R''} = \frac{c}{b^2},$$

la relation ci-dessus devient

$$\frac{1}{\rho'} = \frac{1}{R'} \cos^2 \alpha + \frac{1}{R''} \sin^2 \alpha \,;$$

or, en la comparant avec la formule (27) qui donne le rayon de courbure de la section MN, savoir :

$$\frac{1}{\rho} = \frac{1}{R'} \cos^2 \alpha + \frac{1}{R''} \sin^2 \alpha,$$

on en conclut que $\rho = \rho'$, c'est-à-dire que les sections MN et M'N', faites dans les surfaces S et S', sont osculatrices l'une de l'autre, pour une même valeur de l'angle α. Par conséquent, la forme bien connue de l'ellipsoïde S' aux environs de son sommet M pourra servir à donner une idée exacte de la courbure de la surface S autour de ce point ; seulement il faudra se rappeler que, quand le point M variera sur la surface S, l'ellipsoïde osculateur changera lui-même, puisque ses axes dépendent des rayons principaux au point que l'on considère.

394. Si, maintenant, on suppose le rayon principal R' positif, et R'' négatif, les axes de la surface *osculatrice* S' devant toujours être déterminés par les conditions

$$\frac{a^2}{c} = R', \quad \frac{b^2}{c} = -R'',$$

en continuant de prendre MO $= c$ positif, on voit que a sera réel et b imaginaire : par conséquent, l'ellipse MB' se changera en une hyperbole tangente à MY, mais située

au-dessous de cette droite, et la surface osculatrice S'
deviendra un hyperboloïde gauche, dont l'ellipse de
gorge sera MA'. Du reste, l'identité des rayons de courbure ρ et ρ' relatifs à deux sections MN et MN', faites
par un même plan dans la surface S et dans l'hyperboloïde S', se démontrera comme ci-dessus, puisqu'il suffira de changer partout les signes de R″ et de b^2, et que la
courbe A'N'B', qui deviendra une hyperbole dont l'axe
réel sera OA' et l'axe imaginaire OB', offrira encore entre
ces axes et le diamètre ON' $= a'$, réel ou imaginaire, la
relation

$$\frac{1}{a'^2} = \frac{1}{a^2}\cos^2\alpha - \frac{1}{b^2}\sin^2\alpha.$$

Ainsi, *cet hyperboloïde gauche sera* OSCULATEUR *de la
surface S non convexe,* et donnera par la courbure de
son sommet une idée exacte de la forme de cette surface
dans les environs du point M. Nous n'avons pas effectué
ici ces constructions ; mais on les trouvera représentées
avec détail dans la *Géométrie descriptive,* n° 698.

395. Lorsque la surface sera développable, un des deux
rayons principaux, R″ par exemple, sera infini (n° 391) ;
et alors l'axe b devenant aussi infini, l'ellipse MB' se changera en deux droites parallèles à MY, de sorte que la surface du deuxième degré osculatrice de S deviendra un
cylindre ayant pour *section droite* l'ellipse MA'. Toutefois, ce cylindre, quoique tangent à S tout le long de la
génératrice rectiligne, ne sera osculateur qu'au point M.

396. Nous ferons observer aussi que dans le n° 393 on
aurait pu employer pour surface osculatrice, un hyperboloïde à deux nappes, ou un paraboloïde elliptique, puisque ces surfaces sont *convexes* comme l'ellipsoïde ; et dans
le n° 394, l'hyperboloïde gauche aurait pu être rem-

placé par un paraboloïde hyperbolique ; mais nous nous sommes bornés à employer, parmi ces cinq surfaces, les deux principales dont la forme est plus facile à se représenter.

En général, *deux surfaces quelconques* S et S′ *sont osculatrices* en un point M où la normale est commune, *lorsque toutes les sections normales sont respectivement osculatrices.* Or, pour cela, il suffit que les deux sections principales de S soient dans les mêmes plans et aient les mêmes rayons de courbure que les sections principales de S′; ou bien, que trois sections normales quelconques de S se trouvent osculatrices des sections faites dans S′ par les mêmes plans normaux; car il résulte évidemment de la formule (27) et des calculs indiqués au n° 384, qu'alors tout autre plan normal coupera S et S′ suivant deux courbes qui auront aussi le même rayon de courbure, et qui seront, par conséquent, *osculatrices l'une de l'autre.*

Cette définition des surfaces osculatrices équivaut, d'après la formule générale (12), à exiger, comme conditions analytiques, que l'ordonnée z et les dérivées p, q, r, s, t aient des valeurs égales dans les équations des deux surfaces, lorsqu'on y substitue les coordonnées x et y du point considéré.

397. DES OMBILICS. — On nomme ainsi un point d'une surface pour lequel toutes les sections normales ont la même courbure, ce qui exige (n° 386) que pour un tel point, *les deux rayons principaux soient égaux,* en grandeur et en signe. Il est donc nécessaire et suffisant que le radical de la formule (22) soit nul, c'est-à-dire que l'on ait

$$h^2 - 4gk^2 = 0,$$

ou bien

(29) $[(1+q^2)r - 2pqs + (1+p^2)t]^2 - 4(rt - s^2)(1+p^2+q^2) = 0$;

mais cette condition se partagera toujours en deux autres, comme il est arrivé déjà dans le cas particulier du n° 386. En effet, si l'on développe le carré indiqué, en ne laissant dans le premier membre que la quantité

$$[(1+q^2)r + (1+p^2)t]^2,$$

et que l'on retranche des deux membres de la nouvelle équation, quatre fois le produit des deux termes de ce binôme, on pourra écrire la relation (29) sous la forme

(30) $\begin{cases} [(1+q^2)r - (1+p^2)t]^2 \\ + 4[(1+p^2)s - pqr][(1+q^2)s - pqt] = 0; \end{cases}$

puis, si l'on pose

(31) $(1+p^2)s - qpr = U,$

(32) $(1+q^2)s - pqt = V,$

d'où l'on déduit, en éliminant s,

(33) $(1+q^2)r - (1+p^2)t = \dfrac{(1+p^2)V - (1+q^2)U}{pq},$

alors l'équation (30) deviendra

(34) $[(1+p^2)V - (1+q^2)U]^2 + 4p^2q^2UV = 0,$

qui, en développant le carré, peut être écrite ainsi :

(35) $\begin{cases} \left[(1+p^2)V - \left(\dfrac{1+p^2+q^2-p^2q^2}{1+p^2}\right)U\right]^2 \\ + \dfrac{4p^2q^2(1+p^2+q^2)}{(1+p^2)^2}U^2 = 0. \end{cases}$

Or, sous cette forme, on voit clairement qu'on ne peut y satisfaire qu'en posant à la fois $U = 0$ et $V = 0$, c'est-à-dire

(36) $(1+p^2)s - pqr = 0,$

(37) $(1+q^2)s - pqt = 0;$

car on ne doit pas chercher à vérifier l'équation (35) en rendant *nulles* ou *infinies* les quantités p et q, puisque ces hypothèses ne feraient qu'exprimer une inclinaison particulière du plan tangent sur les plans coordonnés, sans avoir aucune influence sur la courbure de la surface dans les points auxquels on serait conduit par ce moyen.

398. Nous avons imité ici la marche de Poisson, parce qu'elle offre l'occasion de prouver généralement que les racines des équations (21) et (23) sont *toujours réelles;* car les radicaux que produit la résolution de ces équations renferment précisément les deux polynômes (29) et (30), équivalents entre eux, et qui viennent d'être ramenés à la forme (35) *composée de deux carrés.*

Mais pour arriver aux conditions $U = 0$ et $V = 0$, il suffisait d'exprimer directement que, dans un ombilic, *tous les rayons de courbure des sections normales sont égaux entre eux;* ce qui devient facile en partant de la formule générale trouvée n° 374,

$$\rho = \sqrt{1 + p^2 + q^2} \, \frac{[(1 + p^2) + 2pqm + (1 + q^2) m^2]}{r + 2sm + tm^2},$$

puisqu'il suffit d'écrire que le second membre est indépendant de la quantité m, qui varie seule quand le plan sécant normal tourne autour du point considéré sur la surface. Or, pour cela, il est nécessaire et suffisant que les coefficients de chaque puissance de m aient entre eux le même rapport, ce qui donne les deux équations

$$(38) \qquad \frac{1 + p^2}{r} = \frac{pq}{s} = \frac{1 + q^2}{t},$$

lesquelles coïncident évidemment avec les conditions (36) et (37).

399. Remarquons d'ailleurs que l'équation (23), qui

détermine généralement la direction des sections principales en un point donné, devient totalement *identique*
quand la double condition (38) est vérifiée pour ce point :
résultat auquel on parvient aussi en observant que, d'a-
près les relations (31), (32) et (33), cette équation (23)
peut s'écrire sous la forme suivante, qui nous sera utile
plus tard :

$$(39) \quad \mathbf{V} \frac{dy^2}{dx^2} + \left[\frac{(1+p^2)\mathbf{V} - (1+q^2)\mathbf{U}}{pq} \right] \frac{dy}{dx} - \mathbf{U} = 0 \, ;$$

et comme pour un ombilic, on a toujours $\mathbf{U} = 0$ et $\mathbf{V} = 0$,
il en faut conclure qu'alors la direction des sections *de
courbure maximum* et *de courbure minimum* demeure
totalement *indéterminée*. En effet, autour d'un tel point,
toutes les sections normales ayant la même courbure,
chacune peut être dite *une section principale*.

400. De cette discussion, il résulte que, pour trouver
si une surface donnée $\mathbf{F}(x, y, z) = 0$ admet des *ombilics*,
il faut, après avoir déduit de cette équation les expressions de p, q, r, s, t en fonction de x, y, z, poser les
deux conditions

$$(38) \qquad \frac{1+p^2}{r} = \frac{pq}{s} = \frac{1+q^2}{t} \, ;$$

puis, en les joignant à $\mathbf{F}(x, y, z) = 0$, chercher si le
système de ces *trois* équations finies admet des valeurs
réelles pour les coordonnées x, y, z. On voit par là qu'il
n'y aura, en général, qu'un nombre limité d'ombilics
sur une surface donnée.

401. Cependant, si les deux équations (38) se rédui-
saient à une seule vraiment distincte, alors cette équation,
jointe à $\mathbf{F}(x, y, z) = 0$, déterminerait sur la surface
donnée une courbe dont chaque point serait un ombilic,
et qui est nommée *la ligne des courbures sphériques*,

parce que dans chacun de ces points, la surface offrirait une courbure uniforme, comme celle d'une sphère.

402. Mais si, au lieu de donner l'équation $F(x, y, z) = 0$, on demandait quelle est *la surface dont chaque point est un ombilic*, c'est-à-dire pour chaque point de laquelle les deux rayons principaux sont égaux entre eux, sans rien préjuger sur leur variation d'un point à un autre de cette surface, il faudrait alors trouver une fonction inconnue $z = f(x, y)$ qui fût telle, que ses dérivées du premier et du second ordre vérifiassent les relations (36) et (37). Or, en se rappelant la signification de ces dérivées (n° 368), on voit que les équations (36) et (37) peuvent être écrites sous la forme

$$\frac{p}{1+p^2}\frac{dp}{dx} = \frac{1}{q}\frac{dq}{dx}, \qquad \frac{q}{1+q^2}\frac{dq}{dy} = \frac{1}{p}\frac{dp}{dy};$$

alors elles peuvent s'intégrer (*) comme des équations différentielles ordinaires, pourvu qu'on remplace les constantes arbitraires par une fonction Y de y dans la première, et par une fonction X de x dans la seconde, ce qui conduira à

$$1 + p^2 = Y q^2, \qquad 1 + q^2 = X p^2,$$

d'où l'on déduit

$$p = \sqrt{\frac{1+Y}{XY-1}}, \qquad q = \sqrt{\frac{1+X}{XY-1}}.$$

Mais les quantités p et q doivent, par leur nature, satisfaire à la condition $\frac{dp}{dy} = \frac{dq}{dx}$, qui devient ici

$$\frac{1}{(1+X)^{\frac{3}{2}}}\cdot\frac{dX}{dx} = \frac{1}{(1+Y)^{\frac{3}{2}}}\cdot\frac{dY}{dy};$$

(*) Cette marche, plus simple que celle de Monge, est tirée du Mémoire de Poisson.

or, quelles que soient les fonctions X et Y, cette égalité est de la forme $\varphi(x) = \psi(y)$, et elle ne peut subsister pour toutes les valeurs de x et de y qui sont des variables indépendantes, qu'autant que chaque membre se réduira à une même constante arbitraire. Représentons-la donc par $\frac{2}{\delta}$ pour la commodité des calculs, et nous aurons ainsi

$$\frac{d\mathrm{X}}{(1+\mathrm{X})^{\frac{3}{2}}} = \frac{2\,dx}{\delta}, \quad \frac{d\mathrm{Y}}{(1+\mathrm{Y})^{\frac{3}{2}}} = \frac{2\,dy}{\delta};$$

d'où l'on déduit par l'intégration, et en appelant a et b deux nouvelles constantes arbitraires,

$$\frac{\delta}{\sqrt{1+\mathrm{X}}} = a - x, \quad \frac{\delta}{\sqrt{1+\mathrm{Y}}} = b - y.$$

De là nous pouvons tirer les valeurs de X et Y pour les substituer dans celles de p et q qui deviendront

$$p = \frac{a-x}{\sqrt{\delta^2-(a-x)^2-(b-y)^2}}, \quad q = \frac{b-y}{\sqrt{\delta^2-(a-x)^2-(b-y)^2}};$$

et enfin, ces dernières, substituées dans la relation $dz = p\,dy + q\,dx$, rendront le second membre une différentielle exacte, de sorte qu'une nouvelle intégration donnera

$$(x-a)^2 + (y-b)^2 - (z-c)^2 = \delta^2,$$

ce qui représente une sphère dont le rayon et le centre sont arbitraires.

Il est démontré par là que la sphère est la seule surface qui offre une courbure uniforme tout autour de chaque normale; et que de cette propriété résulte aussi l'invariabilité de la courbure en passant d'un point à un autre de la surface.

403. DES LIGNES DE COURBURE. — Monge a nommé ainsi

la suite des points d'une surface pour lesquels les normales infiniment voisines se rencontrent consécutivement; et il existe sur toute surface deux séries de pareilles lignes, comme le calcul va le faire voir. Soit, en effet,

$$z = f(x, y)$$

l'équation d'une surface rapportée à des axes rectangulaires quelconques, et M un point de cette surface dont les ⟨FIG. 46.⟩ coordonnées sont x, y, z; si nous menons en ce point la normale MG, elle aura (n° 270) pour équation

(A) $$x' - x + p(z' - z) = 0,$$

(B) $$y' - y + q(z' - z) = 0.$$

La normale menée en un point M′ infiniment voisin du premier s'obtiendra en changeant, dans les équations précédentes, x, y, z en $x + dx, y + dy, z + dz$; par conséquent, cette seconde normale aura des équations de la forme

$$(A) + d(A) = 0, \quad (B) + d(B) = 0;$$

et s'il s'agit, comme ici, de trouver le point de rencontre de ces deux normales, il faudra prendre *simultanément* les quatre équations précédentes, dont l'ensemble se réduit évidemment à

$$(A) = 0, \quad (B) = 0, \quad d(A) = 0, \quad d(B) = 0.$$

Développons donc les deux dernières, qui indiquent des différentielles relatives aux seules coordonnées x, y, z de la surface, et nous aurons

(C) $$dx + p\,dz = (z' - z)\,dp,$$

(D) $$dy + q\,dz = (z' - z)\,dq;$$

ainsi les coordonnées x', y', z' du point commun aux deux normales seront fournies par la combinaison des quatre équations (A), (B), (C), (D). Or, puisque le nombre de ces équations surpasse celui des inconnues

22

x', y', z', il faut en conclure que les deux normales ne se couperont pas, quelque rapproché que soit le point M' du point M, à moins que ce point M' ne soit choisi de manière à vérifier *l'équation de condition* que fournira le système (A), (B), (C), (D), par l'élimination des inconnues x', y', z'. On obtient aisément cette condition, puisque (C) et (D) ne renferment que z'; et en éliminant entre elles le binôme $z' - z$, il viendra

$$(E) \qquad (dx + pds)\,dq = (dy + qdz)\,dp,$$

qui, en substituant les relations connues (n° 368)

$$dz = pdx + qdy, \quad dp = rdx + sdy, \quad dq = sdx + tdy,$$

pourra être donné ainsi :

$$(E') \left\{ \begin{array}{l} \dfrac{dy^2}{dx^2}[(1+q^2)s - pqt] + \dfrac{dy}{dx}[(1+q^2)r - (1+p^2)t] \\ - [(1+p^2)s - pqr] = 0. \end{array} \right.$$

404. Cette équation (E) ou (E') qui se trouve identique avec (23), est dite *l'équation différentielle des lignes de courbure*, parce que les quantités p, q, r, s, t étant des fonctions connues des coordonnées x, y, z du point donné M (*fig.* 46), elle établit une dépendance entre les accroissements $dx = $ PS, $dy = $ P'S, qui servent à fixer le point M'; et puisqu'elle assigne, non la grandeur absolue de ces accroissements, mais la valeur du rapport

$$\frac{dy}{dx} = \text{tang P' PS},$$

on peut dire qu'elle fait connaître, en projection sur le plan des (x, y), suivant quelle direction PP' il faut passer du point M de la surface à un point infiniment voisin M', pour que les deux normales se rencontrent. D'ailleurs, cette équation (E') étant du second degré, *il n'y a donc*, en général, *que deux directions* MM′ et MM″, pour lesquelles la rencontre des normales voisines ait lieu effectivement.

· Cela posé, en partant du point M′ (*fig.* 52), il y aura de même deux points voisins N′ et G dont les normales rencontreront celle de M′; si donc on conserve seulement celui des deux, N′, qui est dans le même sens que M et M′, et qu'ensuite on cherche encore, dans le même sens, le point voisin dont la normale coupera celle de N′, on obtiendra, en continuant ainsi, une *première ligne de courbure* MM′N′D′ de la surface. La *seconde ligne de courbure* relative au point M s'obtiendra d'une manière semblable, et sera MM″N″D″; puis, comme ces constructions peuvent se répéter pour chaque point G, H,..., on formera ainsi deux séries de lignes de courbure qui partageront la surface en quadrilatères curvilignes et infiniment petits, *dont les côtés se couperont toujours à angles droits dans l'espace.*

FIG. 52.

405. Cette *perpendicularité entre les lignes de courbure* pourrait se démontrer en rendant, comme au n° 381, le plan des (x, y) parallèle au plan tangent de la surface pour le point M (*fig.* 46). Mais il vaut encore mieux observer que l'équation (E′) étant entièrement identique avec l'équation (23) qui détermine la direction des deux sections principales MA et MB, il résulte de là : 1° qu'en chaque point M d'une surface, *les lignes de courbure* MM′D′ et MM″D″ *sont tangentes aux sections principales* MA et MB; 2° que ces dernières ayant leurs tangentes ou leurs éléments MM′ et MM″ perpendiculaires l'un sur l'autre (n° 381), il arrive aussi que *les lignes de courbure* MD′ et MD″ *se coupent à angles droits.* Cependant il ne faut pas croire que ces lignes coïncideront générale-

FIG. 46.

22.

ment, dans toute leur étendue, avec les courbes planes MA et MB, parce qu'une fois arrivées à ce plan de la surface MB, ne sera plus ordinairement section principale pour ce point ; de sorte que les lignes de courbure chacune, tracées en général, pas courbes principales, comme dans l'ellipsoïde quelconque, les lignes de courbure se prêtent à des constructions élé-

406. Avant d'aller plus loin, éclaircissons cette théorie par quelques exemples. Dans une surface de révolution, le méridien MA est évidemment *une première ligne de courbure*, puisque les normales MG, M'G, etc., de la surface

MM'D'A est aussi *une section principale* de la surface ; puisque le plan d'une telle section doit, comme nous venons de le voir, passer par la tangente MM' de la ligne de courbure et par la normale MG ; donc ici la première ligne de courbure coïncide avec une section principale, et il en sera de même *toutes les fois qu'une ligne de courbure sera plane, et que son plan renfermera la normale de la surface.*

Quant à *la seconde ligne de courbure*, c'est évidemment *le parallèle* MM'D'', car on sait que toutes les normales en M, M'', etc., aboutissent au même point A de l'axe ; mais cette ligne de courbure, quoique plane, ne coïncide pas avec *la seconde section principale* MM'B, puisque celle-ci doit être dans un plan mené suivant la normale MH perpendiculairement au méridien MA, qui est la première section principale : seulement, les lignes MM'B et MM'D'' ont une tangente commune.

407. Dans les cylindres à bases quelconques, la génératrice rectiligne et la *section droite* sont évidemment les deux lignes en une droite, et de sont en même temps les deux sections principales, comme la raison donnée ci-dessus pour le méridien. Dans d'autres surfaces, au contraire, chaque ligne de courbure est distincte des deux sections principales, comme dans l'ellipsoïde quelconque, dont les lignes de courbure se prêtent à des constructions élégantes que nous ferons connaître bientôt (n° 426). Pour les surfaces développables et les surfaces gauches, on pourra consulter la *Géométrie descriptive*, n° 710.

408. Calculons maintenant les portions MG et MM de la normale, comprises entre le point M et deux où elle est coupée par les deux normales voisines qui la rencontrent. En appelant R une quelconque de ces deux distances, MG par exemple, on aura

et les coordonnées x', y', z' du point de section G seront données par les quatre équations (A), (B), (C), (D) dont les deux dernières se réduisent à une seule, en vertu de la condition (E) que nous supposons vérifiée par le point M'. Si donc, d'abord, on tire de (A) et (B) les valeurs de $x' - x$, $y' - y$, il viendra

Fig. 46.

qui n'est pas la même pour ces deux lignes. Or, si l'on substitue les expressions déjà citées

$$dz = p\,dx + q\,dy, \quad dp = r\,dx + s\,dy, \quad dq = s\,dx + t\,dy,$$

dans les équations (C) et (D), celles-ci pourront être ordonnées de la manière suivante :

(C') $[1 + p^2 - (z' - z)\, r]\, dx = [(x' - z)\, s - pq]\, dy$,

(D') $[1 + q^2 - (z' - z)\, t]\, dy = [(z' - z)\, s - pq]\, dx$;

alors, pour éliminer dx et dy, il suffit de les multiplier
membre à membre, et il vient

(F) $\begin{cases} (z' - z)^2 (rt - s^2) - (z' - z)[(1 + q^2)\, r - 2pqs + (1 + p^2)\, t \\ \qquad + [1 + p^2 + q^2] = 0. \end{cases}$

C'est donc de là qu'il faudrait tirer la valeur de $z' - z$,
pour la substituer dans l'expression de R; ou bien, si de
cette dernière on déduit la valeur de $z' - z$, et qu'on la
porte dans (F), on trouvera, pour déterminer les deux
valeurs de R, l'équation du second degré,

(G) $\begin{cases} R^2 (rt - s^2) - R\,[(1 + q^2)\, r - 2pqs + (1 + p^2)\, t]\, \sqrt{1 + p^2 + q^2} \\ \qquad + [1 + p^2 + q^2]^2 = 0. \end{cases}$

· **409.** Les racines de cette équation, ou les portions MG
et MH de la normale, sont ce que Monge a nommé *les
deux rayons de courbure de la surface* au point M; et
nous expliquerons tout à l'heure (n° **411**) le motif de cette
dénomination. Mais auparavant, remarquons que l'é-
quation (G) est entièrement identique avec l'équation (21)
trouvée au n° 379; d'où il résulte qu'en chaque point,
les deux rayons de courbure de la surface coïncident, en
grandeur et en position, avec *les deux rayons de courbure des sections principales*.

410. Cette identité permet quelquefois de trouver graphiquement, et sans aucun calcul, les rayons de courbure
des deux sections principales pour un point donné sur
une surface. Par exemple, dans une surface de révolution, il suit de ce que nous avons vu au n° 406, que les

rayons de courbure des deux sections principales MA et Fig. 47. MB sont toujours : 1° le rayon de courbure MG du méridien; 2° la portion MH de la normale comprise entre le point donné M et l'axe de révolution. Ces relations sont nécessaires à connaître dans certaines questions de Géométrie descriptive, qui exigent l'emploi d'une surface du second degré, osculatrice d'une surface de révolution.

411. Revenons aux surfaces quelconques; et, par les deux normales consécutives MG, M'G, faisons passer un Fig. 46. plan : il contiendra la section principale MA, puisque celle-ci doit toucher la ligne de courbure MM'D'; et comme les deux normales en question sont sensiblement égales (n° 351), la sphère qui sera décrite avec MG pour rayon, *touchera* la surface proposée *en deux points consécutifs* M et M' le long de MA. Il en sera de même de la sphère décrite avec MH = M″H pour rayon, laquelle touchera la surface aux deux points M et M″ sur la section principale MB; tandis que si, avec le rayon de courbure MI = KI (*fig.* 41) d'une section normale quelconque MN, on décrivait une sphère, celle-ci n'aurait qu'un plan tangent de commun en M avec la surface. En effet, le second rayon KI, qui est bien une normale commune à cette section et à la sphère correspondante, ne saurait être *normal à la surface primitive,* puisqu'il va couper la droite MG, et qu'une telle rencontre ne peut avoir lieu (n° 404) qu'aux seuls points M' et M″. C'est pour cela que Monge a nommé les rayons principaux *rayons de courbure de la surface,* en les regardant comme les rayons des deux sphères qui seules peuvent *toucher la surface en deux points consécutifs.*

Toutefois, il ne faut pas dire que les deux sphères décrites avec les rayons MG et MH, sont *osculatrices* de la

surface proposée, parce que le contact du H⁰⁰⁰ ne fait
que chacune d'elles présente avec cette surface, mais mieux
que suivant la direction MM' ou MM'', et non pas tout
autour du point M, comme l'exigerait la définition des
surfaces osculatrices, donnée au n° 396.

412. Il faut aussi se garder de croire que MG (*fig.* 46)
soit le rayon de courbure de la ligne MD', c'est-à-dire le
rayon du cercle qui aurait avec cette ligne deux éléments
communs. En effet, il est vrai que les deux droites MG
et M'G, étant normales à la surface, sont aussi telles par
rapport à la courbe MD'; mais pour que leur rencontre
donnât le centre du cercle osculateur de MD', il faudrait
(n° 351) que ces normales fussent situées toutes deux
dans le plan osculateur de cette courbe, ce qui n'arrivera
que dans le cas particulier où MD' coïncidera avec MA,
ou du moins lorsque MD' et MA auront un contact du second ordre.

Par exemple, dans une surface de révolution (*fig.* 47),
la première ligne de courbe étant confondue avec le méridien MA, contiendra dans son plan les deux normales
MG et M'G qui fourniront bien, par leur rencontre, le
centre de courbure G de cette ligne MD'; tandis que la
seconde ligne de courbure MD'', quoique plane, n'aura
pas pour rayon de courbure la normale MH; mais ce
sera évidemment le rayon même de ce parallèle circulaire MD''.

413. Si par tous les points de la ligne de courbure
MM'N'D' on mène les diverses normales à la surface, ces
droites, qui se rencontreront consécutivement, formeront une surface *développable* dont l'arête de rebroussement sera la suite des centres de la première courbure
relatifs à la ligne MM'D'. En opérant ainsi pour chaque

Fig. 52.

ligne MGH..., NKL..., de la même courbure, on obtiendra une série de surfaces développables dont les arêtes de rebroussement formeront, par leur ensemble, une surface, *lieu de tous les centres de la première courbure*, et à laquelle toutes les normales seront tangentes; mais cette surface aura une seconde nappe, *lieu des centres de la seconde courbure*, qui résultera des arêtes de rebroussement produites par les normales menées le long des lignes de la seconde courbure $MM''N''...$, $M'GK$, $N'HL$,..., et cette seconde nappe sera aussi touchée par les mêmes normales que la première. Pour obtenir l'équation de ces deux nappes, qui sont le lieu de tous les points de section dont les coordonnées ont été désignées par x', y', z', dans les équations (A), (B), (F), il suffira évidemment d'éliminer x, y, z entre ces trois équations et celle de la surface proposée.

Les deux nappes des centres de courbure sont, par rapport à la surface proposée, ce que les développées des lignes courbes sont par rapport à celles-ci; et ces nappes offrent encore diverses propriétés remarquables, sur lesquelles on pourra consulter le livre VIII de notre *Traité de Géométrie descriptive*. Nous ajouterons seulement ici que quand ces deux nappes se couperont, leur intersection sera évidemment le lieu des centres relatifs à *la ligne des courbures sphériques*, dont nous avons parlé au n° 401.

402. Lorsque le point M considéré sur une surface quelconque, sera un ombilic (n° 397), l'équation (E) des lignes de courbure relatives à ce point prendra la forme $0 = 0$, comme il est déjà arrivé (n° 399) pour l'équation (e3) avec laquelle (E) coïncide toujours, ce qui annonce que, d'un ombilic il part une infinité de

lignes de courbure, et la direction du premier élément
de chacune d'elles reste arbitraire. En effet, ces lignes
doivent toujours (n° 405) être tangentes aux sections
principales relatives au point considéré ; et dans un
ombilic, toutes les sections normales sont principales
(n° 399).

415. Cependant les opinions des géomètres se sont
trouvées partagées sur cette matière. Monge y a laissé
quelque obscurité, parce qu'il définit les ombilics, en
plusieurs endroits, par des conditions diverses qui ne
sont pas toujours une suite nécessaire les unes des autres : tantôt il les regarde comme des *points où la courbure de la surface est égale dans toutes les directions*, ce
qui est le caractère véritable et général ; tantôt comme
des points où les deux lignes de courbure viennent à coïncider, circonstance qui arrive aux ombilics que nous ren-
contrerons sur l'ellipsoïde (n° 430), mais qui n'est plus
vraie pour les points de la ligne des courbures sphériques (n° 401), ni pour d'autres ombilics isolés, tels que
les sommets d'une surface de révolution.

M. Dupin (*), en partant de la première définition,
est conduit à n'admettre qu'un nombre limité de lignes
de courbure, pour chaque ombilic isolé ou faisant partie
de la ligne des courbures sphériques. Néanmoins, dès
que tous les rayons de courbure des sections normales
sont égaux pour un même point d'une surface, celle-ci
est *osculée* par une sphère qui a les mêmes normales que
la surface primitive, tout autour de l'ombilic et à une
distance infiniment petite ; d'où il suit que dans toutes les
directions autour de l'ombilic, une normale infiniment
voisine ira couper celle de ce point, au centre même de

_____

(*) Voyez les *Développements de Géométrie*, 3e Mémoire.

la sphère osculatrice; et, par conséquent, il existe ici une infinité de lignes de courbure, d'après la définition universellement admise (n° 403).

Pour concilier ces résultats, Poisson (*) regarde un ombilic comme admettant une infinité de lignes de courbure, parce que dans toutes les directions autour de ce point, une normale infiniment voisine va rencontrer la première, du moins tant qu'on ne tient compte que des différentielles du premier ordre; mais si l'on pousse l'approximation plus loin, il y aura quelques-unes de ces directions pour lesquelles le rapprochement des normales sera plus intime que pour les autres, et ce sont ces directions particulières qui méritent alors plus spécialement le nom de *lignes de courbure,* et qui se trouvent en nombre fini. En nous rangeant à cette dernière opinion, nous allons chercher à l'appuyer par les calculs suivants.

416. La normale de la surface au point $M(x, y, z)$ a des équations qui peuvent s'écrire

$$(\text{A}) \qquad x - x' + p(z - z') = 0,$$

$$(\text{B}) \qquad y - y' + q(z - z') = 0;$$

celles de la normale au point projeté en $x + dx$, $y + dy$, seront de la forme

$$A + dA + \tfrac{1}{2} d^2 A = 0,$$

$$A + dB + \tfrac{1}{2} d^2 B = 0,$$

en tenant compte des infiniment petits du second ordre. Mais, pour le point commun à ces deux droites, le système de ces quatre équations revient à combiner (A)

(*) Voyez le *Journal de l'École Polytechnique*, xxi⁰ cahier.

néralement, un nombre déterminé. En effet (B''')

$$0 = (x + dq) \frac{x}{r} + \dots$$

et la condition pour que ces deux normales se rencontrent,

s'obtiendra (n° 403) en éliminant $\frac{x}{r}$ entre (A') et (B''), et ce qui donne généralement

$$\dots$$

Cela posé, si le point considéré M est quelconque, il faudra réduire l'équation (e) aux seuls termes de l'ordre le moins élevé, ce qui conduit à

$$(E) \qquad (dx + p\,dz)\,dq = (dy + q\,dz)\,dp,$$

équation trouvée au n° 403 pour les lignes de courbure ordinaires ; mais si ce point M est un ombilic, il est (n°s 414 et 399) qu'alors l'équation (E) sera identiquement vérifiée ; de sorte que, les infiniment petits du second ordre disparaissant d'eux-mêmes dans l'équation générale (e), il faudra y garder tous les termes du troisième ordre, et négliger ceux du quatrième, ce qui donnera

$$(E'') \qquad (p\,dz + z\,dp + dp\,dz)\,d_1^2\,p^2 + (p\,dz + \dots)\,dq \\ = (dy + q\,dz)\,d_1^2\,p + (p + dp\,dz)\,dp$$

C'est donc cette dernière équation qui, dans le cas d'un ombilic, déterminera la direction à suivre pour trouver une normale qui coupe celle du premier point ; et comme

d'ordonner l'équation (E'')

ou plutôt l'équation (E') du n° 403 devient identique

l'équation (E'') contiendra le rapport à la troisième puissance

néralement, *un nombre déterminé*; parce que si l'équation (E″) se trouvait encore identique d'elle-même, il faudrait, en remontant aux équations (A″) et (B″), tenir compte des différentielles troisièmes, ce qui conduirait à une équation de condition où entrerait à la troisième puissance, et ainsi de suite. Mais ces lignes de courbure en nombre fini seront du genre de celles où le rapprochement des normales s'élève au delà du premier ordre, puisque dans les équations (A″) et (B″) nous avons tenu compte des différentielles supérieures, et que, sans cela, la rencontre des normales aurait eu lieu dans toutes les directions, attendu que l'équation (E) se trouvait vérifiée d'elle-même, quelle que fût la valeur de $\frac{dy}{dx}$.

J'ajouterai enfin que si même les lignes de courbure de ce genre sont quelquefois encore *en nombre infini*, comme il arrive pour une surface de révolution, et nous verrons dans le numéro suivant la raison analytique de cette circonstance particulière.

417. Il importe d'observer que l'équation (E″), où nous avons laissé à dessein le terme $dp\,dq\,dz$, commun aux deux membres, est précisément *la différentielle* de l'équation (E), prise en regardant comme seules constantes les accroissements dx et dy des variables indépendantes. C'est pourquoi nous n'avons pas pris la peine de développer et d'ordonner l'équation (E″) par rapport à $\frac{dx}{dy}$: attendu que, dans la pratique, et quand on trouvera que l'équation (E), ou plutôt l'équation (E′) du n° 403 devient identique pour un point particulier, il suffira de différentier cette dernière équation par rapport à y, et l'on obtiendra l'équivalent de (E″). De même, si cette dernière

devenait identique, il suffirait d'en prendre encore la
différentielle, et ainsi de suite. Mais quand toutes ces
différentielles seront constamment nulles pour le point
que l'on considère, on tombera dans le dernier cas indiqué au numéro précédent (*). Nous éclaircirons ceci par
l'exemple de l'ellipsoïde, n° 430.

Détermination des lignes de courbure sur une surface particulière.

418. Pour obtenir, *en quantités finies,* les équations des
lignes de courbure sur une surface donnée $F(x, y, z) = 0$,
on commence par déduire de cette équation les valeurs de
z, p, q, r, s, t en fonction de x et de y; et en les substituant dans l'équation générale (E') trouvée n° 403, on
a l'équation différentielle de la projection des lignes de
courbure sur le plan des (x, y). Ensuite, il reste à intégrer ce résultat, et à déterminer la *constante arbitraire*
qu'amène l'intégration, de manière que la courbe passe
par le point donné sur la surface; mais comme, d'après la
forme de l'équation différentielle (E'), cette constante arbitraire entrera au second degré dans l'intégrale, elle admettra pour chaque point de la surface deux valeurs généralement distinctes, qui correspondront aux deux lignes
de courbure relatives au point donné.

419. Appliquons cette marche à l'ellipsoïde représenté
par l'équation

$$(1) \dotfill \frac{x^2}{a^2} + \frac{y^2}{b^2} + \frac{z^2}{c^2} = 1 :$$

en la différentiant successivement par rapport à x et à y,

(*) M. Dupin était arrivé à établir ces règles, mais par des considérations qui me paraissent laisser quelque chose à désirer sous le rapport de
la rigueur. (*Voyez* page 164 des *Développements de Géométrie.*)

et jusqu'au deuxième ordre, on trouvera

$$p = -\frac{c^2 x}{a^2 z}, \quad q = -\frac{a^2 y}{b^2 z},$$

$$r = \frac{-c^4(b^2 - y^2)}{a^2 b^2 z^3}, \quad s = \frac{-c^4 xy}{a^2 b^2 z^3}, \quad t = \frac{-c^4(a^2 - x^2)}{a^2 b^2 z^3},$$

valeurs qui, substituées, ainsi que celle de z^2, dans l'équation (E′) du n° 403, la ramèneront à

$$\frac{(b^2 - c^2)\,xy}{b^2(a^2 - b^2)} \cdot \frac{dy^2}{dx^2} + \left[\frac{(a^2 - c^2)\,x^2}{a^2(a^2 - b^2)} - \frac{(b^2 - c^2)\,y^2}{b^2(a^2 - b^2)} - 1 \right] \frac{dy}{dx}$$
$$- \frac{(a^2 - c^2)\,xy}{a^2(a^2 - b^2)} = 0;$$

et si, pour abréger, on pose

$$A = \frac{a^2(a^2 - b^2)}{a^2 - c^2}, \quad B = \frac{b^2(a^2 - b^2)}{b^2 - c^2},$$

l'équation précédente deviendra

$$\frac{xy}{B} \cdot \frac{dy^2}{dx^2} + \left(\frac{x^2}{A} - \frac{y^2}{B} - 1 \right) \frac{dy}{dx} - \frac{xy}{A} = 0,$$

ou enfin

$$(2) \quad A\,xy\,dy^2 + (B\,x^2 - A\,y^2 - AB)\,dx\,dy - B\,xy\,dx^2 = 0.$$

Telle est l'équation différentielle des lignes de courbure de l'ellipsoïde, projetées sur le plan XY, qui représentera à volonté un quelconque des trois plans principaux de cette surface; mais nous supposerons d'abord que c'est le plan qui contient l'*axe maximum* et l'*axe moyen*, c'est-à-dire que nous admettrons les relations

$$a > b > c,$$

d'après lesquelles les constantes A et B seront essentiellement positives.

420. Pour intégrer l'équation (2) qui est du premier ordre, mais où les différentielles sont élevées au second degré, nous commencerons par la différentier; car on

sait que, par ce moyen, on réussit souvent à simplifier
ces sortes d'équations. En l'appliquant donc ici, on trouve
d'abord

$$\left. \begin{array}{l} d^2y\,[2\,\mathrm{A}\,xy\,dy + (\mathrm{B}\,x^2 - \mathrm{A}\,y^2 - \mathrm{AB})\,dx] \\ +\,\mathrm{A}\,dy^2\,(x\,dy + y\,dx) - 2\,\mathrm{A}\,y\,dy^2\,dx \\ +\,2\,\mathrm{B}\,x\,dy\,dx^2 - \mathrm{B}\,dx^2\,(x\,dy + y\,dx) \end{array} \right\} = 0,$$

ou bien

$$(3) \quad \left. \begin{array}{l} d^2y\,[2\,\mathrm{A}\,xy\,dy + (\mathrm{B}\,x^2 - \mathrm{A}\,y^2 - \mathrm{AB})\,dx] \\ +\,(\mathrm{A}\,dy^2 + \mathrm{B}\,dx^2)\,(x\,dy - y\,dx) \end{array} \right\} = 0;$$

mais si l'on observe que l'équation (2) donne

$$(\mathrm{B}\,x^2 - \mathrm{A}\,y^2 - \mathrm{AB})\,dx = \frac{\mathrm{B}\,xy\,dx^2 - \mathrm{A}\,xy\,dx^2}{dy},$$

l'équation (3) pourra se décomposer ainsi :

$$(\mathrm{A}\,dy^2 + \mathrm{B}\,dx^2)\,[xy\,d^2y + (x\,dy - y\,dx)\,dy] = 0;$$

et comme le premier facteur ne saurait être nul, puisque
A et B sont ici des quantités positives, il restera, en supprimant ce facteur et en divisant par x^2,

$$(4) \qquad \left(\frac{y}{x}\right) d^2y + dy\left(\frac{x\,dy - y\,dx}{x^2}\right) = 0.$$

Or, le premier membre de cette équation est évidemment la différentielle exacte d'un produit, et, en l'intégrant, il vient

$$\left(\frac{y}{x}\right) dy = 6\,dx,$$

6 désignant ici la constante arbitraire où l'on a dû, pour
conserver l'homogénéité, introduire la différentielle indépendante dx. De là on tire

$$y\,dy = 6\,x\,dx,$$

et, en intégrant de nouveau,

$$(5) \qquad\qquad y^2 = 6\,x^2 + \gamma.$$

421. Ce résultat montre que les projections des lignes de courbure seront des courbes du second degré; mais il entre ici une constante arbitraire de trop, puisque l'équation différentielle qu'il s'agissait d'intégrer n'était que du premier ordre. Cette circonstance vient de ce qu'en différentiant l'équation (2) sans éliminer de constante, nous avons obtenu une équation (3) plus générale que la proposée; il faut donc restreindre la signification de l'intégrale (5), en l'assujettissant à vérifier l'équation (2); or, si l'on substitue dans cette dernière les valeurs que fournit (5) pour y et dy, on trouve la condition

$$(6) \qquad A\gamma + B\frac{\gamma}{6} + AB = 0, \quad \text{ou} \quad \gamma = \frac{-AB6}{A6 + B}.$$

Telle est donc la dépendance qui doit exister entre les constantes 6 et γ, pour que l'équation (5) soit l'intégrale de (2); et, par suite, une seule de ces constantes, 6 par exemple, demeure arbitraire, du moins tant qu'il ne s'agit que de satisfaire analytiquement à l'équation différentielle (2).

422. Mais, pour compléter la solution du problème de Géométrie qui nous occupe, il faut assigner le point de la surface pour lequel on cherche les lignes de courbure, et, par conséquent, exprimer que l'équation (5) est satisfaite par les coordonnées x', y' de ce point. Or, il va résulter de là une équation propre à déterminer 6, et qui fournira pour cette constante deux valeurs *toujours de signes contraires* : circonstance importante à vérifier, parce qu'elle annoncera que les deux lignes de courbure, relatives à un même point de l'ellipsoïde, sont toujours projetées suivant des courbes de *genres opposés*, sur le plan qui contient l'axe *maximum* et l'axe *moyen*.

Substituons, en effet, dans l'équation (5) les coordonnées assignées x', y', ainsi que la valeur de γ fournie par la relation (6), et il viendra

$$y'^2 = 6x'^2 - \frac{AB6}{A6 + B} ;$$

d'où, en résolvant cette équation du second degré,

$$(7) \quad 6 = \frac{Ay'^2 - Bx'^2 + AB \pm \sqrt{(Ay'^2 - Bx'^2 + AB)^2 + 4ABx'^2y'^2}}{2Ax'^2}.$$

Or, puisqu'ici le terme $4ABx'^2y'^2$ est essentiellement positif, la partie irrationnelle surpassera en grandeur absolue la partie rationnelle, et les deux valeurs de 6 seront toujours de signes contraires.

423. Quant à la constante γ, elle sera constamment *de signe opposé* à 6. En effet, la valeur (6) montre d'abord que quand 6 est positif, γ se trouve négatif; ensuite, la valeur négative de 6, fournie par (7) et substituée dans (6), rendra toujours le dénominateur $A6 + B > 0$, car cette condition revient à celle-ci,

$$Ay'^2 + Bx'^2 + AB > \sqrt{(Ay'^2 - Bx'^2 + AB)^2 + 4ABx'^2y'^2},$$

ou bien

$$Ay'^2 + Bx'^2 + AB > \sqrt{(Ay'^2 + Bx'^2 + AB)^2 - 4AB^2x'^2},$$

laquelle sera toujours satisfaite d'elle-même. Ainsi, lorsque 6 sera négatif, γ se trouvera positif, et réciproquement.

424. Nous conclurons de là que, pour chaque point M de l'ellipsoïde, les projections des lignes de courbure sont représentées par deux équations de la forme

$$y^2 = -6'x^2 + \gamma',$$
$$y^2 = +6''x^2 - \gamma'',$$

Fɪɢ. 52. et qu'ainsi la première de ces lignes se projette suivant une ellipse MM'D', la deuxième suivant une hyperbole

MM″D″, qui sont concentriques avec l'ellipse principale AB, et dont les axes coïncident en direction avec ceux de cette courbe. On calculerait ces axes, pour chaque point de l'ellipsoïde, par les formules (7) et (6); mais au lieu de nous arrêter à ces détails, étudions les rapports intéressants qui lient entre elles les diverses lignes de courbure d'une même série.

425. Puisque les constantes 6 et γ sont toujours de signes opposés, et que la dernière, γ, acquiert en chaque point de l'ellipsoïde une valeur positive pour la première série de lignes de courbure, et une valeur négative pour la deuxième série, nous pourrons donc, en introduisant deux nouvelles constantes plus commodes, poser

$$(8) \qquad \frac{\gamma}{6} = -m^2, \quad \gamma = \pm n^2,$$

le signe supérieur ayant toujours lieu pour les lignes de courbure elliptiques en projection; puis, en substituant dans l'équation générale (5) les valeurs de 6 et de γ en fonction de m et de n, il viendra, pour l'équation des deux séries de lignes de courbure,

$$(9) \qquad \frac{x^2}{m^2} \mp \frac{y^2}{n^2} = 1,$$

où l'on reconnaît que m et n sont les deux demi-axes de chaque courbe.

Mais si l'on substitue aussi les expressions de 6 et de γ dans la condition (6), on obtiendra, entre m et n, la relation fort remarquable

$$(10) \qquad \frac{m^2}{A} \mp \frac{n^2}{B} = 1,$$

où le signe supérieur se rapporte encore aux lignes de courbure elliptiques; ce qui prouve que les deux quan-

23.

tités *m* et *n*, constantes pour une même ligne de courbure, dont elles sont les demi-axes, et variables d'une ligne à l'autre de la même série, ont toujours pour grandeurs simultanées les deux coordonnées d'un point pris arbitrairement sur une hyperbole ou sur une ellipse *auxiliaires*, dont les demi-axes communs et invariables sont $\sqrt{A}$ suivant OX, et $\sqrt{B}$ suivant OY : ce dernier est l'axe imaginaire de l'hyperbole.

FIG. 52.　　**426.** De là résulte la construction suivante. On portera sur les axes de l'ellipse principale ABA'B', deux distances Oα et O6, déterminées par les équations

$$O\alpha = \sqrt{A} = a \sqrt{\frac{a^2 - b^2}{a^2 - c^2}},$$

$$O6 = \sqrt{B} = b \sqrt{\frac{a^2 - b^2}{b^2 - c^2}}.$$

Ces distances se construiront aisément au moyen des excentricités des trois ellipses principales, et la première Oα se trouvera toujours plus petite que *a*, puisqu'on a admis les relations $a > b > c$. Ensuite, sur les deux droites Oα et O6, prises comme demi-axes, on construira, 1° *une hyperbole auxiliaire* αP'Q' dont les sommets réels soient sur OX; 2° *une ellipse auxiliaire* αP''6. Cela posé, en abaissant d'un point quelconque P' de cette hyperbole les coordonnées P'E' et P'D', puis en construisant sur leurs égales OD' et OE', comme demi-axes, une ellipse E'MD', ce sera la projection d'une des lignes de courbure de la première série ; les autres s'obtiendront semblablement par les deux coordonnées de chaque point de l'hyperbole auxiliaire.

　　Quant aux lignes de courbure hyperboliques, on abaissera les coordonnées P''E'' et P''D'' d'un point quelconque de l'ellipse auxiliaire, et sur leurs égales OD″ et OE″ comme demi-axes, on construira une hyperbole D″M, dont les sommets réels soient sur OX; cette hyperbole D″M, et toutes celles qu'on obtiendra semblablement avec les deux coordonnées de chaque point de l'ellipse auxiliaire, seront les projections des lignes de courbure de la seconde série.

427. Examinons maintenant les variations qu'éprouvent les lignes de courbure de la première série, lorsque le sommet E′ s'avance de O vers B. Quand il est en O, l'ordonnée de l'hyperbole auxiliaire αP′Q′ est nulle : ainsi l'ellipse de courbure D′ME′ a alors son petit axe nul, et son demi-grand axe égal à Oα, c'est-à-dire que cette ellipse se réduit à la droite α'Oα; et, par conséquent, la section principale de l'ellipsoïde, qui contient les axes a et c, est elle-même une ligne de courbure de la surface, ce qu'on pouvait prévoir, puisque les diverses normales de la surface, menées le long de cette section, sont évidemment toutes dans son plan. A mesure que le point E′ s'éloigne de O, les deux axes de l'ellipse de courbure augmentent, jusqu'à ce qu'elle coïncide avec la section principale AB; car si dans l'équation (10) on pose $m = a$, on trouvera $n = b$. Il est donc inutile d'employer des points de l'hyperbole auxiliaire situés au delà de Q′, puisqu'ils fourniraient des ellipses qui embrasseraient totalement ABA′, et ne pourraient recevoir la projection d'aucun point réel de l'ellipsoïde : restriction qui s'explique en observant que l'équation (9) ou (5) ne détermine point par elle seule une ligne de courbure dans l'espace, mais qu'il faut toujours la combiner avec l'équation de la surface, et n'admettre que les solutions qui leur sont communes.

Quant aux lignes de courbure qui se projettent suivant des hyperboles, $D''M$, on voit que si le sommet D'' vient en O, les deux coordonnées de l'ellipse auxiliaire $\alpha P''6$ sont $x = 0$, $y = O6$; de sorte que l'hyperbole qui reçoit alors la projection de la ligne de courbure se réduit à la droite BOB', et cette ligne de courbure dans l'espace coïncide avec la section principale de l'ellipsoïde qui contient les axes b et c. Lorsque D'' s'éloigne de O, l'axe imaginaire de l'hyperbole diminue, tandis que son axe réel augmente; et quand enfin le point D'' arrive en α, l'axe imaginaire devient nul, et l'hyperbole se réduit aux deux portions rectilignes αA, $\alpha' A'$, qui complètent la ligne de courbure déjà fournie par la première série, et projetée sur la portion de droite $\alpha O \alpha'$.

428. Si le sommet D'' continuait à se mouvoir à droite de α, et venait en D', lès lignes de courbure, qui jusque alors avaient été hyperboliques en projection, deviendraient elliptiques, puisque l'ordonnée élevée en D' rencontrerait, non plus l'ellipse $\alpha P''6$, mais l'hyperbole auxiliaire $\alpha P'Q'$; d'ailleurs, lorsque dans l'équation (10) on prend m plus grand que $O\alpha = \sqrt{A}$, il faut bien nécessairement adopter le signe négatif pour le terme $\dfrac{n^2}{B}$; ainsi c'est une hyperbole qui détermine alors la valeur correspondante de n. On voit par là qu'il existe sur l'ellipsoïde quatre points projetés en α et α', autour desquels les lignes de courbure des deux séries sont pliées en sens contraire, et où elles viennent se confondre, pour se succéder ensuite les unes aux autres.

429. Ces quatre points sont des *ombilics* (n° 397), c'est-à-dire des points autour desquels toutes les sections normales ont la même courbure. En effet, puisque les conditions $U = o$ et $V = o$, qui caractérisent les ombilics, rendent toujours *identique* (n° 399) l'équation différentielle des lignes de courbure, nous trouverons immédiatement ces points singuliers, en égalant à zéro les trois coefficients de l'équation (2) du n° 419, ce qui donne les conditions simultanées

$$xy = o \quad \text{et} \quad Bx^2 - Ay^2 - AB = o.$$

Or, l'hypothèse $x = o$ ne conduisant ici qu'à des valeurs imaginaires pour y, il ne reste que les solutions

$$y = o \quad \text{et} \quad x = \pm \sqrt{A},$$

lesquelles correspondent bien aux deux points α et α' sur le plan des (x, y).

430. Pour chacun de ces quatre ombilics, les deux lignes de courbure paraissent se réduire à une seule, qui est l'ellipse verticale projetée sur AA', ainsi qu'il résulte de la discussion graphique (n° 428); et l'analyse nous conduira au même résultat. En effet, puisque α est un ombilic qui rend identique l'équation générale

$$(2) \quad Axy\left(\frac{dy}{dx}\right)^2 + (Bx^2 - Ay^2 - AB)\frac{dy}{dx} - Bxy = o,$$

il n'y a qu'à employer ici la méthode que nous avons donnée au n° 417, et différentier l'équation (2) en laissant $\frac{dy}{dx}$ constant. On trouve ainsi, après avoir ordonné,

$$Ax\left(\frac{dy}{dx}\right)^3 - Ay\left(\frac{dy}{dx}\right)^2 + Bx\left(\frac{dy}{dx}\right) - By = o,$$

équation qui, pour les ombilics où l'on a

$$y = o \quad \text{et} \quad x = \sqrt{A},$$

se décompose dans les deux suivantes :

$$\frac{dy}{dx} = 0, \qquad A\left(\frac{dy}{dx}\right)^2 + B = 0 :$$

or, la seconde n'admet que des racines imaginaires, et la première a pour intégrale générale $y = \lambda$; mais en déterminant la constante arbitraire λ de sorte que cette ligne passe par l'ombilic, il reste $y = 0$, qui représente bien l'ellipse verticale projetée sur AA'.

431. Il n'est pas inutile d'observer que toutes les lignes de courbure de l'ellipsoïde sont des courbes *fermées*, quoique quelques-unes soient projetées sur des portions d'hyperbole, telles que RD″S ; c'est qu'alors la courbe s'étend au-dessous du plan XY, et passe par des points qui se confondent en projection avec ceux de la partie supérieure.

Des circonstances toutes semblables se reproduiraient si l'on avait projeté ces lignes de courbure sur le plan qui contient *l'axe minimum* et *l'axe moyen* de l'ellipsoïde ; car il suffirait d'introduire dans l'équation (2) les relations

$$c > b > a,$$

lesquelles laissent toujours *positives* les constantes A et B, et, par suite, mèneront aux mêmes conséquences sur la forme elliptique et hyperbolique des projections des deux séries de lignes de courbure.

432. Voyons maintenant quelle forme prendront ces lignes, en se projetant sur le plan qui contient *l'axe maximum* et *l'axe minimum* de l'ellipsoïde (*fig.* 53). Il suffit, pour rendre l'équation (2) applicable à ce cas, d'y introduire les relations

$$a > c > b;$$

et comme alors la constante B (n° 419) devient négative,

nous poserons

$$-B = B' = \frac{b^2(a^2 - b^2)}{c^2 - b^2}, \qquad A = A' = \frac{a^2(a^2 - b^2)}{a^2 - c^2},$$

ce qui conduira, comme au n° 420, à l'intégrale

$$(11) \qquad\qquad y^2 = 6x^2 + \gamma,$$

avec une condition analogue à (6), savoir :

$$(12) \qquad\qquad \gamma = \frac{A'B'6}{A'6 - B'};$$

mais ici la constante arbitraire 6 ne pourra recevoir que des valeurs négatives. En effet, l'équation (7) devient alors

$$6 = \frac{A'y'^2 + B'x'^2 - A'B' \pm \sqrt{(A'y'^2 + B'x'^2 - A'B')^2 - 4A'B'x'^2 y'^2}}{2A'x'^2};$$

et puisque la partie rationnelle surpasse numériquement la grandeur absolue du radical, ces deux valeurs de 6 seront toujours à la fois *de même signe,* pour un même point (x', y') de l'ellipsoïde. En outre, comme tous les points de cette surface seront nécessairement projetés en dedans de l'ellipse $\alpha' P' 6'$, qui serait construite sur les demi-axes

Fɪɢ. 53.

$$O\alpha' = \sqrt{A'} = a\sqrt{\frac{a^2 - b^2}{a^2 - c^2}},$$

$$O6' = \sqrt{B'} = b\sqrt{\frac{a^2 - b^2}{c^2 - b^2}},$$

puisque ces demi-axes sont évidemment plus grands que $OA = a$ et $OC = b$, il en résulte que pour tous les points de l'ellipsoïde, on aura constamment

$$A'y'^2 + B'x'^2 - A'B' < 0 :$$

d'où je conclus que toutes les valeurs de 6 seront *néga-tives,* et, d'après la relation (12), γ n'aura, au contraire, que des valeurs *positives;* de sorte que l'intégrale (11)

représentera *toujours des ellipses*, sur lesquelles se projetteront ici toutes les lignes de courbure des deux séries.
D'ailleurs, en posant

$$\gamma = + n^2, \quad \frac{\gamma}{6} = - m^2,$$

l'équation (11) commune aux deux séries de lignes de
courbure deviendra

(13) $$\frac{x^2}{m^2} + \frac{y^2}{n^2} = 1,$$

et les demi-axes m, n de chacune de ces lignes seront
liés par la relation (12), qui devient

(14) $$\frac{m^2}{A'} + \frac{n^2}{B'} = 1;$$

d'où l'on voit que ces demi-axes se trouveront ici les deux
coordonnées d'un même point variable, toujours situé sur
une ellipse auxiliaire $\alpha' P' P'' 6'$, construite avec les demi-
axes $\sqrt{A'}$ et $\sqrt{B'}$.

Fig. 53.

433. Lorsqu'on prendra sur cette ellipse auxiliaire un
point P' voisin du sommet α', les deux coordonnées $P'E'$
et $P'D'$ donneront les axes d'une ellipse $D'ME'$, projection d'une ligne de courbure de la première série. Cette
ellipse, d'abord très-resserrée, s'ouvrira de plus en plus
dans le sens du petit axe, tandis que son grand axe dimi-
nuera, et elle finira par coïncider avec l'ellipse principale AC quand le point P' sera venu en Q ; car, si dans
l'équation (14) on pose $m = a$, on trouve $n = b$: ainsi
la portion $\alpha'Q$ de l'ellipse auxiliaire aura donné toutes
les lignes de courbure de la première série. Au delà, un
point tel que P'' fournira, par ses coordonnées, les demi-
axes d'une ellipse $D''ME''$, qui appartiendra à la seconde
série des lignes de courbure, puisqu'elle coupera en M
la ligne $E'MD'$ de la première série ; et ces nouvelles

ellipses se rétréciront de plus en plus dans le sens des x, pour se réduire enfin à la droite COC′, projection d'une section principale, qui est elle-même une ligne de courbure de l'ellipsoïde.

434. Dans l'intégration de l'équation (2), nous avons négligé (n° **420**) le facteur

$$A\,dy^2 + \dot{B}\,dx^2 = 0,$$

qui ne pouvait alors donner aucune solution réelle; mais, pour la projection actuelle où $B = -B'$ et $A = A'$, on en tire

$$\frac{dy}{dx} = \pm \sqrt{\frac{B'}{A'}},$$

et si l'on substitue cette valeur dans l'équation proposée (2), il viendra

$$A'y^2 + B'x^2 \pm 2\,xy\,\sqrt{A'B'} = A'B';$$

équation finie, sans constante arbitraire, qui, comme on sait, est une *solution singulière* de la proposée, et doit représenter la ligne *enveloppe* de toutes les intégrales particulières. En effet, cette équation se décompose ainsi,

$$y\sqrt{A'} \pm x\sqrt{B'} = \pm\sqrt{A'B'};$$

et comme les doubles signes sont indépendants, cela fournit *quatre droites*, que l'on reconnaît aisément pour les cordes supplémentaires qui passent par les sommets de l'ellipse auxiliaire a'P′P″6′, dont les demi-axes sont $\sqrt{A'}$ et $\sqrt{B'}$. Ces quatre cordes *touchent* donc toutes les ellipses suivant lesquelles se projettent les lignes de courbure; et comme une de celles-ci est l'ellipse principale AC, cette courbe est aussi touchée par les quatre cordes, précisément aux ombilics ω, ω', ω'', ω''', où les lignes de courbure des deux séries viennent se confondre.

Au surplus, on arriverait aussi à ces quatre droites, en cherchant, d'après la méthode exposée n° 340, la ligne enveloppe de toutes les ellipses représentées par l'équation

$$\frac{x^2}{m^2} + \frac{A'y^2}{B'(A'-m^2)} = 1,$$

laquelle se déduit de (13) et (14), et où le paramètre arbitraire est m.

435. Observons, en terminant cette théorie, que quand on a déjà construit (n° 426) les lignes de courbure d'un ellipsoïde donné, projetées sur le plan qui renferme l'axe *maximum* $2a$ et l'axe moyen $2b$, et que l'on veut ensuite construire, pour ce même ellipsoïde, la projection des lignes de courbure sur le plan qui contient le plus grand et le plus petit axe, il serait peu commode de changer la dénomination de l'axe moyen, comme nous l'avons fait (n° 432). Il vaudra mieux alors conserver toujours les relations

$$a > b > c;$$

mais dans les valeurs de A' et de B' changer b en c et c en b; de sorte que dans la *fig.* 53, l'ellipse principale aura pour demi-axes

$$OA = a, \quad OC = c,$$

et les grandeurs des demi-axes de l'ellipse auxiliaire $\alpha'P'6'$ seront

$$O\alpha' = \sqrt{A'} = a \sqrt{\frac{a^2 - c^2}{a^2 - b^2}},$$

$$O6' = \sqrt{B'} = c \sqrt{\frac{a^2 - c^2}{b^2 - c^2}};$$

par là ces valeurs pourront exister simultanément avec celles de A et de B (n° 426), qui se rapportent au plan de l'axe maximum et de l'axe moyen.

436. Remarquons enfin que pour trouver les deux lignes de courbure *relatives à un point assigné* M de l'ellipsoïde (*fig.* 52), il faudrait substituer les coordonnées x', y' de ce point dans l'équation (9), laquelle, jointe alors avec l'équation (10), suffirait pour calculer les axes de l'ellipse MD′ et de l'hyperbole MD″; mais si, comme dans le tracé d'une voûte en ellipsoïde, le point assigné était en S sur l'ellipse de *la naissance* AB′A′, on pourrait employer une solution graphique fort simple, pour laquelle nous renverrons à la *Géométrie descriptive*, n° 743.

Des courbes de niveau et des lignes de plus grande pente.

437. Ce sont des lignes remarquables qui servent, dans le tracé des cartes topographiques, à représenter la forme du terrain. Les courbes de niveau ne sont autre chose que les sections faites dans la surface qui recouvre le sol, par divers plans horizontaux; et si l'on a soin de mener ces plans à des intervalles égaux mesurés sur la verticale, il est évident que là où les *projections* horizontales des courbes de niveau seront plus rapprochées, elles indiqueront que la pente du terrain est plus rapide; et en même temps les diverses sinuosités de ces courbes figureront les mouvements du sol, quelque variés que soient ceux-ci.

Pour obtenir l'équation finie des courbes de niveau, il suffit de joindre à l'équation de la surface proposée, celle d'un plan horizontal quelconque, c'est-à-dire de prendre le système

$$F(x, y, z) = 0, \quad z = \gamma;$$

et en éliminant z, il vient pour la projection des lignes de niveau, l'équation $F(x, y, \gamma) = 0$, où γ est une con-

stante arbitraire. Mais si l'on veut avoir l'équation différentielle commune à toutes ces courbes, on différentiera
le système précédent, ce qui donnera

$$dz = p\,dx + q\,dy \quad \text{et} \quad dz = 0;$$

et, par suite, l'équation différentielle qui caractérise les
courbes de niveau, sur toute surface, sera

(1) $$p\,dx + q\,dy = 0;$$

seulement, si p ou q renferme z (ce qui arrivera ordinairement lorsque l'équation $F = 0$ aura été différentiée
avant d'être résolue par rapport à z), il restera à éliminer
cette variable au moyen de l'équation de la surface, pour
que l'équation (1) représente la projection horizontale
des courbes de niveau.

438. Soit, par exemple,

$$z = \varphi\,(x^2 + y^2),$$

qui représente (n° 296) toutes les surfaces de révolution
autour de l'axe des z. On a ici $p = 2x.\varphi'$ et $q = 2y.\varphi'$;
donc l'équation (1) deviendra

$$x\,dx + y\,dy = 0;$$

d'où, en intégrant,

$$x^2 + y^2 = \gamma.$$

Ainsi, les courbes de niveau sont *les parallèles* de la surface, comme on devait s'y attendre.

439. *La ligne de plus grande pente*, à partir d'un
point donné sur une surface, est celle qui jouit de la propriété que *chacune de ses tangentes fait avec l'horizon
un angle plus grand que celui de toute autre tangente à
la surface*, menée par le même point de la courbe. Or,
comme toutes les tangentes menées par ce point quelconque sont dans le plan tangent de la surface, celle de ces

droites qui sera perpendiculaire à la trace horizontale de ce plan formera évidemment le plus grand angle possible avec l'horizon; d'où il résulte que la ligne de plus grande pente doit avoir, en chaque point, *sa tangente perpendiculaire à la trace horizontale du plan tangent*; et, par une conséquence évidente, *la projection* de cette tangente sur le plan XY devra aussi former *un angle droit* avec la trace du plan tangent.

440. Cela posé, en appelant x, y les coordonnées d'un point quelconque de la projection de la ligne de plus grande pente, sa tangente et la trace du plan tangent sur le plan des (x, y) seront représentées par

$$y' - y = \frac{dy}{dx}(x' - x),$$

$$-z = p(x' - x) + q(y' - y);$$

et puisque ces deux droites doivent être perpendiculaires, on aura la condition

$$(2) \qquad \frac{dy}{dx} = \frac{q}{p}, \quad \text{ou} \quad pdy - qdx = 0.$$

Cette relation (2), qui caractérise la courbe de plus grande pente, suffit pour la déterminer, en y joignant du moins l'équation $F(x, y, z) = 0$ de la surface sur laquelle doit être située cette courbe; et lorsqu'au moyen de $F = 0$ on aura éliminé z de l'équation (2), si cette variable y entre, on aura l'équation différentielle de la projection de la ligne de plus grande pente, et il restera à l'intégrer.

On aurait pu aussi parvenir à l'équation (2), en exprimant que la ligne de plus grande pente était *perpendiculaire à la courbe de niveau* représentée par l'équation (1).

441. Si nous prenons encore l'exemple des surfaces de

révolution

$$z = \varphi(x^2 + y^2),$$

dans lesquelles on a

$$p = 2x.\varphi' \quad \text{et} \quad q = 2y.\varphi',$$

l'équation (2) deviendra

$$x\,dy - y\,dx = 0;$$

d'où, en intégrant et désignant la constante arbitraire par γ,

$$y = \gamma x.$$

Cette équation représentant un plan passant par l'axe OZ, il s'ensuit qu'ici les courbes de plus grande pente sont toutes *des méridiens* de la surface. La constante arbitraire γ se déterminera en assujettissant la courbe à passer par un premier point (x', y') assigné par la question, ce qui donnera $\gamma = \frac{y'}{x'}$. Cette valeur resterait indéterminée, si le point donné était sur l'axe de révolution; mais c'est qu'alors tous les méridiens partant de ce point sont indifféremment des lignes de plus grande pente.

442. Dans un conoïde droit représenté (n° 307) par

$$z = \varphi\left(\frac{y}{x}\right),$$

on a

$$p = -\frac{y}{x^2}\varphi' \quad \text{et} \quad q = \frac{1}{x}\varphi';$$

de sorte que l'équation (2) devient ici

$$y\,dy + x\,dx = 0, \quad \text{d'où} \quad y^2 + x^2 = \gamma :$$

ainsi les lignes de plus grande pente sont toujours projetées horizontalement sur *des cercles concentriques* avec l'axe du conoïde. On peut confirmer par la Géométrie ce résultat remarquable, en observant que les lignes de niveau sont ici les génératrices rectilignes de la surface, lesquelles se projettent suivant les rayons vecteurs menés de l'origine O des coordonnées ; et, comme la ligne de plus grande pente doit avoir (n° 440) toutes ses tangentes perpendiculaires à ces rayons vecteurs, elle ne peut être qu'un cercle en projection.

443. Considérons encore les surfaces du second degré, représentées par

$$\frac{x^2}{A} + \frac{y^2}{B} + \frac{z^2}{C} = 1 :$$

l'équation (2) se réduira ici à

$$\frac{x}{A} dy - \frac{y}{B} dx = 0, \quad \text{d'où} \quad y^B = \gamma x^A ;$$

par conséquent, les lignes de plus grande pente seront à double courbure, et se trouveront projetées horizontalement sur des courbes paraboliques, si A et B sont de même signe. Cependant ces lignes deviendront planes si le point de départ qui sert à déterminer la constante est dans un des plans principaux ZX ou ZY ; car alors l'équation précédente devra être satisfaite par $y = 0$ et $x = x'$, ce qui donne $\gamma = 0$, et réduit l'équation de la ligne de plus grande pente à $y = 0$, qui représente la section principale située dans le plan XZ.

CHAPITRE XVIII.

TRIGONOMÉTRIE SPHÉRIQUE (*).

§ Iᵉʳ. — *Notions préliminaires.*

444. On sait qu'un triangle sphérique est la portion
de surface comprise, sur la sphère, entre trois arcs de
grands cercles qui se coupent deux à deux, et l'on entend
par *grand cercle* celui dont le plan passe par le centre
de la sphère; de sorte que deux points donnés sur cette
surface suffisent toujours pour déterminer un grand
cercle. Dans le triangle ABC, *les côtés* sont les arcs BC,
CA, AB, que nous désignerons respectivement par α, β,
γ; et *les angles* sont, comme pour des courbes quelconques, les angles *formés par les tangentes à ces arcs*
de cercle : ainsi l'angle sphérique A égale TAS. Mais
comme ici les tangentes AT et AS sont perpendiculaires
au rayon AO, intersection des plans des deux grands cercles auxquels appartiennent les arcs AB et AC, on voit
que l'angle sphérique A n'est autre chose que l'angle
dièdre formé par les deux plans BAO et CAO. D'ailleurs,

Fig. 54.

(*) La Trigonométrie sphérique étant aussi une application de l'Analyse à la Géométrie des trois dimensions, laquelle offre des secours nécessaires à la Mécanique et à la Géodésie, j'ai pensé qu'il serait utile
de placer ici les principales formules et leur application à la résolution
des triangles. Pour obtenir ces formules, j'ai employé la marche analytique suivie par Lagrange dans un Mémoire inséré au vıᵉ cahier du
Journal de l'École Polytechnique. J'ai conservé la division sexagésimale
du cercle, attendu que beaucoup de résultats numériques, exprimés de
cette manière et employés souvent dans l'Astronomie, sont consacrés par
un trop long usage pour qu'il convienne de les changer.

si l'on mène le grand cercle DEF perpendiculaire au rayon AO, l'angle dièdre en question sera aussi mesuré par DOE ou par l'arc DE ; dont on peut dire encore qu'*un angle sphérique BAC a pour mesure l'arc de grand cercle DE compris entre ses côtés, quand ils ont été prolongés jusqu'à devenir égaux à un quadrans* ; car on a évidemment AD = 90° et AE = 90°.

445. Si l'on admettait des côtés plus grands que 180 degrés, les trois sommets A, B, C pourraient appartenir à plusieurs triangles ; car ils conviendraient aussi au triangle formé par les arcs CA, CB et AFHDB. Mais on exclut ces sortes de figures, parce qu'elles offriraient des angles dièdres qui, comme C dans cet exemple, surpasseraient deux angles droits, et que d'ailleurs la construction de tels triangles se ramènera toujours à celle de triangles soumis à la restriction, que *chaque côté* soit *moindre qu'une demi-circonférence*. C'est pourquoi nous ne nous occuperons que de ces derniers.

446. En joignant les sommets A, B, C avec le centre de la sphère, on forme une pyramide triangulaire OABC, dont la base est le triangle sphérique donné, et dans laquelle les *faces*, ou *angles plans*, BOC, COA, AOB ont pour mesure les côtés α, b, γ du triangle ; tandis que les angles dièdres, compris entre les faces, sont les angles sphériques de ce triangle. Ainsi, d'après les théorèmes de Géométrie relatifs aux angles trièdres ou polyèdres, on a droit de conclure que, dans tout triangle sphérique, 1° *un côté est toujours plus petit que la somme des deux autres* ; 2° *la somme des trois côtés est toujours moindre que 360 degrés*, ou qu'une circonférence de grand cercle.

447. D'ailleurs on a vu dans la *Géométrie descriptive*,

24.

n° 55, que si par le point O on menait trois plans respectivement perpendiculaires aux arêtes OA, OB, OC,
on formerait une nouvelle pyramide, dite *supplémentaire* de OABC, à cause des relations qui existent entre
leurs angles plans et leurs angles dièdres. Or, comme
cette nouvelle pyramide coupera la surface de la sphère
suivant un triangle dont nous désignerons les angles par
A', B', C', et les côtés par α', δ', γ', il s'ensuit que l'on
aura les relations

$$A' + \alpha = 180°, \qquad \alpha' + A = 180°,$$
$$B' + \delta = 180°, \qquad \delta' + B = 180°,$$
$$C' + \gamma = 180°, \qquad \gamma' + C = 180°;$$

c'est-à-dire que, pour tout triangle sphérique ABC, il
existe un *triangle supplémentaire* A'B'C', dont les angles
sont les suppléments des côtés du premier, et dont les
côtés sont pareillement les suppléments des angles du
triangle primitif.

Le triangle A'B'C' se nomme aussi *le triangle polaire*
de ABC, parce que chacun de ses sommets se trouve,
comme on le démontre en Géométrie, à 90 degrés de tous
les points du côté opposé dans le triangle ABC.

449. Il résulte de là que la somme des angles d'un
triangle sphérique n'a point, comme cela arrive dans les
triangles rectilignes, une valeur constante; car il faudrait
que les côtés du triangle supplémentaire fissent toujours
la même somme, ce qui est faux évidemment; mais, du
moins, on peut assigner deux limites entre lesquelles sera
toujours comprise la somme des angles de tout triangle
sphérique. En effet, d'après les formules du numéro précédent, on a

$$(A + B + C) + (\alpha' + \delta' + \gamma') = 3 \times 180°;$$

D'ailleurs, chaque angle du triangle sphérique étant toujours moindre que deux droits, d'après la restriction admise n° 445, il s'ensuit que

$$A + B + C < 6 \times 90°.$$

Ainsi, dans tout triangle sphérique, *la somme des angles se trouve toujours plus grande que* DEUX *angles droits, et moindre que* SIX.

449. Un triangle sphérique peut donc avoir deux de ses angles qui soient obtus, ou bien droits; tel est ADE. Il peut même être *trirectangle*, puisqu'il suffirait de faire tourner le côté AE jusqu'à ce que l'arc DE fût égal à 90 degrés; et il est évident qu'un triangle trirectangle renferme *la huitième partie* de la surface totale de la sphère.

450. Comme nous aurons besoin, pour un des cas de la résolution des triangles sphériques, d'employer l'expression de la surface d'un tel triangle, nous allons la rappeler, afin de bien fixer le sens dans lequel on doit entendre cette mesure.

Le triangle ABC fait évidemment partie de trois *fuseaux* FIG. 54. que l'on obtient en prolongeant les côtés AB, AC, BC, jusqu'à ce qu'ils se coupent deux à deux une seconde fois, ce qui arrivera quand ils seront devenus égaux chacun à une demi-circonférence. Or, comme l'aire d'un fuseau est manifestement une fraction de la surface sphérique, exprimée par le rapport de l'angle dièdre du fuseau avec quatre angles droits, nous aurons, en désignant par S l'aire de la sphère totale, et par D un angle droit; les expressions suivantes pour les aires des trois fuseaux en question :

$$\text{surf. ABHCA} = \text{ABC} + \text{BCH} = \text{S} . \frac{\text{A}}{4\,\text{D}},$$

$$\text{surf. BAGCB} = \text{ABC} + \text{ACG} = \text{S} . \frac{\text{B}}{4\,\text{D}},$$

$$\text{surf. CALBC} = \text{ABC} + \text{ABL} = \text{S} . \frac{\text{C}}{4\,\text{D}}.$$

Ajoutons maintenant ces équations membre à membre, et observons que le triangle ABL, situé dans l'hémisphère opposé, peut être remplacé par le triangle CGH, qui lui est symétrique et égal en aire, puisque l'un et l'autre servent de bases à deux angles solides trièdres opposés par le sommet; puis, faisons attention que, parmi les six triangles que donnent les trois fuseaux, il y en a quatre qui composent la demi-sphère, et nous obtiendrons la nouvelle équation

$$2\,\text{ABC} + \frac{\text{S}}{2} = \text{S} \left(\frac{\text{A} + \text{B} + \text{C}}{4\,\text{D}} \right);$$

d'où l'on déduit aisément

$$\text{ABC} = \text{S} \left(\frac{\text{A} + \text{B} + \text{C} - 2\,\text{D}}{8\,\text{D}} \right).$$

Ce résultat montre que l'aire du triangle ABC est une fraction de la surface S de la sphère, exprimée par le quotient qu'on obtient en divisant l'excès des trois angles du triangle sur deux droits, par huit angles droits. On sait que cet excès est toujours positif (n° 448), et qu'il ne peut atteindre quatre angles droits; par conséquent la valeur ci-dessus sera, comme on devait le prévoir, toujours moindre que la moitié de la surface de la sphère.

451. Pour simplifier la formule précédente, on con-

vient ordinairement d'estimer les angles A, B, C, non
pas en degrés, mais en fonction de l'angle droit, pris
comme unité des angles; alors on a $D = 1$, et A, B, C deviennent des nombres abstraits compris entre o et 2. Si,
de plus, on adopte aussi pour *unité de surface* la quantité
$\frac{1}{8}$ S, qui représente le triangle trirectangle (n° 449), il
restera pour l'expression de l'aire du triangle proposé

$$ABC = A + B + C - 2 = \varepsilon.$$

C'est cette quantité ε que l'on nomme *l'excès sphérique*,
et qui devient, par les hypothèses admises, la mesure
même de la surface du triangle; mais il faudra se souve-
nir que ε ne sera qu'un nombre abstrait qui indiquera
combien de triangles trirectangles, ou de fractions de ces
triangles, sont contenus dans le triangle ABC.

Par exemple, si les angles A, B, C, mesurés en degrés,
se trouvent de 65°, 125°, 140°, alors on devra, pour les
estimer en fonction de l'angle droit, poser

$$A + \frac{65}{90}, \quad B = \frac{125}{90}, \quad C = \frac{140}{90},$$

et l'excès sphérique deviendra

$$\varepsilon = \frac{330}{90} - 2 = \frac{5}{3};$$

ce qui voudra dire que la surface du triangle proposé est
les $\frac{5}{3}$ d'un triangle trirectangle; puis, si l'on veut le comparer avec la sphère, le même triangle sera les $\frac{5}{24}$ de la
surface totale de ce corps.

§ II. — *Formules générales.*

452. Soit ABC un triangle sphérique tracé sur une

FIG. 55. sphère dont le rayon $OA = r$, et qui a pour côtés les arcs

Mais cette formule a été démontrée dans un sens... Si nous... menons aux deux côtés qui forment un de ses angles, A, par exemple, les tangentes AT, AS, que nous terminerons par les rayons OB, OC, prolongés ; puis, joignons les points T et S, nous obtiendrons ainsi deux triangles rectilignes TOS, TAS, dans lesquels les angles opposés au côté commun TS sont équivalents (n°. 444) au côté a et à l'angle A du triangle sphérique. Donc, par un théorème connu de trigonométrie rectiligne, nous aurons

$$\overline{TS}^2 = \overline{OT}^2 + \overline{OS}^2 - 2.OT.OS.\cos\alpha,$$

$$\overline{TS}^2 = \overline{AT}^2 + \overline{AS}^2 - 2.AT.AS.\cos A;$$

et ici les cosinus devront toujours être mesurés, non dans la sphère OA, mais bien dans le cercle dont le rayon égale l'unité, puisque autrement ces équations ne seraient pas homogènes. Alors, si l'on retranche ces équations membre à membre, et que l'on ait égard aux triangles rectangles OAT, OAS, qui donnent évidemment les relations suivantes :

$$\overline{OT}^2 + \overline{AT}^2 = r^2, \quad \overline{OS}^2 = \overline{AS}^2 = r^2,$$

$$OT = \frac{r}{\cos\gamma}, \quad AT = r\,\text{tang}\,\gamma, \quad OS = \frac{r}{\cos\delta}, \quad AS = r\,\text{tang}\,\delta,$$

il viendra

$$0 = 2r^2 - \frac{2r^2\cos\alpha}{\cos\delta.\cos\gamma} + 2r^2\,\text{tang}\,\delta\,\text{tang}\,\gamma\,\cos A;$$

puis, si l'on supprime le facteur commun $2r^2$, et qu'on résolve par rapport à $\cos\alpha$, on obtiendra

(1) $\cos\alpha = \cos\delta.\cos\gamma + \sin\delta\,\sin\gamma\,\cos A,$

formule où le rayon r de la sphère en question a disparu, et qui ne renferme que des lignes trigonométriques comptées toutes dans le cercle qui a pour rayon l'unité. Mais cette formule repose sur une construction qui semble exiger que les deux côtés 6 et γ soient moindres que 90 degrés ; c'est pourquoi il importe de montrer qu'elle est vraie dans tous les cas.

453. D'abord, si le côté γ est seul plus grand qu'un quadrans, comme dans le triangle ACB″, le rayon OB″ rencontrera, non plus la tangente AT, mais son prolongement AT′, et donnera lieu à un triangle ACB′, pour lequel la construction primitive sera possible. On aura donc, dans ce dernier triangle,

$$\cos \alpha' = \cos 6 \cos \gamma' + \sin 6 \sin \gamma' \cos A' ;$$

mais il existe évidemment entre les triangles ACB′ et ACB″ les relations

$$\alpha' = 180° - \alpha, \quad \gamma' = 180° - \gamma, \quad A' = 180° - A ;$$

et en substituant dans l'équation précédente, on retrouve la formule (1), qui demeure ainsi vraie pour le triangle ACB″.

Si les deux côtés 6 et γ se fussent trouvés ensemble plus grands que 90 degrés, on aurait de même prolongé les deux rayons OB, OC en sens contraire, ainsi que les deux arcs AB, AC, et l'on aurait obtenu un triangle dans lequel on aurait eu

$$A' = A, \quad \alpha' = \alpha, \quad 6' = 180° - 6, \quad \gamma' = 180° - \gamma,$$

ce qui ramènerait encore à la formule (1).

454. Soient maintenant $6 = 90°$ et $\gamma = 90°$, comme dans le triangle ADB″. Ici, la formule (1) se réduirait à

$$\cos \alpha = \cos A,$$

résultat évidemment juste, puisque l'arc $\alpha = DB″$ est bien (n° 444) la mesure de l'angle A.

455. Enfin, supposons, comme dans le triangle ACB‴, qu'un seul côté γ soit de 90 degrés. Le théorème en question sera démontré, d'après le numéro précédent, pour l'angle droit D du triangle CDB‴ (à moins que l'on n'ait DB‴ = 90°), et l'équation (1), appliquée à ce triangle, donnera

$$\cos CB''' = \cos CD \cos DB''',$$

ou bien

$$\cos \alpha = \sin 6 \cos A.$$

Or, c'est bien là ce à quoi se réduirait la formule (1), en y introduisant l'hypothèse γ = 90°; donc cette formule est encore vraie pour le triangle ACB‴.

Quant au cas tout particulier où l'on aurait à la fois γ = 90° et DB‴ = 90°, la construction générale que nous appliquions ci-dessus au triangle CDB‴ ne pourrait plus s'effectuer; mais on voit immédiatement qu'alors le point B‴ se trouverait le pôle de l'arc ACD, et, par conséquent, B‴C = α serait de 90 degrés, aussi bien que l'angle A, qui a pour mesure DB‴; de sorte que l'équation (1) serait encore vraie pour un tel triangle ACB‴, puisqu'elle deviendrait o = o, d'après les hypothèses admises

$$\alpha = 90°, \quad \gamma = 90°, \quad A = 90°.$$

456. Nous conclurons de là que le théorème exprimé par l'équation (1) est vrai dans tous les triangles sphériques, quels qu'ils soient; et en l'appliquant tour à tour aux trois côtés α, 6, γ du triangle ABC, nous aurons

$$(1) \quad \begin{cases} \cos \alpha = \cos 6 \cos \gamma + \sin 6 \sin \gamma \cos A, \\ \cos 6 = \cos \alpha \cos \gamma + \sin \alpha \sin \gamma \cos B, \\ \cos \gamma = \cos \alpha \cos 6 + \sin \alpha \sin 6 \cos C, \end{cases}$$

formules dont chacune exprime *une relation entre trois côtés et un angle*, et qui, par leur ensemble, doivent comprendre implicitement toute la Trigonométrie sphé-

rique, puisqu'elles suffiront toujours pour calculer trois
des six quantités A, B, C, α, 6, γ; quand les trois autres
seront connues. Mais comme il est utile d'avoir, pour
chaque cas, des formules dont chacune ne renferme
qu'une inconnue, nous allons les déduire des équations
précédentes par diverses combinaisons.

457. Cherchons *une relation entre deux côtés et les
deux angles opposés*, par exemple entre α, 6, A et B.
La marche directe serait d'éliminer $\cos \gamma$ et $\sin \gamma$ entre
les deux premières équations du groupe (1), au moyen
de la relation $\sin^2 \gamma + \cos^2 \gamma = 1$; mais comme les calculs
seraient fort longs, nous emploierons le moyen suivant.
De la première des équations (1) tirons la valeur de $\cos A$,
pour la substituer dans la relation

$$\sin A = \sqrt{1 - \cos^2 A};$$

il viendra, en réduisant au même dénominateur,

$$\sin A = \frac{\sqrt{\sin^2 6 \sin^2 \gamma - (\cos \alpha - \cos 6 \cos \gamma)^2}}{\sin 6 \sin \gamma};$$

mais en substituant sous le radical les expressions des
sinus en cosinus, on trouve

$$\sin A = \frac{\sqrt{1 - \cos^2 \alpha - \cos^2 6 - \cos^2 \gamma + 2 \cos \alpha \cos 6 \cos \gamma}}{\sin 6 \sin \gamma}$$

Or, le second membre de cette dernière équation, après
avoir été divisé par $\sin \alpha$, deviendra évidemment une
fonction symétrique de α, 6, γ, c'est-à-dire une fonction
qui reste la même quand on permute ces lettres entre
elles; d'où l'on conclut que le rapport $\dfrac{\sin A}{\sin \alpha}$ a une *valeur*
constante et invariable pour chacun des angles du trian-
gle ABC, comparé avec le côté opposé; et qu'ainsi on a

ce qui signifie que, dans un triangle sphérique, *les sinus des angles sont proportionnels aux sinus des côtés opposés.*

458. Cherchons maintenant une relation entre deux côtés et deux angles dont un soit compris entre les côtés donnés, par exemple entre a, b, A et C. Substituons dans la première des équations (1), la valeur de $\cos \gamma$ fournie par la troisième, et la valeur

$$\sin \gamma = \sin \alpha \, \frac{\sin C}{\sin A}$$

que donne une des formules (2) : il viendra

$$\cos \alpha = \cos^2 b \cos \alpha + \sin \alpha \sin b \cos b \cos C + \sin b \sin \alpha \frac{\sin C}{\sin A} \cos \alpha$$

ou bien, en transposant le premier terme du second membre dans le premier,

$$\cos \alpha \sin^2 b = \sin \alpha \sin b \cos b \cos C + \sin \alpha \sin b \cot A \sin C$$

Maintenant, si l'on divise tous les termes par $\sin \alpha \sin b$; on obtiendra la première des formules suivantes, et les autres s'en déduiront par de simples permutations de lettres (*)

$$\cot b \sin \alpha = \cos \alpha \cos C + \sin C \cot A \; ; $$
$$\cot \alpha \sin b = \cos b \cos C + \sin C \cot B \; ; $$

$$\cot b \sin \alpha = \cot B \sin C + \cos \alpha \cos C \; ; $$
$$\cot \gamma \sin \alpha = \cot C \sin B + \cos \alpha \cos B \; ; $$

(*) Les formules (3), que l'on écrit de plusieurs manières, ordinaire-

459. Pour obtenir *une relation entre trois angles et un côté*, le moyen le plus simple est d'appliquer au triangle supplémentaire le théorème fondamental exprimé par l'équation (1), ce qui donnera

$$\cos \alpha' = \cos \beta' \cos \gamma' + \sin \beta' \sin \gamma' \cos A';$$

puis, de substituer ici les relations connues

$$\alpha' = 180° - A, \quad \beta' = 180° - B, \quad \gamma' = 180° - C, \quad A' = 180° - \alpha;$$

alors on obtiendra pour le côté α, et semblablement pour chacun des autres, les formules

$$(4) \quad \begin{cases} \cos A = - \cos B \cos C + \sin B \sin C \cos \alpha, \\ \cos B = - \cos A \cos C + \sin A \sin C \cos 6, \\ \cos C = - \cos A \cos B + \sin A \sin B \cos \gamma. \end{cases}$$

460. Les quatre groupes de formules obtenues jusqu'ici offrent évidemment toutes les combinaisons que l'on peut faire de *trois données avec une seule inconnue*, parmi les six quantités A, B, C, α, 6, γ; de sorte qu'il suffira de choisir, parmi ces *quinze* équations, celle qui conviendra au cas proposé, et de la rendre ensuite propre au calcul logarithmique, ainsi que nous le montrerons en détail dans le § IV. Ici nous nous bornerons à remarquer qu'on doit comprendre dans la résolution des triangles sphériques obliquangles ou rectangles, le cas où l'on donne les trois angles A, B, C; car ces données déterminent les côtés α', $6'$, χ', du triangle supplémentaire : elles permettent donc de calculer les angles A', B', C', et par suite

ment fort incommodes à retenir, se retrouveront aisément si on les dispose comme ici, et qu'on observe, 1° que chaque membre commence par une cotangente multipliée par un sinus; 2° que dans le premier membre ces lignes portent sur deux côtés choisis à volonté, et dans le second membre sur deux angles, dont le premier seul est opposé au premier côté déjà employé; 3° que le dernier terme est formé par les deux cosinus des mêmes arcs, dont les sinus entrent déjà dans l'équation.

leurs suppléments, qui sont les côtés α, 6, γ du triangle primitif, lequel se trouve ainsi complétement déterminé par la connaissance de ses trois angles. C'est d'ailleurs ce que prouvent directement les formules (4).

§ III. — *Résolution des triangles rectangles.*

FIG. 56.   **461.** Lorsque dans le triangle ABC l'angle A est droit, c'est-à-dire quand le plan du grand cercle CA est perpendiculaire au plan du côté BA, le triangle est dit *rectangle,* et le côté CB $=\alpha$ s'appelle toujours l'*hypoténuse.* On ne doit pas oublier que les deux autres angles pourraient être aussi (n° 449) droits ou obtus; mais un triangle *trirectangle* aurait évidemment tous ses côtés de 90 degrés, et un triangle *birectangle* où A et B seraient droits, aurait pour côtés opposés $\alpha = 90°$, $6 = 90°$, tandis que le troisième côté γ serait (n° 444) la mesure même de l'angle C. Ainsi, ces deux genres particuliers de triangles ne donnant pas lieu à de véritables problèmes, nous ne devons considérer que les triangles où *un seul* angle A est droit, avec deux autres angles *obliques* qui peuvent être aigus ou obtus.

462. Pour obtenir les formules nécessaires à la résolution des triangles rectangles, il suffit de poser A $= 90°$ dans les quatre groupes de relations générales que nous avons trouvées pour les triangles quelconques. Cette hypothèse, introduite dans la première des équations (1), donne

(5) $\cos \alpha = \cos 6 \cos \gamma$;

c'est-à-dire que *le cosinus de l'hypoténuse est égal au produit des cosinus des deux autres côtés.* Cette relation est analogue avec celle-ci : $\alpha^2 = 6^2 + \gamma^2$, qui aurait lieu si le triangle sphérique devenait rectiligne, en conservant des côtés de même longueur absolue, et la première se ramènerait à la seconde, en développant les cosinus en séries, puis en supposant que le rayon de la sphère devienne *infini* (*voyez* n° 492).

463. Les équations (2) donnent, par l'hypothèse A = 90°, les deux formules suivantes,

$$(6) \qquad \sin B = \frac{\sin b}{\sin a}, \qquad \sin C = \frac{\sin \gamma}{\sin a},$$

qui montre que *le sinus d'un angle oblique est égal au sinus du côté opposé, divisé par le sinus de l'hypoténuse :* principe analogue à celui des triangles rectilignes, où l'on aurait

$$\sin B = \frac{b}{a}$$

464. Dans les équations (3), les deux premières donnent, pour A = 90°,

$$\cot a \sin b = \cos b \cos C, \qquad \cot a \sin \gamma = \cos \gamma \cos B,$$

d'où l'on conclut

$$(7) \qquad \cos B = \frac{\tan \gamma}{\tan a}, \qquad \cos C = \frac{\tan b}{\tan a};$$

formules qui prouvent que *le cosinus d'un angle oblique est égal à la tangente du côté adjacent, divisée par la tangente de l'hypoténuse,* et qui sont analogues à la relation $\cos B = \frac{\gamma}{a}$, que fournirait un triangle rectiligne.

465. La quatrième et la sixième des équations (3) deviennent, par l'hypothèse A = 90°,

$$\cot b \sin \gamma = \cot B, \qquad \cot \gamma \sin b = \cot C,$$

d'où l'on déduit les relations

$$(8) \qquad \tan B = \frac{\tan b}{\sin \gamma}, \quad \tan C = \frac{\tan \gamma}{\sin b};$$

c'est-à-dire que *la tangente d'un angle oblique est égale à la tangente du côté opposé, divisée par le sinus du côté adjacent :* principe analogue à celui des triangles rectilignes, où l'on aurait $\tan B = \dfrac{b}{\gamma}$ (*).

466. Quant aux équations (4), l'hypothèse $A = 90°$ donne, dans la première,

$$0 = -\cos B \cos C + \sin B \sin C \cos \alpha,$$

d'où l'on déduit cette formule

$$(9) \qquad \cos \alpha = \cot B \cot C;$$

c'est-à-dire que *le cosinus de l'hypoténuse égale le produit des cotangentes des deux angles obliques.*

467. Enfin, les deux dernières des équations (4) donnent, par l'hypothèse $A = 90°$,

$$(10) \qquad \cos b = \frac{\cos B}{\sin C}, \quad \cos \gamma = \frac{\cos C}{\sin B};$$

ce qui prouve que *le cosinus d'un côté de l'angle droit est égal au cosinus de l'angle opposé, divisé par le sinus de l'angle adjacent.*

468. Voilà donc *six principes* qui fournissent *dix équations* où se trouvent toutes les combinaisons que l'on peut faire de *deux données* avec *une seule inconnue,* parmi

---

(*) Les trois formules (6), (7), (8), écrites comme nous l'avons fait, seront donc faciles à retenir, puisque les combinaisons d'angles et de côtés sont les mêmes que dans les triangles rectilignes; seulement, il faudra se rappeler que le sinus d'un angle s'exprime par *deux sinus*, le cosinus par *deux tangentes*, et la tangente par *une tangente* et *un sinus*.

les cinq quantités B, C, α, $\mathfrak{b}$, γ, et il suffira d'en faire un choix convenable, d'après les données de chaque problème, ainsi que nous allons l'indiquer. Mais auparavant, tirons de ce qui précède deux conséquences applicables à tous les triangles rectangles.

1°. On voit, d'après la formule (5), que les trois côtés α, $\mathfrak{b}$, γ devront être tous moindres que 90 degrés; ou bien deux seront à la fois plus grands que 90 degrés, et le troisième moindre. Ainsi le nombre des côtés plus grands qu'un quadrans est toujours *pair*.

2°. La formule (8) montre qu'*un angle oblique est toujours de même espèce que le côté opposé;* c'est-à-dire qu'ils sont tous deux à la fois moindres que 90 degrés, ou à la fois plus grands.

469. **Premier cas.** — *On donne l'hypoténuse α et un* Fig. 56. *côté $\mathfrak{b}$ de l'angle droit;* les trois inconnues γ, B et C se trouveront par les formules (5), (6), (7).

Deuxième cas. — *On donne les deux côtés $\mathfrak{b}$ et γ de l'angle droit;* les inconnues sont ici α, B et C, qui s'obtiendront par les formules (5) et (8).

Troisième cas. — *On donne l'hypoténuse α et un angle oblique B;* pour trouver les inconnues $\mathfrak{b}$, γ et C, on emploiera les formules (6), (7) et (9).

Quatrième cas. — *On donne un côté $\mathfrak{b}$ et l'angle opposé B;* les inconnues α, γ et C s'obtiendront par les formules (6), (8) et (10).

Cinquième cas. — *On donne un côté $\mathfrak{b}$ avec l'angle adjacent C;* les inconnues α, γ et B se calculeront au moyen des formules (7), (8) et (10).

Sixième cas. — *On donne les deux angles obliques B*

25

et C; pour trouver les inconnues α, 6, γ, on emploiera les formules (9) et (10).

470. Observons ici, 1° que toutes les formules citées sont telles, que les logarithmes s'y appliquent immédiatement; seulement, il faudra auparavant avoir soin de les rendre homogènes, en y introduisant pour facteur une puissance convenable du rayon R des tables.

2°. Que lorsqu'un élément inconnu sera fourni par son sinus, lequel peut appartenir également à un angle aigu et à son supplément, il y aura ambiguïté sur la grandeur de cet élément; mais cette ambiguïté cessera si, parmi les données, se trouve le côté ou l'angle opposé à cet élément, car on a vu (n° 468) que ces deux grandeurs devaient toujours être de même espèce.

471. D'après ces remarques, on verra aisément que, parmi les six cas que présente la résolution des triangles rectangles, il n'y a que *le quatrième* qui soit vraiment *douteux,* c'est-à-dire qui admette deux solutions. En effet, les inconnues α, γ et C sont données par les équations

$$\sin \alpha = \frac{\sin 6}{\sin B}, \quad \sin \gamma = \frac{\tang 6}{\tang B}, \quad \sin C = \frac{\cos B}{\cos 6};$$

ainsi, il faudra commencer par prendre C et γ tous deux moindres que 90 degrés, ou tous deux plus grands, et ensuite déterminer l'espèce de α par la relation $\cos \alpha = \cos 6 \cos \gamma$. On peut d'ailleurs reconnaître à priori l'existence de deux solutions dans ce cas, puisque,

Fig. 56. si l'on prolonge les deux côtés BC et BA jusqu'à ce qu'ils se coupent de nouveau en B′, on aura un second triangle rectangle CAB′, où le côté 6 et l'angle B′ = B sont évidemment les mêmes que dans le triangle primitif CBA; d'ailleurs, les autres parties C′, α′, γ′ de ce nouveau triangle sont bien les suppléments de C, α, γ.

§ IV. — *Résolution des triangles obliquangles.*

472. Ces triangles, où l'on devra toujours connaître trois des six éléments A, B, C, α, 6, γ, présentent six problèmes distincts, qui se résolvent par les quatre principes généraux qu'expriment les formules (1), (2), (3) et (4); mais comme ces formules exigent quelques modifications pour se prêter au calcul logarithmique, nous allons parcourir les diverses parties de cette question.

PREMIER CAS.

473. *On donne les trois côtés* α, 6, γ. Pour trouver l'un des angles, A par exemple, il suffira d'employer la formule (1), qui donne

$$\cos A = \frac{\cos \alpha - \cos 6 \cos \gamma}{\sin 6 \ \sin \gamma},$$

équation dont le second membre est tout connu, mais qui ne se prête pas commodément au calcul logarithmique. C'est pourquoi nous allons substituer cette valeur dans la relation générale

$$\sin \tfrac{1}{2} A = \sqrt{\frac{1 - \cos A}{2}},$$

et il viendra, en réduisant au même dénominateur,

$$\sin \tfrac{1}{2} A = \sqrt{\frac{\cos (6 - \gamma) - \cos \alpha}{2 \sin 6 \sin \gamma}},$$

puis, par la formule connue

$$\cos(a - b) - \cos(a + b) = 2 \sin a \sin b,$$

on obtiendra enfin

$$\sin \tfrac{1}{2} A = \sqrt{\frac{\sin \tfrac{1}{2} (\alpha + 6 - \gamma) \sin \tfrac{1}{2} (\alpha + \gamma - 6)}{\sin 6 \sin \gamma}},$$

formule que l'on rendra homogène en multipliant le second membre par le rayon R des tables, et à laquelle les logarithmes s'appliqueront aisément. D'ailleurs, elle n'offrira point de double valeur pour l'angle A, quoiqu'il soit donné par un sinus, parce que l'arc $\frac{1}{2}$ A ne saurait surpasser 90 degrés. Quant aux deux autres angles, ils s'obtiendront par des formules toutes semblables à celle-ci, et qui s'en déduiront par des permutations de lettres.

474. Si l'on avait substitué la valeur de cos A dans la relation

$$\cos \tfrac{1}{2} A = \sqrt{\frac{1 + \cos A}{2}},$$

on serait arrivé, par des calculs analogues, à la formule

$$\cos \tfrac{1}{2} A = \sqrt{\frac{\sin \tfrac{1}{2}(6 + \gamma - \alpha)\sin \tfrac{1}{2}(6 + \gamma + \alpha)}{\sin 6 \sin \gamma}},$$

qui, par sa combinaison avec la première, fournit encore cette relation,

$$\tan \tfrac{1}{2} A = \sqrt{\frac{\sin \tfrac{1}{2}(\alpha + 6 - \gamma)\sin \tfrac{1}{2}(\alpha + \gamma - 6)}{\sin \tfrac{1}{2}(6 + \gamma - \alpha)\sin \tfrac{1}{2}(\alpha + 6 + \gamma)}}.$$

Ces expressions de cos $\frac{1}{2}$A et tang $\frac{1}{2}$A pourraient être employées au même usage que celle de sin $\frac{1}{2}$A; et nous allons indiquer ici une application très-utile de ces formules.

Fᴵᴼ. 57.   **475.** *Réduire un angle à l'horizon.* Un observateur placé au point O a mesuré l'angle POQ que font les deux rayons visuels dirigés vers les points fixes P et Q, et il a mesuré aussi les angles POO' et QOO' formés par ces rayons avec la verticale; on demande l'angle P'O'Q', qui est *la projection* du premier sur un plan horizontal. Si l'on conçoit une sphère décrite du point O, comme centre, avec un rayon quelconque, elle sera coupée par les trois faces de l'angle trièdre O, suivant un triangle sphérique

ABC, dont les côtés α, 6, γ seront les angles observés; tandis que l'angle demandé P'O'Q' ne sera autre chose que l'angle dièdre des deux plans POO' et QOO', c'est-à-dire l'angle A du triangle sphérique : on calculera donc cette inconnue A par une des formules établies ci-dessus.

DEUXIÈME CAS.

476. *On donne deux côtés α et 6, avec l'angle A opposé à l'un d'eux.*

1°. L'angle B s'obtiendra par le théorème (2), qui donne

$$\sin B = \frac{\sin A \sin 6}{\sin \alpha}.$$

2°. Pour le côté γ, on emploiera la formule (1),

$$\cos \alpha = \cos 6 \cos \gamma + \sin 6 \sin \gamma \cos A$$
$$= \cos 6 (\cos \gamma + \sin \gamma \tang 6 \cos A);$$

et pour la rendre calculable par logarithmes, on aura recours à un angle auxiliaire φ, en posant (*)

$$(m) \qquad \tang 6 \cos A = \tang \varphi,$$

(*) Pour saisir l'esprit de ces transformations fréquentes, et ne pas en faire un mécanisme aveugle, et fatigant pour la mémoire, il faut remarquer que, dans tous les cas semblables, il s'agit de changer en produit un binôme de la forme

$$M \sin \omega + N \cos \omega.$$

Or, si l'on met en facteur commun l'une des quantités M ou N, comme

$$M \left(\sin \omega + \cos \omega \frac{N}{M} \right),$$

et que l'on égale le coefficient $\frac{N}{M}$ à une tangente ou à une cotangente, lignes qui sont susceptibles de recevoir toutes les valeurs possibles, on aura

$$M \left(\sin \omega + \cos \omega \frac{\sin \varphi}{\cos \varphi} \right) = \frac{M \sin (\omega + \varphi)}{\cos \varphi},$$

ou bien

$$M \left(\sin \omega + \cos \omega \frac{\cos \varphi}{\sin \varphi} \right) = \frac{M \cos (\omega - \varphi)}{\sin \varphi}$$

ce qui donnera

$$\cos \alpha = \cos 6 \left(\cos \gamma + \sin \gamma \, \frac{\sin \varphi}{\cos \varphi} \right),$$

ou bien

$$(n) \qquad \cos \alpha = \frac{\cos 6 \cos (\gamma - \varphi)}{\cos \varphi}.$$

Ainsi, après qu'on aura calculé l'angle auxiliaire φ par l'équation (m), on trouvera, au moyen de (n), l'arc $\gamma - \varphi$, et par suite le côté γ tout entier.

3°. Pour l'angle C, on pourrait, après avoir trouvé γ, employer le théorème (2); mais si l'on veut obtenir C directement, on prendra, dans le groupe (3), la formule

$$\cot \alpha \sin 6 = \cot A \sin C + \cos 6 \cos C$$
$$= \cos 6 \left(\cos C + \sin C \, \frac{\cot A}{\cos 6} \right),$$

puis on posera

$$(p) \qquad \frac{\cot A}{\cos 6} = \tang \psi,$$

ce qui permettra de calculer aisément l'angle auxiliaire ψ; et en substituant dans l'équation précédente, il viendra

$$(q) \qquad \cot \alpha \, \tang 6 = \frac{(\cos C - \psi)}{\cos \psi},$$

équation d'où l'on déduira aisément l'angle $C - \psi$, et par suite l'angle C.

Fic. 58.   477. Il est bon de remarquer que l'introduction des auxiliaires φ et ψ revient à partager le triangle ABC en deux triangles rectangles par une perpendiculaire CD=h. En effet, si l'on appelle φ le segment DA, et ψ l'angle ACD, le triangle rectangle ACD donnera, par les formules (7) et (5),

$$\cos A = \frac{\tang \varphi}{\tang 6}, \quad \cos 6 = \cos h \cos \varphi;$$

puis, le triangle rectangle CDB donnera, par la formule (5),

$$\cos \alpha = \cos h \cos (\gamma - \varphi);$$

et si l'on substitue ici la valeur de cos h, on aura ces deux formules :

$$\cos A = \frac{\tang \varphi}{\tang 6}, \quad \cos \alpha = \frac{\cos 6 \cos (\gamma - \varphi)}{\cos \varphi},$$

lesquelles s'accordent évidemment avec les équations (m) et (n) du numéro précédent.

De même, pour trouver C, on déduira du triangle rectangle ACD, par les formules (9) et (7),

$$\cos 6 = \cot A \cot \psi, \quad \cos \psi = \frac{\tang h}{\tang 6};$$

puis le triangle rectangle BCD fournira, d'après la formule (7), l'équation

$$\cos (C - \psi) = \frac{\tang h}{\tang \alpha};$$

d'où l'on conclura, en éliminant h,

$$\cos 6 = \cot A \cot \psi, \quad \cos (C - \psi) = \frac{\tang 6 \cos \psi}{\tang \alpha},$$

résultats qui rentrent aussi dans les formules (p) et (q) du numéro précédent. Ce cas admettra souvent *deux solutions*. (*Voyez* n° 486.)

TROISIÈME CAS.

478. *On donne deux côtés* α *et* 6, *avec l'angle compris* C.

1°. Le côté γ s'obtiendra par le théorème (1), qui

donne

$$\cos \gamma = \cos \alpha \, \cos 6 + \sin \alpha \sin 6 \cos C$$
$$= \cos \alpha \, (\cos 6 + \sin 6 \, \mathrm{tang}\, \alpha \cos C);$$

de sorte que si l'on pose

$$\mathrm{tang}\, \alpha \cos C = \mathrm{tang}\, \varphi,$$

l'arc auxiliaire φ se calculera aisément par logarithmes, et il viendra

$$\cos \gamma = \frac{\cos \alpha \cos (6 - \varphi)}{\cos \varphi}$$

formule qui donnera aussi l'inconnue $\cos \gamma$ par le moyen des logarithmes.

2°. Quant à l'angle A, on peut le déduire du théorème (2), lorsqu'une fois γ est connu; mais pour l'obtenir directement, on partira de la première des formules (3), qui donne

$$\cot A = \frac{\cot \alpha \sin 6 - \cos 6 \cos C}{\sin C}$$
$$= \cot C \left(\frac{\cot \alpha}{\cos C} \sin 6 - \cos 6 \right);$$

puis on posera

$$\frac{\cot \alpha}{\cos C} = \cot \varphi,$$

équation où l'arc φ est évidemment le même que dans 1°, et qui conduit à

$$\cot A = \frac{\cot C \sin (6 - \varphi)}{\sin \varphi}, \quad \text{ou tang } A = \frac{\mathrm{tang}\, C \sin \varphi}{\sin (6 - \varphi)}.$$

3°. Pour trouver l'angle B, on traiterait semblablement la formule suivante, déduite du théorème (3),

$$\cot B = \frac{\cot 6 \sin \alpha - \cos \alpha \cos C}{\sin C}.$$

D'ailleurs, il est bon de savoir que les angles A et B s'obtiendraient aussi par les *analogies de Néper,* que nous donnerons plus loin. (*Voyez* n° **487**.)

479. Remarquons encore que l'introduction de l'auxi-liaire φ revient à partager le triangle ABC en deux autres, Fɪɢ. 59. par un arc $BD = h$, perpendiculaire sur AC. En effet, si l'on pose le segment $CD = φ$, on aura dans le triangle rectangle BCD,

$$\cos C = \frac{\tan φ}{\tan α}, \quad \cos α = \cos φ \cos h,$$

relations dont la première servira à calculer φ; puis le triangle rectangle DBA donnera

$$\cos γ = \cos h \cos(6 - φ) = \frac{\cos α}{\cos φ} \cos(6 - φ),$$

résultats qui s'accordent avec les formules employées ci-dessus pour trouver γ.

Ensuite, les mêmes triangles rectangles donnent aussi

$$\tan C = \frac{\tan h}{\sin φ}, \quad \tan A = \frac{\tan h}{\sin(6 - φ)};$$

d'où l'on conclut, comme au n° **478**, 2°,

$$\tan A = \frac{\tan C \sin φ}{\sin(6 - φ)}.$$

Pour obtenir l'angle B, il faudrait abaisser la perpen-diculaire du sommet A.

QUATRIÈME CAS.

480. *On donne deux angles* A *et* B, *avec le côté compris* γ.

1°. Pour trouver l'angle C, on emploiera le théorème (4), qui donne

$$\cos C = -\cos A \cos B + \sin A \sin B \cos γ$$
$$= \cos A (-\cos B + \sin B \tan A \cos γ);$$

et, par le secours d'un angle auxiliaire ψ, on aura

$$\text{tang A} \cos \gamma = \cot \psi, \quad \cos C = \frac{\cos A \sin (B - \psi)}{\sin \psi}.$$

2°. Le côté α s'obtiendra par une des formules (3), qui donne

$$\cot \alpha \sin \gamma = \cot A \sin B + \cos \gamma \cos B$$
$$= \cos \gamma \left(\cos B + \sin B \frac{\cot A}{\cos \gamma} \right);$$

et, par le secours du même angle ψ que ci-dessus, on aura

$$\frac{\cot A}{\cos \gamma} = \text{tang } \psi, \quad \cot \alpha = \frac{\cot \gamma \cos (B - \psi)}{\cos \psi}.$$

3°. Le côté 6 se déduirait semblablement de la formule

$$\cot 6 \sin \gamma = \cot B \sin A + \cos \gamma \cos A.$$

Observons d'ailleurs que les deux côtés α, 6 pourraient aussi se calculer par les *analogies de Néper*. (*Voyez* n° 488.)

481. On arrive aux mêmes valeurs, en abaissant l'arc
FIG. 59. $BD = h$ perpendiculaire sur AC, et en désignant par ψ l'angle DBA; car le triangle rectangle ABD donne

$$\cos \gamma = \cot \psi \cot A, \quad \cos h = \frac{\cos A}{\sin \psi};$$

et, par l'autre triangle rectangle BCD, on obtient

$$\cos h = \frac{\cos C}{\sin (B - \psi)}, \quad \text{d'où} \quad \cos C = \frac{\cos A \sin (B - \psi)}{\sin \psi}.$$

Quant à α, les mêmes triangles rectangles donnent

$$\cos (B - \psi) = \frac{\text{tang } h}{\text{tang } \alpha}, \quad \cos \psi = \frac{\text{tang } h}{\text{tang } \gamma};$$

d'où l'on conclut

$$\text{tang } \alpha = \frac{\text{tang } \gamma \cos \psi}{\cos (B - \psi)}.$$

Pour obtenir 6, il faudrait abaisser la perpendiculaire du sommet A.

482. *On donne deux angles* A *et* B, *avec le côté* α *opposé à l'un d'eux.*

1°. Le côté 6 s'obtiendra par le théorème (2), qui donne

$$\frac{\sin 6}{\sin B} = \frac{\sin \alpha}{\sin A}.$$

2°. Pour trouver l'angle C, on emploiera le théorème (4), qui fournit l'équation

$$\cos A = - \cos B \cos C + \sin B \sin C \cos \alpha$$
$$= \cos B \left(- \cos C + \sin C \tang B \cos \alpha \right),$$

et, par le moyen d'un angle auxiliaire, il viendra

$$\tang B \cos \alpha = \cot \psi, \quad \cos A = \frac{\cos B \sin (C - \psi)}{\sin \psi}.$$

3°. Le côté γ se déduira d'une des formules (3), savoir,

$$\cot \alpha \sin \gamma = \cot A \sin B + \cos \gamma \cos B;$$

d'où résulte

$$\frac{\cot \alpha}{\cos B} \sin \gamma - \cos \gamma = \cot A . \tang B;$$

et alors, par un arc auxiliaire φ, il viendra

$$\frac{\cot \alpha}{\cos B} = \cot \varphi, \quad \sin (\gamma - \varphi) = \cot A \tang B \sin \varphi.$$

483. Cela revient encore à abaisser l'arc CD=h per- Fig. 60. pendiculaire sur AB, et à poser l'angle BCD=ψ, et le segment BD=φ; car le triangle rectangle BCD donnera

$$\cos \alpha = \cot B \cot \psi, \quad \cos h = \frac{\cos B}{\sin \psi};$$

mais le triangle ACD fournit aussi la relation

$$\cos h = \frac{\cos A}{\sin (C - \psi)},$$

d'où l'on conclura

$$\sin (C - \psi) = \frac{\cos A \sin \psi}{\cos B}.$$

Quant au côté γ, on a, dans les mêmes triangles rectangles,

$$\cos B = \frac{\tang \varphi}{\tang \alpha}, \quad \tang B = \frac{\tang h}{\sin \varphi}, \quad \tang A = \frac{\tang h}{(\sin \gamma - \varphi)};$$

d'où l'on conclut, en éliminant h,

$$\sin (\gamma - \varphi) = \frac{\tang B \sin \varphi}{\tang A};$$

résultats qui s'accordent tous avec ceux du n° **482**, mais qui offriront souvent *deux solutions*. (*Voyez* n° **486**.)

SIXIÈME CAS.

484. *On donne les trois angles* A, B *et* C. Pour obtenir un des côtés, α par exemple, on emploiera le théorème $(\overset{.}{4})$, qui donne

$$\cos A = -\cos B \cos C + \sin B \sin C \cos \alpha,$$

équation où $\cos \alpha$ est la seule inconnue, mais qui ne se prête pas au calcul logarithmique. C'est pourquoi nous agirons comme dans le *premier cas,* et nous substituerons la valeur de $\cos \alpha$, tirée de l'équation précédente, dans la relation connue

$$\sin \tfrac{1}{2} \alpha = \sqrt{\frac{1 - \cos \alpha}{2}};$$

alors il viendra, en réduisant au même dénominateur sous le radical,

$$\sin \tfrac{1}{2} \alpha = \sqrt{\frac{-\cos (B + C) - \cos A}{2 \sin B \sin C}},$$

ou bien

$$\sin \tfrac{1}{2}\alpha = \sqrt{\dfrac{-\cos\tfrac{1}{2}(B+C+A)\cos\tfrac{1}{2}(B+C-A)}{\sin B \sin C}}.$$

Cette valeur, que l'on aurait pu déduire de celle de cos $\tfrac{1}{2}$ A, trouvée n° 474, en appliquant cette dernière au *triangle supplémentaire*, sera toujours réelle. En effet, comme la somme des trois angles A, B, C est toujours comprise (n° 448) entre *deux* et *six* angles droits, il s'ensuit qu'on aura à la fois les deux conditions

$$\tfrac{1}{2}(A+B+C) > 90° \quad \text{et} \quad < 3 \times 90°;$$

ainsi, le premier cosinus qui entre sous le radical précédent sera *négatif*, et, à cause du signe qui le précède, ce facteur deviendra positif. Ensuite, le second cosinus sera toujours *positif*; car, dans le triangle supplémentaire, chaque côté étant (n° 446) plus petit que la somme des deux autres, on aura

$$\alpha' < 6' + \gamma',$$

ou bien

$$180° - A < 180° - B + 180° - C;$$

d'où l'on conclut

$$\tfrac{1}{2}(B+C-A) < 90°.$$

§ V. — *Remarques.*

485. On doit observer que, des six cas que nous venons de résoudre, les trois derniers auraient pu être ramenés aux autres par le secours du triangle supplémentaire. En effet, quand on donne, dans le quatrième cas, les angles A et B avec le côté compris γ, on connaît, dans le triangle supplémentaire, les deux côtés α' et $6'$ avec l'angle C', puisque ces éléments sont les suppléments des données de la question. On pourrait donc, comme au n° 478, calculer γ', A', C'; et, en prenant leurs suppléments, on aurait les valeurs de C, α, 6. De cette ma-

nière, le quatrième cas se ramènerait au troisième, le cinquième au second, et le sixième au premier.

486. En examinant par quelles lignes trigonométriques sont fournies les inconnues dans chacun de ces six cas, on reconnaît aisément que *le second* et *le cinquième* sont les seuls *qui puissent admettre deux solutions;* et encore ils

FIG. 61. ne les admettent pas toujours. En effet, soit CAB l'angle donné A, que nous supposerons d'abord aigu, et $AC = 6$ le côté connu adjacent à cet angle : si l'on abaisse l'arc CD perpendiculaire sur AB, le second côté donné α pourra prendre deux positions CB et CB', également écartées de CD, et il y aura deux triangles ACB, ACB', construits avec les mêmes données, pourvu toutefois que $\alpha < 6$; car si $\alpha > 6$, la seconde position CB' que prendrait ce côté, devrait être plus éloignée de la perpendiculaire CD que ne l'est CA; et, par suite, le point B' serait à droite du point A : de sorte que le second triangle, ayant un angle A supplément de celui qu'assigne la question, devrait être rejeté.

Nous avons supposé, dans ce qui précède, le côté 6 moindre que 90 degrés; s'il était plus grand, et représenté par AC', il faudrait évidemment, pour que le côté α pût prendre les deux positions C'B" et C'B''', que α fût moindre que le supplément C'A' de $C'A = 6$, parce que autrement le côté AB''' se trouverait plus grand que la demi-circonférence AB'''A'. En discutant de même le cas où l'angle A surpasserait 90 degrés, il faudra observer que *l'arc perpendiculaire* CD se trouve alors *plus grand que les obliques, lesquelles diminuent en s'en éloignant;* et par là on pourra établir les caractères suivants :

$$\text{Si } A < 90^{\circ}, \quad 6 < 90^{\circ}, \quad \begin{cases} \alpha < 6, & \text{deux solutions ;} \\ \alpha = 6, & \text{une solution ;} \\ \alpha > 6, & \text{une solution.} \end{cases}$$

Si $A < 90°$, $6 > 90°$, $\begin{cases} \alpha + 6 < 180°, & \text{deux solutions;} \\ \alpha + 6 = 180°, & \text{une solution;} \\ \alpha + 6 > 180°, & \text{une solution.} \end{cases}$

Si $A > 90°$, $6 < 90°$, $\begin{cases} \alpha + 6 < 180°, & \text{une solution;} \\ \alpha + 6 = 180°, & \text{une solution;} \\ \alpha + 6 > 180°, & \text{deux solutions.} \end{cases}$

Si $A > 90°$, $6 > 90°$, $\begin{cases} \alpha < 6, & \text{une solution;} \\ \alpha = 6, & \text{une solution;} \\ \alpha > 6, & \text{deux solutions.} \end{cases}$

Pour le cinquième cas, où l'on donne A, B et α, on ramènera la discussion au cas que nous venons d'examiner, par le secours du triangle supplémentaire.

487. Nous ferons connaître ici les *analogies de* Néper, qui peuvent servir à résoudre le troisième et le quatrième cas des triangles obliquangles.

Éliminons $\cos \gamma$ entre la première et la troisième des formules (1) du n° **456**, et nous aurons

$$\cos \alpha = \cos \alpha \cos^2 6 + \cos 6 \sin \alpha \sin 6 \cos C + \sin 6 \sin \gamma \cos A;$$

d'où l'on déduira, en transposant,

$$\sin \gamma \cos A = \cos \alpha \sin 6 - \sin \alpha \cos 6 \cos C.$$

En éliminant, d'une manière toute semblable, $\cos \gamma$ entre la deuxième et la troisième des formules (1), on arrivera évidemment à

$$\sin \gamma \cos B = \cos 6 \sin \alpha - \sin 6 \cos \alpha \cos C;$$

et en ajoutant ces deux dernières équations membre à membre, il viendra

$$(R) \qquad \sin \gamma (\cos A + \cos B) = (1 - \cos C) \sin (\alpha + 6).$$

Cela posé, on a, par le théorème (2),

$$\frac{\sin A}{\sin \alpha} = \frac{\sin B}{\sin 6} = \frac{\sin C}{\sin \gamma},$$

d'où l'on déduit

(S)
$$\frac{\sin A + \sin B}{\sin \alpha + \sin 6} = \frac{\sin C}{\sin \gamma},$$

(T)
$$\frac{\sin A - \sin B}{\sin \alpha - \sin 6} = \frac{\sin C}{\sin \gamma};$$

et en éliminant $\sin \gamma$ tour à tour entre (R) et (S), et entre (R) et (T), il viendra

$$\frac{\sin A + \sin B}{\cos A + \cos B} = \frac{\sin C}{1 - \cos C} \cdot \frac{\sin \alpha + \sin 6}{\sin(\alpha + 6)},$$

$$\frac{\sin A - \sin B}{\cos A + \cos B} = \frac{\sin C}{1 - \cos C} \cdot \frac{\sin \alpha - \sin 6}{\sin(\alpha + 6)};$$

puis enfin, par les formules ordinaires de la Trigonométrie, qui changent les sommes de sinus ou de cosinus en produits, on ramènera aisément les deux équations precédentes à la forme

(11)
$$\operatorname{tang} \tfrac{1}{2}(A + B) = \cot \tfrac{1}{2} C \cdot \frac{\cos \frac{1}{2}(\alpha - 6)}{\cos \frac{1}{2}(\alpha + 6)},$$

(12)
$$\operatorname{tang} \tfrac{1}{2}(A - B) = \cot \tfrac{1}{2} C \cdot \frac{\sin \frac{1}{2}(\alpha - 6)}{\sin \frac{1}{2}(\alpha + 6)}.$$

Ces relations, qui pourraient être écrites sous la forme de proportions ou d'*analogies*, serviront, dans le *troisième cas* des triangles obliquangles, à trouver (A+B), (A—B), et, par suite, chacun des angles A et B.

488. Si l'on applique les formules (11) et (12) au triangle supplémentaire, dans lequel $A' = 180° - \alpha$, $B' = 180° - 6$, $C' = 180° - \gamma$, $\alpha' = 181° - A$, etc., on en conclura ces deux nouvelles *analogies*,

(13)
$$\operatorname{tang} \tfrac{1}{2}(\alpha + 6) = \operatorname{tang} \tfrac{1}{2}\gamma \cdot \frac{\cos \frac{1}{2}(A - B)}{\cos \frac{1}{2}(A + B)},$$

(14)
$$\operatorname{tang} \tfrac{1}{2}(\alpha - 6) = \operatorname{tang} \tfrac{1}{2}\gamma \cdot \frac{\sin \frac{1}{2}(A - B)}{\sin \frac{1}{2}(A + B)},$$

lesquelles pourront aussi, dans le *quatrième cas*, suffire

à trouver $(\alpha + 6)$, $(\alpha - 6)$, et, par suite, chacun des côtés α et 6.

489. Nous placerons encore ici une conséquence remarquable de l'équation trouvée n° 457,

$$\sin A = \frac{\sqrt{1 - \cos^2\alpha - \cos^2 6 - \cos^2\gamma + 2\cos\alpha\cos 6\cos\gamma}}{\sin 6 \sin \gamma}.$$

Considérons, en effet, un parallélipipède COADB, dont Fig. 62. les trois arêtes contiguës sont

$$OA = a, \quad OB = b, \quad OC = c,$$

lesquelles font entre elles des angles

$$BOC = \alpha, \quad COA = 6, \quad AOB = \gamma.$$

Ces angles sont (n° 446) les côtés d'un triangle sphérique intercepté par les trois faces de l'angle trièdre O, sur une sphère qui aurait son centre en ce point; et les angles A, B, C de ce triangle seront les angles dièdres qui ont pour arêtes OA, OB, OC. Cela posé, on a évidemment

$$\text{surf. OADB} = ab \sin AOB = ab \sin \gamma;$$

puis, en abaissant la perpendiculaire CH sur la base, et la droite HK perpendiculaire sur OA, on aura

$$CH = CK . \sin CKH = CK . \sin A;$$

ou bien, en prenant la valeur de CK dans le triangle rectangle COK,

$$CH = c \sin 6 \sin A.$$

Donc le volume du parallélipipède sera

$$\text{vol.} (a, b, c) = abc \sin A \sin 6 \sin \gamma;$$

et, en y substituant l'expression citée au commencement

26

de cet article, pour sin A, on obtiendra le volume de ce corps en fonction des arêtes et des angles qu'elles forment entre elles, savoir :

$$\text{vol.}\,(a, b, c) = abc \sqrt{1 - \cos^2\alpha - \cos^2\beta - \cos^2\gamma + 2\cos\alpha \cos\beta \cos\gamma}.$$

Cette expression pourrait aussi se calculer aisément par logarithmes, car elle se décomposerait en quatre facteurs, attendu que le polynôme sous le radical provient (n° 457) de la différence

$$\sin^2\beta \sin^2\gamma - (\cos\alpha - \cos\beta \cos\gamma)^2.$$

490. Si l'on considère la pyramide qui aurait pour arêtes OA, OB, OC, et pour base le triangle ABC, elle sera évidemment *le sixième* du parallélipipède que nous venons de calculer; et d'ailleurs, comme en désignant les trois côtés de la base par

$$BC = a', \quad CA = b', \quad AB = c',$$

il serait aisé de calculer les trois quantités $\cos\alpha$, $\cos\beta$, $\cos\gamma$, on arriverait ainsi à trouver le volume de la pyramide, exprimé seulement au moyen de ses six arêtes. Parmi ces droites, il est bon d'observer que a et a' sont *deux arêtes opposées,* ainsi que b avec b' et c avec c'.

§ VI. — *Résolution d'un triangle sphérique, dont les trois côtés sont très-petits par rapport au rayon de la sphère.*

Fig. 63.   **491.** Soit un triangle sphérique ABC dont les côtés ont pour longueurs absolues a, b, c, et qui est tracé sur une sphère dont le rayon $OA = r$. Nous avons fait observer (n° 452) que les sinus, cosinus, etc., qui entraient dans la formule (1) et dans toutes celles qui en ont été déduites, ne désignaient pas les lignes trigonométriques des arcs AB, AC, BC eux-mêmes, mais seulement les sinus, cosinus, etc., *d'arcs semblables* à ceux-ci, et tracés *sur une sphère dont le rayon serait l'unité.* Or, puisque deux arcs semblables sont toujours entre eux comme leurs rayons, il s'ensuit que les arcs que nous avons désignés jusqu'à présent par α, ε, γ, sont liés avec les longueurs absolues a, b, c, par les relations

$$\alpha = \frac{a}{r}, \quad \varepsilon = \frac{b}{r}, \quad \gamma = \frac{c}{r};$$

et c'est effectivement de là qu'il faudrait déduire les valeurs de α, ε, γ, si les côtés étaient donnés en grandeur absolue, par exemple en mètres. Mais il peut arriver que ces côtés a, b, c soient très-petits par rapport au rayon r de la sphère; comme dans la Géodésie, où les côtés des triangles que l'on conçoit tracés sur le globe terrestre, bien qu'ayant plusieurs lieues de longueur, sont encore très-petits relativement au rayon du globe, dont la valeur moyenne est de 1592 lieues de 4 kilomètres. Alors les rapports $\frac{a}{r}$, $\frac{b}{r}$, $\frac{c}{r}$ étant des fractions très-faibles, répondraient à des arcs α, ε, γ, qui se trouveraient beaucoup au-dessous de 1 degré; or, pour des arcs aussi petits, les Tables de logarithmes n'offriraient plus assez d'exactitude, et il devient à la fois plus rigoureux et plus court de ramener la résolution de pareils triangles à celle de triangles rectilignes. Nous allons donc démontrer le principe sur lequel repose cette réduction.

492. En substituant les valeurs précédentes de α, ε, γ dans la formule (1), elle donne

$$\cos A = \frac{\cos \dfrac{a}{r} - \cos \dfrac{b}{r} \cos \dfrac{c}{r}}{\sin \dfrac{b}{r} \sin \dfrac{c}{r}};$$

26.

mais si l'on développe les sinus et les cosinus, en négligeant les termes au-dessous de $\frac{1}{r^4}$, on aura

$$\cos\frac{a}{r} = 1 - \frac{a^2}{2\,r^2} + \frac{a^4}{2.3.4\,r^4},$$

$$\cos\frac{b}{r} = 1 - \frac{b^2}{2\,r^2} + \frac{b^4}{2.3.4\,r^4}, \qquad \sin\frac{b}{r} = \frac{b}{r} - \frac{b^3}{2.3\,r^3},$$

$$\cos\frac{c}{r} = 1 - \frac{c^2}{2\,r^2} + \frac{c^4}{2.3.4\,r^4}, \qquad \sin\frac{c}{r} = \frac{c}{r} - \frac{c^3}{2.3\,r^3},$$

valeurs qui, substituées dans l'expression de cos A, donneront, en négligeant toujours les puissances supérieures à r^4, un résultat dont l'erreur sera néanmoins de l'ordre $\frac{1}{r^4}$, parce que le dénominateur renferme le facteur $\frac{1}{r^2}$, et il viendra

$$\cos A = \frac{\dfrac{b^2+c^2-a^2}{2\,r^2} + \dfrac{a^4 - b^4 - c^4 - 6\,b^2c^2}{24\,r^4}}{\dfrac{bc}{r^2}\left(1 - \dfrac{c^2+b^2}{6\,r^2}\right)}.$$

Mais en supprimant le diviseur commun r^2, et développant le facteur

$$\frac{1}{1 - \dfrac{c^2+b^2}{6\,r^2}} = \left(1 - \frac{c^2+b^2}{6\,r^2}\right)^{-1} = 1 + \frac{c^2+b^2}{6\,r^2},$$

puis négligeant les termes où entrera r^4, nous aurons enfin

$$(15)\quad \cos A = \frac{b^2+c^2-a^2}{2\,bc} + \frac{a^4+b^4+c^4 - 2\,a^2b^2 - 2\,a^2c^2 - 2\,b^2c^2}{24\,bcr^2}.$$

493. Maintenant, si l'on posait ici $r = \infty$, le triangle sphérique deviendrait un triangle rectiligne ayant les mêmes côtés a, b, c, mais dont les angles A', B', C' seraient différents de A, B, C; et la formule (15) donne-

rait

$$\cos A' = \frac{b^2 + c^2 - a^2}{2\,bc},$$

relation déjà connue, et d'où l'on déduit

$$\sin^2 A' = \frac{2\,a^2 b^2 + 2\,a^2 c^2 + 2\,b^2 c^2 - a^4 - b^4 - c^4}{4\,b^2 c^2}.$$

Alors on voit que l'équation (15) peut s'écrire sous la forme

(16) $$\cos A = \cos A' - \frac{bc \sin^2 A'}{6\,r^2},$$

ce qui montre que l'angle A est plus grand que A', mais que la différence doit être très-petite, puisque le dernier terme de l'équation précédente est divisé par r^2. Pour mieux apprécier cette différence, posons

$$A = A' + x,$$

d'où

$$\cos A = \cos A' \cos x - \sin x \sin A' = \cos A' - x \sin A';$$

ce résultat, qui s'obtient en négligeant le carré de x, étant comparé avec la relation (16), prouve que

$$x = \frac{bc \sin A'}{6\,r^2} = \frac{S}{3\,r^2},$$

où S désigne la surface du triangle rectiligne; d'ailleurs il en résulte que la quantité x^2, que nous avons négligée, serait de l'ordre $\frac{1}{r^4}$. Ainsi, en acceptant une approximation de ce genre, on pourra poser

$$A = A' + \frac{S}{3\,r^2},$$

et l'on aura de même

$$B = B' + \frac{S}{3\,r^2},$$

$$C = C' + \frac{S}{3\,r^2};$$

car la quantité S ne change pas quand on permute **A** avec B ou avec C.

494. En ajoutant les trois équations précédentes, il vient

$$A + B + C = 180° + \frac{S}{r^2} \, ;$$

ce qui prouve que la quantité $\frac{S}{r^2}$ équivaut à l'*excès sphérique ε*, qui exprime aussi (n° 451) la surface du triangle sphérique; et les dernières équations du n° 493 pourront s'écrire ainsi ·

$$A = A' + \tfrac{1}{3}\varepsilon,$$
$$B = B' + \tfrac{1}{3}\varepsilon,$$
$$C = C' + \tfrac{1}{3}\varepsilon.$$

Il résulte de là que, *quand on a un triangle sphérique très-peu courbe, dont les angles sont* A, B, C, *et les côtés* a, b, c, *il existe un triangle rectiligne qui a des côtés de même longueur, et dont les angles sont* $A - \tfrac{1}{3}\varepsilon$, $B - \tfrac{1}{3}\varepsilon$, $C - \tfrac{1}{3}\varepsilon$, en désignant par ε l'excès de la somme des trois angles du triangle sphérique sur deux angles droits.

495. Voici maintenant la manière dont il faudra employer ce théorème :

1°. Si l'on connaît les trois côtés du triangle sphérique, on saura calculer S par la formule ordinaire

$$S = \sqrt{p\,(p - a)\,(p - b)\,(p - c)},$$

où p désigne le demi-périmètre; et alors S et r se trouvant exprimés en unités de même espèce, par exemple en mètres, le quotient $\frac{S}{r^2} = \varepsilon$ sera un nombre abstrait qui représentera une certaine fraction du rayon R des Tables de sinus, *lequel a été pris pour unité* des lignes trigonométriques. Ainsi, pour convertir ε en secondes, il

faudra multiplier $\frac{S}{r^2}$ par R'', nombre de secondes contenues dans l'arc de cercle qui égale en longueur absolue
son rayon (*) : on aura donc

$$\varepsilon = \frac{S}{r^2} \cdot R'' ;$$

et alors, en calculant les trois angles A', B', C' du triangle
rectiligne d'après les côtés connus a, b, c, il suffira d'augmenter chacun d'eux de $\frac{1}{3}\varepsilon$, pour avoir les angles A, B, C
du triangle sphérique.

2°. Si la question donnait A, b, c, alors on sait que

$$S = \frac{bc \sin A'}{2} = \frac{bc \sin A}{2},$$

en prenant $\sin A$ pour $\sin A'$; et comme ces deux quantités ne diffèrent que par des termes du second ordre,
puisque

$$\sin A' = \sin(A - x) = \sin A \cos x - \cos A \sin x,$$

il s'ensuit que le résultat

$$\varepsilon = \frac{S}{r^2} \times R''$$

ne sera fautif que dans les termes de l'ordre $\frac{1}{r^4}$. Par conséquent, si l'on résout le triangle rectiligne ayant pour
éléments b, c et $A' = A - \frac{1}{3}\varepsilon$, on en conclura, après
avoir trouvé a, B', C', que les parties cherchées dans le
triangle sphérique étaient

$$a, \quad B = B' + \frac{1}{3}\varepsilon, \quad C = C' + \frac{1}{3}\varepsilon.$$

(*) Ce nombre de secondes s'obtient en remarquant que

$$\pi R = 180° = 648000'' ;$$

de sorte qu'en divisant par π, qui est connu, on obtiendra le nombre de
secondes contenues dans l'arc qui égale R, savoir,

$$R'' = 206265'' \quad \text{et} \quad \log R'' = 5,3144251.$$

3°. Si l'on connaissait, dans le triangle sphérique, A, a, b, on calculerait dans le triangle rectiligne correspondant

$$\sin B' = \frac{b \sin A'}{a} = \frac{b \sin A}{a};$$

d'où l'on conclurait l'angle $C' = 180° - A - B'$, avec la même approximation que ci-dessus ; et, par suite, on aurait

$$S = \frac{ab \sin C'}{2}, \quad \varepsilon = \frac{S}{r^2} \cdot R''.$$

4°. Lorsque l'on connaît A, B, c, on obtient aisément

$$S = \frac{bc \sin A}{2} = \frac{c^2 \sin B \sin A}{2 \sin (A + B)},$$

d'où l'on conclut ε ; et il en serait de même pour les données A, B, a, puisque le troisième angle C' serait connu par l'équation

$$C' = 180° - A - B,$$

qui est suffisamment exacte pour le calcul de la quantité S, laquelle doit être divisée par r^2. Ainsi, dans tous les cas, on pourra estimer directement l'excès sphérique ε ; et, par suite, conclure les parties du triangle sphérique d'après celles qu'on aura calculées dans le triangle rectiligne.

FIN.

Pl. 1.

Pl. 2.

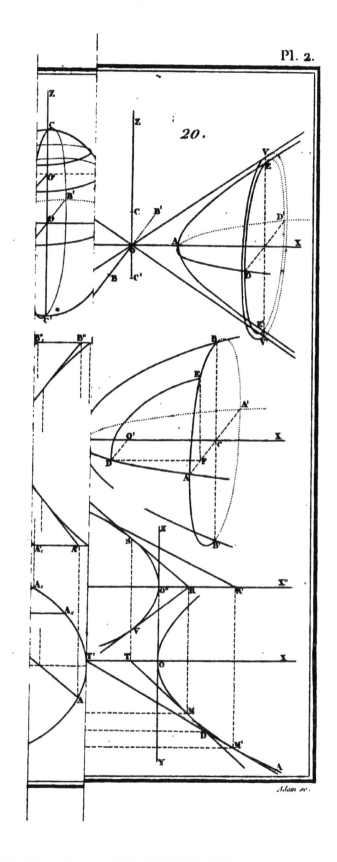

20.

Pl. 3.

28.

30.

32.

34.

36.

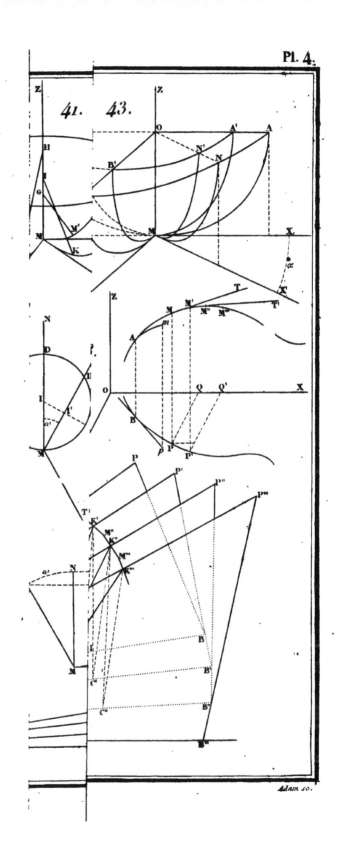

Pl. 4.

41. *43.*

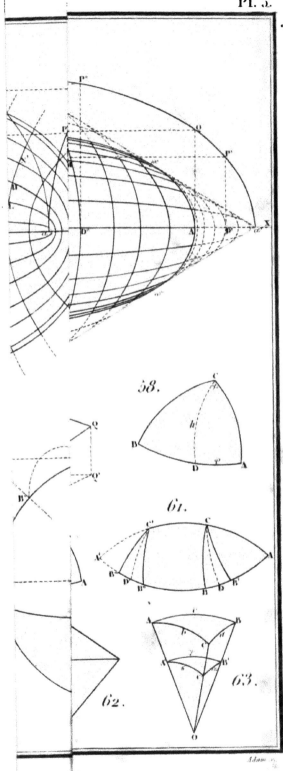

58.

61.

62.

63.

QUAI DES GRANDS-AUGUSTINS, 55, A PARIS.

EXTRAIT DU CATALOGUE DES LIVRES DE FONDS ET D'ASSORTIMENT
DE
MALLET-BACHELIER,
Gendre et Successeur de Bachelier,

IMPRIMEUR-LIBRAIRE DU BUREAU DES LONGITUDES — DE L'ÉCOLE IMPÉRIALE POLYTECHNIQUE — DE L'ÉCOLE CENTRALE DES ARTS ET MANUFACTURES — DU DÉPOT CENTRAL DE L'ARTILLERIE.

ÉDITEUR du Journal de Mathématiques pures et appliquées, par M. J. LIOUVILLE, Membre de l'Institut. — Des Nouvelles Annales de Mathématiques, Journal des Candidats aux Écoles Polytechnique et Normale, par M. TERQUEM, officier de l'Université, et M. GERONO, Professeur de Mathématiques. — Des Comptes rendus hebdomadaires des séances de l'Académie des Sciences. — Du Journal de l'École Polytechnique. — Des Exercices d'Analyse et de Physique mathématique, par M. Augustin CAUCHY.

IMPRIMEUR des Annales de Chimie et de Physique, par MM. CHEVREUL, DUMAS, PELOUZE, BOUSSINGAULT, REGNAULT, DE SENARMONT, Membres de l'Institut. — De la Chambre des Avoués près la Cour impériale de Paris.

LIBRAIRE POUR LES MATHÉMATIQUES, LA PHYSIQUE, LA CHIMIE, LES ARTS MÉCANIQUES LES PONTS ET CHAUSSÉES, LA MARINE ET L'INDUSTRIE.

Cet établissement, exclusivement consacré à la publication d'ouvrages relatifs aux Sciences et aux Arts, continue à se charger, soit pour son compte, soit pour celui des Auteurs, de l'impression d'ouvrages scientifiques, et spécialement d'ouvrages sur les Mathématiques. On y reçoit egalement en commission, et l'on se charge de la vente des livres imprimés, tant en France qu'en pays étranger.

Les Établissements publics, MM. les Ingénieurs, les Professeurs, les Chefs d'institution, les Bibliothécaires, les Élèves de l'École Polytechnique et ceux de l'École centrale des Arts et Manufactures, jouissent de la remise d'usage.

TOUT COMPTE SERA FERMÉ AUX CORRESPONDANTS QUI REFUSERONT LE PAYEMENT DE MES TRAITES.

A

ALLAIZE, BILLY, BOUDROT, professeurs de Mathématiques, et PUISSANT, membre de l'Institut — Cours de Mathématiques rédigé pour l'usage des Écoles militaires, d'après l'ordre de M. le général Bellavène, commandant directeur des études de l'Ecole spéciale de Saint-Cyr. 4e édition; in-8, avec planches; 1854. . . . . 7 fr. 50 c.
ALLIX (J.-A.-F.), Lieutenant général. — Théorie de l'Univers, ou de la Cause primitive du Mouvement, et de ses principaux effets. 2e édition; in-8, avec figures; 1818 . . . . 5 fr.
AMADIEU (P.-F.), directeur d'une École préparatoire à Versailles. — Notions élémentaires d'Algèbre, exigées pour l'admission à l'École Navale, à l'École de Saint-Cyr et à l'Ecole Forestière. 2e édition; in-12, avec pl.; 1849. 3 fr.

AMADIEU (P.-F.). — Notions élémentaires de Géométrie descriptive, exigées pour l'admission aux diverses Écoles du Gouvernement. In-8, avec pl.; 1838 .... 2 fr. 50 c.

AMIOT (A.). — Leçons nouvelles d'Algèbre élémentaire, à l'usage des aspirants au baccalauréat et aux écoles du Gouvernement. In-8, 1853 ...... 4 fr.

AMIOT (A.). — Leçons nouvelles de Géométrie descriptive. 2 vol. in-8, dont 1 de pl.; 1853 .... 6 fr.

AMPÈRE. — Recueil d'Observations électrodynamiques (Mémoires extraits des Annales de Chimie). In-8, avec pl.; 1822 .... 10 fr.

ANNUAIRE DE LA MARINE ET DES COLONIES POUR 1854. In-8 .... 2 fr.

ARAGO (F.), secrétaire perpétuel de l'Académie des Sciences. — Analyse de la vie et des Travaux de Sir William Herschel. In-18 .... 2 fr.

ARAGO (F.), secrétaire perpétuel de l'Académie des Sciences. — Œuvres complètes. 12 vol. in-8 se vendant séparément................... 7 fr. 50 c.
Le 1er volume est en vente.

ARMENGAUD jeune (Ch.), ingénieur civil. — L'Ouvrier mécanicien. Guide de Mécanique pratique, précédé des Notions élémentaires d'Arithmétique décimale, d'Algèbre et de Géométrie. 3e édition; in-12, avec planches; 1848 .... 4 fr.

ARMENGAUD jeune. — Guide manuel de l'Inventeur et du Fabricant. In-8; 1853 .... 5 fr.

B

BARDIN, professeur à l'École d'Artillerie de Metz. — Notes et Croquis de Géométrie descriptive. 2e édition; in-folio, avec un grand nombre de figures; 1837 .... 10 fr.

BARRESWIL et DAVANNE — Chimie photographique, contenant les éléments de Chimie expliqués par les manipulations photographiques. — Les procédés de Photographie sur plaque, sur papiers sec ou humide, sur verres au collodion et à l'albumine. — La manière de préparer soi-même, d'employer tous les réactifs et d'utiliser les résidus. — Les recettes les plus nouvelles et les derniers perfectionnements. — La Gravure et la Lithophotographie. In-8; 1854 .... 5 fr.

BARRÈME (N.). — L'Arithmétique du sieur Barrême, ou le Livre facile pour apprendre l'Arithmétique de soi-même et sans maître. Nouvelle edition, augmentée de règles différentes de la Geometrie servant au mesurage et à l'arpentage, et du Traité d'Arithmétique nécessaire à l'arpentage et au toisé; in-12; 1788 .... 3 fr.

BAUDUSSON. — Le Rapporteur exact, ou Tables des cordes de chaque angle, depuis une minute jusqu'à cent quatre-vingts degrés, pour un rayon de mille parties égales; augmenté de la nouvelle Division du Cercle en parties centésimales, ou Tables des cordes de tous les arcs du demi-cercle, de 10 en 10 minutes, avec une colonne des différences, au moyen de laquelle on peut prendre à vue les unités des minutes. (A l'usage des ingénieurs du Cadastre, de ceux qui lèvent des plans au graphomètre et qui s'occupent de la Gnomonique, ou art de tracer les Cadrans solaires.) 3e édit.; in-18, avec pl.; 1842 ...... 2 fr.

BENOIT (P.-M.-N.), ingénieur civil, ancien élève de l'École Polytechnique, l'un des cinq fondateurs de l'École centrale des Arts et Manufactures. — La Règle à Calcul expliquée, ou Guide du Calculateur à l'aide de la Règle logarithmique à tiroir, dans lequel on indique le moyen de construire cet instrument, et l'on enseigne à y opérer toutes sortes de calculs numériques. Fort vol. in-12, avec pl.; 1853 .... 6 fr.

La RÈGLE A CALCUL (Instrument) se vend séparément................... 6 fr.

BERTRAND, professeur à l'Académie de Genève. — Éléments de Géométrie. In-4, avec 11 planches; 1812 .... 12 fr.

BERTRAND (C.), directeur de l'Institution de Gien. — Programme des Leçons de Géométrie rationnelle et appliquée. *Première partie :* Geométrie plane rationnelle, suivie de la Géométrie de l'échelle et de la Théorie de la règle à calculs. In-8, 1853 .... 3 fr.

BEZOUT. — Traité d'Arithmétique, à l'usage de la Marine et de l'Artillerie; avec Notes du baron *Reynaud.* 20e édition; in-8 .... 3 fr. 50 c.

BEZOUT pur. — Arithmétique. 20e édition; in-8 .... 2 fr.
— Le Même, suivi des Tables de Poids et Mesures et des Tables de Logarithmes depuis 1 jusqu'à 10 000 .... 2 fr. 50 c.

BEZOUT. — Algèbre et Application de cette science à l'Arithmétique et à la Géométrie. Nouvelle édition, avec les Notes du baron *Reynaud* et *Catalan;* in-8. (*Sous presse.*)
Le texte pur (séparément)......................... 4 fr.
Les Notes (séparément)......................... 4 fr. 50 c.

BEZOUT. — Cours de Mathématiques, à l'usage de la Marine et de l'Artillerie ; avec les Notes du baron *Reynaud*. 6 vol. in-8 . . . . 40 fr.

BEZOUT. — Cours de Géométrie, contenant la Géométrie, la Trigonométrie rectiligne et la Trigonométrie sphérique ; avec des Notes sur les Éléments de Géométrie descriptive et de Problèmes. Avec 27 pl. 7 fr. 50 c.
    Géométrie pure, avec 7 planches . . . . 4 fr. 50 c.
    Les Notes, avec 15 planches . . . . 4 fr. 50 c.

BEZOUT. — Géométrie, Trigonométrie rectiligne et sphérique, suivie des Théorèmes et Problèmes de Géométrie, et de la Géométrie descriptive. 10e édition ; in-8, avec planches ; 1845 . . . . 7 fr. 50 c.

BEZOUT. — Éléments de Géométrie, suivis de la Géométrie démontrée plus rigoureusement ; par *Peyrard*. 7e éd.; in-8, avec pl.; 1832 . . . . 7 fr.

BIENAYMÉ, membre de l'Institut. — Considérations à l'appui de la découverte de Laplace sur la Loi de probabilité dans la méthode des moindres carrés. In-4 . . . . 1 fr. 25 c.

BIOT, membre de l'Institut. — Traité élémentaire d'Astronomie physique. 3e édition, entièrement refondue et considérablement augmentée; 6 vol. in-8; avec Atlas.
    Les quatre premiers volumes, avec 4 Atlas, sont en vente . . . . . . 65 fr.
    dont 10 fr. à valoir sur le dernier volume.
    Les tomes V et VI sont *sous presse*.

BOBILLIER (E.-E.), chef des études et professeur de Mécanique aux Écoles nationales d'Arts et Métiers de Châlons et d'Angers. — Principes d'Algèbre. 3e édition ; in-8; 1849. (*Ouvrage adopté par le Ministre de l'Agriculture et du Commerce pour les Écoles nationales d'Arts et Métiers.*) . . . . 3 fr. 50 c.

BOBILLIER (E.-E.). — Cours de Géométrie. 10e édition ; in-8, avec figures dans le texte ; 1850 . . . . 6 fr. 50 c.

BOIS-BERTRAND (E.-D.), directeur de l'École préparatoire Polytechnique. — Cours d'Algèbre, à l'usage des aspirants à l'École Polytechnique. 2 vol. in-8; 1810 et 1811 . . . . 10 fr. 50 c.

BONFILS, docteur en Médecine, à Nancy. — Marsh et sa méthode; notions élémentaires, à l'usage des gens du monde, des jurés, des avocats, des magistrats, sur la recherche chimico-légale de l'Arsenic. Avec deux pl. coloriées. 2 fr. 50 c.

BONY (J.-A.), agent-voyer. — Tables des Surfaces et des Dimensions des profils, avec compensation entre les déblais et les remblais, dressées pour des routes de 8 et de 6 mètres en plaine et à mi-côte, et applicables à des routes de toute autre largeur. In-8; 1853 . . . . 6 fr.

BORGNET, professeur de Mathématiques au Lycée de Tours. — Essai de Géométrie analytique de la Sphère. In-8; 1847 . . . . 1 fr. 50 c.

BORGNIS. — Traité complet de Mécanique appliquée aux arts, contenant l'exposition méthodique des théories et des expériences les plus utiles pour diriger le choix, l'invention, la construction et l'emploi de toutes les espèces de machines. Ouvrage divisé en dix Traités, formant 10 volumes in-4, avec 249 planches ; 1818 à 1823.
— I. De la Composition des machines. Volume in-4.
— II. Du Mouvement des fardeaux. Volume in-4. (*Sous presse.*)
— III. Des Machines que l'on emploie dans les constructions diverses. In-4.
— IV. Des Machines hydrauliques. Volume in-4.

Les volumes 5, 6, 7, 8, 9, 10 se vendent séparément :
— V. Des Machines d'Agriculture. Volume in-4, avec 28 planches ; 1819. 21 fr.
— VI. Des Machines employées dans diverses fabrications. Volume in-4, avec 27 planches ; 1819 . . . . 21 fr.
— VII. Des Machines qui servent à confectionner les étoffes. Volume in-4, avec 44 planches ; 1820 . . . . 30 fr.
— VIII. Des Machines qui imitent ou facilitent les fonctions vitales des corps animés. Volume in-4, avec 27 planches ; 1820 . . . . 21 fr.
— IX. Théorie de la Mécanique usuelle. Volume in-4; 1821 . . . . 25 fr.
— X. Dictionnaire de Mécanique appliquée aux arts. Volume in-4; 1823. 21 fr.

BORGNIS. — Traité élémentaire de Construction appliquée à l'Architecture civile. 2e édition ; Paris, 1838 ; in-4 et Atlas . . . . 36 fr.

BORN, officier d'artillerie. — Gnomonique graphique et analytique, ou l'Art de tracer les Cadrans solaires. In-8, avec planches ; 1846. 3 fr. 50 c.
    Quartier de réduction et astronomique,
    En feuille . . . . 60 c. — Cartonné . . . . 1 fr. 25 c.

BOSSUT (l'abbé), de l'Académie des Sciences, examinateur des Ingénieurs. — Traité élémentaire d'Algèbre. In-8; 1773 . . . . 6 fr.

BOUCHARLAT (J.-L.), professeur de Mathématiques transcendantes aux Écoles militaires. — Théorie des Courbes et des Surfaces du second ordre, ou Traité complet d'application de l'Algèbre à la Géométrie. 3e édition, revue, corrigée et augmentée de Notes et des principes de la Trigonométrie rectiligne. In-8, avec planches ; 1845 . . . . 7 fr.

BOUCHARLAT. — Éléments de Calcul différentiel et intégral. 6ᵉ édition; in-8; 1852. . . . . 8 fr.

BOURGEOIS et GABART; anciens élèves de l'École Polytechnique, professeurs au Collège Stanislas. — Leçons nouvelles sur les Applications pratiques de la Géométrie et de la Trigonométrie, à l'usage des *Candidats au Baccalauréat ès sciences et à l'École Polytechnique*. In-8, avec 5 planches; 1853. 3 fr. 50 c.

BOURDON, ancien examinateur d'admission à l'École Polytechnique. — Éléments d'Arithmétique. 28ᵉ édition rédigée conformément aux nouveaux Programmes de l'enseignement dans les Lycées. In-8; 1853. (*Adopté par l'Université*). . . . . 5 fr.

BOURDON. — Éléments d'Algèbre. 10ᵉ édition; in-8; 1843. (*Adopté par l'Université*). . . . . 8 fr.

BOURDON, professeur de Mathématiques au Lycée Charlemagne. — Thèse de Mécanique. In-4; 1811. . . . . 2 fr. 50 c.

BOURDON et VINCENT, professeur de Mathématiques au Collège St-Louis. — Cours de Géométrie élémentaire. 5ᵉ éd.; in-8, avec pl.; 1844. (*Adopté par l'Université*). . . . . 7 fr.

BOURDON et VINCENT. — Abrégé du Cours de Géométrie. In-8, avec planches; 1844. (*Adopté par l'Université*). . . . . 5 fr.

BRASSINNE (E.), professeur à l'École impériale de Toulouse. — Précis des Œuvres mathématiques de P. Fermat, et de l'Arithmétique de Diophante. In-8; 1853. . . . . 3 fr. 50 c.

BREITHOF, ancien répétiteur à l'Athénée royal du Luxembourg. — Éléments d'Algèbre, ouvrage renfermant un grand nombre de Problèmes et de Théorèmes propres à exciter la curiosité et l'intérêt. In-12; 1836. . . . . 4 fr.

BRESSON (J.). — Traité élémentaire de Mécanique appliquée aux sciences physiques et aux arts. (Mécanique des corps solides.) In-4 et Atlas de 18 planches doubles; 1843. . . . . 25 fr.

BRETON (de Champ); ingénieur des Ponts et Chaussées. — Traité du Nivellement, comprenant la Théorie et la Pratique du Nivellement ordinaire et des Nivellements expéditifs dits préparatoires ou de reconnaissance. In-8, avec planches; 1848. . . . . fr.

BUQUOY (le comte DE). — Exposition d'un Nouveau principe général de Dynamique, dont le principe des vitesses virtuelles n'est qu'un cas particulier. In-4; 1815. . . . . 2 fr. 50 c.

BURAT (A.), professeur de Mathématiques spéciales. — Arithmétique à l'usage des Collèges et des Écoles normales. 3ᵉ édition; in-8. . . . . 4 fr. 50 c.

C

CAGNOLI (Antoine). — Trigonométrie rectiligne et sphérique; traduite de l'italien par M. N. Chompré. 2ᵉ édition considérablement augmentée; in-4, avec planches; 1808. . . . . 18 fr.

CAILLET (V.), examinateur de la Marine. — Tables de réfractions astronomiques; précédées d'un Rapport fait au Bureau des Longitudes, par M. Largeteau, membre de l'Académie des Sciences (Institut) et du Bureau des Longitudes. In-8 . . . . 2 fr.

CALLET (F.). — Tables portatives de Logarithmes, contenant les logarithmes des nombres depuis 1 jusqu'à 108000, les logarithmes des sinus et tangentes de seconde en seconde pour les cinq premiers degrés, de dix en dix secondes pour tous les degrés du quart de cercle, etc. In-8; tirage de 1853. 15 fr.

CARNOT, de l'Institut. — Géométrie de Position. In-4, avec planches; 1803.

CARNOT. — De la Corrélation des figures de Géométrie. In-8 grand papier, avec 4 planches; 1801. . . . . 3 fr.

CARNOT (S.). — Réflexions sur la puissance motrice du feu et sur les machines propres à développer cette puissance. In-8; 1824. . . . . . . 3 fr.

CATALAN (E.) et LAFRÉMOIRE (H.-Ch. DE), ancien élève de l'École Polytechnique. — Traité élémentaire de Géométrie descriptive, renfermant toutes les matières exigées pour l'admission à l'École Polytechnique. 2ᵉ édit.; in-8 et Atlas; 1852. . . . . 6 fr. 50 c.

CAUCHY (Aug.), membre de l'Académie des Sciences, professeur d'Analyse à l'École Polytechnique. — Cours d'Analyse de l'École Polytechnique. (*Première partie, Analyse algébrique.*) In-8; 1821. . . . . 9 fr.

CAUCHY. — Exercices d'Analyse et de Physique mathématique. 4 volumes in-4. . . . . 72 fr.
Chaque volume se vend séparément. . . . . 18 fr.

CAZENAVE (Estenel); docteur en Médecine de la Faculté de Paris; membre de la Société d'Hydrologie médicale, médecin des Eaux-Bonnes. — Recherches cliniques sur les Eaux-Bonnes. In-8; 1854. . . . . 2 fr.

CHASLES, membre de l'Institut. — Traité de Géométrie supérieure. Fort vol. in-8, avec 12 planches; 1852. . . . . 15 fr.

CHAVERONDIER (H). — Nouvelle Théorie sur les Roues hydrauliques. In-8, avec planche; 1853............. 4 fr.

CHENU (J.), instituteur géomètre. — Traité pratique d'Arithmétique ancienne et décimale, comparée et rendue facile. — De la Géométrie. — De l'Arpentage. — Du Toisé des bâtiments, bois, etc. In-6, avec figures; 1822................. 7 fr.

CHOQUET, docteur ès Sciences, professeur de Mathématiques, et **MAYER**, ancien élève de l'École Polytechnique. — Traité élémentaire d'Algèbre. 5e édit., revue, corrigée et augmentée; in 8; 1849. (*Adopté par l'Université*). 7 fr. 50 c.

CHOQUET. — Complément d'Algèbre, contenant les matières exigées suivant le *Programme officiel*, pour l'admission à l'École Polytechnique, et qui ne se trouvent pas dans la 5e édition du Traité élémentaire d'Algèbre. 2e édition; in-8; 1853............. 2 fr.

CHORON (F.), professeur au Collège de Troyes. — Arithmétique pratique d'après la méthode des Progressions. In-12............. 1 fr.

CHRISTIAN (S), professeur de Mathématiques spéciales, et **PLANCHE** (J.), inspecteur de l'Académie de Caen. — Cours de Cosmographie, à l'usage des élèves des Lycées, des Collèges communaux et des Écoles secondaires privées, rédigé d'après le Programme de l'Université et adopté par le Conseil de l'Instruction publique (1er et 2e semestres). 3e édit; in-8, avec planches............. 5 fr.

CLAIRAUT. — Éléments d'Algèbre. 6e édition, avec des Notes et des Additions très-étendues, par M. Garnier; précédés d'un Traité d'Arithmétique, par *Theveneau*; et d'une Instruction sur les nouveaux Poids et Mesures. 2 vol. in-8; 1801............. 10 fr.

CLAIRAUT. — Éléments de Géométrie. Nouvelle édit., in-8, avec planches; 1852............. 2 fr. 50 c.

CLARKE (Léonce), professeur de Mathématiques. — Théorèmes et Problèmes de Trigonométrie rectiligne et sphérique. Première partie: Trigonométrie rectiligne. In-8; 1849............. 1 fr. 50 c.

COMTE (Auguste), ancien élève de l'École Polytechnique. — Cours de Philosophie positive. 6 vol. in-8............. 70 fr.
Tome I (Préliminaires généraux, et Philosophie mathématique).
Tome II (Philosophie astronomique et Philosophie de la Physique).
Il ne reste qu'un très-petit nombre d'exemplaires complets.

On vend séparément :

Tome III (Philosophie chimique et Philosophie biologique)............. 15 fr.
Tome IV (Portion dogmatique de la Philosophie sociale)............. 10 fr.
Tome V (Partie historique de la Philosophie sociale, en tout ce qui concerne l'état théologique et l'état métaphysique)............. 10 fr.
Tome VI (Complément de la Philosophie sociale, et Conclusions génér.). 12 fr.

COUCHE (C.), professeur à l'École des Mines. — Des Mesures propres à prévenir les collisions sur les chemins de fer. In-8; 1853............. 2 fr.

COULVIER-GRAVIER. — Catalogue des Globes filants (Bolides). In-4; 1854............. 3 fr.

COURS D'ARITHMÉTIQUE, DE GÉOMÉTRIE ET DE TRIGONOMÉTRIE, à l'usage des sous-officiers du corps de l'Artillerie. In-12. (*Approuvé par le Ministre secrétaire d'État de la guerre*.)............. 4 fr.

CROS (S.-C.-Henri), docteur en droit. — Théorie de l'Homme intellectuel et moral. 3e édition; 2 vol. in-8; 1842............. 12 fr.

D

D'ABREU (J.-M.) — Principes mathématiques de feu Joseph-Anastase da Cunha, traduits du portugais. In-8, avec planches; 1817............. 6 fr.

DALMAS (J.-B.) membre de la Société Géologique de France, etc. — La Cosmogonie et la Géologie basées sur les faits physiques, astronomiques et géologiques qui ont été constatés ou admis par les savants du xixe siècle, et leur comparaison avec la formation des cieux et de la terre selon la Genèse. 1 vol. in-8, avec planches............. 3 fr. 50 c.

DÉCRET DU 29 JANVIER 1852, DÉTERMINANT L'UNIFORME DES DIFFÉRENTS CORPS DE LA MARINE. (Extrait du Bulletin officiel.) In-8; 1853............. 2 fr.

DELAGRIVE (l'abbé). — Manuel de Trigonométrie pratique; revu et augmenté de Tables de Logarithmes à l'usage des Ingénieurs; par *A.A.L. Reynaud*. Nouvelle édition; in-8, avec planche; 1806............. 7 fr.

DELAMBRE. — Astronomie théorique et pratique. 3 vol. in-4; avec planches; 1814............. 60 fr.

DELAMBRE. — Abrégé du même Ouvrage, ou Leçons élémentaires d'Astronomie théorique et pratique données au Collège de France. 1 vol. in-8.

DELAMBRE. — Histoire de l'Astronomie du moyen âge. 1 vol. in-4, avec planches; 1819.. 25 fr.

DELAMBRE. — Histoire de l'Astronomie moderne. 2 v. in-4, avec pl.; 1821. 50 fr.

DELAMBRE. — Histoire de l'Astronomie au 18e siècle; publiée par M. Mathieu, membre de l'Académie des Sciences et du Bureau des Longitudes. In-4, avec planches; 1827.. 36 fr.

DELATOUCHE (Gustave), professeur de Mathématiques. — Trigonométrie rectiligne, à l'usage des Élèves qui se destinent aux Écoles du Gouvernement. 3e édition, revue et augmentée; in-12. avec pl. | 1852............. 3 fr. 50 c.

DELAUNAY (Ch.), ingénieur des Mines. — Cours élémentaire d'Astronomie, concordant avec les articles du Programme officiel pour l'enseignement de la Cosmographie dans les lycées. 1re partie; in-8, avec pl.; 1853.... 3 fr. 75 c.

DELAUNAY (M.-C.), ingénieur des Mines, professeur de Mécanique à l'École Polytechnique et à la Faculté des Sciences de Paris. — Cours élémentaire de Mécanique théorique et appliquée. 3e édition; in-12, avec un grand nombre de figures dans le texte; in-12............................... 8 fr.

DELHORBE. — Nouveau Traité de Géométrie théorie-pratique sur la division des Champs. 2e édition; in-8............................... 5 fr.

DELILLE (J.-Cl.-Olivier), professeur de tenue de livres. — L'Arithmétique méthodique et démontrée, appliquée au Commerce, à la Banque et à la Finance, avec un Traité complet de changes étrangers. 9e édition; in-8; 1812............................... 6 fr.

DELILLE (A.), examinateur pour l'admission à l'École Navale, professeur émérite et officier de l'Université, et GERONO, professeur de Mathématiques. — Géométrie analytique. In-8, avec pl.; 1853..................... 8 fr.

DELILLE et **GERONO.** — Éléments de Trigonométrie rectiligne et sphérique. 3e éd.; in-8, avec pl......................... 3 fr. 50 c.

DENNIS, ingénieur civil. — De l'Enseignement professionnel (1792-1852). In-8; 1852............................... 25 c.

DERYAUX (A.). — Découverte de la vraie cause de la précession des équinoxes, ainsi que de la rétrogradation des nœuds de la Lune contre l'ordre des signes du Zodiaque. In-8; 1850......................... 3 fr.

DERYAUX (A.). — Découverte de la véritable Astronomie. In-8; 1853. 1 fr. 25 c.

DEVELEY (Em.), professeur de Mathématiques. — Application de l'Algèbre à la Géométrie, contenant en particulier les deux Trigonométries et les Sections coniques. 2e édit.; in-4, avec pl.; 1825............. 14 fr.

DEVELEY (Em.). — Éléments de Géométrie, distribués dans un cadre naturel et sur un plan absolument neuf. 2e édition; in-8, avec planches; 1816. 6 fr.

DIDIER, professeur de Mathématiques. — Cours complet de Géométrie (1re partie, Géométrie plane, section élémentaire). In-8, avec pl.; 1828. 6 fr.

DINIER (N.-J.). — Petit Cours élémentaire d'Arithmétique théorique et pratique, à l'usage des Commençants. In-24....................... 1 fr.

DIDION (Is.), chef d'escadron d'artillerie. — Cours élémentaire de Balistique. In-4; 1852............................... 3 fr.

DIDION (Is.). — Traité de Balistique. In-8, avec planches; 1848. . . . . 8 fr.

DIEU (Th.), professeur à la Faculté des Sciences de Grenoble. — Éléments d'Arithmétique, rédigés suivant les nouveaux Programmes pour l'enseignement secondaire et l'enseignement primaire. In-8; 1845............. 2 fr. 50 c.

DUBOIS (Pierre), horloger. — Histoire et Traité de l'Horlogerie ancienne et moderne, précédés de Recherches sur la mesure du Temps dans l'antiquité, et suivis de la Biographie des Horlogers les plus célèbres de l'Europe. 1 volume in-4, avec planches dans le texte; 1852............. 30 fr.

DU BOIS (F.), ancien élève de l'École Polytechnique. — Géométrie descriptive de Monge, et les Arts graphiques ramenés aux principes de ce grand maître. In-8, avec pl.; 1854......................... 3 fr. 50 c.

DUCROS DE SIXT (J.-P.). — Leçons d'Arithmétique et de Métrage, d'après la Méthode analytique de l'abbé Gaultier. 4e édition; in-18; 1853. (Ouvrage adopté par l'Université et le Ministre de la Guerre pour les sous-off.). 2 fr. 50 c.

DUHAMEL, membre de l'Institut. — Cours de Mécanique. 2e édition; 2 vol. in-8, avec planches; 1854............................... 12 fr.

DUHAMEL. — Cours d'Analyse de l'École Polytechnique; 2e édition; 2 vol. in-8°; 1847............................... 10 fr.

DU MONCEL (Th.). — Théorie des Éclairs. In-8; 1854............. 1 fr.

DUPIN (Ch.), membre de l'Institut. — Géométrie et Mécanique des arts et métiers et des beaux-arts, Cours normal à l'usage des Ouvriers et des Artistes, des Sous-Chefs et des Chefs d'Ateliers et de Manufactures; professé au Conservatoire des Arts et Métiers. 3 vol. in-8, avec 44 planches; 1841.

Se vend séparément: Tome I, (Géométrie appliquée aux Arts)..... 6 fr.

DUPIN. — Application de Géométrie et de Méchanique à la Marine, aux Ponts et Chaussées, etc., pour faire suite aux Développements de Géométrie. In-4, avec planches ; 1822... 15 fr.

DUPIN. — Développements de Géométrie, avec des Applications à la stabilité des vaisseaux, aux déblais et aux remblais, au défilement, à l'optique, etc., pour faire suite à la Géométrie analytique de Monge. In-4, avec planches ; 1813 .... 15 fr.

DUSSON. — Traité des Puissances numériques. In-8 ; 1847............ 3 fr.

E

ÉTIENNE, professeur de Mathématiques au Lycée de Versailles. — **Table des Racines carrées**, contenant les racines carrées des nombres 1 à 750, avec 28, 24 et 21 décimales pour les 103 premiers nombres ; 19 décimales pour les nombres 104 à 419, et 17 décimales pour les autres nombres. In-12 ; 1 fr.
Cette Table est précédée d'une exposition sur la Théorie des puissances des nombres et des radicaux du deuxième degré et suivie d'un Tableau des carrés et des nombres qui contiennent des carrés comme facteurs, depuis 1, jusqu'à 3 000.

F

FAURE. — Mémoire sur la Réforme de l'enseignement de la Géométrie où se trouve la Solution de plusieurs Questions réputées insolubles, adressé au Conseil royal et à l'Académie des Sciences. In-8 ; 1845............. 1 fr.

FAVRE (P.-A.), agrégé de la Faculté de Médecine. — Thèse de Chimie : Recherches thermochimiques sur les composés formés en proportions multiples. Thèse de Physique : Recherches thermiques sur les courants hydro-électriques. In-4 ; 1853... 3 fr. 50 c.

FAYET. — Programmes de Géométrie élémentaire, ou Énoncé des principaux Théorèmes de la Géométrie élémentaire. In-8................. 1 fr.

FERRIOT (L.-A.-S.), recteur honoraire de l'Académie de Grenoble. — Application de la méthode des Projections à la recherche de certaines propriétés géométriques. In-8, avec planches ; 1838 ....e.... 3 fr. 50 c.

FIEVET (A.). — Histoire du Ciel et de la Terre, nouvelle Physique céleste. In-8, avec planches ; 1849 .... 6 fr.

FINANCE (Ch.-S.), maître à l'École primaire supérieure de Saint-Dié (Vosges). — Arithmétique, à l'usage des Écoles primaires supérieures, des Ecoles normales primaires, des petits Séminaires, des Communautés religieuses et des Pensions ; comprenant les matières exigées pour le brevet d'Instituteur et pour l'admission aux Ecoles des Arts et Métiers. In-12 ; 1854........... 2 fr. 50 c.

FLANDIN (Ch.), docteur en médecine de la Faculté de Paris. — Traité des Poisons, ou Toxicologie appliquée à la Médecine légale, à la Physiologie et à la Thérapeutique. 3 vol. in-8, avec planches ; 1853............ 21 fr.
Les tomes II et III se vendent séparément..................... 14 fr.

FRANCOEUR (L.-B.), membre de l'Institut. — Traité d'Arithmétique appliquée à la Banque, au Commerce, à l'Industrie, etc. ; Recueil de Méthodes propres à résoudre les Problèmes et à abréger les Calculs numériques. In-8 ; 1845.. 4 fr.

FRANCOEUR (L.-B.). — La Goniométrie, ou l'Art de tracer sur le papier des Angles dont la graduation est connue, et d'évaluer le nombre des degrés d'un angle déjà tracé, accompagné d'une Table des cordes pour le rayon 10 000. In-8, avec planches ; 1820............................... 1 fr. 25 c.

FRANCOEUR (L.-B.). — Éléments de Statique. In-8, avec pl ; 1810. 3 fr.

FRANCOEUR (L.-B.). — Astronomie pratique. Usage et composition de la Connaissance des Temps ; ouvrage destiné aux Astronomes, aux Marins et aux Ingénieurs 2e édition ; in-8, avec planches ; 1840.......... 7 fr. 50 c.

FRANCOEUR (L.-B.) — Uranographie, ou Traité élémentaire d'Astronomie, à l'usage des personnes peu versées dans les Mathématiques, des Géographes, des Marins, des Ingénieurs, accompagnée de Planisphères ; 6e édition, revue, corrigée et augmentée d'une Notice sur la Vie et les Ouvrages de l'Auteur, par M. *Francœur* fils, professeur de Mathématiques à l'École des Beaux-Arts. (Déliée à M. *F. Arago*.) In-8, avec planches ; 1853............ 10 fr.

FRANCOEUR. — Cours complet de Mathématiques pures, 4e édition ; 2 vol. in-8, avec planches ; 1837. (*Ouvrage destiné aux élèves des Écoles Normale et Polytechnique, et aux candidats qui se préparent à y être admis.*)........ 15 fr.

FRANCOEUR fils, professeur de Mathématiques au Collége Chaptal. — Notice sur la vie et les ouvrages de L.-B. Francœur. In-8 ; 1853............ 75 c.

FRONTERA (G.). Thèses d'Analyse et de Mécanique. In-4 ; 1851. 3 fr. 50 c.

G

GANOT (A.), professeur de Mathématiques et de Physique. — Traité élémentaire de Physique expérimentale et appliquée et de Météorologie, 3e édit. ;

GARIDEL (DE), capitaine du génie. — **Tables des poussées des voûtes en plein cintre.** In-4, avec planches; 1837. (*Première partie.*).......... 5 fr.

GARLIN (J.). — Thèse de Mécanique : Sur les surfaces isothermes et orthogonales. Thèse d'Astronomie : Sur les mouvements apparents. In-4; 1853. 3 fr. 50

GARNIER (J.-G.), ancien professeur à l'École Polytechnique. — **Traité d'Arithmétique**, à l'usage d'Élèves de tout âge; 2ᵉ édit.; in-8........ 2 fr. 50 c.

GARNIER (J.-G.). — **Éléments d'Algèbre**, à l'usage des aspirants à l'École Polytechnique (première section). In-8, avec planche; 1811........... 7 fr.

GARNIER (J.-G.). — **Analyse algébrique**, faisant suite à la *première section* de l'Algèbre. 2ᵉ édition; in-8, avec planches; 1814. .... 7 fr.

GARNIER. — **Éléments de Géométrie**, comprenant les deux Trigonométries, une Introduction à la Géométrie descriptive, les Éléments de la Polygonométrie et quelques Notions sur le levé des Plans. In-8, avec planches; 1812. .... 6 fr.

GAROT (A.). — **Instruction pour se servir de la Règle à Calcul**, à l'usage des élèves des Écoles d'Arts et Métiers. 1850. .... 25 c.

GERONO. — **Statique appliquée à l'équilibre des principales machines employées sur les vaisseaux.** In-8. .... 5 fr.

GIAMBONI (M.). professeur à l'Université de Pérouse. — **Éléments d'Algèbre, d'Arithmétique et de Géométrie**, où l'Arithmétique et la Géométrie se déduisent des premières notions de l'Algèbre; traduits de l'italien sur la troisième édition, par D. Roux, de Genève. 2 vol. in-8, avec pl.; 1829. ..... 9 fr.

GIRARD (L.-D.). — **Hydraulique appliquée. Nouveau système de locomotion sur les chemins de fer.** In-4, avec 1 pl. lithographiée en couleur; 1852. .... 7 fr.

GIRARD (L.-D.), ingénieur. — **Nouveau barrage hydropneumatique.** In-4, et une planche in-folio coloriée. .... 5 fr.

GOSSART (Auguste), sous-inspecteur des Contributions indirectes. — **Sténarithmie ou Abréviation des Calculs**, Complément indispensable de toutes les Arithmétiques. In-12; 2ᵉ édition; 1853. .... 1 fr.

GOULARD-HENRIONNET, géomètre du Cadastre, attaché à l'Administration centrale des forêts pour la vérification des plans d'aménagement. — **Guide du Géomètre pour les opérations d'Arpentage et le rapport des Plans**, suivi d'un Traité de Topographie et de Nivellement, contenant toutes les Méthodes pratiques propres à faciliter l'application, sur le terrain et au cabinet, des principes théoriques constituant l'art de l'Arpenteur. 2ᵉ éd.; in-8, avec Atlas de 25 pl., dont plusieurs coloriées; 1853. .... 12 fr.

GOURÉ, proviseur du Lycée de Strasbourg. — **Éléments d'Arithmétique**, à l'usage des Candidats des Écoles spéciales du Gouvernement. 2ᵉ éd.; in-8; 1852. (*Autorisés pour l'enseignement dans les Lycées et Collèges*.)........ 5 fr.

GOURÉ. — **Éléments de Géométrie et de Trigonométrie**, à l'usage des Candidats aux Écoles du Gouvernement. 4ᵉ édition; in-8, avec planches; 1852. 7 fr.

GREMILLIET (J.-J.). — **Traité élémentaire et complet d'Arithmétique**, à l'usage de toutes les classes de la société. In-8; 1839. .... 5 fr.

GREMILLIET (J.-J.). — **Recueil de Problèmes amusants et instructifs.** Première partie, renfermant les Questions. In-8. .... 5 fr.
— Deuxième partie, renfermant les Solutions. In-8. .... 6 fr.

GREMILLIET (J.-J.). — **Calcul des Intérêts composés, des Annuités et des Rentes viagères.** 1 vol. in-8. .... 7 fr. 50 c.

GUDIN. — **Traité des Courbes algébriques.** In-12; 1756. (Ouvrage approuvé par l'Académie royale des Sciences, le 11 juin 1755, sur un Rapport de MM. Clairaut et d'Alembert.) .... 4 fr.

GUÉPRATTE. — **Problèmes d'Astronomie nautique.** 2 volumes in-8, avec additions. .... 30 fr.

GUETTIER (A.), professeur à l'École d'Arts et Métiers d'Angers. — **De la Fonderie telle qu'elle existe aujourd'hui en France, et de ses nombreuses Applications à l'Industrie.** In-4, avec planches; 1847. .... 15 fr.
— (*Deuxième partie.*) — **Glissement des Musoirs; Frottement et Cohésion dans les corps solides, les terres et les sables.** In-4; 1841. .... 5 fr.

H

HARANT (H.), licencié ès Sciences, et **LAFFITTE (P.)**, professeur de Mathématiques. — **Leçons de Cosmographie**, *rédigées d'après les Programmes arrêtés par la Commission chargée des attributions du Conseil de perfectionnement et approuvés par le Ministre de la Guerre*. In-8, avec planches; 1853. ... 5 fr.

HEEGMANN (Alphonse), membre de la Société des Sciences de Lille. — **Études sur la Trigonométrie sphérique, suivies de Nouvelles Tables trigonométriques.** In-8, avec planches; 1851. .... 3 fr.

J

JACOB (C.), capitaine d'artillerie. — Application de l'Algèbre à la Géométrie, suivie de la Discussion des Courbes d'un degré supérieur au second. In-8, avec planches; 1842... 7 fr. 50 c.

JARIEZ (J.), Sous-directeur de l'École d'Arts et Métiers de Châlons-sur-Marne. — Cours d'Arithmétique, à l'usage des élèves des Écoles d'Arts et Métiers. In-8; 1853... 3 fr. 50 c.

JARIEZ (J.) — Notions d'Algèbre et de Trigonométrie, suivies de quelques Applications au lever des Plans, à l'usage des Écoles d'Arts et Métiers. In-8, avec planches; 1847... 5 fr. 50 c.

JARIEZ (J.) — Cours de Géométrie descriptive et ses Applications au dessin des Machines, à l'usage des Écoles d'Arts et Métiers. In-8, avec pl.; 1846... 5 fr.

JARIEZ. — Cours élémentaire de Mécanique industrielle à l'usage des élèves des Écoles nationales d'Arts et Métiers. 2e édition; 2 parties et 2 atlas; in-8; 1850... 15 fr.

JUVIGNY (J.-B.), de la Société académique des Sciences de Paris. — Moyen de suppléer par l'Arithmétique à l'emploi de l'Algèbre, dans les questions d'intérêts composés, d'annuités, etc.; avec une application spéciale du même procédé à l'extinction de la dette publique. In-8; 1825......... 2 fr.

K

KORALEK, ancien élève de l'École Polytechnique de Vienne. — Méthode nouvelle pour calculer rapidement les Logarithmes des nombres et pour trouver les Nombres correspondant aux Logarithmes. In-8; 1851... 2 fr.

L

LACOMBE. — Nouveau manuel de l'Escompteur, du Banquier, du Capitaliste et du Financier, ou Nouvelles Tables de calculs d'Intérêts simples, precedées de la manière de les calculer à tous les taux. Suivi du Calendrier de l'Escompteur, pour connaître sans calcul le nombre de jours entre deux époques dans le courant d'une année. In-8; 1848... 5 fr.

LABEY (J.-B.), examinateur à l'École Polytechnique. — Traité de Statique. In-8, avec planches; 1812... 3 fr. 50 c.

LACROIX (S.-F.), membre de l'Institut. — Traité élémentaire d'Arithmétique. 20e édition; in-8... 2 fr.

LACROIX (S.-F.). — Éléments d'Algèbre. 20e édition, revue et corrigée; in-8; 1852... 2 fr.

LACROIX (S.-F.). — Complément des Éléments d'Algèbre. 6e édition, revue et corrigée; in-8; 1835... 4 fr.

LACROIX (S.-F.). — Traité élémentaire de Trigonométrie rectiligne et sphérique, et d'Application de l'Algèbre à la Géométrie. 10e édition, revue et corrigée; in-8, avec planches; 1852... 4 fr.

LACROIX (S.-F.). — Éléments de Géométrie. 16e édition; in-8, avec planches; 1848... 4 fr.

LACROIX (S.-F.). — Essais de Géométrie sur les Plans et les Surfaces courbes (Éléments de Géométrie descriptive). 7e édition, revue et corrigée; in-8, avec planches; 1840... 3 fr.

LACROIX (S.-F.). — Introduction à la connaissance de la Sphère. In-18, avec planches; 1832... 2 fr.

LAFFITTE (P.) professeur de droit national et **HARANT** (H.), licencié ès Sciences. — Leçons de Cosmographie, rédigées d'après les Programmes arrêtés par la Commission chargée des attributions du Conseil de perfectionnement et approuvés par le Ministre de la Guerre. In-8, avec planches; 1853......... 5 fr.

LAFRÉMOIRE (H.-Ch. DE), ancien élève de l'École Polytechnique, et **CATALAN** (E.), docteur ès Sciences. — Traité élémentaire de Géométrie descriptive, renfermant toutes les matières exigées pour l'admission à l'École Polytechnique. 2e édit.; in-8, et Atlas in-8; 1852... 6 fr. 50 c.

LAGRANGE (J.-L.) — Mécanique analytique. Troisième édition, revue, corrigée et annotée par M. J. Bertrand. 2 vol. in-4... 40 fr.

(On peut se procurer de suite le tome 1er — Il est délivré un BON pour le tome II, dont la publication aura lieu en juin 1854.)

LALANDE. — Tables de Logarithmes pour les Nombres et les Sinus à cinq décimales; revues par le baron Reynaud. Nouvelle édition augmentée de Formules pour la Résolution des Triangles, par M. Bailleul, prote de l'imprimerie mathématique de M. Mallet-Bachelier. In-18; 1854... 2 fr.

LALANDE. — Tables de Logarithmes, étendues à sept décimales, par F.- -M. Marie, précédées d'une Instruction dans laquelle on fait connaître les limites des erreurs qui peuvent résulter de l'emploi des Logarithmes des nombres et des lignes trigonométriques; par le baron Reynaud. 1840... 3 fr. 50 c.

LAMBERT (César), lieutenant-colonel du génie, et **PICQUÉ** (J.), professeur de Mathématiques. — **Cours de Géométrie descriptive**, renfermant les Plans tangents, les Intersections des surfaces, les Propriétés des sections coniques, la Théorie géométrique des ombres, la Perspective linéaire, les Projections stéréographiques, les Echelles et les Plans cotés. In-8, avec pl.; 1843..... 10 fr.

LAMBERT (César). — **Trigonométrie rectiligne**, suivie de **Tables de Logarithmes** pour les nombres, et les lignes trigonométriques, à l'usage des candidats qui se destinent aux Ecoles du Gouvernement. 2ᵉ édit.; in-8; 1844.

LAMBERT (César) et **PICQUÉ** (J.). — **Éléments de Géométrie descriptive**, à l'usage des élèves qui se destinent à l'École spéciale militaire de Saint-Cyr, à l'École Navale et à l'École Forestière. 2ᵉ édit.; in-8; 1850....

LAMBERT (César) et **PICQUÉ** (J.). — **Éléments de Géométrie descriptive**, à l'usage des élèves qui se destinent à l'École Polytechnique. 2ᵉ édition; In-8, et Atlas in-4; 1850................

LAMÉ (G.), membre de l'Institut. — **Leçons sur la Théorie mathématique de l'élasticité des corps solides**. In-8, avec pl.; 1852................ 5 fr.

LAPLACE (le marquis DE). — **Exposition du Système du Monde**. 6ᵉ édition, précédée de l'Eloge de l'Auteur, par M. le baron *Fourrier*. In-4, papier fin, avec portrait; 1835............................ 18 fr.
— **Le même Ouvrage**. 2 vol. in-8; 6ᵉ édition; 1836................ 15 fr.

LAPLACE (le marquis DE). — **Précis de l'Histoire de l'Astronomie**. In-8; 1821............ 3 fr.

LAPLACE (Œuvres de). 7 vol. in-4 (*Édition du Gouvernement*)..... 70 fr.

LAURENT (l'abbé), ancien professeur de l'Université. — **Traité de Calcul différentiel**, à l'usage des aspirants au grade de licencié ès Sciences mathématiques. In-8; avec figures dans le texte; 1853................ 7 fr.

LAVAUX (P.-A.). — **Traité d'Arithmétique**, à l'usage des Écoles normales primaires, des Écoles primaires et supérieures et des Pensions. In-8; 1845. 5 fr.

LECOT (V.). — **Récréations arithmétiques** In-18; 1853........... 1 fr.

LECOY (F.), architecte à Angers. — **Tarif des Prix de tous les ouvrages de la construction des bâtiments**, suivant leurs genres et espèces; à l'usage des propriétaires, des ouvriers et des entrepreneurs. In-12; 1849..... 3 fr. 50 c.

LEFÉBURE DE FOURCY, examinateur pour l'admission à l'École Polytechnique. — **Leçons d'Algèbre**. 6ᵉ édition; in-8; 1850............. 7 fr. 50 c.

LEFÉBURE DE FOURCY.— **Leçons de Géométrie analytique**, comprenant la Trigonométrie rectiligne et sphérique, les Lignes et les Surfaces des deux premiers ordres. 5ᵉ édition; in-8, avec planches; 1846..... 7 fr. 50 c.

LEFÉBURE DE FOURCY. — **Traité de Géométrie descriptive**, précédé d'une Introduction qui renferme la Théorie du Plan et de la Ligne droite considérée dans l'espace. 5ᵉ édit.; 2 vol. in-8, dont un composé de 32 planches; 1842.......................... 10 fr.

LEFÉBURE DE FOURCY. — **Éléments de Trigonométrie**, contenant la Trigonométrie rectiligne, la Trigonométrie sphérique et quelques Applications à l'Algèbre. 6ᵉ édition; in-8, avec planche; 1846............. 2 fr.

LEFRANÇOIS (F.), officier d'Artillerie. — **Essais de Géométrie analytique**. 2ᵉ édit., revue et augmentée; in-8, avec pl.; 1804.......... 2 fr. 50 c.

LEFÈVRE. — **Application de la Géométrie à la Mesure des Lignes inaccessibles et des surfaces planes, etc.**, ou **Longiplanimétrie pratique**. In-8, avec 5 planches; 1827................................ 5 fr.

LEGENDRE. — **Éléments de Géométrie**, avec Additions et Modifications; par M. *A. Blanchet*. 3ᵉ édit.; in-8, avec fig. dans le texte; 1853......... 4 fr.

LENTHÉRIC (F.), professeur à la Faculté des Sciences de Montpellier. — **Trigonométrie et Géométrie analytique**. In-8, avec planches; 1841. (*Ouvrage autorisé par le Conseil de l'Instruction publique*.)............... 6 fr. 50 c.

LEROY, professeur à l'École Polytechnique. — **Traité de Stéréotomie**, comprenant les Applications de la Géométrie descriptive à la théorie des Ombres, la Perspective linéaire, la Gnomonique, la Coupe des pierres, et la Charpente In-4, avec Atlas de 74 planches in-fol.; 1844................ 26 fr.

LEROY. — **Traité de Géométrie descriptive**. 3ᵉ édition; in-4, avec Atlas de 71 planches; 1850................................ 16 fr.

LEROY-LÉRAILLÉ, maître de pension.— **Les Principes de l'Arithmétique**, ouvrage essentiellement théorique. In-8; 1850................ 2 fr.

LESBROS et **PONCELET**, capitaines du génie. — **Hydraulique expérimentale à l'usage des Ingénieurs, des Chefs d'usines, etc** (1ʳᵉ *Partie*. Comprenant: la première partie des résultats d'expériences exécutées par ces officiers sur le jaugeage des orifices à minces parois planes, précédée d'un résumé historique sur l'état actuel et les progrès de nos connaissances en hydraulique théorique et pratique. In-4, avec planches; 1832............ 12 fr.

LESBROS, colonel du génie, commandeur de la Légion d'honneur. — **Hydrau-**
lique expérimentale à l'usage des Ingénieurs, des Chefs d'usines, etc.
(2ᵉ *Partie*). *Comprenant :* la dernière partie des nombreux résultats d'expériences
exécutées par cet officier supérieur sur le jaugeage des pertuis avec ou sans cour-
sier, dans toutes les circonstances de la pratique, et accompagnés de la discussion comparée de ces résultats avec ceux antérieurement connus. In-4, avec pl.;
1851.. 30 fr.
Chaque Partie se vend séparément.

LE SECQ (A.). — **Interpolation des Coordonnées** lunaires, à l'usage des
Astronomes, des Navigateurs et des Géographes. In-8; 1853. .... 1 fr. 50 c.

LIAGRE (J.-B.-J.), capitaine du génie.— **Calcul des Probabilités et théorie**
des Erreurs, avec des applications aux Sciences d'observation en général et à la
Géodésie en particulier. In-8.. 7 fr.

LIONNET (E.). — Des Approximations numériques. In-8; 1853.... 50 c.

LONG. — Révolution navale. L'Angleterre continentale, ou il n'y a plus
de Manche, avec une **Introduction** par M. *F. Billot*, avocat. In-8; 1853. 2 fr.

LOUPOT (C.), professeur de Mathématiques au Collége de Nîmes. — **Éléments**
d'Astronomie, à l'usage des personnes peu versées dans les Mathématiques.
In-8; 1843.. 5 fr. 50 c.

LUTTERBACH (P.). — De l'Importance des différentes manières de respi-
rer. In-12; 1853.. 50 c.

LUTTERBACH (P.). — Révolution dans la marche. In-12; 1851... 5 fr.

M

MAINGON (J.-R.), capitaine de vaisseau. — **Considérations nouvelles sur**
divers points de la Mécanique. In-8; 1807...................... 1 fr. 50 c.

MARIE (l'abbé), professeur de Mathématiques au Collége Mazarin. — **Traité**
de Mécanique. In-4, avec planches; 1774.......................... 12 fr.

MARIE (F.-C.-M.).— Géométrie stéréographique, ou Reliefs des Po-
lyèdres pour faciliter l'étude des Corps, en 25 planches gravées, dont 24
sur carton et découpées, d'après l'ouvrage anglais de *John-Logde Cowley*. In-8;
1835.. 8 fr.

MARTINS (J.). — Table de Pythagore, produisant la Multiplication, la
Division, la Règle de Trois, suivie de deux Tableaux d'intérêts simples et
d'intérêts composés, et de quatre Tableaux sur les rentes 3 et 4 1/2 pour 100
aux divers cours de la Bourse, avec explications au point de vue du Commerce
et de l'Industrie. 5ᵉ édition; in-8; 1853............................... 1 fr.

MARTIN (Roger), professeur de Physique expérimentale à Toulouse. — **Élé-**
ments de Mathématiques, à l'usage des écoles nationales, ouvrage servant
d'introduction à l'étude des Sciences physico-mathématiques. Nouvelle édit ;
in-8; an x.. 7 fr.

MASCHERONI. — Géométrie du compas, traduit de l'italien, par M. *Ca-*
rette, officier supérieur du Génie. 2ᵉ édition, augmentée d'une Notice biogra-
phique sur l'auteur; in-8, avec planches; 1828........................ 7 fr.

MASCHERONI. — Problèmes de Géométrie................ 3 fr. 50 c.

MATHIEU (P.-F.). — Auto-Photographie ou Méthode de reproduction
par la lumière des dessins, lithographies, gravures, etc., sans l'emploi
du daguerréotype. 6ᵉ édit.; in-8; 1850................................. 50 c.

MAUDUIT (A.-R.), professeur de Mathématiques au Collége de France. —
Leçons élémentaires d'Arithmétique, ou Principes d'Analyse numérique.
Nouvelle édition; in-8; 1804... 5 fr.

MAUDUIT, professeur de Mathématiques de l'ancienne Académie d'architecture.
— **Leçons de Géométrie théorique et pratique.** Nouvelle édition; 2 vol. in-8,
avec planches; 1817.. 10 fr.

MAUDUIT. — Introduction aux Sections coniques pour servir de suite aux
Éléments de Géométrie de M. Rivard. In-8, avec planches; 1761... 3 fr.

MAZEAS (J.-M.), ancien professeur de Philosophie à l'Université de Paris. —
Éléments d'Arithmétique, d'Algèbre et de Géométrie, avec une Introduction
aux Sections coniques. 7ᵉ éd.; in-8, avec pl.; 1788................... 7 fr.

MAZEAS. — Éléments de Géométrie, d'Arithmétique et d'Algèbre, avec
une Introduction aux Sections coniques. 7ᵉ édition; in-8. .... 7 fr.

MELLONI (Macedoine). — La Thermochrôse, ou la Coloration calorifique.
1ʳᵉ partie. In-8, avec planches; 1850................................. 7 fr. 50 c.

MÉMOIRE SUR LA TRIGONOMÉTRIE SPHÉRIQUE et son Appli-
cation à la confection des **Cartes** marines et géographiques; par un Officier
de l'Etat-major de l'armée du Rhin. In-8, avec planches; 1801..... 1 fr. 50 c.

MERCIER (Alexandre), géomètre. — **Tables géodésiques**, donnant tous les
multiplicateurs nécessaires à la division de toutes espèces de quadrilatères irréguliers, précédées d'un **Traité de Géodésie théorique et pratique.** Grand
in-8... 2 fr.

MERCIER (E.). — De l'influence du Bien-Être matériel sur la moralité des peuples modernes. In 8; 1854.. 5 fr.

MESTIVIER, membre de l'Académie industrielle de Paris. — Cosmographie ou Réhabilitation du Système du Monde selon Ptolémée. In-8; 1841.. 6 fr.

MOLLET (J.), professeur de Physique et de Géométrie pratique. — Gnomonique graphique, ou Méthode simple et facile pour tracer les Cadrans solaires sur toutes sortes de Plans en ne faisant usage que de la règle et du compas, suivie de la Gnomonique analytique. 5e édition; in 8, avec planches; 1853... 3 fr. 50 c.

MONGE. — Application de l'Analyse à la Géométrie. Cinquième édition, revue, corrigée et annotée par M. J. Liouville, membre de l'Académie des Sciences et du Bureau des Longitudes. In-4, imprimé sur papier des Vosges, avec le portrait de Monge et 5 pl ; 1850. (Édition de luxe)........................ 36 fr.

MONGE. — Géométrie descriptive, suivie d'une Théorie des Ombres et de la Perspective, extraite des papiers de l'auteur par M. Brisson, inspecteur divisionnaire des Ponts et Chaussées. 7e éd; in-4, avec pl.; 1847............ 12 fr.

MONGE. — Traité élémentaire de Statique, à l'usage des Écoles de la Marine. 8e édition conforme à la précédente, revue par M. Hachette, membre de l'Institut ; et suivie d'une Note contenant une nouvelle démonstration du parallélogramme des forces, par M. Aug. Cauchy. In 8; 1846...... 4 fr.

MOULIN-COLLIN (A.), professeur de Mathématiques. — Traité général et complet, théorique et pratique du calcul des Intérêts composés, du calcul des Intérêts simples. Ouvrage mis à la portée de tout le monde; in-4; 1846. 15 fr.

MOULTSON (A.), ancien officier d'Artillerie. — Arithmétique des Campagnes, à l'usage des Écoles primaires. In-12.......................... 1 fr.

MURAZ, ingénieur des Mines. — Nouveaux Principes de Mécanique. In-8. avec planche; an VIII...................................... 2 fr.

N

NICOLLET (J.-N.). — Géométrie et Trigonométrie, Applications diverses. In-8; 1830... 7 fr.

NICOLLET (J.-N.). — Trigonométrie, Géométrie, Applications diverses. In-8; 1830... 7 fr.

MORZEWSKI ROCH, professeur de Mathématiques. — Nouvelle théorie des Proportions et Progressions harmoniques avec ses applications à la Géométrie. In-8; 1852.. 3 fr.

NOURY, ancien administrateur forestier de la Marine. — Tarifs d'après le Système Métrique décimal pour cuber les bois carrés ou en grume ou ronds, et tous les Corps solides quelconques, ainsi que les colis ou ballots, caisses, etc.; à l'usage des propriétaires et des marchands de bois; *ouvrage utile en général aux agents forestiers, aux arbitres, aux entrepreneurs, ainsi qu'aux armateurs et capitaines de navires*, etc. 4e édition; in-8; 1847..................... 5 fr.

NOURY. — Tarifs d'après le Système Métrique pour cuber les bois carrés et ronds, à l'usage des agents de la Marine. In-4, avec planches. (*Approuvé par les Ministres de l'Intérieur et de la Marine.*).................... 5 fr.

O

O'BYRNE. — Dictionnary of Mechanics engine work et engineering. Grand in-8.. Livr. 1 à 40. — Publiées à 3 fr. chacune.

P

PAOLI (Pietro), P. P. delle Matematiche superiori nell' Università di Pisa. — Elementi d'Algebra. 3 vol. in-4, avec planches; 1744.............. 25 fr.

PASCAL (J.-C.). — Cours de Géométrie élémentaire. In-8, avec planches; 1835.. 7 fr.

PASTEUR (L.). — Recherches sur les Alcaloïdes des quinquinas. In-4; 1853... 2 fr. 50 c.

PEYRARD (F.), professeur de Mathématiques et d'Astronomie au Lycée Bonaparte. — Les Éléments de Géométrie d'Euclide, traduits littéralement, et suivis d'un Traité du Cercle, du Cylindre, du Cône et de la Sphère; de la Mesure des Surfaces et des Solides ; avec des Notes. 2e édition, augmentée du *cinquième livre*; in 8, avec planches; 1809. (*Ouvrage approuvé par l'Institut*).. 7 fr. 50 c.

PICQUÉ (J), professeur de Mathématiques, et **LAMBERT** (César). — Cours de Géométrie descriptive, renfermant les Plans tangents, les Intersections des surfaces, les Propriétés des sections coniques, la Théorie géométrique des ombres, la Perspective linéaire, les Projections stéréographiques, les Échelles et les Plans cotés. In-8, avec pl.; 1843................................. 10 fr.

PINAULT (l'abbé), professeur de Physique au séminaire d'Issy. — Éléments

PLANCHE (J.), inspecteur de l'Académie d'Amiens. — **Cahiers de Géométrie** élémentaire pour servir de Complement au Traité de **Legendre**. 2e édition; in 8, avec planches, 1845. (*Ouvrage adopté par le Conseil de l'Instruction publique*.).. 5 fr.

PLANCHE (J.), Inspecteur de l'Académie de Caen, et **CHRISTIAN** (S.), professeur de Mathématiques spéciales. — **Cours de Cosmographie**, à l'usage des élèves des Lycées, des Collèges communaux et des Écoles secondaires privées, *rédigé d'après le Programme de l'Université et adopté par le Conseil de l'Instruction publique* (1er et 2e semestres). 3e édit.; in-8, avec 4 pl.; 1849. 5 fr.

POINSOT, membre de l'Institut. — **Éléments de Statique**. 9e édition; 1848. 6 fr. 50 c.

POINSOT. — **Théorie des Cônes circulaires roulants**. In-8, avec planche; 1853.. 2 fr. 50 c.

POINSOT. — **Théorie nouvelle de la Rotation des corps**. In-8, avec planches; 1852.. 5 fr.

PONCELET, membre de l'Institut. — **Mémoire sur les Roues hydrauliques à aubes courbes mues par-dessous**, suivi d'**Expériences** sur les effets mécaniques de ces Roues. 2e édition, revue, corrigée et augmentée d'un Mémoire sur des Expériences en grand relatives à la nouvelle Roue, contenant une Instruction pratique sur la manière de procéder à son établissement. In-4, avec pl.; 1827.. 7 fr.

PONTÉCOULANT (G. DE), ancien élève de l'École Polytechnique, colonel au corps d'État-major. — **Théorie analytique du système du Monde**. 4 vol. in-8, et Supplement aux livres II et V............................... 100 fr.

    On vend séparément :

    Les tomes III et IV.. 33 fr.

    Le tome IV.. 18 fr.

    Les Suppléments, livres III et V................................... 2 fr. 50 c.

POULLET-DELISLE (A.-Ch.), ingénieur des Ponts et Chaussées. — **Application de l'Algèbre à la Géométrie**. In-8, avec pl.; 1809............... 5 fr.

POURTALÈS (le comte L.-A. DE) — **Des Quantités positives et négatives en Géométrie**. Petit in-4, avec Atlas de 27 planches; 1847........... 10 fr.

PRONY (DE), membre de l'Institut. — **Leçons de Mécanique analytique** données à l'École impériale Polytechnique. 2 vol. in-4; 1810........... 30 fr.

PUILLE (d'Amiens), professeur de Sciences physiques et de Mathématiques. — **Cours complet d'Arithmétique élémentaire, théorique et pratique**, à l'usage des Établissements d'instruction publique de tous les degrés, contenant les Principes du calcul des Nombres entiers et des Nombres fractionnaires, avec toutes les Applications dont ils sont susceptibles; l'Exposé complet du Système des nouvelles Mesures; augmenté d'un grand nombre d'Exercices et de Problèmes gradués et variés à résoudre. In-12, cartonné; 1853. 1 fr. 50 c.

PUILLE (d'Amiens). — **Cours complet d'Arpentage élémentaire, théorique et pratique**, comprenant les Notions indispensables de Géométrie; les Principes fondamentaux de l'Arpentage proprement dit; le Levé, le Lavis et le Bornage des plans; le Nivellement et les notions sur les Déblais et les Remblais; le Partage des superficies agraires; le Métré des corps; un grand nombre de Problèmes gradués, immédiatement suivis de leurs solutions raisonnées; un Recueil de lois, formules et modèles de Procès-Verbaux usités en Arpentage; un Traité sur le Partage amiable et judiciaire; des dessins intercalés dans le texte et deux planches topographiques gravées sur acier. 2e édit.; in-12, 1854.. 4 fr.

PUILLE (d'Amiens). — **Cours d'Algèbre élémentaire**, théorique et pratique. In-8; 1841.. 3 fr. 50 c.

PUILLE (d'Amiens). — **Leçons normales de Géométrie théorique et appliquée**, à l'usage des divers Établissements d'instruction publique; comprenant les principes de la mesure des lignes, des surfaces et des corps, avec un grand nombre d'applications relatives au Dessin linéaire, à l'Architecture, à l'Arpentage, au Levé des plans, à la Cubature des solides (réguliers et irréguliers), suivies immédiatement de leurs solutions raisonnées; augmentées d'une série d'exercices et de problèmes gradués et à résoudre, et d'un précis de *Trigonométrie rectiligne*. In-12, avec 300 dessins, gravés sur cuivre et intercalés dans le texte. 2 fr. 50 c.

PUILLE (d'Amiens). — **Bibliothèque des Classes primaires**. Série d'ouvrages in-18, avec dessins intercalés dans le texte.

    Chaque volume... 75 c.

Sont en vente :

Algèbre, avec 111 problèmes choisis.

Solutions des 111 problèmes, suivies d'une nouvelle série de problèmes avec leurs solutions raisonnées.

Géométrie, avec dessins dans le texte et de nombreuses applications.

Arpentage, avec dessins dans le texte.

R

RAMBOSSON (S.), directeur de l'Institution des sourds-muets de Chambéry.
— Langue universelle. Langage mimique, mimé et écrit, développement
philosophique et pratique. In-8; 1853....................... 1 fr. 50 c.

REECH (F.), ingénieur de la Marine, directeur de l'Ecole spéciale d'application
du Génie maritime à Lorient. — Cours de Mécanique d'après la nature généralement flexible des Corps, comprenant la Statique et la Dynamique
avec la Théorie des vitesses virtuelles, celle des forces vives et celle des forces
de réaction, la Théorie des mouvements relatifs et le Théorème de Newton sur
la similitude des mouvements. In-4; 1852.......................... 12 fr.

REGNAULT (J.-J.), professeur de Mathématiques. — Traité de Géométrie
pratique, comprenant les Opérations graphiques et de nombreuses Applications aux Travaux d'Art et de Construction. In-8, avec pl.; 1842. 5 fr.

REISET (J.). — Mémoire sur la valeur des Grains alimentaires. In-8;
1853... 1 fr. 50 c.

RESAL, ancien élève de l'École Polytechnique. — Éléments de Mécanique,
suivis d'additions à la Mécanique des systèmes des Points matériels. In-8; 1851.
.... 4 fr. 50 c.

REYNAUD (le Baron), Examinateur pour l'admission à l'École Polytechnique, à la Marine, à l'École militaire de Saint-Cyr et à l'École forestière. —
Traité d'Arithmétique, à l'usage des Élèves qui se destinent à ces Écoles. In-8,
25e édition; 1851. (Adopté par l'Université.)..................... 5 fr.

REYNAUD (le baron), — Petit Traité élémentaire d'Arithmétique. In-12. 3 fr.

REYNAUD (le baron). — Notes sur l'Arithmétique de Bezout. 30e édition; in-8.. 2 fr. 50 c.

REYNAUD (le baron). — Traité élémentaire de Mathématiques et de Physique, suivi de Notions sur la Chimie et sur l'Astronomie, à l'usage des
élèves qui se préparent aux examens pour le baccalauréat ès lettres. 4e édition;
2 vol. in 8, avec planches; 1844................................... 15 fr.
Le tome 1er se vend séparément................................... 7 fr.

REYNAUD (le baron) et DUHAMEL, ancien élève de l'École Polytechnique.
— Problèmes et développements sur diverses parties des Mathématiques.
In-8, avec planches, 1823... 7 fr. 50 c.

REYNAUD (le baron). — Trigonométrie rectiligne et sphérique. 3e édit.,
suivie des Tables de Logarithmes des Nombres; in-18, avec pl.; 1818. 3 fr.

REYNAUD (le baron). — Notes sur l'Algèbre de Bezout, à l'usage des élèves
qui se destinent à l'École Polytechnique, à la Marine, à l'École militaire de
Saint-Cyr et à l'École Forestière. 7e édition; in-8; 1834. (Adopté par l'Université.).. 4 fr. 50 c.

RICHARD (L.), Capitaine de corvette. — Essai sur les Instruments et sur
les Tables de Navigation et d'Astronomie. In-8, avec planches; 1840. 2 fr.

RICHAUD (C.), ancien élève de l'École Polytechnique, et AURIFEUILLE,
professeur de Mathématiques.— Cours d'Arithmétique, à l'usage des Aspirants
aux Écoles. In-8; 1846.. 4 fr.

RICHAUD (C.) et AURIFEUILLE (L.). — Cours de Géométrie élémentaire, à l'usage des aspirants aux Écoles, renfermant les Problèmes de
Géométrie descriptive relatifs à la Ligne droite et au Plan. In-8, avec
figures dans le texte; 1847.. 6 fr.

RIVARD, professeur de Philosophie à l'Université de Paris. — Traité de la
Sphère et du Calendrier. 8e édition, revue et augmentée par M. Puissant,
membre de l'Institut. In-8, avec planches; 1837..................... 5 fr.

ROBERT (Henri), horloger de la Marine de l'État. — Considérations pratiques
sur l'Huile employée en Horlogerie. In-8; 1852................... 1 fr. 25 c.

ROBERT (Henri). — Comparaison des Chronomètres ou Montres marines
à barillet denté avec celles à fusée. In-8; 1839................... 1 fr. 75 c.

ROBERT (Henri). — Description des nouvelles Montres à secondes, à l'usage
des Ingénieurs, des Physiciens, des Médecins, etc. In-4, avec planches;
1834... 2 fr.

ROBERT (Henri). — Études sur diverses questions d'Horlogerie. 1 vol in-8,
avec pl.; 1852... 9 fr.

ROBIN (Edouard), professeur de Chimie et d'Histoire naturelle. — Loi nouvelle régissant les propriétés chimiques, et permettant de prévoir, sans
l'intervention des affinités, l'action des corps simples sur les composés binaires,
spécialement par voie sèche; nouvelle Théorie de la fusion aqueuse et du mode
d'action de la chaleur dans la fusion, la volatilisation et la décomposition; Propriétés chimiques fondamentales; Stabilité et Solubilité; Documents. In-8;
1853... 2 fr.

ROBIN (Édouard). — Précis élémentaire de Chimie minérale et organique, expérimentale et raisonnée. Première Méthode par laquelle les faits se déduisent de lois générales au lieu d'être exposés comme des faits sans liaison, qu'il faut apprendre de mémoire ou ignorer. *Première Partie :* Lois qui régissent les Propriétés physiques. In-12; 1853........................... 2 fr. 50 c.

RODRIGUES DE PASSOS (J.-A.), ingénieur civil. — Thèse d'Astronomie, pour le doctorat ès Sciences mathématiques. In-4; 1859............. 3 fr. 50 c.

S

SAINT-VENANT (DE), ingénieur en chef des Ponts et Chaussées. — Principes de Mécanique fondés sur la Cinématique. In-4....... 3 fr. 50 c.

SARRET (J.-B.) — Éléments d'Arithmétique, à l'usage des Écoles primaires. In-8. (*Ouvrage qui a obtenu le suffrage du Jury des livres élémentaires, et qui a été couronné, et jugé digne d'être imprimé par une loi du 11 germinal an IV*). .... 5 fr.

SARAZIN (J.-M.). — Éléments de la Mécanique rationnelle de la Charrue. In-12. ....

SAURI, ancien professeur de Philosophie à l'Université de Montpellier. — Institutions mathématiques servant d'Introduction à un Cours de Philosophie à l'usage des Universités de France. 6ᵉ édition; in-8, avec planches; 1835 .... 6 fr.

SAVART (F.). — Des Phénomènes de vibration que présente l'écoulement des liquides par des ajutages courts (Mémoire posthume). In-4; 1853... 3 fr.

SÉDILLOT (L.-P.-E.-A.), professeur d'Histoire au Collège Saint-Louis. — Traduction et commentaire des Prolégomènes des Tables astronomiques d'Oloug Beg. Gr. in-8; 1853 .... 10 fr.

SÉDILLOT (L.-P.-E.-A.). — Matériaux pour servir à l'Histoire comparée des Sciences mathématiques chez les Grecs et les Orientaux. 2 volumes in-8, accomp. de planches; 1845-49........................... 20 fr.

SÉDILLOT (L.-P.-E.-A.). — Notes et Variantes des Prolégomènes des Tables astronomiques d'Oloug Beg. In-8; 1847................. 6 fr.

SÉDILLOT (L.-A.-M.), professeur d'Histoire au Collège Saint-Louis. — Mémoire sur les Instruments astronomiques des Arabes. In-4, imp. royale; 1841 .... 5 fr.

SEGONDAT. — Traité général de la Mesure des bois, contenant : 1º celui de la Mesure des bois équarris, avec le Tarif de la réduction en pieds cubes; 2º celui de la Mesure des bois ronds, avec le Tarif de la réduction en pieds cubes; 3º celui de la Mesure des mâts et de leurs excédants, avec le Tarif de la réduction en pieds cubes; 4º celui de la Mesure du sciage des bois, avec le Tarif de la réduction en pieds carrés; 5º celui de la recette des bois, avec le Tarif de l'appréciation des pièces de construction, et les figures desdites pièces; 6º enfin les Tables pour convertir les pieds, pouces et lignes en mètres, et les pieds cubes et cordes de bois en stères. Nouvelle édition, revue et corrigée; 2 vol. in-8; 1820 .... 8 fr.

SERRET (J.-A.), Examinateur d'admission à l'École Polytechnique. — Traité d'Arithmétique, à l'usage des élèves qui se destinent à l'École Polytechnique et à l'École militaire de Saint-Cyr. In-8; 1852 .... 5 fr.

SERRET (J.-A.). — Traité de Trigonométrie. In-8, avec planches; 1850 .... 3 fr. 50 c.

SERRET (J.-A.). — Éléments de Trigonométrie rectiligne à l'usage des Arpenteurs. In-8, avec figures dans le texte; 1853 .... 3 fr.

SIMONIN. — Traité d'Arithmétique selon les Mesures nouvelles. In-8; an VI. .... 2 fr. 50 c.

STAINVILLE (J. DE), répétiteur à l'École Polytechnique. — Mélanges d'Analyse algébrique et de Géométrie. In-8, avec planches; 1815. 5 fr.

SUZANNE (P.-H.), professeur de Mathématiques au Lycée Charlemagne. — De la manière d'étudier les Mathématiques. *Première partie:* Préceptes généraux et Arithmétique. 3ᵉ édition; in-8; 1810........... 6 fr. 50 c.

T

TABLE DES CORRECTIONS à faire subir au degré apparent indiqué par l'alcoomètre pour obtenir le degré réel des liquides spiritueux, à la température de 15 degrés centigrades. In-12; 1853........................... 50 c.

TABLE GÉNÉRALE DES COMPTES RENDUS DES SÉANCES DE L'ACADÉMIE DES SCIENCES; publiés par MM. les Secrétaires perpétuels, conformément à une décision de l'Académie en date du 13 juillet 1835. (Tomes Iᵉʳ à XXXI. — 3 août 1835 à 30 décembre 1850.) In-4; 1854 .... 9 fr.

TÉDENAT (P.), associé de l'Institut de France, professeur de Mathématiques à l'École centrale du département de l'Aveyron. — Leçons élémentaires de Géométrie et de Trigonométrie. In-8, avec planches; an VII........ 5 fr.

TEDENAT (**P.**), professeur de Mathématiques à l'École centrale du département de l'Aveyron. — **Leçons élémentaires d'Arithmétique et d'Algèbre**. In-8 .... 5 fr.
TEDENAT (**P.**). — **Cours de Mathématiques**. 4 vol. in-8, avec planches; 1801 .... 17 fr.

On vend séparément :

Tome I. — **Leçons élémentaires d'Arithmétique et d'Algèbre** ...... 4 fr.
Tome II. — **Leçons élémentaires de Géométrie et de Trigonométrie**, avec 10 planches .... 5 fr.
Les tomes III et IV ne se vendent pas séparément.
Tomes III et IV. — **Leçons élémentaires de Mathématiques**; *deuxième partie*, contenant un Supplément aux Éléments d'Algèbre, l'Application de l'Algèbre à la Géometrie, et les Principes du Calcul differentiel et du Calcul intégral, avec 6 planches .... 8 fr.

TERQUEM (**O.**), professeur. — **Exercices de Mathématiques élémentaires**, à l'usage des Colléges et des aspirants aux Écoles Militaire, Polytechnique, Forestière et Navale (*Arithm. et Alg.*). In-8; 1842 .... 5 fr.
TISSERAND, professeur de Mathématiques au collége Saint-Louis. — **Traité d'Arithmétique algébrique**, contenant toutes les réponses aux questions d'Arithmétique et d'Algèbre exigées pour le baccalauréat ès Lettres et ès Sciences, précédé du Manuel complet pour les deux grades, et suivi de notes très-étendues sur la résolution des équations de tous les degrés. 3e édition; in-8; 1827. 6 fr.
THOREL, géomètre de première classe du Cadastre du département de l'Oise. — **Arpentage et Géodésie pratique**, ouvrage dans lequel on peut apprendre le Système metrique, l'Arpentage, la Division des terres, la Trigonométrie rectiligne, le Levé des plans, la Gnomonique, etc. In-4, avec planches; 1843. 4 fr.
TREMBLAY (JEAN). — **Essai de Trigonométrie sphérique**, contenant diverses Applications de cette science à l'Astronomie. In-8, avec figures dans le texte; 1783 .... 6 fr.
TRINCANO, ingénieur et professeur de Mathématiques. — **Traité complet d'Arithmétique**, à l'usage de l'École militaire. In-8, avec pl.; 1781.. 5 fr.

V

VALLÉE (**L.-L.**), ingénieur en chef des Ponts et Chaussées. — **Traité de Géométrie descriptive**. 2e édition; in-4, avec Atlas de 65 planches; 1825. 15 fr.
VALLÉE (**L.-L.**). — **Spécimen de Coupe de pierres**, contenant les Principes generaux du trait et leur application aux murs, aux plates-bandes, aux berceaux, aux voûtes sphériques, aux voûtes de revolution, aux voûtes à base polygonale et aux voûtes simples quelconques. In-4, avec pl.; 1853 .... 5 fr.
VANTENAC (**CH.**). — **Arithmétique des demoiselles**, ou **Cours élémentaire d'Arithmétique théorique et pratique en 20 leçons**. In-12. 2 fr. 50 c.
— **Cahier des Questions**. In-12 .... 75 c.
VARIGNON (ouvrage posthume de), de l'Académie de France. — **Nouvelle Mécanique**, ou **Statique dont le projet fut donné en 1687**. 2 vol. in-4, avec planches; 1725 .... 18 fr.
VELEY (EMMANUEL DE), professeur de Mathématiques à Genève. — **Algèbre d'Émile**. Nouvelle édition; in-8; 1828 .... 7 fr.
VERHULST (**P.-F.**), professeur d'analyse à l'École militaire de Belgique. — **Leçons d'Arithmétique**, dédiées aux Candidats aux Écoles speciales. In-12; 1847 .... 1 fr. 50 c.
VERHULST (**P.-F.**). — **Traité élémentaire des fonctions elliptiques**, ouvrage destiné à faire suite aux traités élémentaires de Calcul integral. In-8; 1841. 7 fr.
VIEILLE (**J.**), maître de Conférences à l'École Normale, professeur de Mathématiques superieures au Lycée Louis-le Grand — **Cours complémentaire d'Analyse et de Mécanique rationnelle**, professé à l'École Normale. In-8, avec planches; 1851 .... 7 fr.
VIEILLE. — **Théorie générale des approximations numériques**, à l'usage des Candidats aux Écoles speciales du Gouvernement. In-8; 1852 ..... 2 fr. 50 c.
VILLARCEAU (YVON). — **Théorie de la Stabilité des machines locomotives en mouvement**. In-8; 1852 .... 6 fr.
VIRTON (**A.**). — **Mémorial de l'Arithméticien et du Géomètre**, ou Recueil des Principes généraux d'Arithmétique et de Géométrie. In-8; 1857 .... 4 fr.

W

WOEPCKE (**F.**), docteur agrégé à l'Université de Bonn. — **L'Algèbre d'Omar Alkhayyamî**; publiée, traduite et accompagnee d'Extraits de manuscrits inedits. Grand in-8, avec planches; 1851 .... 10 fr.
WOEPCKE (**F.**). — **Disquisitiones archæologico-mathematicæ circa solaria veterum**. In-4; 1842 .... 6 fr.

Paris. — Imprimerie de MALLET-BACHELIER, rue du Jardinet, 12.

Lightning Source UK Ltd.
Milton Keynes UK
UKHW020609110119

335177UK00005B/336/P